复杂油气藏开发丛书

# 特殊油气藏井筒完整性与安全

张　智　施太和　徐璧华　著

科学出版社

北　京

# 内 容 简 介

近年来随着高温高压、深井超深井、含 $H_2S/CO_2$ 气井发生了一些由于井筒完整性问题引起的事故或环境与人身伤害，井筒完整性的理念、学术与技术思想，技术规范或标准才逐渐形成一个学术或技术方向。本书是国际上首部复杂油气藏井筒完整性与安全方面的专著，主要介绍了作者及其研究团队多年来在油气井井筒完整性理论、技术、工具或装备及标准等方面的研究成果，具有针对性、实用性、知识性较强的特点，面向研究、面向生产，力求能为广大油气领域科技工作者提供有益的借鉴。

本书可供石油天然气工业相关的科研院所研究人员、高等院校师生、专业技术人员和其他相关专业技术人员参考使用。

**图书在版编目（CIP）数据**

特殊油气藏井筒完整性与安全/张智，施太和，徐璧华著. —北京：科学出版社，2019.3

（复杂油气藏开发丛书）

ISBN 978-7-03-042916-2

Ⅰ. ①特⋯　Ⅱ. ①张⋯　②施⋯　③徐　Ⅲ. ①油气藏–油气开采–井筒–研究　Ⅳ. ①TE34

中国版本图书馆 CIP 数据核字（2014）第 309797 号

责任编辑：罗　莉 / 责任校对：彭　映
责任印制：罗　科 / 封面设计：陈　敬

科学出版社 出版
北京东黄城根北街 16 号
邮政编码：100717
http://www.sciencep.com

四川煤田地质制图印刷厂 印刷
科学出版社发行　各地新华书店经销

\*

2019 年 3 月第 一 版　　开本：787×1092　1/16
2019 年 3 月第一次印刷　　印张：21
字数：503 880

定价：180.00 元

（如有印装质量问题，我社负责调换）

# 丛书编写委员会

主　　编：赵金洲

编　　委：罗平亚　周守为　杜志敏

　　　　　张烈辉　郭建春　孟英峰

　　　　　陈　平　施太和　郭　肖

# 丛 书 序

石油和天然气是社会经济发展的重要基础和主要动力，油气供应安全事关我国实现"两个一百年"奋斗目标和中华民族伟大复兴中国梦的全局。但我国油气资源约束日益加剧，供需矛盾日益突出，对外依存度越来越高，原油对外依存度已达到 60.6％，天然气对外依存度已达 32.7％，油气安全形势越来越严峻，已对国家经济社会发展形成了严重制约。

为此，《国家中长期科学和技术发展规划纲要（2006—2020 年）》对油气工业科技进步和持续发展提出了重大需求和战略目标，将"复杂地质油气资源勘探开发利用"列入11 个重点领域之首的能源领域的优先主题，部署了我国科技发展重中之重的 16 个重大专项之一"大型油气田及煤层气开发"。

国家《能源发展"十一五"规划》指出要优先发展复杂地质条件油气资源勘探开发、海洋油气资源勘探开发和煤层气开发等技术，重点发展天然气水合物地质理论、资源勘探评价、钻井和安全开采技术。国家《能源发展"十二五"规划》指出要突破关键勘探开发技术，着力突破煤层气、页岩气等非常规油气资源开发技术瓶颈，达到或超过世界先进水平。

这些重大需求和战略目标都属于复杂油气藏勘探与开发的范畴，是国内外油气田勘探开发工程界未能很好解决的重大技术难题，也是世界油气科学技术研究的前沿。

油气藏地质及开发工程国家重点实验室是我国油气工业上游领域的第一个国家重点实验室，也是我国最先一批国家重点实验室之一。实验室一直致力于建立复杂油气藏勘探开发理论及技术体系，以引领油气勘探开发学科发展、促进油气勘探开发科技进步、支撑油气工业持续发展为主要目标，以我国特别是西部复杂常规油气藏、深海油气以及页岩气、煤层气、天然气水合物等非常规油气资源为对象，以"发现油气藏、认识油气藏、开发油气藏、保护油气藏、改造油气藏"为主线，油气并举、海陆结合、气为特色，瞄准勘探开发科学前沿，开展应用基础研究，向基础研究和技术创新两头延伸，解决油气勘探开发领域关键科学和技术问题，为提高我国油气勘探开发技术的核心竞争力和推动油气工业持续发展作出了重大贡献。

近十年来，实验室紧紧围绕上述重大需求和战略目标，掌握学科发展方向，熟知阻碍油气勘探开发的重大技术难题，凝炼出其中基础科学问题，开展基础和应用基础研究，取得理论创新成果，在此基础上与三大国家石油公司密切合作承担国家重大科研和重大工程任务，产生新方法，研发新材料、新产品，建立新工艺，形成新的核心关键技术，以解决重大工程技术难题为抓手，促进油气勘探开发科学进步和技术发展。在基本覆盖石油与天然气勘探开发学科前沿研究领域的主要内容以及油气工业长远发展急需解决的主要问题的含油气盆地动力学及油气成藏理论、油气储层地质学、复杂油气藏地球物理勘探理论与方法、复杂油气藏开发理论与方法、复杂油气藏钻完井基础理论与关键技术、复杂油气藏增产改造及提高采收率基础理论与关键技术以及深海天然气水合物开发理论及关键技术等方面形成了鲜明特色和优势，持续产生了一批有重大影响的研究成果和重大关键技术并实现工业化应用，取得了显著经济和社会效益。

我们组织编写的"复杂油气藏开发丛书"包括《页岩气藏缝网压裂数值模拟》《复杂油气藏储层改造基础理论与技术》《页岩气渗流机理及数值模拟》《复杂油气藏随钻测井与地质导向》《复杂油气藏相态理论与应用》《特殊油气藏井筒完整性与安全》《复杂油气藏渗流理论与应用》《复杂油气藏钻井理论与应用》《复杂油气藏固井液技术研究与应用》《复杂油气藏欠平衡钻井理论与实践》《复杂油藏化学驱提高采收率》等 11 本专著，综合反映了油气藏地质及开发工程国家重点实验室在油气开发方面的部分研究成果。希望这套丛书能为从事相关研究的科技人员提供有价值的参考资料，为提高我国复杂油气藏开发水平发挥应有的作用。

丛书涉及研究方向多、内容广，尽管作者们精心策划和编写、力求完美，但由于水平所限，难免有遗漏和不妥之处，敬请读者批评指正。

国家《能源发展战略行动计划(2014—2020 年)》将稳步提高国内石油产量和大力发展天然气列为主要任务，迫切需要稳定东部老油田产量、实现西部增储上产、加快海洋石油开发、大力支持低品位资源开发、加快常规天然气勘探开发、重点突破页岩气和煤层气开发、加大天然气水合物勘探开发技术攻关力度并推进试采工程。国家《能源技术革命创新行动计划(2016—2030 年)》将非常规油气和深层、深海油气开发技术创新列为重点任务，提出要深入开展页岩油气地质理论及勘探技术、油气藏工程、水平井钻完井、压裂改造技术研究并自主研发钻完井关键装备与材料，完善煤层气勘探开发技术体系，实现页岩油气、煤层气等非常规油气的高效开发，保障产量稳步增长；突破天然气水合物勘探开发基础理论和关键技术，开展先导钻探和试采试验；掌握深-超深层油气勘探开发关键技术，勘探开发埋深突破 8000 m 领域，形成 6000～7000 m 有效开发成熟技术体系，勘探开发技术水平总体达到国际领先；全面提升深海油气钻采工程技术水平及装备自主建造能力，实现 3000 m、4000 m 超深水油气田的自主开发。近日颁布的《国家创新驱动发展战略纲要》将开发深海深地等复杂条件下的油气矿产资源勘探开采技术、开展页岩气等非常规油气勘探开发综合技术示范列为重点战略任务，提出继续加快实施已部署的国家油气科技重大专项。

这些都是油气藏地质及开发工程国家重点实验室的使命和责任，实验室已经加快研究攻关，今后我们将陆续把相关重要研究成果整理成书，奉献给广大读者。

2016 年 1 月

# 前　　言

特殊油气藏井筒完整性泛指怎样防止和处理不希望出现的或异常的井筒内的流体流动。自从有了油气井的建井和开采活动，就一直存在井筒完整性问题。只是近年来随着高温高压、深井超深井、含 $H_2S/CO_2$ 气井发生了一些井筒完整性问题引起的复杂事故或环境与人身伤害，井筒完整性的理念、学术与技术思想、技术规范或标准才逐渐形成一个学术或技术方向。

海洋和深水油气田开发极大地推动了油气井的井筒完整性理论、技术、工具或装备及标准的发展和更新。2010 年 4 月 20 日（当地时间）美国路易斯安那州沿岸的一座石油钻井平台爆炸起火，导致至少 11 人失踪。油井底部漏油演变成美国有史以来最严重的海洋污染灾难。此次事故引起了政府层面上的反思，促进了油公司和技术服务公司间的国际合作，更新并出台了新的井筒完整性管理标准和推荐做法。

环空带压是井筒丧失完整性的一类普遍形式。对于一个气田的若干口井来说，部分井的环空带压几乎不可避免。对于含 $H_2S/CO_2$ 油气井，由于腐蚀或环境敏感开裂，不仅环空带压倾向增加，而且对环境、健康和人身安全的危害也增加。对于含 $H_2S$ 的气井，由于 $H_2S$ 对人体的毒害和潜在的钢材、合金应力或应力腐蚀开裂倾向，井筒完整性和环空带压备受关注。

为了缓解国民经济发展与能源供给的矛盾，高含 $H_2S/CO_2$ 气田已成为国家重要的接替能源。我国含 $H_2S/CO_2$ 气田主要分布在川渝、塔里木、松辽、渤海湾、吉林等地，而川渝地区尤为突出。油气藏埋藏较深，$H_2S$ 含量高（部分气藏大于 10.0%，即特高含硫气藏），$H_2S/CO_2$ 在井筒中可能处于超临界状态，油气井筒服役条件较为苛刻，这些对井筒材质和管柱结构提出了更高的要求，井筒完整性及服役安全面临巨大的挑战。井筒完整性是指油气井地层流体被有效控制的安全运行状态，其实质就是井筒的本质安全，避免油气流发生泄漏。制约油气井井筒完整性的较为关键的因素为油套管的结构完整性（力学、腐蚀）和密封完整性（螺纹泄漏）、水泥环的结构和密封完整性。在油气开采过程中，$H_2S/CO_2$ 溶解于地层水后呈酸性，对金属管材和非金属材料均会造成腐蚀，并严重威胁井筒的完整性。由于高含 $H_2S/CO_2$ 气田开发方面的实践经验和相关的技术储备不足，无论在油气井建井工程还是在生产过程中，井筒完整性失效的工程事故时有发生，不可避免地出现环空带压现象。含 $H_2S/CO_2$ 流体将窜至套管环空，导致普通碳钢/低合金钢套管长时间接触含 $H_2S/CO_2$ 流体，经济风险、周围环境及人身安全的压力较大。因此，系统研究油气井井筒完整性、环空带压的机理及其对策、规程刻不容缓，对含 $H_2S/CO_2$ 气井的安全生产也至关重要。

本书主要由张智、施太和、徐璧华等撰写。由于作者水平有限，书中难免存在不足之处，敬请广大读者给予批评指正。

# 目　　录

# 第1章　井筒完整性综述

井筒完整性贯穿于油气井方案设计、钻井、试油、完井、生产、修井、弃置的全生命周期，技术关键是保障在油气井生命周期各阶段必须建立有效的井筒屏障。钻井井喷或严重泄漏都是井筒屏障失效导致的重大井筒完整性破坏事件。井筒完整性管理是目前国际油公司普遍采用的管理方式。通过测试和监控等方式获取与井筒完整性相关的信息并进行集成和整合，对有可能会造成井筒完整性失效的危害因素进行风险评估，有针对性地实施井筒完整性评价，为了避免或减少油气井完整性破坏事故的发生，保障油气井安全高效地生产，应制定有效的管理制度以及技术措施。

## 1.1　井筒完整性表述的由来

在油气井建井、开采、封井、弃井的全部"生命"周期中，一直存在井筒完整性问题。早在 2004 年，挪威石油行业标准化组织（NORSOK）就发布了，NORSOK D-010 标准，即 *Well Integrity in Drilling and Well Operations*（《钻井和井下作业中的井筒完整性》）。在 2010 年 4 月 20 日（当地时间）美国路易斯安那州沿岸的一座石油钻井平台发生井喷，爆炸起火，导致至少 11 人失踪，漏油演变成美国有史以来最严重的海洋污染灾难。此次事故引起了政府层面上的反思，促进了油公司和技术服务公司间的国际合作，更新并制定了新的井筒完整性管理标准和推荐做法，逐渐形成和完善了井筒完整性的理念、学术与技术思想、技术规范和标准。

近年来在高温高压深井超深井、含 $H_2S/CO_2$ 气井，特别是海洋和深水油气井，曾发生过多起井喷引起的重大人身伤害、环境污染和井筒报废事故，井筒完整性问题引起人们广泛关注和高度重视。海洋和深水油气田开发极大地推动了油气井的井筒完整性理论、技术、工具、装备及标准的发展和更新。

发生井喷，并导致重大人身伤害、环境污染或井筒报废事故的案例大多归结为丧失井筒完整性，但这毕竟是极小概率事件。对于多数的油气井，只是存在井筒完整性风险问题，应实施和强化井筒完整性管理，防止初期的井筒泄漏、环空带压等演变为井喷、地下窜流、地下井喷事故，或者是为了防止此类事故而被迫封井弃井。

前述井筒完整性管理是在已有井筒前提下延长井筒服役期限，防止发生井喷、地下窜流或地下井喷事故。其间取得的经验教训将为钻井设计提供宝贵资讯，即井筒完整性设计。井筒完整性设计也需要一个逐步认识和改进的过程。建井安全投资取决于风险评估，在保证安全或风险可控前提下合理投资是设计和管理者的责任。

# 1.2　井筒完整性的概念

## 1.2.1　井筒完整性管理的概念

完整性管理的概念说法不统一，其中一种说法是"不损害工程结构的操作与管理"。井筒完整性（wellbore integrity）的实质就是井筒的本质安全，保证井筒本质安全的所有手段称为井筒完整性管理（wellbore integrity management）。

NORSOK D-010 标准将井筒完整性定义为"采用有效的技术、管理手段来降低开采风险，保证油气井在成功废弃前的整个开采期间的安全"。

API RP 65 将井筒完整性定义为"应用技术、操作和组织措施以降低深井井筒在整个服役过程中无控制的地层流体释放"。"无控制的地层流体释放"含义为：①井口或采油气树难以控制的泄气、井下层间窜流，窜流出井口地面或海底环空、井周地面或海底；②难以控制的非产层流体窜入井筒，造成腐蚀、异常高压或倒灌入生产层。

挪威石油工业协会《OLF 井筒完整性推荐导则》将井筒完整性定义为"井筒完整性应是一个完全的系统，用于管理井筒服役全过程的完整性"。上述完整性分为以下 5 个单元：组织、设计、操作、数据管理和分析。更具体的一种说法：井筒完整性是指采用技术、操作、组织上的方法来降低在油气井整个生命周期中地层流体失控泄漏的风险。

## 1.2.2　全生命周期井筒完整性

井筒完整性贯穿于一口井的生命周期，需要考虑油气井设计、建井、开采、修井、封井、弃井各阶段的井筒完整性。ISO 16530-1 将井的全生命周期划分为六个阶段：ODP 设计阶段、详细设计阶段、建井阶段、运行（开采）阶段、修井阶段、弃井阶段。ISO 16530-1 将井筒完整性定义为"通过综合技术、生产管理和组织措施，确保井生命周期中结构及功能的完整"。图 1-1 为 ISO 16530-1 全生命周期六个阶段及其相互关系的示意图。

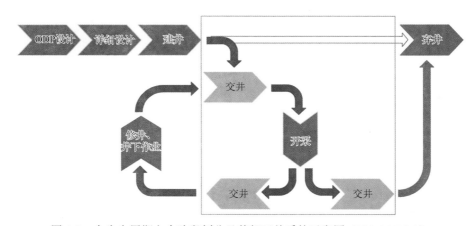

图 1-1　全生命周期六个阶段划分及其相互关系的示意图（ISO 16530-1）

图 1-1 的全生命周期简述如下：

**ODP 设计阶段**：ODP（overall development plan）指石油勘探开发整体方案。鉴于井筒完整性涉及环境、安全和开发效益，推荐在 ODP 设计阶段包含井筒完整性设计。它仅需包含原则性内容和要求，例如，根据储层压力、温度、生产油气的组分和预计钻过地层复杂情况确定井身结构及屏障单元的材料选用要求或执行标准。有许多 ISO、API 或产油国家的标准都规定了 ODP 设计阶段推荐的井筒完整性设计要求。

**详细设计阶段**：针对具体单井的屏障系统和屏障单元设计，这些设计要保证建井（钻井、完井和试采）、开采、修井期的井筒完整性。同时要考虑封井弃井的可行性。

**建井阶段**：钻井和完井、投产测试阶段。

**开采阶段**：从完井交井到开采服役期的全过程，这是井筒完整性管理最重要的阶段。

**弃井阶段**：确保永久废弃井不会留下井口环空带压或层间窜流，若干年后不会"复活"造成环境或安全问题。

此外，修井可视为一个特殊阶段，修井期可能会打破已建立的井筒压力平衡，包括关井和压井待修。

本书的重点为 ODP 设计阶段、详细设计阶段和运行（开采）阶段。

## 1.2.3　开采期井筒完整性概念

目前不同版本的标准有不同的划分方法，或在同一标准中不同阶段井筒完整性有重叠。由于篇幅的限制，本书着重介绍开采期井筒完整性管理，但也会涉及设计阶段和建井阶段的一些内容。钻井和完井基本是由服务公司完成的，交井后的测试、试采及投产、生产运行均由油公司生产管理者负责。

开采期井筒完整性管理的目标是延长井筒的安全开采期限。当出现难以预测的泄漏或井口异常环空带压时，应评估井筒安全风险，将生产参数控制在井筒能承受的极限载荷和极限环境条件内。当不可控的因素导致井筒的某一关键节点失效，危及井筒本质安全、环境与公众安全时，应及时补救或有能力安全地封井弃井。

开采期井筒完整性管理是一个系统工程，它至少应考虑以下内涵：

（1）井筒全生命周期应保持物理上和功能上的完整性。所谓"物理上"是指无泄漏、无变形、无材料性能退化、无壁厚减薄，"功能上"是指适应开采或井下作业的腐蚀环境、压力及操作。

（2）建立具有针对性的失效分析、风险分析机制，将井口、油管、套管、各层环空的完整性管理和设计建立在失效分析、风险分析的基础上。当不可控的因素可能导致井筒的某一屏障单元强度降低或可能发生意外的泄漏时，井筒应处于受控状态，具备可压井条件。

（3）建立一体化的技术档案及信息收集、交接或传递管理体制，避免管理不协调导致井筒屏障系统损伤和可能的井喷或地下窜流事故。一些井筒风险或事故是后续操作者不知道套管或井下结构的技术数据，导致井筒屏障超过其承载能力、发生腐蚀或环境开裂风险，甚至井下作业损伤井筒。

# 1.3　井筒完整性失效案例及重要的国际行动

## 1.3.1　重大的井筒完整性失效案例

### 1.3.1.1　"MOTARA 事件"

2009 年 8 月 21 日，澳大利亚西北部一海洋丛式井"MOTARA"发生井喷，2009 年 11 月 3 日该井打救援井压井成功，历时 74 天，估计泄油 4500~34000m³，海洋污染面积 6000km²。该事故源于水泥塞及井内流体屏障未封隔和压稳油层，平台施工者将防喷器移到另一口井，造成无控制井喷，被称为"MOTARA"事件。

"MOTARA 事件"为典型的设计和管理失误，其教训为：未对水泥塞进行负压密封测试，也未在上部井段注备用第二水泥塞。卸下防喷器安装到另一井后发生无控井喷。这一事件引起人们争议，水泥塞可否视为安全屏障，趋向于认为不应当作安全屏障。因此压井液应有足够的密度，保证揭开井口后压井液成为安全屏障。

### 1.3.1.2　"MACONDO 事件"

2010 年 4 月 20 日美国路易斯安那州沿岸石油钻井平台爆炸起火，造成 11 人遇难，演变成美国历年来最严重的海洋漏油污染事故，被称为"深水地平线事件"，即"MACONDO 事件"。

"MACONDO 事件"为典型的设计和管理失误，其教训为：

**高风险设计**：为了节省海上作业时间，在深井中未采用尾管+回接固井，而是在深井用一次下入套管，长封固段注水泥；为了防止固井井漏，用充气水泥固井；对海洋深井安全意识上缺少风险意识和风险管理。

**系统管理失误**：现场未充分复核和认可充气水泥稳定性，固完井后氮气析出，形成连续气柱，发生环空井喷；抢时间，水泥塞不能完全密封就替入海水，流体屏障失封。溢流已近井口，仍未发现，现场判断及指挥不当。

**多个硬件失封**：两个翻板式回压阀在注完水泥后未能强制关闭；自动防喷器控制失灵后手动控制未能起作用，造成套管内井喷。

"深水地平线事件"井喷发生在固井候凝过程中，该井的生产套管为 9-7/8″[①]（$\varPhi$250.8mm）+7″（$\varPhi$177.8mm）×5598m 复合套管柱。由于深井环空间隙小，地层泥浆密度窗口窄，即环空循环当量密度稍低就会有溢流或潜在井喷；环空循环当量密度稍高就会有井漏。现场设计和管理者比较了一次下入套管固井和下尾管固井再回接两种方案，固井模拟计算结果认为两种方案均能达到平衡压力固井。一次下入套管固井的投资及时间成本低于尾管固井再回接的方案，设计和管理者决策选用了前者。

在 BP 公司的报告 *Deepwater Horizon Accident Investigation Report* 中统计了 Mississippi Canyon 252 区块上述两种固井方式比例，57%为一次下入套管固井，36%为尾管固井再回接。可见深井用一次下入套管，长封固段注水泥不一定是事故的必然原因。注水泥和候凝

---

[①]　1″＝25.4mm。

期未压稳才是直接原因，缺乏对压稳风险的管控。

图 1-2 为上述 BP 公司报告中实际井下套管和井下流体情况。

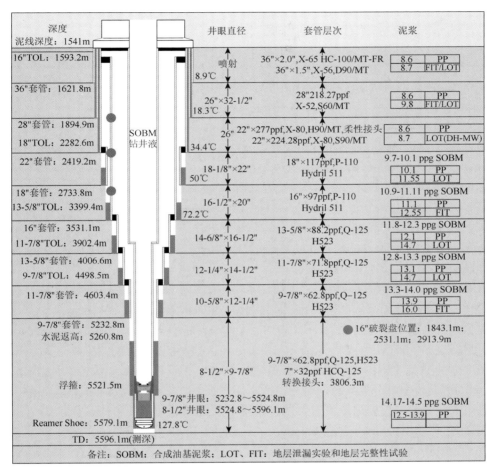

图 1-2　BP 公司报告中"深水地平线事件"井实际井下套管和井下流体情况

## 1.3.2　"深水地平线事件"后的井筒完整性国际性行动

上述两次灾难事件均源自井筒完整性问题，多国政府、油公司、技术服务公司联合密切关注海洋和高温高压油气井井筒完整性问题，成立"海洋安全高端论坛国际法规讨论会"，2011 年 10 月在挪威斯塔万格召开第一次会议[The First International Regulators Forum（IRF）Offshore Safety Summit in Stavanger，Norway in October 2011]。会议首次讨论了政府及其海洋法规制定者作用、油公司作用、钻井及井筒作业承包商作用、工业界的作用。

2012 年 9 月 25～27 日，在巴西召开了第十九届国际海洋法规讨论会。来自多国的政府安全部门及国际标准化组织（API、ISO、OGP、IADC 等）的代表齐聚巴西坦诚研讨近年来重大海洋油气勘探开发事故及关心的安全事项，号召各相关机构参加海洋安全高端论坛国际法规讨论会。

风险可能真的演变成事故。为了尽可能预防安全事故的发生，企业的安全文化建设至关重要。

### 1.3.3 井筒完整性标准的完善与发展

从"深水地平线事件"事件中吸取教训，国际上新近发布的一些重要研究报告或标准，力图修改与完善井筒完整性标准或推荐指南。井筒完整性技术的研究也成了最近几年世界高温高压井研究的重点。一些重要的标准或指南按时间顺序列举如下：

1996 年，挪威石油安全机构（Petroleum Safety Authority，PSA）开始井筒完整性系统研究。

2004 年，挪威石油行业标准化组织颁布全球第一个井筒完整性标准 NORSOK D-010，*Well Integrity in Drilling and Well Operations*，Revision 3，August 2004（《钻井和井下作业中的井筒完整性》，第三版，2004 年 8 月颁布），该标准由挪威国家石油公司起草。

2006 年，美国石油学会（American Petroleum Institute，API）首次发布 RP 90《海上油田环空压力管理推荐做法》。

2009 年，API 发布 HFl《水力压裂作业的井身结构及井筒完整性准则》，相对应的有 ISO RPl00-1。

2010 年 12 月，API 发布 API 65-2 *Isolating Potential Flow Zones During Well Construction*，即《建井中的潜在地层流入封隔》。该标准用作 API RP 90 和 API 65 的补充。API RP 90 为《海上油气井套管带压管理》（*API RP 90：Management of Sustained Casing Pressure on Offshore Wells*）标准。

2011 年，API 发布 API 96《深水井筒设计与建井》，即 *Deepwater Well Design and Construction* 投票版第一版。吸取前述"深水地平线事件"的教训，对海洋深水油气井设计和建井中井筒完整性提出了许多新理念和技术条款。

2011 年，OLF（Norwegian Oil Industry Association，挪威石油工业协会）牵头成立由 BP、ConocoPhillips、Eni Norge、ExxonMobil、Marathon、Nexen Inc、Norske Shell、Statoil、Total 等跨国公司专家组成的工作组，负责编写井筒完整性新标准《OLF 井筒完整性推荐导则》，即 *OLF Recommended Guidelines for Well Integrity*。2011 年 6 月 OLF 将原 NORSOK D-010 标准，《钻井和井下作业中的井筒完整性》，即 *Well Integrity in Drilling and Well Operations*，Revision 3，August 2004 更新为上述井筒完整性推荐导则，新版本包含了井筒完整性和环空带压。

2012 年，OLF 发布 *Deepwater Horizon Lessons learned and Follow-up*，即《深水地平线事件教训及改进措施》文件。该文件比较了美国和挪威标准，提出了原 NORSOK D-010 标准中应修改或增补的条款，增补企业安全文化理念和条款。

2012 年，英国发布《英国高温高压井井筒完整性指导意见》。

2013 年 ISO/TS 16530-2 *Well Integrity—Part 2：Well Integrity for the Operational Phase*，即《开采期的井筒完整性》。

2013 年，NORSOK D-010《钻井及作业过程中井筒完整性（第四版）》发布。

2013 年，ISO 16530《井筒完整性与环空带压》正式发布。

2015 年，API Standard 6ACRA *Age-hardened Nickel-based Alloys for Oil and Gas Drilling and Production Equipment*，即《油气井设备用沉淀硬化镍基合金》。

2016 年，API RP90-2 *Annular Casing Pressure Management for Onshore Wells*，即《陆地井环空带压管理》。这是针对 2006 年 API 首次发布 RP 90《海上油田环空压力管理推荐做法》陆地井的修订版。

2016 年，API Technical Report 17TR8 Second Edition，*High-pressure High- temperature Design Guidelines*，即《高温高压设计指南》。

2016 年，API Technical Report PER15K-1 First Edition，*Protocol for Verification and Validation of HPHT Equipment*，即《高温高压设备检验与认证方案》。

# 1.4　井筒完整性管理问题的复杂性

前述"MOTARA"事件和"深水地平线事件"是重大的安全和环境事故，这样的事故并不经常发生。但是井筒泄漏事件会经常发生，只不过石油开发管理人员在油气井有可能转变为无控的井喷或地下窜流前就已经采取了措施，避免了发生重大事故。

井筒是一个十分复杂的系统，泄漏几乎难以完全杜绝。井筒完整性管理是指油气井地层流体被有效控制的安全运行状态，很多的井会有泄漏，但井筒泄漏状况可在有效管控的状态下工作。井筒制约油气井井筒完整性的较为关键的因素为井口和油套管的结构完整性（力学、腐蚀）和密封完整性（螺纹泄漏）、水泥环的结构和密封完整性。在油气开采过程中，高温高压、$H_2S/CO_2$、地层水对金属管材和非金属材料均会造成腐蚀，并严重威胁井筒的完整性。以下列举挪威北海高温高压井和美国墨西哥湾外大陆架井的一些井筒完整性问题统计情况，可以看出井筒完整性管理问题的复杂性。

## 1.4.1　挪威北海井筒完整性失效统计

PSA 对北海挪威大陆架油气井筒屏障单元作了分类失效统计。例子取自 Statfjord A、B、C，以及 Gullfaks A、B 和 C 平台上的 407 口井。图 1-3 显示井筒单元失效频数井数与屏障单元和服役年数的相关性，可以看出油管失效井数所占比例最大，其次是水泥环失效。一口 5000m 深的井会有上万个螺纹连接，在井下振动和腐蚀工况下，难免会有一处或几处泄漏或开裂，管体腐蚀穿孔。注水泥浆过程风险和水泥环的长期封隔性能还不在现有技术的完全掌控之中。

## 1.4.2　美国墨西哥湾外大陆架井筒完整性失效统计

*A Review of Sustained Casing Pressure Occurring on the OCS* 报告介绍了美国外大陆架区域油气井环空带压情况。该报告指出该区域大部分油气井均存在严重的环空带压现象，

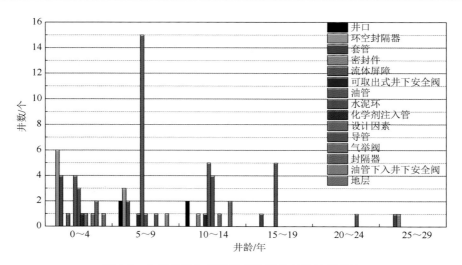

图 1-3 失效井数与屏障单元和服役年数的相关性

该区域有 8000 多口井存在一个或多个环空同时带压情况。图 1-4 为该地区各层套管带压的情况统计。

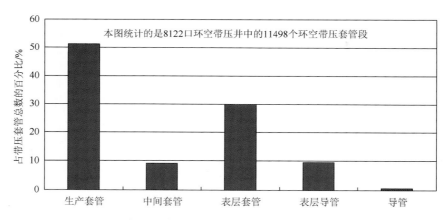

图 1-4 该地区各层套管带压的情况统计

从图 1-4 可以看出：环空带压约有 50%是发生在生产套管和油管间的环空中；环空带压约有 10%是发生在中间套管和生产套管间的环空中；环空带压约有 30%是发生在表层套管和中间套管间的环空中。表明该地区油气井中生产套管和油管间的环形空间环空带压情况比较严重，在这 8000 多口井中有 1/3 的环空带压井是正在生产的井，所观察到的环空带压情况中有 90%的带压值不超过 6.9MPa。

该报告还进一步调查了开采过程中油气井不同的开采阶段的环空带压情况。在统计的 15500 口井中，至少有 6692 口井有一层以上套管外环空带压，其中，生产套管外环空带压占 47.1%，表层套管外环空带压占 26.2%，技套外环空带压占 16.3%。15 年后 50%的井环空带压。

美国矿产资源部还统计了开采期对该地区油气井环空带压的影响情况，如图 1-5 所示。

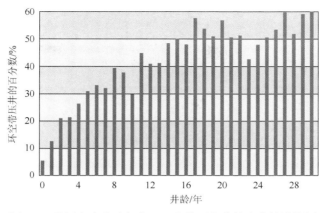

图 1-5 美国海湾大陆架井口环空带压的井数随井龄增长图

# 1.5 油井筒完整性的风险评估

## 1.5.1 井筒完整性的风险

ISO/TS 16530-2《开采期的井筒完整性》标准中提出了井筒完整性的风险概念及分析方法，本节参考了该标准的这一提法。

井筒是沟通地下可燃爆油气与地面管道之间的通道，可能会有高温高压、有毒气体或腐蚀介质，以上统称风险源。有的风险源有预判，有的没有完全准确预判。此外组成井筒金属构件、密封件、平衡地层压力的液柱也存在性能退化现象，现有技术还不能完全识别或进行安全检测。因此，井筒完整性管理总是伴随风险评估和风险管理存在的。风险辨识、安全和投资需要找到一个合理的平衡点，过度安全会加大投资，影响效益；投资不足，安全裕量低会存在较大安全风险。因此本书对井筒完整性的研究和认识就是要力图通过理论、技术及标准的研究实现上述风险辨识、安全和投资的合理平衡。辨识出的危险源根据风险评估进行分类管理，包括危险源的监测和监控。根据动态信息检测对危险源的安全风险程度进行定性或定量评价，以确定特定风险发生的可能性及损失的范围和程度，安全判别，进而进行风险预警和预控。对于有可能发生的重大风险，宁可信其有，不可信其无，并制定安全预案。

## 1.5.2 与井位和环境相关的风险

在 ODP 设计阶段应充分考虑油气勘探开发区域的风险评估要求，不同国家或地区都会有相应的针对性的安全评估法规和环境评估法规，简称"安评""环评"。以下油气井井位屏障失效会影响外部环境安全，外部环境也会影响井筒安全：

（1）人口密集及区域经济状况。井位与生活/生产活动区最小距离，考虑井口或井周意外外溢，或抢险对人员健康和生命的影响还应考虑地下井喷与矿坑或地下工程连通的潜在风险。

（2）应考虑山地或沟谷区域存在的山洪、塌方、砾石流等风险；另外，应考虑地下井喷时山顶与山谷高差造成山谷人居区连通的潜在风险。

（3）应考虑井场值守及救援、通信及大型作业车进入可达性，及在相邻区域钻救援井可行性。

（4）应考虑近地区域地质构造破碎带地下井喷导致地面冒油气燃爆、毒性及环境污染、地下水污染。

（5）应考虑在环境敏感地区钻大位移水平井、定向井安全可行性，或不可从事油气开采论证。

（6）应考虑表层套管外地层水含腐蚀性组分，例如硫酸盐/硫酸盐还原菌会强烈腐蚀套管、水泥环及井口。

（7）酸雨地区酸雨造成采油气树、井口部位腐蚀。

（8）地震诱发地层层间滑移、地下膏盐岩/软泥岩持续蠕变挤毁套管。

（9）对于海洋油气井，应考虑近海、深水、洋流及统计风浪状况。地下井喷导致海底冒油气，洋流掏空导致水下井口偏斜。

（10）对于单井或丛式井，应考虑单井事故或抢险对邻井的影响。

### 1.5.3　井口或井周意外溢出或井喷流出物

一种严重的油气井筒完整性失效是井口或井周意外溢出或井喷，可能井内油气水流出物的组分会影响到所有井的风险评估，流出物可能造成潜在的健康、安全、环境和社会问题风险。流出物可能源自生产目的层，也可能源自非生产层。以下流体组分在井内油气水流组分中的效应应该作为井筒风险评估系统中潜在异常影响因素：

（1）易燃或爆炸性组分。

（2）含硫化氢组分。

（3）含二氧化碳腐蚀性组分。

（4）某些天然气中含有毒性组分，例如硫醇、二氧化硫、硫醚、二硫化物和噻吩类、汞蒸气。

（5）致癌组分。

（6）地层水。

### 1.5.4　风险的定性评估

危害事故发生的可能性和危害的严重程度的综合效应称为风险。风险分析涵盖了风险类型，意外事件的原因和后果，对人员、环境和资产的危害。风险评估技术是用来评估油气井筒完整性风险的大小，判断该风险发生概率是基于可能的失效模式和实际发生过的失效案例。

风险的定性评估采用语言描述组成一个矩阵图，横坐标为事故风险的严重程度，例如一个5×5矩阵：无影响、小、大、严重、灾难性；而纵坐标为事故风险发生的可能性，例如从未发生过、少有发生、偶尔会发生、有时发生、经常发生，如图1-6所示。这种定性风险评估方法较简单，但完全靠评估者经验或经历，有一定局限性。

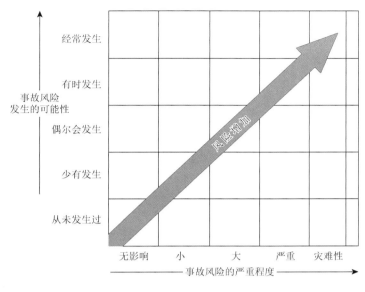

图 1-6　风险矩阵图

定量风险评估较为先进，可以评估风险发生的概率，但是在井筒完整性评估应用中会非常困难。事故发生的概率很小，且基本不满足概率统计随机性原理。

## 1.5.5　风险的定量评估

### 1.5.5.1　井筒完整性风险评价指标体系建立的原则

油气井工程本身存在众多风险因素，包括自然、人为及技术等，各因素之间相互存在关联，且存在非线性的特征，因此油气井井筒完整性风险评价是一项复杂系统的工程。井筒完整性风险评价是风险管理中的重要内容，井筒完整性风险评价的前提是确定风险评价指标体系，也就是通过哪些指标或标准去评价井筒完整性。

对于井筒完整性评价对象来说，其风险评价因素是相互关联的，油气井生产阶段风险因素是一个整体，共同影响着井筒完整性，其研究内容包括评价指标体系建立的原则、风险评价方法的优选、评价指标的选定、确定评价项目成员的评分权重、确定风险后的严重程度、确定失效发生的概率、风险等级的量化、风险等级的排序、确定准则层的权重、油气井生产阶段完整性风险综合评价。建立生产阶段井筒完整性风险评价指标体系应遵循如下原则：

（1）系统性原则：按照系统性原则将油气井生产阶段井筒完整性评价指标体系分为后果严重度指标体系和成因性指标体系。风险影响程度意味着完整性失效后可能造成的人员伤亡和经济损失；成因性指标体现在生产过程中风险发生的形式及其可能性。

（2）合理性原则：风险评价因素应具有针对性，评价因素简单明了，方便其资料、数据的收集，同时也要体现出生产阶段的具体情况。因素及层次太少可能造成指标较粗糙，从而不能真实体现出油气井生产过程的实际风险程度。但是也要避免风险因素太多、层次烦琐造成求取其风险程度太难。

（3）量化原则：评价指标不仅具有定量指标，而且经常会有定性指标，对于定性指标，为了直观且处理方便，人们往往会对定性指标进行量化；井筒完整性风险评价指标定性因素较多，为了准确评价油气井井筒完整性，应建立一套合理量化方法。

（4）针对性原则：通常不同的评价系统的风险评价指标体系不同，可能其具有相似性，但是其子指标可能完全不一样，因此必须针对具体问题建立相应的评价指标体系。

（5）独立性原则：对于指出的风险因素应相对独立，并要明确风险指标的层次结构，否则的话会影响风险评价结果。

### 1.5.5.2　井筒完整性风险评价指标体系的构建

由于不同油气田的人员素质、人员结构分布以及救援队伍的合理性等原因的差异，油气井生产过程中产生事故后造成的后果往往也不同。

**1. 事故发生频率**

油气井工程中由于各种原因经常会造成工程事故，其可能产生的危险后果主要有设备事故、人身事故、井下事故以及环境污染四种。

1）设备事故

违反设备的操作规范或要求，而引起的机械事故。

2）人身事故

（1）岗位之间的不协调导致误操作而造成的人身事故。

（2）设备质量不合格及维修检查不全面从而造成的人身事故。

（3）没有严格依照操作规范因而造成的人身事故。

3）井下事故

油气井生产过程中如果在井下发生某种事故，不及时解决往往会导致一系列的事故发生，最终可能会造成人身伤亡及较大的经济损失；往往复杂地层、操作失误、机械故障等原因会酿成井下事故。

4）环境污染

往往在油气井生产过程中会产生噪声污染、废气废水污染、油污等。因此，根据施工过程的各阶段控制污染，对于开拓国内外市场，实现石油天然气的开采可持续发展具有重要意义。

**2. 人员分布及损失**

合理安排人员分布往往也会降低各方面的损失，例如工作人员的素质如果很高就会减小或避免事故的发生，另外在现场作业人员密度较小的情况下，一旦事故发生，造成的人员伤亡率可能就会减小许多。

**3. 救护能力**

如果油气田配备完整的救援队伍，事故发生后，能够及时地赶到救援现场，降低事故造成的后果，从而会降低人力物力的损失。

### 1.5.5.3　井筒完整性风险评价的一般步骤

首先，分析影响井筒完整性发生失效的风险因素，并进行层次单元的划分；然后，基于风险矩阵评价方法的特点，对风险因素、风险概率及风险影响程度进行划分及量化；最后，基于风险因素及风险矩阵的方法建立井筒完整性评价模型，开展风险评价（图 1-7）。

（1）首先调研分析油气井在生产阶段井筒发生失效的形式，讨论该失效形式的诱因，分别从生产管理及操作方面研究引发井筒完整性失效的因素。

（2）参照相关行业标准研究每种井筒完整性破坏情况发生后的严重程度，并进行分级。

（3）利用相关概率论方法以及经验法确定每种定性和不定性因素诱发井筒完整性破坏的概率。

（4）对不同井筒完整性破坏情况发生的可能性做风险排序。

（5）针对所有影响井筒完整性失效的因素进行分析和讨论，结合每种风险因素发生的可能性和发生破坏后果的严重程度，运用风险矩阵方法对井筒完整性进行综合风险评价。

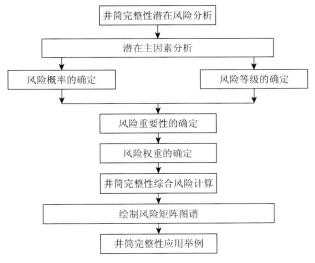

图 1-7　井筒完整性风险定量评价流程

# 第2章　井筒屏障设计与风险管理

井筒完整性的定义为应用技术、操作和编制的解决方案来减少井的生命周期内不受控制的地层流体泄漏。井筒完整性管理主要包括井筒安全屏障管理、数据收集与交接、风险评估、完整性评价、完整性管理方案与完整性测试方案等内容。

井筒完整性管理包括各部分组件的密封完整性和结构完整性。螺纹、非金属密封元件的失效可能会导致严重的环空带压现象。2007 年，国际上成立了井筒完整性论坛，井筒完整性论坛提出了井筒完整性的分级方法，对油气井的不同工作状态均有比较详细的分类，包括开采状态、长期关井状态、临时关井状态和临时废弃的状态。但是那些在建的或被永久封堵和废弃的油气井并不在这个范围之内。同时，井筒完整性的验收标准应由作业者规定。

## 2.1　井筒屏障分类及功能

### 2.1.1　井筒屏障的概念

井筒屏障定义为井筒组件及所采取的技术，可有效阻止不希望出现的地层流体流动。为了防止不能控制或未预见到的地层流体泄漏、井喷或地下窜流，井筒均设有若干层屏障或屏障单元，它们的集合称为井筒屏障系统。

**屏障或屏障单元**：为防止非产层流体流入井筒或层间窜流，并引导开采的流体可控地流到地面的物理构件称为屏障或屏障单元。屏障单元自身只有与其他井筒屏障单元组合，构成一个封闭子系统即屏障系统，才能起到屏障作用。

**屏障系统**：由若干屏障单元构成的一个封闭圈称为屏障子系统，两个或两个以上屏障子系统构成井筒屏障系统。在本书表述中未严格区分屏障或屏障系统。石油工程师们熟悉的"井身结构"本质上就是屏障系统，只不过屏障的表述更强调安全，而井身结构更强调钻井、完井和开采的功能协调及完整性。

### 2.1.2　井筒屏障功能及分类

井筒屏障的功能如下：

（1）防止在开采期或建井期井下流体泄漏，包含泄漏到地面、海底或在井下层间窜流，侵入有价值的地下资源层，如淡水层、地热水层，以及相邻的已开采的地下矿藏，如煤矿及其他地下矿藏。

（2）确保关井或出现紧急情况时可以远距离遥控或直接手动紧急关井。

（3）某一屏障失效时，后备屏障起作用，防止或降低井喷风险以及无法控制的窜流风险。

屏障主要分为机械屏障、流体屏障和操作屏障，其含义简述如下。

**机械屏障**：油管、套管及相应螺纹，井下及井口各种机械装置或工具称为机械屏障。

**流体屏障**：井内人工流体形成的液柱压力称为流体屏障。钻井液、完井液、压井液、油套环空保护液、滞留在环空水泥面之上的钻井液或注水泥隔离液、冲洗液等静液柱压力均可构成流体屏障。

注水泥及候凝期的液柱压力也属流体屏障，水泥凝固后成为机械屏障。

**操作屏障**：油气井钻井、完井或修井及采气井管理的安全设施、仪表及监控系统及其相关管理及操作制度等均属于操作屏障。

机械屏障设计应能承受预期的最大压力，应能阻隔非开采地层流体流入任一环空及在环空窜流，或流向低压层、地面或海底。任一屏障单元密封失效或结构破损不应导致环空井喷，可验证各屏障单元功能有效性。

流体屏障在整个建井期或油气井开采期必须保持适当液柱重力压力，该压力应始终高于其上覆地层压力，阻止地层流体流入。同时附加的热膨胀压力或不可避免的井口环空带压压力与液柱重力压力叠加不应压漏地层或经油管封隔器泄漏到井底，或经油套管螺纹泄漏，也应避免挤毁内层套管或压破外层套管。流体屏障的流体不应腐蚀油套管，同时在不可预见的含 $H_2S$ 或 $CO_2$ 地层流体侵入流体屏障时，仍能保持有效的防腐蚀性能。

对于高温高压油气井、海洋油气井、含硫化氢气井，或邻近环境敏感区域的油气井，在建井、完井、开采期，长停井或封井弃井等各阶段的井筒均至少应有两级屏障系统。

对于不能自喷，需机抽或注气开采的油气井，可允许只有一级屏障系统。但需对其进行风险分析以确保该屏障能够有效封隔井内流体。

**一级屏障**：凡是直接与产层连通，承受产层压力、温度及与产层流体接触，封闭产层流体的屏障均为一级屏障。一级屏障应在油气井全寿命周期发挥作用，满足功能要求。因此，一级屏障是井筒安全的核心部位，只要一级屏障完好，井筒基本就可以安全管控。从上述屏障的功能可以看出，一级屏障应具有最高的设计标准。

**二级屏障**：二级屏障只在一级屏障失效时控制压力，阻止进一步的泄漏。在一级屏障完整时，二级屏障不应承受产层压力、不与产层流体接触。二级屏障承受的来自产层的抗压强度与密封压力应与一级屏障相同，但是耐腐蚀和开裂性能是否要同于一级屏障，取决于技术经济评估和风险评估。二级屏障应能承受短时一级屏障失效后地层流体温度、压力及流体介质的作用。

一级屏障和二级屏障的划分是相对的，它取决于井的工况。例如，开采期全部油管柱、生产尾管、生产封隔器、油管挂及油管四通均是一级屏障。但是在役井紧急关闭井下安全阀时，安全阀之上油管及井口变为二级屏障。注入完井液或压井液压井准备更换井口时，压井液作流体屏障成为一级屏障，防喷器为二级屏障。

此外，还会有三级或四级屏障，例如，技术套管和表层套管及相应的水泥环和套管头。三级或四级屏障用于保障完成钻穿目的层的建井过程，同时防止建井过程污染具有经济效益性的地层，例如淡水层、地热水层、矿产层或与开采矿连通的地层层序。三级或四级屏障还应防止腐蚀性地层流体浸蚀井筒，破坏井筒本体的完整性。

## 2.2 典型井的井筒屏障系统

### 2.2.1 自流采油井或自流采气井的井筒屏障及屏障系统设置

    屏障及屏障系统的设置没有统一标准，它与技术经济、风险评估和经验有关。高温高压油气井、高含硫化氢气井，或邻近环境敏感区域的油气井应至少有一级和二级两重屏障及屏障系统。从安全及应急处置突发事件考虑，设置了井下安全阀。但是对于陆地油气井，是否使用井下安全阀可由设计者根据风险评估和经验来确定。图 2-1 为油气田开发自流采油井或自流采气井，井口有压井、高温高压井较为普遍的一种屏障及屏障系统的设置。

    对于不能自喷、需要机械采油气或气举开采的井，是否还需要设置一级和二级两重屏障及屏障系统也可由设计者根据风险评估和经验来确定。

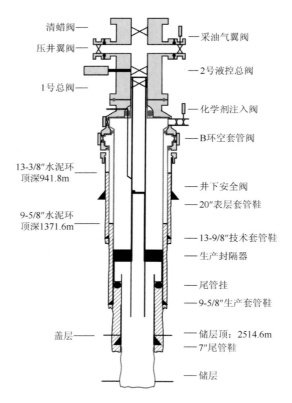

图 2-1　自流采油（气）井的一种屏障及屏障系统示例

注：来自 ISO/TS 16530-2《开采期的井筒完整性》。

　　自流采油气井井底结构中的生产封隔器坐挂在尾管头之上生产套管内,有利于改善尾管、尾管悬挂器及尾管头封隔器作为一级屏障的密封性要求。即使尾管外水泥环及尾管头封隔器有泄漏,但由于它与产层在一个压力系统内,也能保证井筒一级屏障的密封能力。在尾管与生产套管之间的环空间隙太小,不适合安装尾管头封隔器时也可使用该完井井底结构。在一些下了 $\Phi$244.5mm(9 5/8″)、壁厚 13.84mm 生产套管的井中,$\Phi$177.8mm(7″)尾管悬挂器带封隔器下入过程和注水泥过程会有风险,图 2-1 的井底结构可不装尾管头封隔器。需要注意采用油管压裂时 $\Phi$244.5mm(9 5/8″)生产套管的抗内压强度及对水泥环的潜在损伤。

　　类似图 2-1 采油气井的屏障及屏障系统可以分为以下相对独立的屏障子系统。

　　**一级屏障子系统:油气流道及其控制屏障**(图 2-2),包括:

　　　　生产尾管或套管;

　　　　尾管挂封隔器(由下向上的密封结构);

　　　　尾管外水泥环或从生产封隔器处向下的生产套管外水泥环;

　　　　生产封隔器;

　　　　井下安全阀;

　　　　全部油管柱;

　　　　油管挂及颈部密封;

　　　　采气树及阀门。

　　**二级屏障子系统:油套环空(A 环空)封闭域及其控制屏障**(图 2-3),包括:

　　　　生产尾管或套管;

　　　　生产封隔器处生产套管向上的外水泥环;

　　　　尾管挂封隔器(由上向下的密封结构);

　　　　油管挂体部密封;

　　　　生产套管芯轴悬挂器密封或卡瓦悬挂 BT 密封;

　　　　套管阀;

　　　　油套环空保护液(非独立屏障)。

　　**三级屏障子系统:技套+表套及其水泥环封闭域及其控制屏障**,包括:

　　　　技套及水泥环;

　　　　表套及水泥环;

　　　　套管头及密封;

　　　　套管;

　　　　套管封隔器(或称为环空封隔器);

　　　　水泥环之上滞留流体;

　　　　屏障系统的关键部件见图 2-2、图 2-3。

## 2.2.2　紧急关井下的井筒屏障系统

　　基于"深水地平线事件"的教训和高温高压气井环空带压的研究,2011 年 6 月《OLF

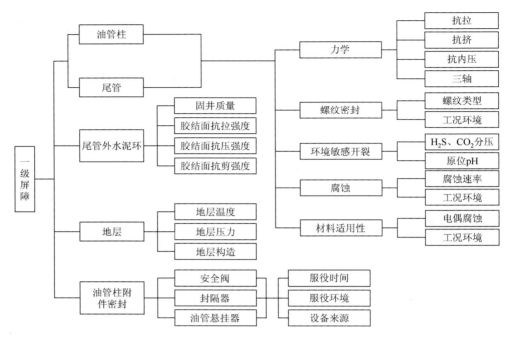

图 2-2　一级屏障划分及影响因素

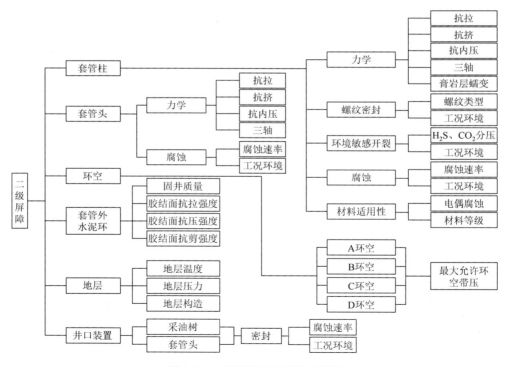

图 2-3　二级屏障划分及影响因素

井筒完整性推荐导则》对一般采油气井的井筒安全屏障系统进行了更改，如图 2-4 所示。

将一般采油气井的井筒屏障系统的一级屏障延伸到尾管部分，即尾管挂及尾管封隔器、尾管套管及水泥环。表 2-1 说明屏障名称及认证要求，表中注明了认证试压记录。

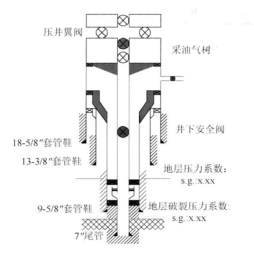

图 2-4　《OLF 井筒完整性推荐导则》一般采油气井的井筒屏障系统

　　紧急关井指关闭井下安全阀，是在顶部油管、井口悬挂密封或采油气树突发泄漏，事故源不能适时判定情况下的应急操作。突发自然灾害可能冲击井口或出现火情也需紧急关闭井下安全阀。在役井紧急关闭井下安全阀时，生产尾管及水泥环、尾管树封隔器、生产封隔器、井下安全阀及其下油管为一级屏障；井下安全阀之上油管及井口变为二级屏障，但是这种屏障系统的划分不能作为设计和管理的依据。井下安全阀的可靠性，可重复多次使用及设计安全裕量均不如采油气树阀门，它不能作常规关井阀门使用。

表 2-1　井筒屏障系统及验证

| 油气井基本信息 | |
| --- | --- |
| 位置 | xxxx |
| 井号 | xx/xx-xx |
| 井型 | 如：油井、气井 |
| 井的状态 | 如：修井 |
| 修井次数/日期 | xxx |
| 修井目的 | xxxx |
| 审查/批准 | xxxx |
| 井筒屏障单元 | 验证屏障单元 |
| 一级屏障单元 | |
| 7″尾管水泥环 | 试压至 xx MPa，对应当量压力系数 xx<br>水泥返深确定方法：预测/测量<br>水泥返深：xx m（测深）<br>方法：体积计算/测井解释<br>如：CBL 胶结测井：xx～xx m |

续表

| 井筒屏障单元 | 验证屏障单元 |
|---|---|
| 一级屏障单元 | |
| 7″尾管 | 试压至 xx MPa，对应当量压力系数 xx |
| 7″尾管挂封隔器 | 试压至 xx MPa，对应当量压力系数 xx |
| 尾管悬挂封隔器与生产封隔器之间的 9-5/8″套管 | 试压至 xx MPa，对应当量压力系数 xx |
| 生产封隔器 | 试压至 xx MPa，对应当量压力系数 xx |
| 油管 | 试压至 xx MPa，对应当量压力系数 xx |
| 井下安全阀 | 流入测试压力 xx MPa |
| 井筒屏障单元 | 验证屏障单元 |
| 二级屏障单元 | |
| 9-5/8″套管外水泥环 | 试压至 xx MPa，对应当量压力系数 xx<br>水泥返深确定方法：预测/测量<br>水泥返深：生产封隔器/套管鞋上 xx m<br>方法：体积控制/测井<br>如：CBL 胶结测井：xx～xx m |
| 9-5/8″套管 | 试压至 xx MPa，对应当量压力系数 xx |
| 带密封组件的 9-5/8″套管悬挂 | 试压至 xx MPa，对应当量压力系数 xx |
| 井口/环空允许压力 | 试压至 xx MPa，对应当量压力系数 xx |
| 带密封的油管悬挂 | 试压至 xx MPa，对应当量压力系数 xx |
| 采油气树压力 | 试压至 xx MPa，对应当量压力系数 xx |
| 井筒完整性问题说明 | 备注 |
| N/A | |

# 2.3　井筒屏障单元管理

## 2.3.1　井筒屏障单元描述所需的基础数据

井筒完整性及屏障系统的描述及技术文件形成也没有统一的规定，一般在完井报告中应给出详细的记录和信息，包括相关执行人和责任人记录并且具有可追溯性。

1）井身结构数据

移交中应包括以下井身结构信息：带有井口数据的剖面图；带有采油树数据的剖面图；套管数据（深度、大小）；套管和油管参数（包括测试压力）；水泥浆数据；油管和所有的环空的流体情况；井口压力测试；采油树压力测试；完井部分测试；射孔详情；设备详情（如鉴别码或编号）。

2）井身剖面图

移交文件中应包括两个井身剖面图：井筒屏障剖面图和完井剖面图。

3）移交文件

移交文件包含移交的许可证。文件中应该包括的内容：阀门状态、压力状态、流体状态。

4）操作输入端

油井移交文件中应包含操作限制文件。其内容至少应包括下列信息：油管和环空作业限制；所有屏障的测试和验收标准（注明参考的标准）；实际的井斜情况。

## 2.3.2　井筒屏障单元描述

生产期井筒屏障剖面图的基本要求：应标注出屏障范围内的地层强度；储层列出每个屏障区间内的屏障单元及其完整性测试结果；在剖面图上每个屏障单元的相对深度要准确；所有的套管（包括表层套管）和水泥环都要画在图中并标明其尺寸；需要单独列出井筒信息，如安装情况、井号、井型、井况、修井编号及日期（准备日期，确认/批准日期）；提供重要的井筒完整性信息备忘录。

（1）屏障单元验收表（表 2-2）。

表 2-2　屏障单元验收表模板（NORSOK 117）

| 项目 | 验收标准 |
|---|---|
| 描述 | 用文字来描述井筒屏障单元 |
| 作用 | 描述井筒屏障单元的主要作用 |
| 极限工况 | 设计标准：如井筒屏障单元可以承受的最大载荷条件以及其他功能需求<br>交井后：井筒屏障单元或它的子组件的要求，参考通用的规范标准<br>已经投入生产的井筒屏障单元，侧重点应放在设备参数的选择以及现场装配上 |
| 初始测试和校对 | 验证其是否满足投产的需求 |
| 使用 | 描述井筒屏障单元的使用方法，维护其功能以防止使用期间损坏 |
| 监控 | 描述在井筒屏障单元使用期间对其完整性和是否满足设计要求的审核方法 |
| 失效模式 | 描述井筒屏障单元在功能受损时需要进行补救措施或者是直接停止活动/操作 |

（2）井筒安全关键因素的性能标准。油气井井筒完整性安全因素的性能指标见表 2-3，这是 ISO/TS 16530-2《开采期的井筒完整性》列出的例子，实标操作和要求应由作业者与服务或供给方依据具体技术条件确定。

表 2-3　井筒完整性性能标准样表（示例）

| 最低验收标准 | 保障措施 | 实例 |
|---|---|---|
| 井口装置/采油树外观检查：井口装置/采油树阀门以及其他关联设备不应该有气体或液体的泄漏（外观检验） | 验收外观检查 | 没有泄漏 |
| 井口/采油树阀门驱动：应能在运营商规定的时间内关闭 | 验收响应测试 | 时间 |
| 井口装置/采油树阀门泄漏率：阀门的泄漏率不能超过 API 14 所允许的泄漏率 | 验收测试：泄漏率 | 体积/时间 |
| 环空安全阀（ASV）完整性：根据 API 14，应该在规定的参数范围内运行 | 验收测试：记录有效的操作信息 | 压力限制 |
| 环空完整性管理：环空压力值应该在环空带压控制值之内 | 环空带压值监测 | 压力限制 |

| 最低验收标准 | 保障措施 | 实例 |
|---|---|---|
| 环空完整性管理：准确校正环空压力监控设备 | 验收测试：记录有效的操作信息 | 精度 |
| 环空完整性管理：环空压力显示和记录应正确标定，按规定间隔时间自动或手动记录 | 验收测试：记录有效的操作信息 | 压力测试 |
| 井下安全阀（SSSV）：应该在规定的参数范围内运行 | 验收测试：根据需要来操作 | 泄漏测试 |
| 油管堵塞器完整性测试：在规定的参数范围内运行 | 验收测试：根据需要来操作 | 泄漏测试 |
| 气举阀/油管完整性测试：应该在规定的参数范围内运行 | 气举阀/油管测试验收 | 流入测试 |
| 油管挂颈、液控管、电力线/穿过孔密封测试：组件压力测试应该在规定的范围内操作 | 验收测试：根据需要来操作 | 压力测试 |
| 人工举升系统关闭测试应该在规定的范围内进行 | 验收测试：根据需要来操作 | 关闭测试 |
| 位置安全阀或生产翼阀：操作应在规定的范围进行 | 验收测试：根据需要来操作 | 关闭测试 |
| 注入井的操作范围：运营商规定的最大允许注入压力 | 依据注入压力的极限值来确定 | 压力极限 |
| 气井：运营商所规定的最大允许压力/温度 | 依据 MAASP 井身注入压力的极限值和温度极限来确定 | 压力+温度极限 |

## 2.4　井筒屏障系统风险及管控

### 2.4.1　井底结构对屏障完整性的影响

完井井底结构及屏障单元形式，复杂多样化，在保证油气高效开采的同时，也必须考虑井筒完整性。完井程序、完井井底结构应有利于防止环空带压，防止油套环空保护液污染，防止油套腐蚀及开裂潜在风险。

可供选择的完井程序类型有：压井液兼作油套环空保护液、控压顶替油套环空保护液、带地层隔离阀的顶替油套环空保护液、坐封射孔前顶替油套环空保护液。

**1. 压井液兼作油套环空保护液**

压井液兼作油套环空保护液是最简单的完井程序。压井液经适当处理后转变为环空保护液，在可平衡地层压力压井液密度下起钻、下油管、坐封封隔器、装井口及采油树后下连续油管替喷投产。技术经济及风险状况：①适用的井下工况有限，较适用于压井液密度低于 $1.40g/cm^3$ 的井下工况，在此密度工况下可用甲酸钾或甲酸钾和甲酸钠混合压井液转换为环空保护液。转换过程包括精细过滤、pH 调节等。②如果压井液密度高于 $1.40g/cm^3$，在此密度工况下甲酸钾用量大，或需要用甲酸铯，成本高。③任何为了降低成本而采用无机盐改性的高密度环空保护液均应开展其作对油管、套管的应力腐蚀开裂评价。在开采过程中井底流压降低，存在高密度环空保护液经封隔器泄漏的风险。

**2. 控压顶替油套环空保护液**

（1）待生产封隔器的完井管柱下到位后，接油管挂，送入油管四通，锁定密封。

（2）装采油气树及流程管路，密封试压。

（3）反循环注环空保护液，通常环空保护液密度低于井内压井液密度，因此全过程应在井口施加一个回压，以平衡地层压力。

（4）用足够量的环空保护液顶替原井内压井液，保证环空完全充满清洁的环空保护液。

（5）投球整压坐封生产封隔器，环空打压验封。

（6）转入投产测试工序。

上述井底结构和完井操作工艺可能存在下述问题：顶替环空保护液及坐挂生产封隔器是在井口控压状态下操作的，井口加回压平衡地层压力。井底结构和完井操作工艺可能对二级屏障油套环空保护液造成钻完井液和产层二氧化碳或硫化氢污染，在环空留下不清洁的环空保护液。以低密度无固相的流体体系顶替高密度高固相的井内压井液需要大量液体，而且排量应尽可能低，以防止循环压差激发封隔器提前坐封。此外，在准备投球和等待落球到位的数小时期间，难免会有油气上窜，在环空留下不清洁的环空保护液。以国际上广泛使用的超级 13Cr-110 油管或套管为例，若所用甲酸盐环空保护液被完井液或地层二氧化碳污染，将导致超级 13Cr-110 材料发生应力腐蚀开裂。

**3. 带地层隔离阀的顶替油套环空保护液**

地层隔离阀是顶部封隔器、漏失隔离阀、完井隔离阀和循环阀等封隔器与内堵塞器的组合体的总称。地层隔离阀作为一次完井的一级屏障，在地层隔离阀之上可替置较低密度环空保护液，可以避免油套环空保护液被完井液和产层二氧化碳或硫化氢污染，在环空留下一个清洁的环空保护液体系。

压力不高的井二次完井时油管密封节直接插入回接筒，捞出或打掉内堵塞器即可投产。对高压井，在插入密封节之上适当位置再加一个永久式封隔器，以确保环空密封。通常的做法是第一次完井封隔器下入尾管内，二次完井封隔器位于上层套管内。这样不管是插入回接筒密封节泄漏还是尾管头泄漏都不会窜到油套 A 环空内。如果需要压裂，高压力不会作用到上层套管内。

应计算两个封隔器的强度包络线，评审在压裂内压力和两个封隔器间拉伸力双轴载荷下的双轴应力在两个封隔器及跨隔油管的强度包络线内。同时应计算采气时两个封隔器间封闭环空升温的流体热膨胀压力（annular pressure builol-up，APB），在设计期间就要考虑可接受的安全系数。

封隔器与内堵塞器对于压力不高的井，与封隔器可组合使用，待完井地层段之上安放一个封隔器，隔离环空；而隔离阀可隔离其上下的流体，阀体可在内插管取出时关闭，再次插入时打开。

带地层隔离阀的完井井底结构对井筒屏障完整性和防止储层伤害，提高产量至关重要。

对于高温高压气井，地层隔离阀的结构和操作应能承受较大的隔离压差和适应下入点深度的温度和绝对压力。

可在井口远程操作打开或关闭的地层隔离阀结构甚为复杂，尚缺乏可靠性。挪威 TCL 公司在北海高温高压井中使用的一种称为 TDP-3 HPHT 地层隔离阀，可通过油管下入和丢手。隔离阀的阀体为特制层叠玻璃，在井口施加 7～10 次脉冲压力即可被击碎，实现与地层沟通。据报道温度可达 150℃，隔离压差 51MPa，绝对压力 130MPa，密封压力等级达到 ISO 14310 V0 级。

**4. 坐封射孔前顶替油套环空保护液**

坐封射孔前顶替油套环空保护液的技术又称射孔-改造-完井一体化工艺，其管柱称射孔-改造-完井一体化完井管柱。先坐封生产封隔器，然后在油管内加压延时引爆射孔。环空保护液有较宽的选择余地，环空保护液设计密度应考虑封隔器允许压差、套管和油管强度。大多数情况下可用清洁淡水加碱调 pH 到 8.0～9.0，然后替入井内。如果井内为重泥浆，可以先用过渡浆替换，再用清水替换；也可用甲酸钾/甲酸钠类具有一定密度的环空保护液。如果用卤族元素盐类（氯化钠、氯化钙、溴化锌、溴化钙）作环空保护液，应考虑对 410 材料井口、超级 13Cr-110 油套管马氏体不锈钢、双相钢 22-28Cr 应力腐蚀开裂倾向，原则上不宜使用。

上述"一体化工艺"有利于简化完井工艺，但应综合评价射孔完善系数和井筒完整性潜在风险。在高温高压深井中射孔穿透深度影响产能。射孔枪留在井底，妨碍后续洗井、冲砂及生产测井等井下作业。在井底封隔器之下有限液体空腔内引爆射孔瞬间爆燃水击压力可能会导致封隔器、套管、水泥环或油管潜在损伤。

## 2.4.2　深井小间隙一次固井与尾管固井回接的水泥屏障及风险

### 2.4.2.1　常用的标准尺寸系列的井身结构

表 2-4 显示了常用的标准尺寸系列的井身结构，即各层套管及对应的钻头直径。在多数情况下，这套井身结构是可行的，各种工具、附件配套和标准化程度高。

**表 2-4　常用的标准尺寸系列各层套管及对应的钻头直径**

|  | 单位 | 套管层次及钻头直径 | | | | |
|---|---|---|---|---|---|---|
| 套管 | in | 20 | 13-3/8 | 9-5/8 | 7 | 5 或 4-1/2 |
|  | mm | 508 | 339.7 | 244.5 | 177.8 | 127 或 114.3 |
| 钻头 | in | 26 | 17-1/2 | 12-1/4 | 8-1/2 | 5-7/8 |
|  | mm | 660 | 444.5 | 311.2 | 215.9 | 149 |

长期的生产实践也暴露了在深井、高温高压气井、深水油气中或复杂地质构造地区上述井身结构的问题，例如：在采用高密度钻井液钻 12-1/4″（Φ244.5mm）井眼或有盐、膏盐等蠕变性地层井中，会用到壁厚 13.84mm 以上的厚壁套管，钻头直径不得不缩小到 8-3/8″，导致 7″（Φ177.8mm）尾管悬挂不能加封隔器，下尾管阻卡，固井质量难以保证等，可能为后期环空带压埋下隐患。7″套管和 5″套管与井眼的间隙小，固井质量难以保证，在很多情况下采用 4-1/2″（Φ114.3mm）尾管。

在深井或高温高压井，复杂地质构造井中上述 9-5/8″（Φ244.5mm）套管可改为 9-7/8″（Φ250.8mm），在其下可用标准尺寸 8-1/2″（Φ215.9mm）钻头，7″（Φ177.8mm）尾管悬挂时可以再添加封隔器，以解决环空带压问题。

一种在实践中证明具有综合优势的井身结构是 13-3/8″-14″+10-3/4″+7-5/8″（或 7-3/4″）+5″（或 5-1/2″直连型），此井身结构的特点如下：

（1）将 10-3/4″套管下到以前 9-5/8″套管封隔的位置。为了使此段套管能顺利下入，可将原 12-1/4″钻头改为 12-3/4″；或优化井眼轨迹，严格控制狗腿度；10-3/4″套管可用小直径接箍或直连型，以增大管外间隙。

（2）在 9-1/2″井眼中下入 7-5/8″套管，固井质量较易解决。用 6-1/2″钻头钻进，如有必要尚可下入 5″尾管。

### 2.4.2.2　深井长封固段注水泥与尾管回接的屏障及风险

深井下套管、注水泥及水泥屏障是井筒完整性最受关注的问题，美国海湾地区 1992～2006 年发生的 39 次井喷事件中，有 18 次与水泥和固井质量有关，有 5 次直接与固井水泥有关。

对于深井再加窄环空间隙，地层泥浆密度窗口窄的固井，存在随机的多个屏障失效风险。风险评估、各细节的设计及验证十分重要，所谓"细节决定成败"。一次套管下入固井和尾管固井后再回接有各自优点和潜在风险，它取决于经验、技术经济、风险评估和风险管控。如果细节出现差错，两种方案都会有风险。

需要考虑和认证的风险讨论如下：

**1. 精细的固井压力平衡模拟计算比较**

以钻井时循环钻井液无漏失的当量密度为基准，模拟计算下套管、循环、注水泥和顶替过程。如果用正常密度水泥浆，一次套管下入固井预计不会井漏，那么一次套管下入固井是可行的。如果一次套管下入固井，需要用低密度水泥浆，那么尾管固井后再回接应是优先选用的方案。

**2. 窄间隙水泥返深的风险评估**

以钻井时循环钻井液无漏失的当量密度为基准，评估水泥返深对注水泥全过程压力平衡的影响。原则上水泥应返到上层套管内 200～500m。评估环空水泥环之上封闭空间在投产及开采期间温度升高产生的热膨胀压力，提高套管抗挤或抗内压强度，以适应变化的热膨胀压力。水泥返深到上层套管鞋之下，留下释放热膨胀压力的裸眼井段的设计只适用于深水，深水油气井的水下井口不能释放环空压力。

如果水泥返深到上层套管有可能导致井漏，通过采用低密度水泥浆，并同时在水泥浆中加堵漏材料仍有井漏风险，那么应考虑降低下部套管直径或尾管固井后回接。

**3. 低密度水泥浆风险**

按平衡压力固井模拟结果，在产层封固段应尽可能采用正常密度水泥，其上可用低密度水泥。如果要用低密度水泥，应优先使用添加固态轻材料的水泥体系。地面充氮气的水泥浆体系应用得当，具有很多独特的优越性。但是地面充氮气的水泥浆体系要求太多的性能评价及现场经验，存在不确定性或风险。

**4. 窄间隙环空水泥屏障验证的风险**

研究表明，水泥环厚度小于 19mm（3/4″）时，声波幅度测井（CBL）的衰减率受水泥环厚度影响大。当水泥环厚度≥19mm（3/4″）后，衰减率变化较小并趋于定值。这说明小间隙环空的 CBL 测井不能正确反映固井质量。8-1/2″（$\Phi$215.9mm）井与 7″（$\Phi$177.8mm）套管半径间隙为 19.5mm，稍有偏心，声幅平均值就不能反映固井质量。

**5. 深井窄环空间隙套管强度风险**

深井窄环空间隙套管多采用小直径接箍或直连式螺纹连接结构,其密封压力和强度会稍低于带标准接箍的套管。设计者可按油井管制造企业提供的资料做设计,但是应考虑到下述潜在风险或不确定性:

(1)套管两端局部镦厚工艺及热处理条件,它是否会留下潜在的微观组织缺陷。

(2)应力水平或应力集中,井内交变载荷对长期服役可靠性有影响,外螺纹消失带存在缝隙腐蚀和应力腐蚀开裂潜在风险。

**6. 一次套管下入固井风险评估**

下套管或下完套管后的首次循环可能会发生井漏,井漏可能伴随溢流或环空井喷,因此井内钻井液柱压力和防喷器应设置为一级屏障。水泥浆、隔离液、冲洗液各自密度及在环空高度均应基本满足平衡压力固井模拟要求。生产套管不宜采用带分级箍的两级注水泥,分级箍的长期密封性欠可靠。

水泥浆在注替和候凝过程中可能会有"失重"引起的气窜,窄环空间隙叠加高的水泥上返高,气窜倾向严重。因此前述水泥应返到上层套管内 200～500m 为基本的设计要求。在水泥候凝过程中,上部钻井液柱可施加持续压力,可降低"失重"引起的气窜风险。

水泥环作为机械屏障的功能是稳定和支撑套管、防止套管腐蚀、封隔地层以阻止环空层间窜流。但是上述功能都带有不确定性,使固井成了井筒完整性最难解决的问题。下面将列举一个值得关注的不确定性或风险问题。

局部载荷与局部应变:水泥环作为机械屏障稳定和悬挂支撑套管,阻止套管热膨胀冷收缩。但是如果在一个短的井段水泥环破碎或只在圆周某一方位破碎,或水泥未凝固,在热应力、环空带压或人为施加的井口背压作用下,或在外部地层挤压力作用下,套管可能因局部应力或局部应变而破裂或凹陷。

**7. 尾管固井后再回接的风险评估**

对于深井、窄环空间隙、地层泥浆密度窗口窄的固井,先下尾管固井后再回接应作为首选方案,它较易于解决平衡压力固井,防止候凝过程中"失重"引起的气窜等问题。在深井中可能会遇到钻杆强度不满足将套管送入、窄环空间隙不允许加尾管头封隔器等困难。此外,回接套管底端插入密封到位及顶部芯轴悬挂的配管长度要求经验和精心施工,操作不当可能导致插入密封失效。尾管固井后再回接会增加作业时间成本和工具成本。

## 2.4.3 高温高压井井筒屏障风险

### 2.4.3.1 高温高压井界定

高温高压井多为气井,井筒屏障服役工况恶劣,一旦屏障失效导致井喷,后果严重,施救困难。

井筒的压力和温度高到什么程度就划分为高温高压没有严格的界定,在一定程度上带有人为因素。斯伦贝谢（Schlumberger）曾将压力大于 70MPa、温度大于 140℃界定为高温高压，这一界限值是考虑到下井电子元器件或非金属密封件在高温下的可靠性。NORSOK D-001 将井口关井压力大于 70MPa 或/和井底静态温度大于 140℃界定为高温高压。2016 年发布讨论的 API 17TR8 第二版《高温高压设计指南》文件中将符合下述三个条件之一者界定为高温高压井：

（1）完井设备或井控设备标定的使用压力大于 103MPa 或温度大于 177℃。

（2）预期海底井口或平台井口最大关井油管压力大于 103.43MPa。

（3）海底井口或平台井口最大流温大于 177℃。

前述《高温高压设计指南》是一个指导性文件，它还不能取代已有的 API 或 ISO 相关标准。该文件提出了井筒机械屏障的金属材料和密封件材料在高温高压下性能变化情况、载荷类型和特征以及结构件的失效模式。它是一个理念性文件，以它为基础或指导今后衍生出更具体或更具有可操作性的标准。在确保高温高压设备设计符合其功能规范和使用可靠性标准的同时，设备应有足够的防护能力，防止高温高压条件下的失效。高温高压井筒屏障风险包括：①地面或海底的井口、采油气树、防喷器及管汇；②油管、套管、钻柱及工具；③井底完井结构及密封件。

### 2.4.3.2　高温高压井筒整体失效模型选用

对于没有二级屏障的构件，例如，地面或海底的井口、采油气树、防喷器及管汇，一旦破裂将导致安全问题，因此设计应有较高安全裕量。一般引用高压容器的设计方法，其中普遍引用传统线弹性模型。传统的线弹性设计准则是复合载荷下的米塞斯应力小于或等于 $0.67\sigma_y$（材料单向拉伸屈服强度），但是对于高温高压构件，用前述传统线弹性模型会出现超厚壁结构。超厚壁构件的承压能力或失效模式已不符合屈服和"先漏后破"，即 leak before break 准则，而是塑性变形或裂纹快速扩展破裂。因此，厚壁构件需要用弹塑性模型及失效判据，或基于断裂力学的分析及失效判据，这方面的研究还在进行中。

对于油管、套管及钻杆之类的油井管，ISO 10400/API 5C3 已经认识到了传统线弹性理论的设计方法过于保守，并提出了弹塑性模型及失效判据、基于断裂力学的分析及失效判据。由于井下载荷及风险的不确定性，目前普遍接受的仍是 API 传统强度模型。

### 2.4.3.3　高温高压井筒材料潜在损伤

**局部应变损伤**：截面突变部位是典型的应力集中区域，应力集中区域存在局部塑性应变，同时也是潜在的疲劳和裂纹开裂区域。线弹性或弹塑性应力分析方法可应用于正常服役条件、短时的极端条件和拯救性条件的局部应力或应变评价。地面或海底的井口、采油气树、防喷器及管汇中有大量截面尺寸突变区域，需要用有限元方法计算出在高温高压下局部应力和局部应变，并确定损伤判别准则。油管、套管及井下工具有螺纹、管端局部加厚、沟槽、孔、隐蔽的萌生裂纹等。

**应力应变滞后材料损伤**：在反复加载和卸载的应力-应变循环作用下，每次应力-应变的曲线可能会留下一个微小的残余应变，或应力作用下应变落后于应力的现象，称为滞后现象。材料失去了原有的线弹性，宏观上弹性模数不再是一个常数，导致金属接触密封件材料应力松弛，产生泄漏或断裂。在应力水平较高的弹性范围内的交变载荷也会产生应力应变滞后材料损伤。材料产生应力应变滞后损伤后，可能在几次或几十次的反复加载和卸载的应力-应变循环作用下就会断裂。在投产不久的高温高压井中由于环空带压过高，出于安全考虑，采取反复放压井口的拯救性措施，反复放压-升压数次导致油管或套管破裂的案例时有发生。

### 2.4.3.4　高温下材料强度衰减及油套管屈曲失稳

高温下井筒机械屏障所有金属材料性能都会有变化，最值得关注的是在高温下会有不同程度强度衰减，弹性模数略有降低，腐蚀和应力腐蚀加剧，热膨胀导致热应力或应力松弛等。只要设计时充分考虑强度补偿，严格意义上高温强度衰减不算风险。各种材料高温强度衰减值可咨询厂家或在 API PER15K-1《高温高压设备检验与认证方案》中查到。

制造井口设备的 410、F6NM 马氏体不锈钢和 4136 低碳合金钢，制造油管套管的 4136、4130 类低碳合金钢，例如 N80、T95、P110、Q125 等，在温度高于 120℃时应考虑高温强度补偿，即采用室温下强度更高的材料。

镍基类合金材料高温强度衰减近似于上述低碳合金钢，采用类似处理方法。22Cr、Super25-28Cr 类双相不锈钢高温强度衰减值大，温度高于 80℃时就应考虑高温强度补偿。常用 Super13Cr-110 高温强度衰减介于低碳合金钢和双相不锈钢之间，在温度高于 100℃时应考虑高温强度补偿。

超深井及高温井中油管热膨胀导致其中下部处于轴向屈曲失稳状态，并由此造成流固耦联振动，在轴向应力中和点附近成为潜在的疲劳断裂点。

### 2.4.3.5　应力腐蚀、应力腐蚀开裂和应力腐蚀疲劳失效

在高温高压井或超深井中从地面或海底设备到完井采油气各管柱及工具都有可能承受交变载荷。油管内高速气流、多相流会持续造成油管振动或共振；井口油管或环空"硬关井、硬开井"，即快速关断或打开，会造成水击、振动或共振。井口油管挂、采油气树法兰螺栓也处于上述交变载荷状态。

如果油套管和井口设备处于产层流体腐蚀介质或设计使用欠佳的油套环空保护液中，同时材料选用不当或材料不能完全适应服役的具体环境，那么应力腐蚀、应力腐蚀开裂和应力腐蚀疲劳失效均可能发生。应力腐蚀开裂与太多的因素有关，可能会出现现场的断裂与理论上的认识、已有的经验或与实验室评价不一致或相反等问题，如实验评价不开裂的，在现场使用中却发生了开裂。

一般认为在含二氧化碳及井底温度小于 150℃气井中常使用 Super13Cr-110 油管或套管，但是应力腐蚀开裂和应力腐蚀疲劳开裂时有发生。Super13Cr-110 材料点蚀坑、局部机械损伤极易成为裂纹萌生点，在局部应变激励下导致应力腐蚀开裂。在高温高压井或超深井中压力变化可转变为交变载荷，存在疲劳断裂风险。

## 2.4.4 油套环空封闭域屏障风险

### 2.4.4.1 环空（A 环空）封闭域屏障的复杂性

油套环空（A 环空）封闭域指生产封隔器、油管外壁、生产尾管或生产套管内壁、油管挂体部外壁+油管挂体部密封+油管四通，套管阀组成的（A 环空）封闭域屏障系统。该封闭域屏障系统为二级屏障，即在一级屏障完整时，二级屏障不应承受产层压力和不与产层流体接触。实际上 A 环空是井筒完整性最薄弱环节，潜在泄漏点多，后果严重。

无固相油套环空保护液处于油管、套管、封隔器、油管挂和套管阀门的封闭空间，它是二级屏障的组成部分，但它不是一个独立的屏障单元。油套环空保护液的屏障作用主要是充满环空以保持液柱压力，这取决于生产封隔器的密封性，其次是油管和套管不泄漏。

### 2.4.4.2 风险严重等级和类型

**特高风险级：井下安全阀向上到油管挂之间油管泄漏**。可能是油管螺纹密封泄漏或管体破裂或穿孔泄漏，导致 A 环空异常高压。套管头会承受异常高压风险，油管挂体部密封失效。井口 A 环空高压叠加环空保护液液柱压力可能会超过生产套管螺纹密封压力或内压强度。如果生产套管经历过钻井或完井的磨损或碰撞，有可能在远低于套管内压强度下破损。如果处理不当可能会导致各层环空窜通，发生地下井喷或产层油气窜到非产层。如果生产套管外为水泥环，那么水泥环不应视为对生产套管抗内压和抗挤有补强作用，注水泥段按密度 $1.05g/cm^3$ 盐水柱计算液柱压力。当用关闭井下安全阀确认上述风险后，井筒应视为特高风险级，立即进入抢险压井等待处理。

**一般风险级：任意油管处或封隔器泄漏**。但井口带压压力在依据 API RP 90 计算的最大允许值内，可以监控观察生产。

**环空泄漏：井口 A 环空不能起压**，可分以下两种类型的泄漏。①第一种泄漏为封隔器泄漏或暴露在环空保护液中的尾管头泄漏，一般呈动态特征。补注低密度环空保护液可充满和起压。关井停产后也可以补注环空保护液充满和起压，但开井投产又会泄漏，是否泄漏取决于封隔器或尾管头上下的压差。②第二种泄漏为发生在生产套管螺纹、管体的破损或穿孔，泄漏与上述开井关井无关。但也会有泄漏通道被堵塞，环空又可起压的动态变化情况。

### 2.4.4.3 油套环空保护液的水力屏障作用

油套环空保护液不能视为一个独立的流体屏障单元，它只对油套环空（A 环空）封闭域机械屏障起压力平衡和腐蚀防护作用。井下油管、套管螺纹渗漏，油管封隔器渗漏几乎不可避免。渗漏或渗漏速度取决于压差，减小压差或负压差可抑制渗漏。因此，在安全许可范围内的井口环空带压有利于抑制渗漏。另外，一定密度的环空保护液液柱压力在井口叠加可能导致环空由带压转变为泄漏，渗漏和泄漏常常是动态变化或动态平衡。

为了发挥油套环空保护液的流体屏障作用，环空保护液必须具有良好沉降稳定性。油管封隔器坐挂定位的可靠性取决于卡瓦的支撑力，而不是靠高密度环空保护液液柱压力平衡井底压力。在开采期，当井底压力降低，或封隔器胶筒及密封圈被 $CO_2$ 或 $H_2S$ 浸蚀，丧失弹性后，环空保护液将可能经封隔器泄漏。

#### 2.4.4.4　油套环空的腐蚀及应力腐蚀开裂管理

前述油套环空（A 环空）封闭域机械屏障处于复杂的腐蚀及应力腐蚀开裂环境，包括环空保护液及其被污染后的腐蚀及应力腐蚀开裂，金属接触密封的缝隙腐蚀、应力腐蚀，异种金属连接或接触时的电偶腐蚀。

环空保护液应同时对油管外壁和套管内壁具有良好的腐蚀防护性能。井下油管、套管螺纹渗漏，油管封隔器渗漏几乎不可避免，因此，要求环空保护液被 $H_2S$ 或 $CO_2$ 侵污后仍具有良好的防腐蚀性能。使用的环空保护液必须在高温高压中作腐蚀及应力腐蚀开裂评价，推荐模拟井下环境作 100% 应力水平的 C 型环应力腐蚀开裂评价。C 型环外圆应保持为工厂出厂状态，如果加载应力水平为 100%，试验期可为 7 天；如果加载应力水平低于80%，试验期应为 15～30 天。

卤族元素盐类（氯化钠、氯化钙、溴化锌、溴化钙）环空保护液对马氏体不锈钢 Super 13Cr-110、双相钢 22-28Cr 有应力腐蚀开裂倾向，不宜使用。

甲酸盐类环空保护液使用较多，效果良好，可适应不同的密度要求。但是甲酸盐类环空保护液被 $H_2S$ 或 $CO_2$ 侵污，被钻井液污染后的防护性能应再评价。

沉淀硬化镍基合金 718、725 广泛用作完井管件或工具，如井口油管挂、套管挂、井下安全阀及生产封隔器等。718 油管挂曾发生过数次应力腐蚀开裂，均与环空介质和材料晶间针状体析出缺陷相互耦合有关。参照 API 6ACRA 标准严格产品制造过程质量控制，在 100 倍和 500 倍显微镜下金相照片不应有包晶或沿晶连续的针状体组织。

### 2.4.5　套管-水泥环-地层封闭域屏障风险

#### 2.4.5.1　套管-水泥环-地层封闭域屏障功能验证

套管-水泥环-地层组成的封闭域有作为一级屏障功能的，也有作为二级屏障功能的。任何生产套管、技术套管（含尾管）的套管鞋、水泥环及地层均为一级屏障系统。套管鞋应坐在一个非渗透地层段，套管鞋之上第一段应至少有 30m 井段 CBL 测井胶结良好，视其为一级屏障系统。此外，应至少有另一个 30m 以上井段也胶结良好，视其为二级屏障。

当套管封过潜在的含油、气或水层，并预计后续作业套管内会出现低压情况，例如，完井、欠平衡钻井，向套管内替入海水等，应考虑流入测试。测试要求及方法参考 ISO TS 16530-2、NORSOK D-010N。

#### 2.4.5.2　套管-水泥环-地层封闭域屏障风险

在服役过程中，套管热膨胀或冷收缩、压力变化等均对水泥环完整性造成损伤，如在套管和水泥间产生微环隙，水泥石开裂或破碎。也可能会有局部井段水泥浆未凝结到具有足够强度。因此水泥环不管是作为一级屏障还是二级屏障都存在不确定性，不能被视为一个独立的屏障单元。为此，井口必须设置悬挂密封、套管阀，高温高压气井还需设置两个套管阀。对于含硫化氢/二氧化碳气层或高压水层，推荐使用环空封隔器作为补充机械屏障。

进行套管强度设计或环空带压管理分析时，不应考虑水泥环对套管抗挤和抗内压的增强补偿作用。相反的是，一个局部碎裂了的水泥环在潜在地层蠕变或滑移挤压作用下会对套管产生点载荷，造成挤毁或破裂。在内压作用下产生局部支撑反力，也会产生局部应变损伤。在 API RP90-2《陆地井环空带压管理》中已提出多次反复的井口环空升压和降压可能损坏水泥环和套管。

## 2.4.6　井口封闭域屏障风险

### 2.4.6.1　井口封闭域一级屏障

井口封闭域屏障系统指油管挂与油管四通之间的密封系统、悬挂强度及内压强度；生产套管及技术套管与油管四通之间的密封系统、悬挂强度及内压强度。上述井口封闭域屏障系统密封失效或断裂/破裂事故时有发生，有可能导致井口失控的严重安全问题。

在长期的开采过程中，井口和采油树作为一级屏障，应有最高的安全裕量。这是因为一旦此一级屏障发生泄漏和破裂，在没有二级屏障作为保护的情况下，产层流体可能直接泄漏在大气环境中。以下将讨论风险源及应对技术。

### 2.4.6.2　预计或实际井口关井压力高于已安装井口的额定工作压力

**1. 正确预测井口关井压力**

预计或实际井口关井压力高于已安装采油树额定工作压力的情况是不允许的，应更换为更高级别采油树。

偶尔会发生预计或实际井口关井压力高于油管四通的额定工作压力的情况，特别是在深水海底井口和高温高压探井或评价井中会有这种情况发生。如果油管挂或近井口处油管泄漏，井口关井压力作用于油管四通，井口可能会有潜在风险。

具体计算方法参考本书 3.3.4 节相关内容。

根据加拿大 IRP1：2004-01 标准，井口压力按井底压力的 85%计算，不论高压井还是低压井均足够安全和准确。

**2. API 17TR8 "极端载荷" 风险评估**

如果油管四通已经安装到位，更换压力级别更高的四通会带来附加风险，可以参考 API 17TR8 "极端载荷" 模式风险评估的补救方案如下。

按 API 17TR8 第二版《高温高压设计指南》文件将"极端载荷"定义为"不可避免但可预测的环境和操作载荷工况"。出现"极端载荷"的概率在十分之一到百分之一。对本书所述局部应变损伤、应力应变滞后材料损伤、高温下材料强度衰减、应力腐蚀、应力腐蚀开裂和应力腐蚀疲劳失效进行全面评估。参考 API 17TR8 "极端载荷" 模式重新计算设计许用应力。

原常规线弹性设计：$S_{A本体}= 0.67S_{y本体}$；$S_{A螺栓}= 0.80S_{y螺栓}$。

"极端载荷"模式风险设计：$S_{A本体}= 0.83S_{y本体}$；$S_{A螺栓}= 0.90S_{y螺栓}$。

式中，$S_{A本体}$、$S_{A螺栓}$——本体、螺栓材料的许用应力；

$S_{y本体}$、$S_{y螺栓}$——本体、螺栓材料的屈服强度。

执行"极端载荷"模式风险模式的必要条件是所用材料应具有可追溯性。

**3. 创建连续生产条件**

预计或实际井口关井压力高于已安装采油树额定工作压力的情况一般发生在探井或评价井，地面往往不具备开采或输气条件。如果反复开井和关井将会增加风险，推荐先压井或井口控压压井，创建连续生产条件。将井口流动压力控制在允许范围内持续生产，有的地层在一段时间后压力会有降低。

### 2.4.6.3　井口密封泄漏风险

卡瓦悬挂套管采用注脂 BT 密封，现场操作简易方便，已广泛采用。但是卡瓦悬挂套管密封性受套管外径公差、椭圆度、卡瓦挤压套管变形，密封橡胶件老化、现场安装经验等因素制约，密封可靠性带有随机性，不推荐在气井生产套管上使用。

油管挂和芯轴式套管悬挂器具有基本相同的密封结构和密封机理。多数密封结构和密封件采用金属压紧密封与弹性橡胶密封的混合结构，这类密封结构偶尔有泄漏发生。其风险源有：

（1）安装后金属密封欠佳，试压合格是弹性橡胶密封起作用，随着服役时间的延长橡胶老化或被腐蚀介质浸蚀，丧失密封性。现有结构安装时不能判别是金属密封还是弹性橡胶密封起作用。

（2）现场安装下放坐挂悬挂器过程中，不能判别金属密封是否存在碰伤或"盲坐"等情况。

（3）如果坐挂后密封检验不合格，必须将悬挂器连带套管整体提离井口后检查更换。若水泥返到井口并已凝固或套管太重，上提困难时将导致整体安装作业失败，留下后患。

（4）油管挂也存在潜在风险，而且密封失效的后果比套管悬挂器严重，可能造成严重环空带压，被迫压井修井。

为了避免上述潜在风险，应改进设计和制造工艺，提高可靠性。高温高压油气井选用性能可靠的品牌，或选用无弹性橡胶密封，坐挂入位后再安放密封金属密封件。若试压不合格，可以不动套管或油管进行密封件更换。

推荐采用多道金属密封或增长密封面的结构，金属密封材料和结构应能防止密封件应力松弛/蠕变、电偶腐蚀、缝隙腐蚀，振动或交变载荷导致的密封失效。金属密封在工厂应能通过 API6A 或厂家拟定的温度—压力循环检验。

### 2.4.6.4　材料选用的风险评估

**1. 材料选用的 LBB 原理**

采油树和井口（含芯轴悬挂器）的设计引用压力容器的设计方法。压力容器设计的一个基本原则是应符合"先漏失预警"，以前曾用"先漏后破"的提法，即 leak before break，LBB。其设计思想是材料的选用、壁厚及强度应做到不会发生快速的裂纹失稳破裂。高压设备在服役过程中难免会存在腐蚀、应力集中、疲劳等，如果产生裂纹，裂纹应缓慢延伸并扩展，直至裂纹穿透整个壁厚发生泄漏。泄漏以后应有各种监测方法，以便采取应急措施。因此根据 API 6A 的标准，井口和采油树的法兰、四通、三通等的材料屈服强度级别为 36ksi[①]、45ksi、60ksi、75ksi，最高不超过 75ksi（517MPa）。材料屈强比，即屈服强度与抗拉强度之比应小于 80%。

对于压力级别大于 20ksi（137MPa）采油树和井口（含芯轴悬挂器），按 API 6A 的线弹性设计原理，其壁厚会超过前述 LBB 要求，其设计理论和标准尚在研究中。

**2. 油管挂和芯轴式套管悬挂器材料选用风险**

API 6A 油管挂和芯轴式套管悬挂器选用材料经历了几次变化，表明了对材料选用风险评估和认识的进步。API 6A 将二氧化碳分压低于 0.05 MPa，硫化氢分压低于 0.00034 MPa 定义为非腐蚀性环境。对一般腐蚀环境（二氧化碳）使用的 AA 级油管挂和芯轴式套管挂，可选用 4130 低碳钢，最大屈服强度 110ksi（758MPa）；但是对酸性环境的 DD 级和 EE 级也可选用 4130 低碳钢，但应符合 NACE 15156-2 酸性环境材料要求。屈服强度高达 110ksi（758MPa）低碳钢用作悬挂器材料不符合 NACE 15156-2 酸性环境材料要求，因此是不允许的。

API 6A 中 BB、CC 级和 EE、FF 级的油管挂和芯轴式套管悬挂器应选用马氏体类不锈钢材料，例如 AISI 410 SS（UNS S41000）、F6NM（UNS S42400）。但是该材料屈服强度级别为 75ksi（517MPa），且高温下强度降低较大。API6A 最高温度级别为 U 级，工作最高温度 121℃，最低–18℃。在高温高压深井，悬挂重的油管或套管，同时又地处寒冷地区，前述马氏体类不锈钢材料使用有风险。

对于高温高压深井，开采过程中井口温度高达 100～130℃，材料选用还应考虑高温下屈服强度降低和应力腐蚀开裂倾向。以前在 API 6A 中曾使用 17-4PH 不锈钢作油管挂和芯轴式套管悬挂器，该钢屈服强度可大于 110ksi（758MPa），可悬挂深井重的油管和套管。但是 17-4PH 不锈钢热处理困难，很难获得均匀的索氏体组织，存在环境敏感开裂潜在风险。在 API 6A 第 19 版标准中已不再使用 17-4PH 不锈钢作油管挂、芯轴式套管悬挂器和阀门的阀杆。

API 6A 已规定用 718 沉淀强化镍基合金作油管挂和芯轴式套管悬挂器，屈服强度可达 120～150ksi（827～1034MPa），可悬挂深井重的油管和套管。不幸的是 718 沉淀强化镍基合金作油管挂和芯轴式套管悬挂器曾发生过数次环境敏感断裂/开裂事故，造成过严重安全事故，断口分析显示氢致开裂、硫化物应力开裂等环境敏感开裂特征。

718 沉淀强化镍基合金作油管挂存在以下风险：

（1）在生产过程中油管悬挂器或生产套管芯轴式悬挂器断裂/开裂造成最严重的危险状况。若技术套管或井口不能承受关井井口压力，有可能出现非常严重的井喷失控状况，一般都要抢险压井。

---

① 1ksi = 6.895MPa。

（2）718 沉淀强化镍基合金组织的微小缺陷对应力集中、构件缺口（例如螺纹）敏感性强，存在环境敏感开裂倾向。事实上几次 718 沉淀强化镍基合金芯轴式悬挂器、坐挂短节开裂都发生在螺纹处。以下列举两次 718 芯轴式悬挂器断裂案例，案例引自英国健康与安全执行局委托研究编写的英国大陆架高压高温井开发报告。

其中一口井 718 芯轴断裂发现过程如下：完井测试后，关井 30 小时待压井。再过 4 小时，发现环空带压，立即关井下安全阀。同时关闭平台上所有其他开发井，切断平台总阀。起油管后未发现油管有问题，又重下入油管，对环空水试压。发现与 C110 抗硫套管连接的 718 套管挂芯轴内螺纹最末完全扣开裂，断口长约为周长的一半，断口中心部呈脆性状，其余为韧性断裂。

另一口井是在投产测试时发现油管与油套环空完全窜通，同时 A 环空与 B 环空也窜通。评估有发生地下井喷风险，决定压井修井。后续作业发现 718 油管悬挂器下端内螺纹开裂，此外生产套管在井深 1006m 因紧扣不规范导致接箍穿孔。718 油管悬挂器下端内螺纹开裂，断口失效分析表明断裂机理为氢致开裂。

两口井镍基合金 718 芯轴断口分析表明直接原因和机理是在内螺纹最末完全扣处，应力集中系数高。已判定一口井氢来源于 718 合金内螺纹镀铜部位，发现晶间存在 δ 相针状体沉积，在此形成氢脆断裂。δ 相针状体沉积是热处理不当造成的，属制造缺陷。另一口井断裂机理不清楚。

多年的研究和实践认识到 718 的潜在风险后，2015 年 8 月 API 发布 API 6ACRA 标准《油气井设备用沉淀硬化镍基合金》，设计、制造、检验都应符合此标准。考虑到 718 沉淀强化镍基合金组织微小缺陷对环境开裂敏感，API 6ACRA 标准中列举了可以接受和不可以接受的晶间 δ 相针状体沉积的图谱，图 2-5 是其中的一组。

标准中还列出了其他可选的沉淀强化镍基合金牌号及性能，常用和典型的如下。

725：与 718 类似，但镍、钼含量高，含铌，具有更优良的抗硫化物应力开裂性能，但十分昂贵。

925：与 718 类似，但不含铌，镍、钼含量比 718、725 低，不易形成晶间 δ 相针状体沉积，价格相对较低。但强度级别限制在 110～125ksi（758～862 MPa）。

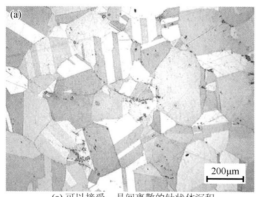
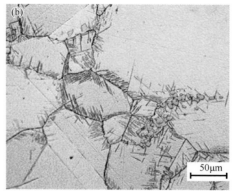

(a) 可以接受，晶间离散的针状体沉积　　　　　(b) 不可以接受，连续或包晶的针状体沉积

图 2-5　API 6ACRA 标准中列举的 718 晶间 δ 相针状体沉积

### 2.4.6.5　油管挂和芯轴式套管悬挂器的其他潜在风险问题

**1. 异种材料连接的电偶腐蚀、电偶诱发氢应力开裂潜在风险**

油管挂和芯轴式套管悬挂器下端多加工成内螺纹形式,通过双公短节与油管或套管连接。如果油管挂和芯轴式套管悬挂器材料强度高于其所悬挂的油管或套管,悬挂器下端加工成外螺纹也是允许的,否则不允许加工成外螺纹。选用内螺纹还是外螺纹还与异种材料连接电偶腐蚀、电偶诱发氢应力开裂风险有关。电偶腐蚀和电偶诱发氢应力开裂的概念见本书第 5 章。

为了预防电偶腐蚀和电偶诱发氢应力开裂潜在风险,下述技术可供设计参考:

油管挂和芯轴式套管悬挂器材料及制造程序、产品性能级别应符合 API 6A、API 6CRA 及 NACE MR0175/ISO 15156 规定。

利用"大阳极小阴极"的降低电偶腐蚀原理,异种材料螺纹连接,耐腐蚀性较弱者(阳极端)应为接箍,耐腐蚀性较强者(阴极端)应为外螺纹端。由此原理看出如果油管挂和芯轴式套管悬挂器材料为 AISI 410 SS(UNS S41000)、F6NM(UNS S42400)或 718 沉淀强化镍基合金,双公短节也应为相同或更高耐腐蚀的材料。

利用"电偶隔离"原理,采用螺纹有机聚合物涂层。该涂层已在"免涂螺纹脂"油管、套管螺纹中广泛使用。

井口段局部保持为气相,电偶腐蚀在气相介质中显著降低。

**2. 油管挂冲蚀腐蚀断裂潜在风险**

井口和采油树常出现的风险是内壁腐蚀/冲蚀或泄漏,主要与腐蚀环境的评估有关,选型不当造成内壁腐蚀/冲蚀或泄漏。

在高温高压气井,加砂压裂油气井或产层出砂井中,油管挂内壁冲蚀断裂曾有发生,并造成严重安全问题。冲蚀与腐蚀是相互作用的,在有二氧化碳的生产流体中耐腐蚀性差的材料腐蚀产物膜被冲蚀剥离,露出新鲜金属表面,所生成腐蚀产物膜再次被冲蚀剥离,该过程持续重复进行,造成腐蚀加剧。

油管挂处于流场变异影响区,向上垂直气流转向水平的翼阀,冲击、气蚀、振动均有发生。油管挂、采油树内壁冲蚀腐蚀应在设计中考虑,同时对采油树进行腐蚀检测。

**3. 井口四通与油管挂和芯轴式套管悬挂器密封面缝隙腐蚀潜在风险**

油管挂和芯轴式套管悬挂器下端本体和上端颈部的弹性橡胶件压紧井口四通密封面,对四通密封面会造成潜在的缝隙腐蚀。缝隙腐蚀是一种非常严重的腐蚀机理,遭受缝隙腐蚀的井口四通密封面金属,在缝隙内呈现深浅不一的腐蚀坑或深孔,其形态为沟缝状。当橡胶件老化,丧失弹性时,会在四通密封面蚀坑或深孔处泄漏。如果金属密封不起作用,有可能导致井口泄漏,环空带压。

API 6A 规定 AA、BB、DD、EE 级井口四通本体可用碳钢或不锈钢制造,弹性橡胶件压紧碳钢井口四通密封面会有缝隙腐蚀潜在风险。在油管、封隔器可能有泄漏、环空流体有潜在腐蚀或高温高压井推荐上述级别井口四通、法兰等用不锈钢制造,以降低风险。

## 2.5　井筒屏障单元功能和失效模式

表 2-5 列出了井筒屏障单元的类型和功能以及它们的典型失效模式。其他没有列出来的井筒屏障单元的记录和评价的方法与本书相似，单个屏障单元将另作较详细的讨论。

**表 2-5　井筒屏障单元功能和失效模式**（ISO/TS 16530-2《开采期的井筒完整性》）

| 单元类型 | 功能 | 部分或主要的失效形式 | 相关标准 |
|---|---|---|---|
| 液柱 | 提供一个静液柱压力来防止地层流体流入或流出井筒 | 地层破裂导致井筒内流体渗入地层 | NORSOK D-001<br>ISO 10416<br>ISO 10414-1<br>ISO 10414-2 |
| 地层强度 | 水泥环-套管-地层的环空机械屏障系统的一个单元，从而提供一个连续的长久的和非渗透的静水压力以密封地层 | 地层破裂导致没有足够的强度来平衡环空压力 | |
| 油管 | 为油气井输送流体以防止流体泄漏到其他环空或流入地层 | 螺纹被腐蚀或侵蚀造成泄漏 | ISO 11960　ISO 13680<br>ISO 10400<br>NACE MR01751/ISO 15156<br>API SPEC 5CT<br>ISO 13679 |
| 井口 | 为悬空的套管和油管柱提供机械支持，同时为隔水导管、防喷器或采油树的连接提供一个机械界面以阻止流体从井身和环空流入地层或是外部环境 | 由于过载造成密封环或阀门泄漏 | ISO 10423 |
| 油管底部堵塞器 | 在油管柱底部中提供一个机械密封来阻止流体流入油管 | 外筒或内部密封圈泄漏 | ISO 14310 |
| 采油封隔器 | 在完井油管和套管之间提供一个机械密封，在上部建立一个 A 环空来阻止地层流体进入 A 环空 | 外部胶筒单元泄漏；内部密封的泄漏 | ISO 14310<br>API SPEC 14A<br>API RP 14B<br>NORSOK D-SR-007 |
| 地面控制井下安全阀 | 安装在生产油管柱的安全阀设备，通常是由控制线上的静水压力设备来控制。如果控制线上的静水压力损失了，则设备会自动关闭 | 控制线连接失效以及超出验收标准的泄漏会导致在关闭时间内关闭失败 | API SPEC 14A<br>ISO 10432　ISO 10417<br>API RP 14B |
| 尾管头封隔器 | 在套管和尾管之间的环空提供压力封隔，阻止流体从下到上或从上到下的流动 | 不能够维持一个压力封隔 | ISO 14310<br>ISO/FDIS 14998 |
| 海底采油树 | 阀门系统和管流上的海底井口装备，提供一种控制流出油井和流入生产系统的方法，此外，它也可能提供流向其他井区的通道 | 向外部环境的泄漏达不到验收标准；阀门失效，机械损伤 | ISO 10423<br>ISO 13628-1<br>ISO 13628-4<br>ISO 13628-7 |
| 环空地面控制井下安全阀 | 阀门系统和管流上的海底井口装备，提供一种控制流出油井和流入生产系统的方法，此外，它也可能提供流向其他井区的通道 | 控制线路通信和功能控制的缺失达不到验收标准的泄漏，未能完成需求不能在验收的关闭时间内关闭 | ISO 10423<br>ISO 13628-1<br>ISO 13628-4<br>ISO 13628-7 |
| 油管悬挂器 | 支撑油管重量并且阻止流体从管道向环空流动，反之亦然 | 机械故障导致油管密封塞泄漏 | ISO 13533　ISO 13628-4<br>ISO 10423<br>API 6CRA |
| 油管头堵塞器 | 安装在油管挂上的机械堵塞用来隔离油管，也可以用于拆卸或安装防喷器，也可在安装或者维修采油树时堵塞井筒 | 不能密封正向或反向的压力 | ISO 14310 |

续表

| 单元类型 | 功能 | 部分或主要的失效形式 | 相关标准 |
|---|---|---|---|
| 井口/环空套管阀 | 提供监视井口环空流入或流出压力，环空压力的控制 | 不能维持密封压力，或是达不到验收标准的泄漏 | ISO 10423/API SPEC 6A<br>ISO 15156<br>API SPEC 17D<br>ISO 10497/API SPEC 6FA |
| 尾管水泥环 | 在套管柱、地层和尾管之间提供一个持续的永久的非渗透性的注水泥密封，此外，提供对尾管的支撑，并阻止腐蚀流体接触和腐蚀尾管和上层套管 | 在环空径向或轴向上填充不足；套管/尾管或地层的连接不好，不足以阻隔地层/套管/尾管之间的流体相互窜流 | API RP 10B<br>ISO 10426-1 |
| 水泥环 | 裸眼或套管/油管内的持续柱状水泥石，提供一种机械密封 | 顶替不良，水泥被污染，水泥强度差，不能提供与地层或与套管的联结强度 | API SPEC 10A |
| 完井油管 | 为流体从油藏到地面或者反方向的流动提供通道 | 因腐蚀使壁厚变薄而不能承受载荷工况导致流体从环空中泄漏 | ISO 11960　ISO 13680<br>ISO 10400<br>NACE MR0175/ISO 15156<br>API SPEC 5CT<br>ISO 13679 |
| 油管机械堵塞器 | 安装在油管内或两同心油管之间的机械堵塞器，防止双向流动 | 不能保持加压密封 | UK Oil and Gas<br>OP071 |
| 完井油管柱组件 | 完井油管柱组件，提供完井功能，例如气举阀、旁通芯轴或者压力计托筒、化学剂注入阀、过滤短节 | 不能维持压力差导致阀门超出验收标准的泄漏 | ISO 13679　ISO 14310<br>ISO 10432/API SPEC 14A<br>ISO 10417 API RP 14B<br>API SPEC 11V1<br>ISO 17078-2 |
| 地面安全阀或者紧急关闭阀 | 基于生产系统的运行控制，为生产运行/流动管道提供关闭功能和井筒隔离功能 | 向外部环境的泄漏超出验收标准；机械损伤导致不能响应加压过程 | ISO 10423（API SPEC 6A）<br>API SPEC 6FA<br>API SPEC 6FB<br>API SPEC 6FC |
| 地面采油树 | 连接在井口的具有阀门和四通的系统，提供控制流体从油井流出和流进生产系统 | 向外部环境的泄漏超出验收标准；阀门失效，机械损伤 | ISO 10423（API SPEC 6A）<br>API SPEC 6FA<br>API SPEC 6FB<br>API SPEC 6FC |

注：相关标准见附录。

## 2.6　井筒屏障单元服役的力学和腐蚀环境

油管柱含采油气管柱和作业管柱及组件，例如：井下安全阀、滑套、旁通阀、油管封隔器、插入和坐封总成，是井筒完整性的薄弱环节。

### 2.6.1　油管柱及组件强度设计

#### 1. 开采期的拉伸和抗内压安全系数

油管及其组件力学性能应符合 API 5C3、ISO 11960 及 ISO 10400 要求。油管在开采期服役时，在拉伸和内压单一外载作用下，按不同类型材料腐蚀环境取不同的安全系数。一般认为腐蚀环境以湿 $CO_2$ 为主，湿 $CO_2$ 环境是 $CO_2$ 分压 0.02~10MPa，$H_2S$ 分压 ≤ 0.002762MPa，在上述环境下一般选用 Super 13Cr-110，抗内压安全系数大于 1.0，抗拉安全系数按管柱在空气中重量计算，抗拉安全系数大于 1.60。如果因产能或含 $CO_2$ 及出水期和水量不确定，需要一个试采期，也可选用 2Cr-110 或 3Cr-110 经济型抗 $CO_2$ 钢，抗内压安全系数应大于 1.35，同时增加壁厚作为腐蚀裕量。

**2. 压裂作业管柱及组件强度和安全系数**

对用于压裂的作业管柱，在预计的最大井口压力作用下，内压力将转换为附加拉伸应力。应按环空不施加背压的复合应力计算，安全系数大于 1.25，应考虑环空施加的背压损伤生产套管/尾管外水泥环导致的微环流和环空带压风险。

如果预计压裂时不施加背压的复合应力安全系数小于 1.25，应采用"减应力设计"，上部用较大直径或较高钢级油管，并校核变直径或钢级处下段油管顶端复合应力安全系数大于 1.25。

上部井段用了大直径油管后，对应的生产套管直径可能也需要增大，以容纳井下安全阀。

**3. 酸化的作业管柱转为生产油管柱**

对于用于酸化的作业管柱，应评价酸液对气密封螺纹密封面的缝隙腐蚀。酸压-测试-采气联作管柱存在螺纹腐蚀泄漏，导致环空带压风险。应将缝隙腐蚀作为酸液缓蚀效果的评价指标，某些 Super 13Cr-110 气密封螺纹密封面不耐酸液缝隙腐蚀，酸化作业管柱不宜转为生产油管柱。曲面对曲面、曲面对圆柱面、球面对锥面的金属-金属接触密封均有由大变小的缝隙，存在发生酸液缝隙腐蚀的风险。

如果要将酸化的作业管柱转为生产油管柱，推荐选用 15Cr-110 或 15Cr-125 马氏体耐蚀钢材料油管，而且螺纹密封面为锥面对锥面密封。

**4. 油管柱振动与屈曲**

高温高压及高产气井油管柱内气流为"非定常流"，即不同深度和不同时刻流速在变化，流速或流向变化激起油管振动，称为"流固耦联"振动。

高产气井油管温度升高较多，由于热膨胀，油管要伸长，导致封隔器之上一段油管纵向受压，可能会产生失稳屈曲。

油管在受压、弯曲及交变载荷作用下螺纹密封面产生接触疲劳，降低了气密封性。在油管屈曲井段或井斜变化井段，由于油管振动位移，油管与生产套管之间会有摩擦。接触点存在缝隙腐蚀或电偶腐蚀。

使用大直径油管和合适的螺纹可降低流固耦联和屈曲的危害，这涉及井身结构的优化设计。

## 2.6.2　油管柱各连接节点相容性

油管柱各组件连接处均存在连续性和相容性问题，设计不当可能会造成连接处断裂、开裂或泄漏。井下安全阀、滑套、旁通阀、油管封隔器，插入和坐封总成与油管的连接均考虑流场变异、电偶相容性、应力集中效应，目前尚无相应的标准。

**1. 井下安全阀**

应评估开采和关井的上部井段井筒温度分布，井下安全阀安放深度应低于水合物析出点。

为了避免冲蚀及流场变异处形成水合物，在设计时应尽可能使井下安全阀内径、上下流动短节内径与油管内径相同。

如果井下安全阀内径小于油管内径，流动短节内径与井下安全阀内径相同虽可保护井下安全阀，但与流动短节相连的油管存在冲刷腐蚀风险。应将该单根油管换为耐冲刷腐蚀更优的材料。

**2. 滑套**

滑套处油管可以上下活动，用于防止油管拉伸过载或屈曲。但是由于滑动密封寿命低，滑套泄漏发生率高，泄漏造成"A"环空带压。

在滑动密封寿命解决之前，不推荐设计使用滑套。可通过提高油管强度解决油管拉伸过载或屈曲问题。

**3. 油管封隔器**

当油管封隔器仅用于封隔油套环空时，其芯轴内径小于油管内径不会产生严重的冲蚀。当油管封隔器用作大型加砂压裂时，芯轴内径小于油管内径，或芯轴内的台阶被砂粒机械冲蚀或砂粒涡旋运动对封隔器造成损伤，严重时可能断裂。

在含 $H_2S$ 或 $CO_2$ 的井中，胶筒材料常用 Aflas 橡胶。$H_2S$ 渗入受挤压和大应变的胶筒导致材料硬化，失去弹性密封性；$CO_2$ 渗入胶筒会使材料溶胀。当压力降低时，渗入的气体逸出，胶筒材料破损，导致丧失密封性，胶筒紧压在套管内壁，在腐蚀介质中会产生缝隙腐蚀，导致泄漏。

# 2.7　井筒腐蚀完整性管理

## 2.7.1　井筒腐蚀完整性管理框架

井筒腐蚀完整性管理是井筒完整性管理的重要组成部分。如果说井筒单元可能会因外载超过结构强度或密封压力而发生破坏或泄漏，那么它仅是个案或带有偶然性，但是腐蚀、材料老化导致井筒安全性降低却是持续和几乎不可避免的，也不能因为有腐蚀、材料老化而弃井。井筒腐蚀完整性管理的宗旨就是一套"适用性"评价和管理的理念和方法，它不是追求"完全正确"或"最好"，而是追求可用及避免发生不可控的井筒泄漏。

腐蚀完整性管理的策略可大致归纳为：

（1）在设计阶段就应考虑完整性管理，特别是设计所选用材料对腐蚀环境适应性有疑虑时，应在设计阶段有预案。

（2）测试或开采取得腐蚀环境信息后，应对设计再评估，通过模型分析或模拟实验预测腐蚀寿命或环境敏感开裂倾向。

（3）考虑控制开采的压力或井下作业载荷，计算极限服役条件，并基于 API 579 标准进行实用性评价。

（4）在选用材料时允许有失重腐蚀，但不允许有潜在的环境敏感断裂，同时应评估各种潜在的环境敏感断裂。

（5）定性或定量的腐蚀及泄漏监测或检测，力争发现腐蚀及泄漏变化趋势。防止过度腐蚀或泄漏造成严重风险或压井抢险困难。

（6）监测环空带压、实施环空带压及环空腐蚀管理。

### 2.7.2　环境敏感断裂管理

#### 2.7.2.1　基本定义

油气田开发中的油管、套管及钻杆和装备突发性开裂或断裂时有发生，部分突发性开裂或断裂甚至造成人员伤亡、环境问题或经济损失等重大安全事故。

大部分开裂或断裂在学术上归结为环境敏感断裂，其本质是结构的应力、材料的选择性、腐蚀介质和环境参数（温度、压力和微区电位）激励，导致材料丧失其原有物理和力学性质，特别是材料韧性降低，最终发生断裂。

在拉伸或内压力作用下局部点腐蚀坑常会诱发裂纹，使管壁韧性降低，或产生脆性断裂。环境敏感断裂事前毫无征兆，突发事故可能会使操作慌乱，造成人身伤害。

#### 2.7.2.2　环境敏感断裂的类型

**1. 氢脆和应力腐蚀开裂**

由地层中产出的湿 $H_2S$ 或酸化作业酸反应生成的氢离子进入钢材，导致材料脆化。应力腐蚀和氢脆之间并没有严格的区分，二者可同时发生，也可以说氢脆是应力腐蚀的本质因素。

某些完井液或环空保护液在高温或特殊环境下会析氢或生成 $H_2S$。已确认深井磺化泥浆在长期高温下会生成 $H_2S$，并可能导致上部低温井段高强度钢氢脆和应力腐蚀开裂。因此在高温井中不应允许磺化泥浆长期滞留井中。

近年来已有研究报道，甲酸盐在高温和某些特定环境下也会析氢，但尚未见到造成油套管断裂的报告。

在含硫气井设计中，氢脆和应力腐蚀开裂有明确和严格的标准或技术规范，参考 ISO 15156/NACE MR0175、ISO/API 11960。

**2. 卤化盐腐蚀和应力腐蚀开裂**

卤族元素的盐类（氯化钠、氯化钙、溴化锌、溴化钙等）具有较高密度，成本低，被用作储层保护完井液、油套环空保护液或提高压裂液的密度。

上述化学剂对高强度油套管及附件，奥氏体耐蚀钢（例如 316）、马氏体耐蚀钢（例如 Super 13Cr）和双相耐蚀钢（例如 22Cr）有应力腐蚀开裂倾向。高温和长时间接触或交变应力会加剧开裂倾向。

高氯离子含量和高温溶液中的不锈钢，在 $CO_2 + CO + H_2O$ 或 $CO_2 + HCO_3^- + H_2O$ 湿环境下高强度钢和不锈钢也存在应力腐蚀开裂风险。

卤化盐应力腐蚀开裂尚无标准可依，设计及井下作业人员应采取措施防止发生卤化盐应力腐蚀开裂。原则上不应允许氯化钠、氯化钙工作液长期滞留井下。溴化锌、溴化钙应在严密的适用性评价后方可用于长期滞留井下的完井液。

**3. 电偶腐蚀和电偶诱发氢应力开裂**

电偶腐蚀：当两种金属浸在腐蚀性溶液中，由于两种金属之间存在电位差，如相互接触，就构成腐蚀电偶。较活泼的金属（耐腐蚀性较弱的金属）成为阳极，发生阳极溶解，腐蚀加速。不活泼的金属（耐腐蚀性较强的金属）则为阴极，腐蚀很小或完全不腐蚀。这种腐蚀称为电偶腐蚀，或接触腐蚀，亦称为双金属腐蚀。

电偶诱发的氢应力开裂（galvanically induced hydrogen stress cracking，GHSC）：不锈钢或合金与碳钢或低合金钢接触，浸没在腐蚀介质中形成电偶，受电偶激发，阴极产生的氢进入不锈钢或合金中的组织缺陷处，产生聚集氢和变脆的现象。镍基合金管、不锈钢与碳钢或低合金钢管接触可能产生电偶诱发的氢应力开裂。

电偶腐蚀、电偶诱发的氢应力开裂常伴有缝隙腐蚀、应力腐蚀、相变动力学腐蚀。在油套管中常有耐蚀合金管件与碳钢的螺纹连接，可能存在电偶腐蚀或电偶诱发氢应力开裂的风险。在油管或套管柱中，应特别关注下述异种金属连接或接触导致电偶腐蚀或电偶诱发氢应力开裂的潜在风险：①耐蚀合金工具与碳钢管连接，例如 13Cr 不锈钢油管挂或套管挂，井下安全阀、滑套、封隔器与碳钢管螺纹连接。②13Cr 不锈钢油管屈曲后或在井斜变化处与碳钢生产套管接触。除电偶腐蚀外，还有缝隙腐蚀。

**4. 液体金属脆（如汞脆）**

井下产出的天然气中偶尔会含有汞。汞蒸气或在装置中冷凝成液态汞，在高压容器的焊缝或隐蔽裂纹尖端，汞将促进位错发射，最终发展到开裂。天然气中微量的汞会造成铝合金分离器和交换器设施发生汞脆，导致重大事故的发生。1975 年阿尔及利亚的斯基克达天然气田首次发生铝合金交换器管汞脆导致的爆炸事故，随后世界各国报道了多起汞脆导致的天然气爆炸和起火的事故。

并不是所有的金属材料都会发生汞脆，只有特定的材料或经过特殊的处理，如冷加工和焊接后才会发生汞脆。

汞致环境断裂机理和评价方法研究得很少，我国含 $H_2S$ 的气井未发现含汞。但是一些不含 $H_2S$ 的高产气井却检测到含汞。例如塔里木库车山前的一些气井天然气含汞，给安全和环保造成若干复杂问题。有的专家将高压分离器爆炸归咎于汞致环境断裂。汞是否会对低碳合金钢或奥氏体耐蚀钢与低碳合金钢焊接界面诱发开裂，急需进行研究。

## 2.7.3 流体屏障的腐蚀管理

### 2.7.3.1 油套环空保护液的流体屏障作用及腐蚀管理

**1. 油套环空保护液的水力屏障作用**

油套环空保护液的流体屏障作用至关重要。井下油管、套管螺纹渗漏，油管封隔器渗漏几乎不可避免。一方面，渗漏或渗漏速度取决于压差，减小压差或负压差可抑制渗漏。因此在安全许可范围内的井口环空带压有利于抑制渗漏。另一方面，一定密度的环空保护液液柱压力在井口叠加可能导致环空由带压转变为泄漏，渗漏和泄漏常常是动态变化或动态平衡。

为了发挥油套环空保护液的流体屏障作用，环空保护液必须具有良好的沉降稳定性。

油管封隔器坐挂定位的可靠性取决于卡瓦的支撑力，靠高密度环空保护液液柱压力平衡井底压力的设计应充分论证。在开采期，当井底压力降低，或封隔器胶筒及密封圈被 $CO_2$ 或 $H_2S$ 侵蚀，丧失弹性后，环空保护液可能经封隔器泄漏。

**2. 油套环空保护液的腐蚀管理**

在高温高压含 $CO_2$ 气井中，常用 13Cr 油管，在封隔器之上为碳钢套管环空。

保护液应同时对油管外壁和套管内壁具有良好腐蚀防护性能。井下油管、套管螺纹渗漏，油管封隔器渗漏几乎不可避免，因此要求环空保护液被 $H_2S$ 或 $CO_2$ 侵污后仍具有良好的防腐蚀性能。使用的环空保护液必须在高温高压中进行以下评价：模拟环空井底、井中深部和井口的压力和温度，按分压充 $CO_2$ 或 $H_2S$，将试片分别放于液相和气相中，腐蚀评价至少 120 小时。取出试片后观测失重腐蚀和点腐蚀情况。

按上述条件评价螺纹连接的缝隙腐蚀。

如果油套管中含有马氏体不锈钢与碳钢的连接，那么应按上述条件评价电偶腐蚀和缝隙腐蚀。

### 2.7.3.2　环空保护液类型

**1. 含卤族元素盐类环空保护液**

在任何情况下都不宜用含氯化钠、氯化钙的环空保护液。溴化锌、溴化钙可在评价具适用性后选用。

**2. 甲酸盐类环空保护液**

甲酸盐加缓蚀剂、除氧剂的环空保护液使用得较多，效果良好，可适应不同的密度要求。但是甲酸盐类环空保护液被 $H_2S$ 或 $CO_2$ 侵污后对液相的防腐蚀性能欠佳，但缺乏进一步的改进研究。目前仍然采用前述评价体系的推荐方法。

**3. 油基环空保护液**

在海洋及深水油气井中，油基环空保护液性能和必要性远优于上述甲酸盐类环空保护液和含卤族元素盐类环空保护液。油基环空保护液在被 $H_2S$ 或 $CO_2$ 侵污后仍具有较强的防腐性能。此外，油基环空保护液具有极低的热传导系数，它相当于绝热层，使井口及海底泥线处井段油管内气流温度尽可能高，以阻止水合物析出和堵塞油管。有的海洋气井，过去用双层真空油管隔热，以防止水合物析出，双层真空油管结构复杂，真空易漏、受井径限制，使用油基环空保护液技术上较易实现对油管内气流保温。

一种柴油基环空保护液由柴油、胶凝剂、液状石蜡、有机分散剂、高价金属盐等复配而成，其流变曲线具有幂率模型特征。

## 2.7.4　环空水泥面之上滞留流体的流体屏障作用及腐蚀管理

环空水泥面之上滞留流体的流体屏障（以下简称"滞留流体"流体屏障）可能会有下述失效模式：

（1）加重剂或固相沉降，连续相水柱压力降低导致地层可能的腐蚀性盐水、$H_2S$ 或 $CO_2$ 侵入。这会导致套管外壁腐蚀或环空带压。如果非产层段含腐蚀性盐水、$H_2S$ 或 $CO_2$，应对上返水泥实施封隔或将水泥返到上层套管鞋内。

（2）环空带压的压力叠加滞留流体液柱压力，导致地层破裂，先发生井漏，然后诱发井喷。

（3）水泥返到上层套管鞋，封闭环空中滞留流体热膨胀致环空带压造成内层套管挤毁或外层套管破裂。在深水及水下井口中，套管悬挂于上层套管内，滞留流体热膨胀造成高压，该环空压力不能监测，也不能放压。因此凡是存在"封闭环空"滞留流体发生热膨胀的井段，在进行套管强度设计时都要考虑挤毁或破裂。

（4）环空滞留流体对内层套管或外层套管腐蚀或应力开裂。采用各类磺化盐类钻井液，俗称磺化泥浆体系，在井底高温下可能分解出硫醇、$H_2S$ 及 $CO_2$。上述物质在高温下腐蚀套管，硫化物返到上部井段时对 P110、Q125 和 V150 等高强度材料造成腐蚀。完井液含氯化钠、氯化钙等卤化物盐会造成高强度钢、13Cr 钢发生应力开裂现象。

## 2.8　封井弃井操作井筒完整性管理

封井弃井需要满足下列要求：必须包括所有环空，延伸至井的整个截面并且在垂直和水平方向上密封。所有封堵和废弃作业必须满足：隔离并保护所有淡水层和邻近的淡水层；隔离并保护所有将来有商业开采价值的地层；永久性地防止地层流体进入或流出井筒；拆除井口设施并切割套管至地表以下规定的深度。

弃井的主要目的是永久隔离被井穿过的地层。虽然封闭已衰竭储层是封堵和废弃程序的核心，但是理想的废弃作业是使生产层和其他含流体的地层隔离。完全的隔离防止了油、气、水向地面运移，或从某地层向另一地层流动。

如果封堵存在渗漏就会对环境（即地下水资源、地层）造成危害而且必须进行修理，然而补救的封堵作业既困难成本又高。从一开始就对一口井正确地进行封闭要容易得多，虽然初始经费很高。在井身结构设计之初就应该考虑到后期弃井的事项，在套管与地层之间的初次注水泥的质量也是能否达到弃井条件的关键因素。

在实施永久弃井作业过程中，作业公司必须根据当地法规要求的封堵类型、长度和深度来进行作业。在对井筒进行注水泥封堵，拆除地面设备之后很长一段时间，作业公司仍然要对该井所出现的事故负责。一旦出现密封失效且井口有流体溢出或出现窜流情况，作业公司要对此负全部责任。为履行封堵和废弃义务，石油和天然气工业已经开发出了多种技术和材料，以确保实现长期有效的地层封隔，即使井下状况随时间发生变化时，也要确保地层封隔有效。作业公司和监管机构通过不断改进传统的封堵和废弃作业实施方式来降低海上弃井作业的费用成本，服务公司也加强研发相应的工具和技术以推动这一转变的进程。

表 2-6 为美国对油气井封堵和废弃的相关规定和操作流程。

表 2-6　美国对油气井封堵和废弃的相关规定

| 情形 | 流程 |
| --- | --- |
| 裸眼井地层 | 从油气水层底部至少往下 30.5m 到顶部 30.5m 以上打水泥塞，以隔离地层中流体 |
| 套管下裸眼井 | 执行下列措施中的一项：<br>采用驱替法，在最深的套管鞋位置打一个水泥塞，水泥塞要覆盖套管鞋上方和下方至少 30.5m；<br>在套管鞋以上 15～30.5m 位置设定具有有效回压控制的水泥限位器，打一个水泥塞覆盖套管鞋以下至少 30.5m 和限位器以上至少 15m 的空间；<br>对已有或可能有井漏的情况，在套管鞋以上 15～30.5m 处坐封一个桥塞，桥塞顶部的水泥塞长度需达到 15m |

| 情形 | 流程 |
|---|---|
| 以前没有实施挤水泥或封隔的裸眼射孔层 | 执行下列措施中的一项：<br>向所有射孔孔眼挤水泥；<br>采用驱替法，在射孔段上下至少 30.5m 的井段打水泥塞或从射孔段往上 30.5m 到套管塞的井段打水泥塞，取两者间较短的井段<br>如果射孔地层与下部井筒隔离，采用以下五种方法中的任一种，而不是本节提到的两种方法：<br>向射孔地层顶部以上 15m 处设定具有有效背压控制的水泥限位器，水泥塞延伸至射孔段底部以下至少 30.5m 处，限位器以上至少有 15m 的水泥段；<br>在射孔层以上 15～30.5m 坐封一个桥塞，桥塞顶部有至少 15m 的水泥段；<br>采用驱替法，打至少 61m 长的水泥塞，其底部在射孔段以上不超过 30.5m 处；<br>在射孔段以上不超过 30.5m 处下过油管篮式塞，其顶部的水泥段至少 15m；<br>在射孔段以上不超过 30.5m 处下油管塞，油管塞顶部水泥段延伸至井筒最上端的封隔器以上至少 30.5m，封隔器以上套管环空有至少 91.4m 的水泥段 |
| 尾管底部在套管内 | 执行下列其中一个步骤：<br>在尾管底端上下至少 30.5m 处打水泥塞；<br>尾管底端至少 15m 至 30.5m 以上设置水泥限位器或桥塞，在限位器或桥塞顶部打至少 15m 长的水泥塞；<br>下至少 61m 长的水泥塞，底部在尾管底端之上不超过 30.5m 处 |
| 尾管底部在套管下 | 如适用，按上面裸眼井一节的规定打水泥塞 |
| 与裸眼井连通并延伸至泥浆管线的环空 | 环空内打至少 61m 长的水泥塞；海平面以上完井的井，对每层套管环空进行试压，以验证隔离情况 |
| 环空未封闭的海下井 | 使用刀具切割套管，按上面套管尾段一节的规定进行尾管封堵 |
| 套管井 | 在延伸到泥浆管线的底层套管中，设置至少 45.7m 长的水泥塞，且水泥塞的顶面不超过泥线以下 45.7m |
| 井筒内有积液 | 使水泥塞之间井段内的流体密度足够大，以使静水压力大于地层压力 |
| 永冻层区域 | 在井眼中保留其冰点低于永冻层温度的流体和防止腐蚀的处理液，设置可在结冰之前凝固并且水合热较低的水泥塞 |

# 第 3 章　油套管柱强度设计与完整性管理

随着高温、高压、高含 $H_2S/CO_2$ 油气田勘探开发的日益增多,油管、套管的工作环境也趋于恶劣和复杂,在高温、高压、强腐蚀环境中高强度油套管断裂失效事故时有发生。本章首先介绍基于 API 5C3 标准的常规强度设计和校核方法,同时针对高温对材料力学性能的影响以及高温高压气井对井筒安全的特殊要求,提出高温高压气井管柱强度设计的附加要求,并结合 $H_2S/CO_2$ 油气井环境敏感断裂特征,提出腐蚀环境强度设计方法。针对不可避免的环空带压现象,研究环空带压类型及其对强度设计的要求。

考虑高温条件下钢材强度降低的问题,按关井工况和正常开采工况分别算出沿井筒纵向的温度分布,并查出在该温度下钢材的屈服强度,按该强度作前述 API 5C3 和 ISO 13679 强度设计。对不锈钢系列要重点考虑高温对钢材强度降低的影响。

井下封隔器承受的上下压差、油管的坐放载荷及失稳屈曲与井筒温度和压力相关,需要考虑井筒温度压力变化对油套管轴向力及其稳定性的影响。深井尾管轴向力和位移变化需要考虑轴向压缩载荷的影响,在套管螺纹的选择和接头强度设计、接头工作载荷包络线中也必须对其予以考虑。

根据气井生产过程中温度对 VME 应力变化的影响,应综合考虑井口坐放套管重量情况,防止温度、压力变化引起自由段套管纵向屈曲,套管头卡瓦咬合部位接触应力过大造成井口套管的缩径变形。若井口轴向力过大,应考虑不用卡瓦的芯轴式悬挂方式。

## 3.1　油管柱常规强度设计

### 3.1.1　油管柱服役工况的复杂性:腐蚀与环境敏感开裂

在一般情况下,油管设计应根据腐蚀与环境敏感开裂选择油管的材料。如果是一般的地层水腐蚀,采油井伴生气含少量的 $CO_2$ 或 $H_2S$ 腐蚀,选择碳钢油管或碳钢加有机内涂层油管是可行的。这在很大程度上取决于安全、技术经济评估和生产过程的腐蚀评估,在油管严重腐蚀可能会影响修井作业之前就进行修井,取出或更换油管也是可行的。

对于含 $CO_2$ 的高温高压气井,考虑到井筒完整性和完井安全的需要,一般都要选用抗 $CO_2$ 腐蚀的合金材料,例如 L80-13Cr(马氏体不锈钢)、S13Cr(马氏体不锈钢)或 22-28Cr(双相不锈钢)。虽然选用了耐 $CO_2$ 腐蚀的油管,但井下的腐蚀工况十分复杂,仍然会有点蚀,点蚀坑可能诱发应力腐蚀开裂。22-28Cr 双相钢对环境敏感开裂比较敏感,不耐酸化腐蚀,高温下强度降低较大,因此在原设计用 22-28Cr 的高温含二氧化碳井中,有采用改进 S13Cr 或 S15Cr 马氏体不锈钢的可行性。

含 $H_2S$ 井材料的选择都要遵循 ISO 15156。但其只是基于材料开裂的选材和判别标准,

如果井下同时存在 $CO_2$，腐蚀更为复杂，可能需要用到镍基合金类材料。某些含 $H_2S$ 较高但不含 $CO_2$ 或含 $CO_2$ 比较低或储层生产介质含凝析油，符合 ISO 15156 的碳钢材料，如 L80、C90、T95、C110 也是可以选用的，这取决于风险控制。

因此总的说来，油管的选择应该考虑腐蚀和冲蚀、应力腐蚀开裂、硫化物应力开裂、氢致开裂、缝隙腐蚀等。

### 3.1.2　油管柱服役工况的复杂性：井下温度压力及力学环境

在高温高压井或深井中，油管经历复杂的力学环境。在高温下，各种材料都会有屈服强度和抗拉强度的降低，油管设计应考虑到高温环境屈服强度和抗拉强度降低的问题。不同材料强度降低值差异较大，其中碳钢和镍基类材料强度降低值相对较小，22-28Cr 双相钢高温强度降低值最大，S13Cr 强度降低值介于上述两种材料之间。此外，高温还造成了应力腐蚀开裂严重性的加剧。

由于井下温度和压力的变化，油管可能承受较高或处于复杂的应力状态。对于高温高压和深井井底部分、井底生产封隔器之上的一部分油管可能处于轴向压缩或屈曲状态。普通带接箍的油管在轴向压缩状态下，螺纹密封性能降低，在接箍两端 20～50cm 范围内产生局部弯曲，弯曲载荷叠加外部腐蚀环境在油管两端易造成开裂或应力腐蚀。下部油管屈曲后，将与生产套管接触，屈曲油管与套管的接触状态与油套管的直径、油套环空的介质等有关。屈曲油管段与套管内壁之间的接触摩擦力可能处于动态状态，如果摩擦力能锁定屈曲，那么油管处于相对稳定状态。如果摩擦力突然消失，那么局部的动载可能作用于油管封隔器，存在封隔器解封滑脱风险。在油管内气流的作用之下，屈曲段油管会处于轴向滑移状态，油管与套管的接触处会产生摩擦磨损，造成油管接箍或管体磨损损伤，套管磨损或腐蚀穿孔。在屈曲的中和点附近，油管可能还存在横向的颤振，持续的颤振可能会导致油管产生疲劳破坏，颤振可能造成对套管的持续碰撞，对套管和管外水泥环存在潜在的损伤。

在生产过程中可能存在复杂的环空带压，环空带压有可能演变成环空泄漏，泄漏点可能是封隔器、尾管头或套管。环空泄漏以后的反复补压或由于环空温度过高造成的反复泄压有可能造成油管的应变滞后损伤。

在进行酸化或压裂时，大排量的冷流体注入，再加上高压压裂的地面压力都可能造成油管承受极大的拉伸应力。

在生产井压井时下推压井液的冷流体注入过程中，可能造成油管承受极大的拉伸应力。油管关井或开井以及套管环空阀门开或关，都可能产生水击压力，油管内或油管外的水击压力都可能对油管造成损伤。

### 3.1.3　油管柱设计安全系数

#### 1. 基本强度设计

以现有 ISO 10400/API 5C3 标准为基础的强度设计，并考虑井下作业或生产过程中可能出现的压力、温度情况，进行热力学校核及屈曲分析。对全井筒校核轴向拉伸或压缩、内压、外压及三轴安全系数的校核，一般都要通过专业的软件进行。在上述基本的强度设计的基础上，根据有可能存在的风险，如流固耦联振动、屈曲效应和应力腐蚀开裂，适当增大或局部增大油管壁厚或外径，具体的设计方法涉及风险评估、技术经济和经验。

**2. 油管柱设计安全系数**

油管柱设计安全系数是额定的强度值除以预期负载，一般要求安全系数大于 1.0。具体的安全系数值取决于区域性的经验和风险评估，预期的外载若能准确预判，安全系数就可选较小值。反之宜选较大值。油管的额定强度以 ISO 10400/API 5C3 公布的数据或厂家推荐数据为准。表 3-1 为油管柱设计安全系数。

表 3-1　油管柱设计安全系数

| 载荷 | 设计最小安全系数 | 说明：<br>①对于高温高压井，以下各安全系数均应基于对应的高温下材料强度降低值；<br>②以管体和接箍较弱者为基准 |
|---|---|---|
| 轴向拉伸 | 1.30~1.80 | ①按空气中自重计算，在井内悬挂状态可取 1.30；<br>②考虑定向井、水平井或日后修井取油管安全，可取 1.6~1.8 |
| 内压 | 1.00~1.25 | ①按 ISO 10400/API 5C3 传统抗内压强度用薄壁管的巴洛公式，该公式对厚壁油套管强度富裕量大。壁薄者取设计安全系数 1.25，壁厚者取 1.00；<br>②按 ISO 10400/API 5C3 韧性爆裂公式，该公式较为准确地标定抗内压强度，取设计安全系数 1.25 |
| 外压 | 1.10~1.25 | 应考虑轴向拉力下油管抗挤强度的降低后的设计最小安全系数仍不小于 1.10~1.25 |
| 轴向压缩 | 1.50~1.60 | ①某些带接箍的气密封油管在轴向压缩下密封压力降低；<br>②下部油管屈曲段在接箍附近存在局部弯曲应力 |
| 三轴复合应力 | 1.25 | ①在正常开采期和完井或修井作业期各种可能发生的载荷工况下油管全长三轴复合应力安全系数均应大于 1.25；<br>②不推荐在井口油套环空人为加背压来提高安全系数。井口油套环空人为加背压提高安全系数仅用于压裂或下推压井液压井操作 |

# 3.2　套管柱常规强度设计

## 3.2.1　常规强度设计内涵及要求

套管强度设计和校核中最为重要的工作就是合理确定所受到的外载荷，包括下套管、固井、后续的钻井、采油和修井等作业过程中所产生的外载荷，也包括液柱压力、机械作用力和温度效应诱发的作用力。

液柱压力包括：管内流体的液柱压力、管外流体和水泥浆的液柱压力、由于钻井和修井而产生的井口压力、在钻井和采油中所承受的地层压力或施工压力。

机械作用力包括：套管悬挂重力、下放过程中的振动外载荷、在采油和修井中的封隔器外载荷以及悬挂外载荷。

温度效应诱发的作用力：钻井、采油和修井作业中都将产生因温度变化而引起的热应力外载荷。该外载荷将在未封固的套管段产生弯曲应力。

套管应作为整个钻井系统的一部分，整体优化形成套管设计结果。设计过程中有必要了解钻井的目的、地质剖面、可使用的套管及钻头尺寸、建议的固井及钻井程序、钻机性能以及安全及环保规定等。所需要的数据资料包括：

油气层性质；

地层孔隙压力；

地层抗张强度（破裂压力）、地层抗压强度；

温度剖面；

挤压盐岩层、膏盐层、软泥岩层位置；

非开采的油气层及潜在腐蚀性组分；

含水渗透层位置；

化学稳定性、页岩敏感性（钻井液类型及垮塌时间）；

漏失层位置，淡水砂层位置，浅层气位置，含 $H_2S$、含 $CO_2$ 或同时存在于地层中；

定向井数据，井口位置，地质目标；

井间干扰数据；

所需最小直径，满足钻井和采油目标所需要的最小井眼直径，测井工具外径，油管尺寸，封隔器及相关设备要求尺寸，井下安全阀外径（海上油井或陆上有特殊要求的油井）；

钻机设备限制；

在完井、生产、井下作业中可能发生的最大套管载荷和所需求的尺寸；

完井需求，生产井数据，完井液密度，产出液密度；

库存情况；

地方及企业法规限制。

### 3.2.2　套管柱常规强度设计安全系数

套管柱常规强度设计安全系数取值在很大程度上与载荷的估值有关，若载荷的估值准确和可信，安全系数取低限值，否则取高限值。对于高温高压井或有井筒完整性风险的井，外载应考虑 3.2.1 节常规强度设计内涵及要求的全部要求。套管柱常规强度设计安全系数见表 3-2。

表 3-2　套管柱常规强度设计安全系数

| 载荷 | 设计最小安全系数 | 说明 |
| --- | --- | --- |
| 轴向拉伸 | 1.40～1.80 | 圆螺纹套管取高值 1.80，偏梯形或特殊扣套管取 1.60，回接套管取 1.40。根据套管与井眼间隙和阻卡预测确定取高值或低值 |
| 内压 | 1.10～1.25 | 基于螺纹密封压力和管体屈服内压力，以小者为准 |
| 外压 | 1.00～1.125 | 套管外压抗挤强度及外载评估均有较大不确定性，安全系数取值存在风险 |
| 轴向压缩 | 1.40～1.50 | 某些带接箍的气密封套管在轴向压缩下密封压力降低 |
| 三轴复合应力 | 1.25 | 在正常开采期和完井或修井作业期各种可能发生的载荷工况下三轴复合应力安全系数均应大于 1.25 |

# 3.3　油套管强度

## 3.3.1　油套管强度标准的演变

在油套管强度性能中，抗拉和抗内压强度计算比较准确和可靠。抗挤强度的影响因素多，较难准确地计算，因此抗挤强度的研究在国际上是一个比较活跃的领域。ISO 10400 已将原 API 5C3 油管、套管的额定强度的计算吸收到标准中，同时也增加了近年来 API/ISO Sub-Team（美国石油学会/国际标准化组织套管挤毁工作组）API/ISO 组织的国际合作研究成果。抗拉强度完全引用传统 API 5C3 算法，抗内压和抗挤强度计算仍保留传统 API 5C3 算法。但是考虑到传统 API 5C3 抗内压强度过于保守，特别是厚壁管实际抗内压强度会比 API 5C3 计算值高 20%～40%，因此 ISO 10400 增补了基于韧性爆裂的抗内压强度公式。设计者也可选用基于韧性爆裂的抗内压强度值。

抗挤强度的计算较为复杂，ISO 10400 推出和比较了几个研究者的计算公式及结果，但目前仍以传统 API 5C3 抗挤强度计算值为准。全世界的油井管研究工作者对套管抗挤强度做了大量研究，工业界有不同的认识，GB/T20657—2011 和 ISO/TR 10400—2007 标准未明确以哪种公式为准，而是对它们的计算精度和结果作了比较。

### 3.3.1.1　基于传统 API 5C3 标准的油套管抗挤强度

传统的 API 5C3 标准根据不同的径厚比 $D/t$，将套管挤毁压力分为四个区域分别进行计算，即屈服挤毁压力、塑性挤毁压力、过渡区挤毁压力（或称弹塑性挤毁压力）和弹性挤毁压力四种计算公式。其中屈服挤毁压力和弹性挤毁压力公式为理论推导公式，塑性挤毁公式为实物套管挤毁的回归分析得到的经验公式。过渡区挤毁压力是由曲线光滑内插得到的。图 3-1 表示了抗挤强度与径厚比（外径与壁厚的比值）的关系，图中也粗略地表示了四个区的划分。

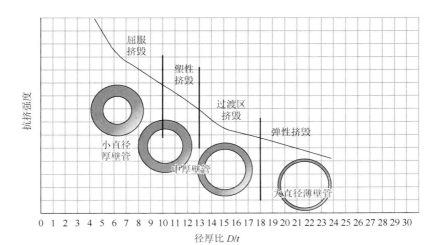

图 3-1　抗挤强度与径厚比

**1. 屈服挤毁公式**

当$(D/t) \leqslant (D/t)_{YP}$时：

$$p_{YP} = 2Y_P \left[ \frac{(D/t) - 1}{(D/t)^2} \right] \tag{3-1}$$

$$\left( \frac{D}{t} \right)_{YP} = \frac{\sqrt{(A-2)^2 + 8(B + 6.894757C/Y_P)} + A - 2}{2(B + 6.894757C/Y_P)} \tag{3-2}$$

式（3-1）就是承受均布外压的厚壁筒的拉梅（Lamé）公式，该公式的物理意义是当外挤压力使管内壁处周向应力达到材料名义屈服强度时就认为发生套管屈服挤毁。多数油管，部分高强度小直径厚壁套管抗挤强度用式（3-1）计算。

**2. 塑性挤毁公式**

当$(D/t)_{YP} < (D/t) \leqslant (D/t)_{PT}$时：

$$p_P = Y_P \left[ \frac{A}{(D/t)} - B \right] - 6.894757C \tag{3-3}$$

$$\left( \frac{D}{t} \right)_{PT} = \frac{Y_P(A - F)}{6.894757C + Y_P(B - G)} \tag{3-4}$$

塑性挤毁压力公式（3-3）是建立在大量的套管挤毁试验资料基础上的经验公式。公式（3-3）中的三个系数$A$、$B$、$C$，是对 K-55、N-80、P-110 钢级的套管分别进行了 402 次、1440 次和 646 次挤毁试验的资料，应用数理回归统计理论得出来的。

**3. 过渡区挤毁公式**

当$(D/t)_{PT} < (D/t) \leqslant (D/t)_{TE}$时：

$$p_T = Y_P \left[ \frac{F}{(D/t)} - G \right] \tag{3-5}$$

$$\left( \frac{D}{t} \right)_{TE} = \frac{2 + B/A}{3(B/A)} \tag{3-6}$$

$$F = \frac{323.7088 \times 10^6 \left[ \frac{3(B/A)}{(2 + B/A)} \right]^3}{Y_P \left[ \frac{3(B/A)}{2 + (B/A)} - (B/A) \right] \left[ 1 - \frac{3(B/A)}{2 + (B/A)} \right]} \tag{3-7}$$

过渡区挤毁公式（3-5）是在上述塑性挤毁压力公式（3-3）和下面将讨论的弹性挤毁公式（3-8）之间建立一个光滑曲线来得到的，也视为经验公式。

**4. 弹性挤毁公式**

当$(D/t)_{TE} < (D/t)$时：

$$p_E = \frac{323.7088 \times 10^6}{(D/t)[(D/t) - 1]^2} \tag{3-8}$$

$$G = FB/A \qquad (3-9)$$

弹性挤毁公式（3-8）是以 Clinedinst 提出的圆管弹性失稳临界外压计算式为基础，经修正后得到的。

$$p_{\text{E}} = \frac{2E}{1-\mu^2} \cdot \frac{1}{(D/t)[(D/t)-1]^2} \qquad (3-10)$$

考虑到实物挤毁试验值低于式（3-10）理论计算值，上式应乘以 0.7125 的修正系数，将 $\mu = 0.3$ 代入后得到式（3-8）（MPa）。它说明挤毁失效形式是几何失稳，与材料屈服强度无关。公式适用于大直径薄壁套管，在套管系列中 16″（$\varPhi$406.4mm）、18-5/8″（$\varPhi$473mm）和 20″（$\varPhi$508mm）三种套管最高钢级只用到相当于 J55 的钢。

式（3-1）～式（3-10）中符号意义：

$D$ ——名义外径，mm；

$t$ ——名义壁厚，mm；

$D/t$ ——径厚比；

$p_{\text{YP}}$ ——最小屈服挤毁压力，MPa；

$p_{\text{P}}$ ——最小塑性挤毁压力，MPa；

$p_{\text{T}}$ ——最小过渡区挤毁压力，MPa；

$p_{\text{E}}$ ——最小弹性挤毁压力，MPa；

$(D/t)_{\text{YP}}$ ——屈服挤毁与塑性挤毁的 $D/t$ 分界值；

$(D/t)_{\text{PT}}$ ——塑性挤毁与过渡区挤毁的 $D/t$ 分界值；

$(D/t)_{\text{TE}}$ ——过渡区挤毁与弹性挤毁的 $D/t$ 分界值；

$Y_{\text{p}}$ ——名义屈服强度，MPa。

上述四种 API 毁压力计算公式中的 $D/t$ 分界值及其系数 $A$、$B$、$C$ 和 $F$、$G$ 见表 3-3。

表 3-3　API 公式的 $D/t$ 分界值及其系数

| 钢级 | $D/t$ 范围 | | | $p_{\text{P}}$ | | | $p_{\text{T}}$ | |
| --- | --- | --- | --- | --- | --- | --- | --- | --- |
| | $(D/t)_{\text{YP}}$ | $(D/t)_{\text{PT}}$ | $(D/t)_{\text{TE}}$ | $A$ | $B$ | $C$ | $F$ | $G$ |
| H-40 | 16.40 | 27.01 | 42.64 | 2.950 | 0.0465 | 754 | 2.063 | 0.0325 |
| -50 | 15.24 | 25.63 | 38.83 | 2.976 | 0.0515 | 1056 | 2.003 | 0.0347 |
| J-K-55 | 14.81 | 25.01 | 37.21 | 2.991 | 0.0541 | 1206 | 1.989 | 0.0360 |
| -60 | 14.44 | 24.42 | 35.73 | 3.005 | 0.0566 | 1356 | 1.983 | 0.0373 |
| -70 | 13.85 | 23.38 | 33.17 | 3.037 | 0.0617 | 1656 | 1.984 | 0.0403 |
| C-E-75 | 13.60 | 22.91 | 32.05 | 3.054 | 0.0642 | 1806 | 1.990 | 0.0418 |
| L-N-80 | 13.38 | 22.47 | 31.02 | 3.071 | 0.0667 | 1955 | 1.998 | 0.0434 |
| C-90 | 13.01 | 21.69 | 29.18 | 3.106 | 0.0718 | 2254 | 2.017 | 0.0466 |
| C-T-X-95 | 12.85 | 21.33 | 28.36 | 3.124 | 0.0743 | 2404 | 2.029 | 0.0482 |
| -100 | 12.70 | 21.00 | 27.60 | 3.143 | 0.0768 | 2533 | 2.040 | 0.0499 |
| P-G-105 | 12.57 | 20.70 | 26.89 | 3.162 | 0.0794 | 2702 | 2.053 | 0.0515 |

续表

| 钢级 | D/t 范围 | | | $p_P$ | | | $p_T$ | |
|---|---|---|---|---|---|---|---|---|
| | $(D/t)_{YP}$ | $(D/t)_{PT}$ | $(D/t)_{TE}$ | A | B | C | F | G |
| P-110 | 12.44 | 20.41 | 26.22 | 3.181 | 0.0819 | 2852 | 2.066 | 0.0532 |
| -120 | 12.21 | 19.88 | 25.01 | 3.219 | 0.0870 | 3151 | 2.092 | 0.0565 |
| Q-125 | 12.11 | 19.63 | 24.46 | 3.239 | 0.0895 | 3301 | 2.106 | 0.0582 |
| -130 | 12.02 | 19.40 | 23.94 | 3.258 | 0.0920 | 3451 | 2.119 | 0.0599 |
| S-135 | 11.92 | 19.18 | 23.44 | 3.278 | 0.0946 | 3601 | 2.113 | 0.0615 |
| -140 | 11.84 | 18.97 | 22.98 | 3.297 | 0.0971 | 3751 | 2.146 | 0.0632 |
| -150 | 11.67 | 18.57 | 22.11 | 3.336 | 0.1021 | 4053 | 2.174 | 0.0666 |
| -155 | 11.59 | 18.37 | 21.70 | 3.356 | 0.1047 | 4204 | 2.188 | 0.0683 |
| -160 | 11.52 | 18.19 | 21.32 | 3.375 | 0.1072 | 4356 | 2.202 | 0.0700 |
| -170 | 11.37 | 17.82 | 20.60 | 3.412 | 0.1123 | 4660 | 2.231 | 0.0734 |
| -180 | 11.23 | 17.47 | 19.93 | 3.449 | 0.1173 | 4966 | 2.261 | 0.0769 |

注：没有字母标志的不是 API 规范的钢级，但是已开始考虑使用，为此列出其资料。钢级的 D/t 分界值及其系数 A、B、C、F、G 分别由公式计算，并精确到小数点后 8 位或更多的位数。

### 3.3.1.2　基于传统 API 5C3 标准和 ISO 10400 的油套管抗内压强度

**1. 传统 API 5C3 标准的油套管抗内压强度**

API 5C3 中套管、油管和钻杆的抗内压强度采用薄壁筒巴洛（Barlow）公式 [式（3-11）]。该公式假设在内压力作用下，管壁周向应力使管子内壁材料开始屈服时，管子即失效。考虑油套管制造允许壁厚有 12.5% 负偏差，应乘以 0.875 的修正系数。

$$p_{bo} = 0.875 \left[ \frac{2Y_P t}{D} \right] \tag{3-11}$$

式中，$p_{bo}$——内压屈服强度，MPa。

实际上，管子内壁开始屈服时仍不会丧失密封完整性，厚壁管实际抗内压强度会比 API 5C3 计算值高。因此 ISO 10400 增补了基于韧性爆裂的抗内压强度公式。设计者也可选用基于韧性爆裂的抗内压强度值。

**2. 韧性爆裂内压强度**

韧性爆裂描述管子的极限抗内压强度性能，当内压力达到设计韧性断裂值时，管子开裂和丧失密封完整性。对于厚壁管韧性爆裂抗内压强度比传统 API 5C3 标准的油套管抗内压强度公式（3-11）更准确。

韧性断裂指材料断裂前呈现较大塑性变形，或断裂前材料所吸收的功或冲击能量较大。ISO 10400 中的内压韧性断裂公式及所计算的抗内压强度需满足以下两个条件。

（1）塑性变形条件：材料在断裂前具有足够大的塑性变形，脆性断裂材料不允许用作油套管。

（2）小裂纹条件：管子难免存在制造裂纹，但裂纹深度应足够小。目前的超声探伤技术有可能漏检小于壁厚 5% 以下深度的裂纹，因此在 ISO 10400 标准中，韧性断裂内压值均按小于壁厚 5% 的裂纹计算，并在内压强度表中标明为强度等级 5。如果厂家制造质量和检测手段只能保证漏检相当于壁厚 12.5%以下的裂纹，那么将在内压强度表中标明为强度等级 12.5。

管的最小韧性爆裂公式为

$$p_{iR} = 2k_{dr}f_{umn}(k_{wall} - k_a a_N)/[D - (k_{wall} - k_a a_N)] \tag{3-12}$$

式中，$a_N$——缺陷深度，取决于检测方法和仪器能识别的最大裂纹型缺陷深度，该深度称为缺陷门限值。小于缺陷门限值的裂纹可能会被漏检。例如，对于管壁厚为 12.70mm（0.500in）的管，仪器能识别管壁厚度 5%以上的裂纹，那么缺陷门限值 $a_N = 0.05 \times 12.70 = 0.635$mm（0.025in）；

$f_{umn}$——最小抗拉极限强度值，MPa；

$k_a$——内压强度因子，对于淬火和回火马氏体钢或 13Cr，$k_a$ 为 1.0。对于正火钢，$k_a$ 设为默认值 2.0。如果有测试数据，在测试的基础上可以为特定的管材设定 $k_a$ 值；

$k_{dr}$——材料应变硬化的校正因子，其值为 $k_{dr} = [(1/2)^{n+1} + (1/\sqrt{3})^{n+1}]$；

$n$——无量纲硬化指数，单向拉伸测试的真实应力-应变曲线的曲线拟合指数；

$k_{wall}$——计算管壁公差因子，如，对于最小公差值 12.5%，$k_{wall} = 0.875$。如果确信壁厚公差小于 12.5%，可用实际的壁厚公差；

$p_{iR}$——韧性爆裂内压强度，MPa。

**3. 复合应力内压屈服强度**

ISO 10400 抗内压强度包含传统 API 5C3［即式（3-11）］，基于冯·米塞斯（Von Mises）管体复合应力的内压屈服强度，包括两端封口及两端堵口的内压屈服强度。要区分这么多强度项甚为不便。实际上只需计算的三轴复合应力，称为当量应力，设计或复查当量应力小于材料单向拉伸屈服强度就认为满足弹性条件，即满足屈服失效准则。

油套管在弹性状态的各应力分量为：

（1）对于厚壁圆筒，径向和周向应力由拉梅公式决定；

（2）各种载荷引起的均匀轴向应力，不含弯曲应力；

（3）Timoshenko 梁的轴向弯曲应力；

（4）沿管柱轴转动而产生的扭转剪切应力。

复合应力中屈服强度计算未考虑失稳引起的弯曲应力。

开始屈服的公式定义如下：

$$\sigma_e = Y_P \tag{3-13}$$

式中，$\sigma_e < Y_P$ 适合弹性条件，$\sigma_e$ 为当量应力。

当量应力 $\sigma_e$ 定义为

$$\sigma_e = [\sigma_r^2 + \sigma_h^2 + (\sigma_a + \sigma_b)^2 - \sigma_r\sigma_h - \sigma_r(\sigma_a + \sigma_b) - \sigma_h(\sigma_a + \sigma_b) + 3\tau_{ha}^2]^{1/2} \tag{3-14}$$

$\sigma_h$ 为周向或环状应力：

$$\sigma_h = [(p_i d_{wall}^2 - p_o D^2) + (p_i - p_o)d_{wall}^2 D^2/(4r^2)]/(D^2 - d_{wall}^2) \tag{3-15}$$

$\sigma_r$ 为径向应力：

$$\sigma_r = [(p_i d_{wall}^2 - p_o D^2) - (p_i - p_o)d_{wall}^2 D^2/(4r^2)]/(D^2 - d_{wall}^2) \tag{3-16}$$

$\sigma_a$ 为轴向应力：

$$\sigma_a = F_a / A_p \tag{3-17}$$

$\sigma_b$ 为弯曲正应力：

$$\sigma_b = \pm M_b r / I = \pm Ecr \tag{3-18}$$

$\tau_{ha}$ 为剪应力：

$$\tau_{ha} = Tr / J_p \tag{3-19}$$

式中，$A_p$——管的横截面积，$A_p = (D^2 - d^2)\pi/4$，$mm^2$；

　　　$c$——管曲率，即管中心线曲率半径的倒数，$mm^{-1}$；

　　　$d$——管内径，$d = D - 2t$，$mm$；

　　　$d_{wall}$——基于 $k_{wall}t$ 的内径，$d_{wall} = D - 2k_{wall}t$，$mm$；

　　　$E$——杨氏模量，$MPa$；

　　　$F_a$——周向应力，$MPa$；

　　　$I$——管横截面的转动惯量，$I = (D^4 - d^4)\pi/64$，$mm^4$；

　　　$J_p$——管横截面的极转动惯量，$J_p = (D^4 - d^4)\pi/32$，$mm^4$；

　　　$k_{wall}$——计算管壁公差的因子，如，对于最小公差值 12.5%，$k_{wall} = 0.875$；

　　　$M_b$——弯矩，$N \cdot m$；

　　　$p_i$——内压力，$MPa$；

　　　$p_o$——外压力，$MPa$；

　　　$T$——施加的扭矩，$N \cdot m$；

　　　$r$——极坐标，对于 $\sigma_b$ 和 $\tau_{ha}$，$(d/2) \leqslant r \leqslant (D/2)$，对于 $\sigma_r$ 和 $\sigma_h$，$(d_{wall}/2) \leqslant r \leqslant (D/2)$。

### 3.3.1.3　套管的其他强度标准

ISO 10400 的抗挤和抗内压强度标准对原 API 5C3 作了若干补充，但是抗拉强度和其他性能完全采纳了原 API 5C3 的算法。油井管设计者对原 API 5C3 已比较了解，在此只作简单的介绍。

**1. 抗拉强度**

抗拉强度以螺纹的连接强度为依据，它包括螺纹屈服强度、断裂强度和滑脱强度。套管是入井后不再取出，系一次性使用，因此抗拉强度以材料的拉伸极限强度为基础计算；油管需要多次下入和取出，因此抗拉强度以材料屈服强度为基础计算，即油管只考虑螺纹屈服强度。

**2. 接箍抗内压强度**

ISO/API 圆螺纹和偏梯型螺纹还需计算接箍的抗内压强度，计算值与管体的抗内压强度比较，以较小者为准作为抗内压强度。

**3. ISO/API 螺纹的密封压力**

ISO/API 螺纹的接箍中部有约 1in（25.4mm）高的空间，称为"J"环，内压力将作用于螺牙的压紧接触面。在动力紧扣完成后第一接触牙面的接触压力起密封作用，接箍在该内压力作用下胀大，由此降低螺牙接触压力，平衡状态就是螺纹的密封压力。

圆螺纹靠 60°牙的两侧面压紧密封，偏梯型螺纹靠外螺纹牙顶与内螺纹牙根间压紧密封，因此偏梯型螺纹的密封性低于圆螺纹。靠充填密封脂来提高偏梯型螺纹的密封性应十分谨慎，密封脂摩擦系数过大会导致接箍纵向开裂或接箍中部应力腐蚀穿孔。

ISO/API 螺纹的密封压力低于内压屈服强度，因此 ISO/API 螺纹油套管设计使用内压力不应高于密封压力。压力高时应使用金属对金属的气密封螺纹。

### 3.3.2　非标准高强度套管

#### 3.3.2.1　非标高强度套管重要性及类别

在深水、高温高压、盐层、膏盐层地区非标准高强度套管使用日益增多。非标准指钢级、直径和壁厚在 ISO 10400/API 5C3 或 ISO 11960 规范中未列入的油套管，这些非标准油套管都是为了应对异常高外挤压力或超深井重载而开发的。在超深井及高温高压井中，封闭的环空钻完井液热膨胀可能会挤毁内层套管或压漏外层套管；巨厚盐层或膏盐层挤毁套管时有发生。这些工况常需要非标套管，常用非标套管有以下几种类型：

（1）高抗挤套管。

（2）特殊直径厚壁套管。

（3）高钢级系列套管。

#### 3.3.2.2　高抗挤套管

高抗挤套管通常指符合 ISO 11960、ISO 10400/API 5C3 套管的直径、壁厚和钢级系列，但是改进制造工艺，严格控制影响抗挤强度的制造偏差范围，或提高屈服强度到允许的上限值。高抗挤套管是基于以下理念提出的：客观上许多套管实物挤毁试验值较传统 API 5C3 表列值高 20%～40%，有的作业者抱怨过度安全设计，造成浪费；传统 API 5C3 抗挤压力公式是用若干年前 K-55、N-80、P-110 等钢级的套管挤毁试验的资料，应用数理回归统计理论得出来的。它可能已不能反映近年来套管制造水平的提高对抗挤强度的贡献。近年来国内外厂家套管制造水平已有显著提高，有的厂家在产品目录中已推出高抗挤套管系列。

采用高抗挤套管可为油田带来重要技术经济效益，例如：

（1）壁厚的降低使套管重量降低，减轻大钩负荷。对于超深井，可用钻杆下入尾管，然后回接。这样有利于解决固井质量及井筒完整性问题。

（2）增大通径，即使是相同外径和壁厚，高抗挤套管的通径也比普通套管大，可下入标准直径的钻头。

一些厂家在产品目录中列出了高抗挤套管系列，但是仅凭控制质量和允许的偏差范围对抗挤强度的提高程度有限。套管实物挤毁试验值较传统 API 5C3 表列值高 20%～40%，但设计或订货技术条件时，只能按比传统 API 5C3 表列值高 10%～20%设置。这种小幅度的抗挤强度增加可视为套管性能水平的提高，套管抗挤强度与制造偏差的相关性见 3.3.3 节。对于需要解决高抗挤的井下工况，推荐使用下文所述的特殊直径或特厚壁套管。

### 3.3.2.3 特殊直径或特厚壁套管

在有高压地层或有盐层、膏盐岩层挤毁套管的井段，已经采用了套管抗挤强度非常高的 9-5/8″（Φ244.5mm）、壁厚 13.84mm 的 Q125 套管。但因不能通过 8-1/2″钻头，被迫采用非标准尺寸的 8-3/8″（Φ212.7mm），导致复杂井眼的形成。同时，可能导致下 7″套管遇阻，环空间隙小不能安放尾管头封隔器，固井质量带有不确定性。上述问题可能给井筒完整性埋下隐患。

特殊直径或特厚壁套管可大幅度提高套管的抗挤强度。例如用 9-7/8″（Φ250.8mm）代替 9-5/8″（Φ244.5mm）套管；13-5/8″（Φ346.1mm）或 14″（Φ355.6mm）代替 13-3/8″（Φ339.7mm）套管。上述替代可不改变钻头系列，在需要高抗挤套管的井段宜优先设计使用。还有许多其他特殊直径或特厚壁套管，但有些需改变钻头尺寸系列。前述大直径厚壁套管一般采用偏梯型螺纹牙，直连型螺纹或带接箍，但抗拉强度可能会低于管体。好在高抗挤套管一般只在局部需要的井段使用，可能的螺纹抗拉强度低于管体是允许的。

表 3-4 为常用 Q125 钢级特殊直径或特厚壁套管与标准套管通径和抗挤强度的比较。可以看出，9-5/8″（Φ244.5mm）、壁厚 13.84mm 的 Q125 套管通径为 212.83mm，不能通过 8-1/2″（215.9mm）钻头。可以采用通径为 216.5mm 的套管，但这并不是最优化的设计，带有风险。所谓"高精度"套管是指严格控制壁厚和椭圆度，使通径尽可能接近内径，以便标准钻头能下入通过。这可能会增加采购成本，名义上是所谓"高精度"套管，在井下地层非均匀压力作用下变形仍会妨碍标准 8-1/2″（215.9mm）钻头通过。

表 3-4 中若用 9-7/8″（Φ250.8mm）壁厚 15.88mm 套管代替 9-5/8″（Φ244.50mm）壁厚 13.84mm 套管，可通过 8-1/2″钻头，使抗挤强度由 58.19MPa 增加到 76.81MPa。

表 3-4 还列出了常用 13-3/8″（Φ339.7mm）Q125 钢级套管与可替代的特殊直径厚壁套管 13-5/8″（Φ346.1mm）、14″（Φ355.6mm）套管通径和抗挤强度的比较。在 17-1/2″（444.5mm）钻头井眼中，上述套管均可下入。

表 3-4　常用 Q125 钢级特殊直径厚壁套管与标准套管通径和抗挤强度

| Q125 套管系列 | | | | 壁厚/mm | 通径/mm | | API 5C3 抗挤强度/MPa |
|---|---|---|---|---|---|---|---|
| 直径 | | 单重 | | | | | |
| （″） | mm | lb/ft[①] | kg/m | | 普通 | 高精度 | |
| 9-5/8 | 244.5 | 47.0 | 69.94 | 11.99 | — | — | 38.82 |
| | | 53.5 | 79.61 | 13.84 | 212.83 | 216.5 | 58.19 |
| | | 58.4 | 86.90 | 15.11 | 210.29 | 212.7 | 72.67 |
| 9-7/8 | 250.8 | 62.8 | 93.45 | 15.88 | 215.11 | 215.9 | 76.81 |
| | | 65.3 | 97.17 | 16.51 | 213.84 | 215.9 | 83.84 |
| 13-3/8 | 339.7 | 68.0 | 101.88 | 12.19 | 311.38 | — | 16.07 |
| 13-5/8 | 346.1 | 88.2 | 131.24 | 15.88 | 310.36 | 311.15 | 33.10 |

续表

| Q125 套管系列 | | | | 壁厚/mm | 通径/mm | | API 5C3 抗挤强度/MPa |
| 直径 | | 单重 | | | | | |
| （″） | mm | lb/ft | kg/m | | 普通 | 高精度 | |
| --- | --- | --- | --- | --- | --- | --- | --- |
| | | 94.8 | 141.08 | 14.27 | 317.53 | — | 34.88 |
| | | 99.3 | 147.76 | 17.48 | 318.69 | — | 39.03 |
| 14 | 355.6 | 103.5 | 154.01 | 18.29 | 314.27 | — | 43.65 |
| | | 110 | 163.68 | 19.61 | 311.63 | — | 54.06 |

①1lb/ft = 1.488kg/m。

#### 3.3.2.4　高钢级系列套管

通过提高材料屈服强度来得到高强度套管，例如把常用的 Q125HC 套管最小屈服强度从 125ksi（862MPa）提高到 140ksi（965MPa）至 150ksi（1034MPa）。此外还有 140ksi（965MPa）、150ksi（1034MPa）、155ksi（1069MPa）、165ksi（1138MPa）等特殊高钢级套管。

上述高钢级系列套管在解决盐岩层、膏盐层及高地应力挤毁套管的地区发挥了重要作用。但是高钢级套管材料曾经发生过若干次井下断裂问题，在使用时应十分谨慎。如果不影响钻头系列和钻机有足够提升能力，应优先设计使用厚壁 Q125 套管。稍后将讨论高钢级套管环境敏感开裂风险及性能与质量管控。

#### 3.3.2.5　高钢级系列套管环境开裂敏感控制

**1. 高钢级系列套管环境开裂问题的复杂性**

此处高钢级系列套管指 140ksi（965MPa）、150ksi（1034MPa）、155ksi（1069MPa）、165ksi（1138MPa）等特殊高钢级套管，高钢级套管对环境开裂敏感。环境敏感断裂指管材在外加应力或内应力（装配应力、热应力、残余应力）、腐蚀介质和环境参数（温度、压力和微区电位）的激励作用下，丧失其原有物理和力学性质，特别是韧性降低，最终发生断裂的现象。由于断裂对安全生产具有重大影响，国内外均把环境敏感断裂作为重点的研究方向。对于油气井筒而言，环境敏感断裂具体包括氢脆或氢致开裂（hydrogen induced cracking）、应力腐蚀开裂（stress corrosion cracking）、腐蚀疲劳断裂（corrosion fatigue cracking）和延迟断裂（delayed fracture）。油气田开发中的油管、套管及钻杆，油气输送中的管道和装备突发性开裂或断裂时有发生，有的突发性开裂或断裂曾造成过重大环境问题或经济损失。

鉴于环境敏感断裂问题的复杂性，不推荐屈服强度 V140（ksi）以上高钢级系列钢用于生产套管。环境敏感断裂问题的复杂性体现在对外部环境和钢内在性能相互耦合时是否会发生开裂的判别十分困难，当前还没有对应的技术标准。

井下环境不仅是硫化氢，其他生氢环节甚多，例如：①钻井液/完井液：有机盐钻井液生氢，聚磺泥浆高温高压分解生氢、二氧化碳；②酸化液生氢；③潜在的硫化氢溶于水的酸性环境的腐蚀及生氢；④二氧化碳溶于水及腐蚀生氢；⑤高温高压甲酸盐分解生氢；⑥电镀、磷化处理过程生氢。

**2. 高钢级系列套管性能及质量控制**

以下高钢级系列套管性能及质量控制体系可供参考，不排除厂家会有更好的技术或方法控制高钢级套管开裂性能及质量体系。

1）化学元素优化设计

严格执行制造工艺的每一个环节，在此推荐化学元素优化设计。表 3-5 是一种以 4130 为基础的 CrMoV 钢种，推荐 V140、V150 化学元素质量分数区间。

表 3-5　推荐 V140、V150 化学元素质量分数区间（%）

| 元素 | C | Si | Mn | P | S | Cr | Mo | V | Ni | Cu | Ti | Al | Nb |
|------|-----|------|------|--------|--------|---------|-------|-----------|------|------|------|------|------|
| 范围 | 0.22～0.28 | ≤0.35 | ≤0.65 | ≤0.020 | ≤0.010 | 0.80～1.1 | ≥0.75 | 0.10～0.20 | N L | N L | N L | N L | N L |

注：N L（no limit）表示由厂方自定。

（1）限制质量分数元素。

C：理想的 C 质量分数为 0.22%～0.28%，这样既保证了足够的强度同时又避免了高含 C 量时可能发生的淬火开裂，冲击功降低，可以得到优异的晶粒度。

Mn：提高 Mn 质量分数会在钢中形成 Mn 的偏析，显微硬度较高，在拉伸试验中首先发生内部开裂。应降低 Mn 质量分数并在结晶过程中制定步骤来避免 Mn 的偏析。理想的 Mn 质量分数为＜0.65%。

Si：降低 Si 的质量分数以避免 Si 的偏析，理想的 Si 的质量分数为 0.20%～0.35%。

（2）有害元素。

P：元素倾向于向界面偏析，因为它们的聚合能力低。如果 Mn 质量分数大于 0.5%，应降低 P 含量，防止回火时 P 向晶粒边界移动。

S：降低 S 质量分数到 0.013%～0.001% 可以在拉伸试验中得到更好的抗开裂性能。MnS 是 SSC 的主要起源，典型的夹杂物应是均匀分布的小尺寸球形颗粒。

（3）强韧性元素。

Cr：Cr 可提高钢的可淬硬性，但过多有害，大于 1% 会增加点蚀倾向。

Mo、V、Nb：Mo 单独加入或与 V、Nb 一起加入都能提高可淬硬性和抗环境开裂性能。对 140ksi 以上高强度钢，Cr + Mo 应约为 2.0%。

（4）微合金化元素。

V、Nb 等为微合金化元素，细化晶粒，其加量还与热处理温度控制水平有关。

2）屈服强度区间控制

V140、V150 钢应严格控制屈服强度区间，V140（140～155ksi）、V150（150～165ksi），过大的屈服强度上限将加大环境敏感开裂风险。

3）能够反映高强钢环境敏感断的评价方法及性能指标体系

高强钢对局部应变损伤敏感，在整体应力水平低于拉伸屈服强度条件下，宏观缺口（例如螺纹消失带牙底、退刀槽）和细观缺口（例如晶间析出相、微空洞、微裂纹）处会产生较大局部应变。试验证明模拟服役环境带缺口的四点弯曲试验、带缺口的圆棒恒载荷试验、带缺口的圆棒慢应变速率拉伸试验（slow strain rate testing，SSRT）能够反映高强钢环境敏感断特性。

（1）带缺口的圆棒恒应变试验。

带缺口的圆棒在拉伸载荷下缺口部位处于三向应力状态，并且已进入塑性应变状态。低倍显微镜下难以发现的或标准允许的材料微观缺陷，在模拟环境介质浸入条件下会产生空洞、起裂和裂纹扩展。对环境断裂敏感带缺口的圆棒恒载荷试件在材料试验机上拉断可以观察到带腐蚀痕迹的陈旧断口；对抗环境敏感断较好的材料不会有陈旧断口。

（2）应力腐蚀开裂敏感性指数。

通过对比带缺口的圆棒慢应变速率拉伸试验结果与干燥空气介质中拉伸实验结果来表征材料应力腐蚀敏感性高低。通常采用断后延伸率应力腐蚀敏感性指数和抗拉强度应力腐蚀开裂敏感性指数作为评定指标。

通过对比试样分别在空气介质、腐蚀介质中慢应变速率拉伸实验断后延伸率数值大小，作为评价材料应力腐蚀敏感性高低的重要指标。运用断后延伸率 $\delta$ 的损失大小来表征应力腐蚀敏感性指数，记为 $F(\delta)$，根据公式（3-20）计算。

$$F(\delta) = \frac{\delta_0 - \delta}{\delta_0} \times 100\% \qquad (3\text{-}20)$$

式中，$F(\delta)$——试样的断后抗拉强度应力腐蚀敏感性指数；

　　　　$\delta_0$、$\delta$——空气介质、腐蚀介质环境中试样的抗拉强度。

试样在拉伸过程中载荷达到的最大值，往往使用抗拉强度来衡量塑性材料应力腐蚀开裂敏感性。以抗拉强度表征应力腐蚀开裂敏感性指数 $F(\sigma)$，计算公式如式（3-21）。

$$F(\sigma) = \frac{\sigma_0 - \sigma}{\sigma_0} \times 100\% \qquad (3\text{-}21)$$

式中，$F(\sigma)$——试样的断后抗拉强度应力腐蚀敏感性指数；

　　　　$\sigma_0$、$\sigma$——空气介质、腐蚀介质环境中试样的抗拉强度。

应力腐蚀开裂敏感性指数越大，表示材料的应力腐蚀开裂的倾向性越大，应力腐蚀的程度越严重。其数值的大小依经验和风险评估确定。API 17TR8《高温高压设计指南》中应力腐蚀开裂敏感性指数 $F(\sigma)$ 或 $F(\delta)$ 大于 20% 被认定为应力腐蚀开裂敏感性大。在另一些研究中把 $F(\sigma)$ 或 $F(\delta)$ 大于 35% 认定为具有明显的应力腐蚀倾向；当 $F(\sigma)$ 或 $F(\delta)$ 小于 25%，表明研究体系没有明显的应力腐蚀倾向，为安全区；当 $F(\sigma)$ 或 $F(\delta)$ 为 25%～35%，视为潜在危险区。

### 3.3.3　套管产品性能及风险管控

#### 3.3.3.1　提高套管产品性能的关键技术

ISO 11960/API 5CT 标准已对油套管制造质量及允许偏差，对性能较高的产品分别设置了 PSL2 和 PSL3 产品性能特殊要求和规范条款。但整个 ISO 11960/API 5CT 标准仍是基本满足工程应用和便于工厂制造，二者相互妥协的技术标准。

如果要得到一个性能高于上述 ISO 11960/API 5CT 标准的最终产品，考虑下列原则是有益的：

（1）优化合金元素设计。ISO 11960/API 5CT 标准中原则上规定了有害元素硫和磷的最大允许含量不超过 0.030，优质钢材的实际硫和磷含量会比上述值低很多。一些有利于提高热处理效果和提高强度的化学元素同时也可能是增大环境敏感断裂倾向的元素，例如碳、硅和锰等元素。优化合理设计合金元素可为屈服强度位于上限区间而不发生环境敏感断裂创造有利条件。

（2）熔炼和铸锭过程中严格控制夹杂物和元素偏析，防止最终产品出现带状微观组织的倾向。

（3）热处理炉温和炉内气氛控制，保证钢屈服强度稳定地处于一个可控的窄区间和良好表面状态，使应力应变曲线具有明显"直角"屈服平台。

（4）回火处理后在线热定径和热校直，以降低椭圆度和残余应力，这对高抗挤套管性能表征参数十分重要。

（5）全长内外壁纵向和横向探伤，确保潜在表面裂纹深度小于壁厚的 5%。

### 3.3.3.2　高抗挤套管性能表征参数

如前所述，高抗挤套管通常指符合 ISO 11960、ISO 10400/API 5C3 套管的直径、壁厚和钢级系列，但是改进制造工艺，严格控制影响抗挤强度的制造偏差范围，或提高屈服强度到允许的上限值。

API 5C3 套管抗挤公式未考虑套管的制造工艺及缺陷对套管抗挤强度的影响。大量研究表明，套管的各种制造偏差参数（椭圆度、壁厚不均度、残余应力、材料屈服强度、应力应变曲线等）对套管抗挤强度的影响显著。在上述制造偏差参数中 ISO 11960、ISO 10400/API 5C3 只规定了材料屈服强度区间和最小壁厚不低于规定壁厚的 12.5%，直径是按单位长度质量来控制的。

套管制造偏差参数对套管抗挤强度影响显著，以下按套管制造偏差对套管抗挤强度影响的显著性排队。①强相关性偏差参数：拉伸应力应变曲线，材料屈服强度，残余应力，椭圆度；②弱相关性偏差参数：壁厚不均度。

**1. 屈服强度**

材料屈服强度是套管钢级及套管强度设计的基准数据，对实际抗挤强度也有显著影响。由于屈服强度是材料订货技术条件的"硬指标"，工厂一般都会留有充分富余量。对 P110、Q125 钢级套管，将屈服强度提高到允许区间最大值或适当超越允许最大值可显著提高抗挤强度，在高抗挤套管中有应用。但是对抗硫钢 C110、V140 以上钢级，过大的材料屈服强度裕量影响冲击韧性，而且会增加环境敏感断裂潜在风险。C110 钢屈服强度区间应控制在 110～120ksi（758～827MPa），V140 钢屈服强度区间应控制在 140～155ksi（965～1069MPa）。油田现场对屈服强度上限值同样有所规定。

**2. 拉伸应力应变曲线**

油套管材实际屈服强度与材料拉伸应力应变曲线有关，ISO 11960/API 5CT 规定把材料拉伸试件在拉伸到某一规定的应变值时所对应的拉伸应力定义为屈服强度。各钢级屈服强度对应的应变值如下：J55、K55、N80、L80，0.50；P110、T95，0.60%；Q125，0.65%；此外，V140 以上钢屈服强度对应的应变值为 0.7%。

对 N80Q 以上钢级材料均应经淬火和回火热处理，良好热处理材料的最佳拉伸应力应变曲线具有明显屈服平台。图 3-2 为 P110 实测的应力应变曲线，图中 P110A 和 P110B 屈服强度均为 120ksi（827MPa）。P110B 为最佳拉伸应力应变曲线，具有明显屈服平台，当外载应力达到 110ksi（758MPa）时，仍在弹性范围内。但是 P110A 的拉伸应力应变曲线，存在明显圆弧过渡，为欠佳应力应变曲线。P110A 显示材料在比例极限（开始屈服点）90ksi（621MPa）即开始屈服，当外载应力达到 110ksi（758MPa）时 已进入塑性区。

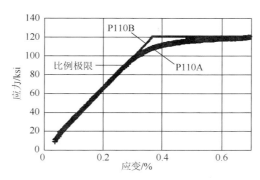

图 3-2　V140 拉伸应力应变曲线

### 3. 残余应力

套管在生产过程中，不可避免地会形成残余应力。残余应力对套管抗挤强度影响十分显著，残余应力控制反映厂家制造工艺及质量管控水平。径厚比 $D/t$ 越大，残余应力对套管抗挤强度影响越显著。扎制、定减径以及矫直过程，特别是淬火过程会产生残余应力。精准的回火热处理、回火后热矫直、降低椭圆度的热定径可减小残余应力。

残余应力控制水平用残余应力比（$\mu_{rs}/\mu_{fy}$）=残余应力/实测屈服强度表示。厂方应实施精准的回火热处理、回火后热矫直、降低椭圆度的热定径，残余应力比可减小到 0.15 以下。对普通级别套管，残余应力比可为 0.20～0.30。

为了提高套管的抗挤强度，在套管的生产过程中应设法将残余应力控制在尽可能低的水平。控制套管在热处理过程中的变形，合理选择矫直压下量，采用热矫直，避免冷矫直，是降低套管残余应力的重要措施。

当残余应力与外力叠加时，将导致套管抗挤强度降低，或者应力-应变曲线无屈服平台，呈现圆弧过渡，比例极限显著低于屈服强度均表明存在较大残余应力。抗硫套管不能通过提高屈服强度来提高其强度，而是通过合理的热处理工艺，降低套管残余应力，使屈服强度略高于 API 规定的屈服强度值。

随着径厚比 $D/t$ 的增大，最佳残余应力的取值范围变小，因此，套管的外径越大其相应的残余应力应该越低。在实际应用中，径厚比 $D/t$ 大的套管残余应力比（$\mu_{rs}/\mu_{fy}$）应控制为低于 0.15。

残余应力的测量常采用环切法。环切法是利用套管切开后直径的变化来近似地求解套管平均环向残余应力，其计算公式为

$$\sigma_R = \frac{E \cdot t}{1-\mu^2}\left(\frac{1}{D} - \frac{1}{D_f}\right) \tag{3-22}$$

式中，$D_f$——残余应力释放后管体外径，mm；

　　　$\sigma_R$——环向残余应力，MPa；

$E$——弹性模量，MPa；

$\mu$——泊松比。

**4. 椭圆度**

椭圆度又称不圆度，对套管抗挤强度影响十分显著。连轧管的初始椭圆度对产品最终椭圆度起控制作用，但是热处理后不圆的管材会变得更不圆。因此对抗挤和通径要求较高的套管，在精准的回火热处理和热矫直后还需实施热定径，从而将椭圆度降低到0.5%～0.2%以下。

椭圆度计算公式：

$$\mu_{ov} = 100(D_{max} - D_{min}) / D_{ave} \qquad (3-23)$$

式中，$D_{max}$——最大直径，mm；

$D_{min}$——最小直径，mm；

$D_{ave}$——平均直径，mm。

**5. 壁厚不均度**

壁厚不均对套管抗挤强度影响不显著。壁厚不均度：

$$\mu_{ec} = 100(t_{max} - t_{min}) / t_{ave} \qquad (3-24)$$

式中：$t_{max}$——最大壁厚，mm；

$t_{min}$——最小壁厚，mm；

$t_{ave}$——平均壁厚，mm。

**6. 制造偏差影响因子 $H_t$**

在 ISO 10400/API 5C3 中提出了综合考虑椭圆度、壁厚不均度、残余应力对套管抗挤强度影响的制造偏差影响因子 $H_t$，见计算公式（3-25）。

$$H_t = 0.127\mu_{ov} + 0.0039\mu_{ec} - 0.440(\mu_{rs} / \mu_{ty}) \qquad (3-25)$$

从上式的系数可以看出各制造偏差影响套管抗挤强度的权重，式中第二项壁厚不均度影响不显著，所以其系数仅为 0.0039。残余应力比（$\mu_{rs} / \mu_{fy}$）若为压应力，应为负值，它使 $H_t$ 增大。图 3-3 为 ISO 10400 列举 149 个工业生产各钢级试样制造偏差影响因子 $H_t$ 的分布情况，代表了普遍可以接受的制造水平。图中 A95、A110、A125 表示抗硫钢，它们

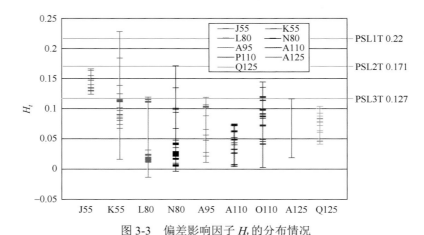

图 3-3　偏差影响因子 $H_t$ 的分布情况

都经历了较严谨的热处理、热校直和热定径，最大限度地降低了残余应力和椭圆度。

它们都显示了较低的制造偏差影响因子 $H_t$，抗挤强度可提高 10%～20%。如果再加上允许提高的屈服强度，实测抗挤强度可提高 20%～40%。但设计或订货技术条件只能按比传统 API 5C3 表列值高 10%～20%设置。

图 3-3 中 PSL1T 表示产品仅需符合普遍可以接受 ISO 11960/API 5CT，未强调椭圆度、壁厚不均度、残余应力。PSL2T、PSL3T 表示产品必须有定量的椭圆度、壁厚不均度、残余应力制造偏差检测。上述 PSL 分级不是 ISO 11960 规定的，仅为作者所加。

### 3.3.4　套管柱强度设计

在进行生产套管柱强度设计时要对生产套管柱在井下的各种受力情况进行准确分析，并选择合适的强度设计方法。显然，受力分析越准确，设计方法越合理，生产套管柱就越安全可靠。

在生产套管柱入井、注水泥以及油气井生产的不同时期，套管柱的受力是变化的；在不同的地层条件和地质环境下，套管柱的受力是不相同的。经过长期的生产实践证明，生产套管柱复杂的受力状态可归纳为三种主要的基本载荷：内压力、外挤压力、轴向拉力。但在不同的条件下，各载荷的作用机理及数值大小各不相同。要对生产套管柱受力进行准确的分析，就应全面考查套管柱在各种情况下的受力状态。目前的分析方法，主要是按最危险的工况来确定生产套管柱受力大小。

#### 3.3.4.1　内压力

生产套管所承受的内压力，主要来源是地层流体（油、气、水）压力及特殊作业（如注气、注水、压裂酸化、挤水泥等）时所施加的压力。在暂不考虑管外液柱压力的前提下，任意井深处生产套管所承受的内压力可由下式计算：

$$p_i = p_s + p_h \tag{3-26}$$

式中，$p_s$——井口压力，MPa；

$p_h$——任一井深处液柱压力，MPa。

在井眼/地层构成的连通系统中，任意井深处的内压力 $p_i$ 不但取决于地层压力，还与液体性质、完井方式及特殊作业等有关。生产套管设计应关注的最大内压力工况有以下类型：

**1. 不带封隔器开采的高压气井**

在这种工况下，由于井内全部充满天然气，而气柱压力较低，所以高的井底压力能直接传递到井口，形成高的井口压力，使得生产套管承受高的内压力。根据理想气体状态方程，井口压力与井底压力的关系可用下式近似表达：

$$p_s = p_b / e^{(0.000111554GH)} \tag{3-27}$$

式中，$p_b$——井底压力，MPa；

$H$——井深，m；

$G$——天然气相对密度，如无资料，通常取甲烷气相对密度 0.55g/cm³。

在高温高压气井设计中，需要根据井底压力预测井口关井压力和流动压力，其准确性影响油套管设计和地面装备的选用和安全。在过去的实践中出现过实际井口关井压力和流动压力大于预测压力，致使地面设备不能安全工作等复杂情况。

假设储层压力预测是正确的，那么井口关井压力与流动压力就取决于计算模型和算法的准确性。公式（3-27）本质上是理想气体定律，它不考虑实际天然气温度、压缩系数对实际天然气体积和压力的影响。在高温高压气井中会产生高达 30%的误差。上述公式用于井口压力低于 25MPa 时误差不大。对于高温高压气井需要用实际天然气 pVT 方程预测关井井口压力、用流动状态方程预测和测试开采期压力和温度分布，这些对于强度设计、防腐和地面控制与处理设备都至关重要。表 3-6 为不同工况下不同算法的井口压力。

**表 3-6　理想气体定律和 pVT 方程预测井口关井压力值比较**

| 井下参数 | 一般压力井 | 高温高压井 |
|---|---|---|
| 井深/m | 2881 | 7520 |
| 井底静态压力/MPa | 32 | 170 |
| 井底温度/℃ | 74 | 226 |
| 硫化氢质量分数/% | 0 | 微量 |
| 二氧化碳质量分数/% | 0 | 0.02 |
| 关井井口温度/℃ | 16 | 16 |
| 气体比重 | 0.68 | 0.55（98%甲烷气） |
| 理想气体定律计算井口压力/MPa<br>实际天然气 pVT 方程井口压力/MPa<br>实际测量值/MPa | 25.8<br>25.3 | 107<br>145<br>145 |
| 差值或误差/% | 2 | 26 |

用实际天然气 pVT 方程计算关井井口压力可能过于复杂。根据加拿大标准，井口压力按井底压力的 85%计算，不论高压井还是低压井均足够安全和准确。

**2. 带封隔器开采的高压气井**

带封隔器开采的高压气井并不能保证套管安全。若油气井生产初期油管螺纹漏失，或生产后期封隔器失效，高压天然气通过漏失处进入到油管与套管环空。在环空封闭条件下，气体滑脱上升到井口，使得井口环空压力升高，深部套管承受井口环空压力与环空段液柱压力的叠加值。

**3. 无封隔器进行压裂、酸化的油气井**

对于无封隔器进行压裂、酸化的油气井，由于作用在井底的压裂压力高于地层破裂压力，所以井口压力必然升高，导致生产套管承受高的内压力。

### 3.3.4.2　外压力

套管柱外压力主要为管外未注水泥井段的钻井液完井液压力，地层中的油、气、水压力。由于油气井在不同条件、不同时间所处的工况各不相同，套管柱承受外压力的情况比较复杂。

对于厚壁套管由套管内外压力平衡后形成的有效外压力用式（3-28）计算。

在一般情况下,生产套管受外压力最危险的工况是油井生产末期,由于油气层压力枯竭,套管内压力下降,导致有效外压力上升,接近或等于套管外液柱压力。因此,为保证生产套管的安全,一般按套管内全部掏空,套管外以钻井液液柱压力来计算外压力:

$$p'_o = 0.981\gamma_m H \qquad (3-28)$$

式中,$\gamma_m$——套管外钻井液密度,$g/cm^3$。

### 3.3.4.3　轴向力

套管柱轴向力主要由自重产生,同时还有井内钻井液浮力的作用,以及一些在特定条件下产生的附加轴向力。

**1. 套管柱自重产生的轴向力**

套管柱自重产生的轴向力,沿井筒由下向上逐渐增大,至井口处为最大。设套管柱由 $n$ 段套管组成,则在第 $i$($i = 1, 2, \cdots, n$,从下往上)段套管顶部随轴向拉力为

$$T_i = \sum T_k = \sum q_k \times L_k \qquad (3-29)$$

式中,$T_i$——第 $i$ 段套管顶部轴向拉力,N;

$T_k$——第 $k$($k = 1, 2, \cdots, i$)段套管自重,N;

$L_k$——第 $k$ 段套管长度,m;

$q_k$——第 $k$ 段每米套管重量,N/m。

显然,在井口处即 $T_i = T_n = \sum T_k$,即为全部套管自重之和;在最下端一段套管顶部处,即为 $k$ 段套管自重。上式可以方便地计算各段套管顶部处所承受的轴向拉力。

**2. 浮力作用下的轴向力**

套管柱在井中受钻井液浮力作用,轴向力分布发生变化。根据阿基米德原理,浮力大小等于该深度钻井液柱压力与套管水平方向裸露面积之乘积。

显然,在井口处即为最大轴向拉力,在套管底部即为最大轴向压力。

在确定轴向力时是否考虑浮力的作用,目前认识还不统一。有的认为在下套管或活动套管时,浮力被套管柱与井壁摩擦产生的附加拉力所抵消,故不考虑浮力的作用;有的认为浮力能准确计算,且与各井内钻井液密度有关,故应考虑浮力的作用。有的设计采用不同的抗拉安全系数来区别浮力作用的影响。

**3. 井眼弯曲产生的轴向力**

套管下入到有一定井斜和曲率变化的井内将引起弯曲。因弯曲作用而在套管截面上产生不均匀的轴向力。过大的弯曲变形引起的轴向力增加将降低套管连接强度,使螺纹密封失效。一种简单的算法是假设弯曲套管外侧弯曲正应力扩展到整个管截面,可按下列公式计算附加轴向拉力:

$$T_d = E\theta\pi r A_p/(180 \times 10^6 L) \qquad (3-30)$$

式中,$T_d$——弯曲引起的附加轴向拉力,kN;

$L$——弯曲段长度,m;

$\theta$——井斜空间全角变化,(°)/m。

为了简化计算,常用 25m 的井斜变化率代替空间全角变化 $\theta$,则上式变成:

$$T_{\mathrm{d}} = 0.0733DA\alpha \tag{3-31}$$

式中，$\alpha$——井斜变化率，（°）/25m。

可以看出，在相同的井斜变化率 $\alpha$ 下，大尺寸套管的弯曲附加轴向拉力比小尺寸套管大；在同尺寸套管时，井斜变化率 $\alpha$ 越大，弯曲附加轴向拉力越大。在设计套管柱时，可由上式估算弯曲应力的作用，然后适当增加套管的抗拉安全系数。

由于接箍直径比管体大，在弯曲井眼中 API 圆螺纹和梯型螺纹套管最末完全扣的扣弯曲应力最大，抗拉的薄弱环节是外螺纹处。API 5C4 列出了套管外螺纹连接强度与井眼曲率关系，可供查用。

**4. 注水泥过程产生的轴向力**

在深井或超深井注水泥过程中，由于注水泥浆量大，水泥浆密度比井内钻井液密度又大得多。在水泥浆还未返出套管鞋时，将使套管柱产生一个较大的附加轴向拉力，可按以下近似公式计算：

$$T_{\mathrm{c}} = h(\gamma_{\mathrm{c}} - \gamma_{\mathrm{m}})d^2\pi / 4000 \tag{3-32}$$

式中，$T_{\mathrm{c}}$——水泥浆与钻井液密度差产生的附加轴向拉力，kN；

　　　　$h$——管内水泥浆柱高度，m；

　　　　$\gamma_{\mathrm{c}}$——水泥浆密度，g/cm³。

当水泥浆将要返出套管鞋时，此项附加拉力达到最大值。此时套管柱设计中若考虑了钻井液浮力，按工艺要求又要活动套管，那就必须考虑此项附加轴向拉力。当注水泥碰压时，所产生的水力冲击载荷将对套管作用附加轴向拉力。可用如下简化公式计算：

$$T_{\mathrm{ch}} = 0.07854d_{\mathrm{jc}}^2 p_{\mathrm{ch}} \tag{3-33}$$

式中，$T_{\mathrm{ch}}$——碰压引起的附加轴向拉力，kN；

　　　　$d_{\mathrm{jc}}$——胶塞相碰处套管内径，mm；

　　　　$p_{\mathrm{ch}}$——碰压时泵压增加值，MPa。

**5. 其他附加轴向力**

在下套管过程中冲击载荷产生的附加轴向力，它的大小是套管柱下放速度变化的函数；在下套管过程中遇卡或通过坍塌缩径地层时，由于井壁摩擦产生较大的附加轴向力；在注水泥过程中套管往复运动时，可能产生较大附加轴向力；在固井以后装井口时上提套管，提供一定的预应力所产生的轴向力等。以上附加轴向力变化很大，在套管柱安全系数设计时已有考虑。

综上所述，生产套管在井中的受力状况是比较复杂的。对于能够准确计算的载荷，应当精心计算；对于目前还不能准确计算的载荷，在选择套管强度时要留有一定的余地，同时确定一个合理的安全系数，将那些不能准确计算的载荷作用包含在里面，确保套管柱在井中的安全。

### 3.3.4.4　设计步骤和设计安全系数

**1. 设计步骤**

如前所述，生产套管设计宜分三步进行：

（1）根据腐蚀环境选择钢种。

（2）根据密封要求和载荷选择螺纹。

（3）根据载荷作强度设计选择钢级和壁厚。

**2. 套管设计安全系数**

安全系数法是常用的套管柱设计方法，参见表 3-2。

**3. 套管的拉力余量设计方法**

拉力余量法用于套管的抗拉设计，其原理是用套管的抗拉强度乘一定安全系数，再减去入井套管重量的剩余值即为拉力余量。一般情况下拉力余量法用于下套管遇阻卡时控制最大上提拉力。坐放套管时允许最大提拉力也可用拉力裕量法计算。

# 3.4　高温高压气井强度设计的特殊考虑

## 3.4.1　轴向力计算

### 3.4.1.1　下套管过程

**1. 下套管过程中轴向力**

下入套管至井筒过程中，套管柱承受的最大轴向力包括自重、套管末端和每个截面改变处的浮力、井斜及在井斜段施加的弯曲外载荷、摩擦阻力、由最高下入速度忽然减速而产生的动载荷。计算动载荷时，最大速度一般假定比平均下入速度高 50%，平均速度一般为 2～3ft/s（0.6～0.9m/s）。一般情况下，套管柱上的任一接箍所承受的最大轴向力是管柱旋紧后接箍从卡瓦中提起时的负载。

**2. 下套管过程中上提套管柱轴向力**

以外载荷为设计依据，当套管下到任一深度处都可以承受套管下放过程中被卡住时解卡所承受的上提力。该载荷受以下因素影响：内重、套管末端和每个截面改变处的浮力、井斜及在井斜段施加的弯曲外载荷、摩擦阻力、所施加的上提力。

**3. 造斜井段轴向力**

由弯曲产生的管体外径处的应力可表示为

$$\sigma_b = \frac{ED}{2R} \tag{3-34}$$

式中，$\sigma_b$——套管外径处的应力，MPa；

　　　$R$——曲率半径，mm。

这一弯曲应力可表示为等效轴向力的形式：

$$T_c = \frac{E\pi}{360} \alpha D A_s \tag{3-35}$$

弯曲外载荷可看作增加在轴向应力分布之上的局部影响。

### 3.4.1.2　固井碰压产生的轴向力

该工况模拟固井过程中碰胶塞时施加在井口的压力。由于水泥浆仍为液态，施加的压力将在浮箍上产生一个巨大的活塞力，可能产生严重的井口轴向力。这一负载受以下因素影响：自重、套管末端相交截面处的浮力、井斜及在井斜段施加的弯曲外载荷、摩擦阻力、由浮箍上下压差引起的活塞力。

### 3.4.1.3　开采过程轴向力计算

**1. 温度效应诱发的轴向力计算**

在油管以及水泥环以上的自由套管段，温度和压力的变化将对膨胀外载荷以及温度外载荷产生很大的影响，这些效应增加的力为

$$\Delta F_{\text{bal}} = 2\mu(\Delta p_i A_i - \Delta p_o A_o) + \upsilon L(\Delta \rho_i A_i - \Delta \rho_o A_o) \tag{3-36}$$

式中，$\Delta F_{\text{bal}}$——因膨胀而增加的力，kN；

$\quad\Delta p_i$——井口管内压力变化，MPa；

$\quad\Delta p_o$——井口管外压力变化，MPa；

$\quad A_i$——由套管内径计算得到的横截面积，$mm^2$；

$\quad A_o$——对应于套管外径的横截面积，$mm^2$；

$\quad L$——套管的自由段长度，m；

$\quad\upsilon$——瞬时下放速度，m/s；

$\quad\Delta \rho_o$——管内流体密度的变化，$g/cm^3$；

$\quad\Delta \rho_i$——外部流体密度的变化，$g/cm^3$。

$$\Delta F_{\text{temp}} = -\alpha E A_p \Delta T \tag{3-37}$$

式中，$\Delta F_{\text{temp}}$——因温度改变而增加的力，kN；

$\quad\alpha$——热膨胀系数，$℃^{-1}$；

$\quad\Delta T$——套管自由段长度的平均温度变化，℃。

套管下入预定位置并固井后，未被水泥封固的套管段会产生较大的温度、压力及轴向力的变化。这些变化由自重、浮力、井斜、弯曲外载荷、内压力或外挤压力压入变化（鼓胀作用）、温度变化以及弯曲等的影响产生。

**2. 振动外载荷**

管柱撞到障碍物或在运动过程中坐卡瓦时将产生振动载荷。当速度突然降为零时所产生的最大附加轴向力可由下式计算：

$$F_{\text{shock}} = \upsilon A_p \sqrt{E \rho_s} \tag{3-38}$$

式中，$F_{\text{shock}}$——由振动外载荷引起的轴向力，kN；

$\quad\rho_s$——钢的密度，$kg/m^3$。

振动外载荷常可表示为

$$F_{\text{shock}} = \upsilon w_{\text{nom}} \sqrt{\frac{E}{\rho_s}} \tag{3-39}$$

$$w_{nom} = A_s \rho_s \qquad (3-40)$$

式中，$w_{nom}$ ——套管单位长度的公称重量，kg/m；

$\sqrt{\dfrac{E}{\rho_s}}$ ——声音在钢中的传播速度，168000ft/s（51206.4m/s）。

在实际应用中，振动外载荷难以准确计算，通常以安全系数形式考虑。

**3. 温度变化对套管外载荷强度的影响**

在压力正常的浅井中，温度对套管强度的影响可以忽略，在高温、超深井中，需要考虑温度对套管强度的影响。

套管下入后的温度升高可引起密封环空中流体的热膨胀，这将产生较大的局部圈闭压力。由于压力可以被释放，在设计中通常不考虑这些外载荷。但在海上深水油气井中，在安装悬挂器后，环空不能开启，压力不能释放，对轴向载荷影响较大。

温度变化引起的热力收缩和膨胀将分别增加或减小套管张力，在增产施工时，向井筒中泵入冷流体而引起的附加轴向力是一个重要的轴向设计准则。相反，在采油时因热膨胀而引起的张力减小会增加弯曲的程度，且有可能使井口受压缩。

温度的变化不仅影响套管的轴向力，还将影响其抗外载荷性能。由于材质的屈服强度是温度的函数，较高的井筒温度将降低套管的抗内压、抗外挤和三轴强度。

## 3.4.2　有效内压力计算

### 3.4.2.1　技术套管

**1. 气侵溢流**

溢流是指当井底压力低于地层压力时，井口返出钻井液流量大于泵入量，停泵后井筒流体自动外溢流出井口的现象。溢流的严重程度主要取决于地层的孔隙率、渗透率、井底欠压差值及地层流体进入井筒的数量。井喷则是指溢流发展到井筒流体喷出转盘面一定高度的现象。

对敞口环空，气体侵入钻井液，在井底积聚相当数量的天然气形成气柱。气柱在井中上升，或者被循环钻井液推着上行，这时气柱体积会不断膨胀，井底压力逐渐降低。

对闭口环空，在一口受到气侵而已经关闭的井中，环形空间仍是不稳定的。天然气由于其密度小于钻井液会滑脱上升，有穿过钻井液在井口蓄积起来的趋势。目前广泛使用的低黏度低切力钻井液更易导致该现象发生。由于井已关闭，天然气不可能膨胀，所以在上升过程中，天然气的体积并不变化，这就使得天然气的压力在上升过程中也不变化，始终保持着原来的井底压力值。当天然气升至地面时，这个压力就被加到钻井液柱上，作用于整个井筒，造成过高的井底压力，而在井口则作用有原来的井底压力。

气侵溢流会引起套管鞋处的压力超过破裂压力。当套管鞋处压力剖面超过破裂压力时，要采用循环的办法将大量气体排出井筒，减少气侵体积以提高液柱压力使套管鞋处的压力下降，直至低于破裂压力，见图3-4。

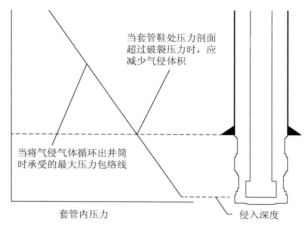

图 3-4　钻进过程中内压力计算方法（气侵溢流）

### 2. 循环出溢流工况

该工况下采用的内压力剖面可由深层井段的地层压力或套管破裂压力按气体压力梯度向上延伸得到。

$$p(z) = p_f - \gamma_g z \qquad (3\text{-}41)$$

式中，$\gamma_g$——气体压力梯度，MPa/m。

该压力代表侵入的气体完全将环空中钻井液从套管排至地面时的情形。该外载荷是套管鞋可承受的最大内压力。图 3-5 为循环出溢流工况下套管内压力的计算方法，若采用套管鞋处的破裂压力来确定压力剖面，它可保证该系统的最薄弱点在套管鞋处而不在地表，这可杜绝套管断裂损坏发生在地表附近的恶劣油井失控现象。

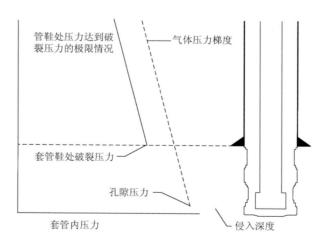

图 3-5　钻进过程中内压力计算方法（排气）

### 3. 最大外载荷工况

该外载荷包括以下两方面内容：首先，套管鞋处的破裂压力以气体压力梯度向上延伸至气液界面，然后以钻井液压力梯度延伸至井口（图 3-6）。

$$p(z) = p_{\text{frac}} + \gamma_{\text{m}}(z - z_{\text{int}}) + \gamma_{\text{g}}(z_{\text{int}} - z_{\text{shoe}}) \quad z < z_{\text{int}} \tag{3-42}$$

$$p(z) = p_{\text{frac}} + \gamma_{\text{g}}(z - z_{\text{shoe}}) \quad z_{\text{int}} < z < z_{\text{shoe}} \tag{3-43}$$

式中，$p_{\text{frac}}$——管鞋深度 $z_{\text{shoe}}$ 处的破裂压力，MPa；

$\quad\quad\quad z_{\text{shoe}}$——套管鞋深度，m；

$\quad\quad\quad z_{\text{int}}$——钻井液气液界面深度，m。

钻井液气液界面有许多种算法，最常用的是定边界点方法。界面深度可据地面压力（一般等于防喷器额定值）以及套管鞋处破裂压力计算，并假设压力剖面连续变化。界面深度也可以根据气体体积或裸眼深度的某一百分比计算。

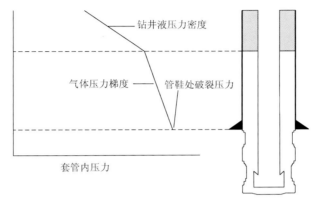

图 3-6　钻进过程中内压力计算方法（最大外载荷）

**4. 井筒聚集大段气柱工况**

与置换气体准则相比，该工况下外载荷较小，它代表近似于在井控事故中防止井喷的事例，不适用于尾管。

$$p(z) = p_{\text{frac}} - \gamma_{\text{water}} z_{\text{shoe}} + \gamma_{\text{g}} z \quad z < z_{\text{shoe}} \tag{3-44}$$

该外载荷代表没有事故发生的情况；然而当采用气侵准则时，它可保证套管的薄弱点不在井口。一般情况下，气侵外载荷将控制较深层套管设计，井口保护要考虑浅层的套管设计，但套管柱的薄弱点在中间的某一位置（图 3-7）。

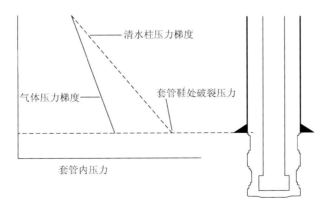

图 3-7　钻进过程中内压力计算方法（防喷）

**5. 固井过程中承受较大外挤力工况**

图 3-8 为固井过程中套管承受较大外挤力工况，该工况模拟注水泥作业中碰塞又泄掉压力，有外挤力作用在套管时的外挤压力和内压力剖面。外挤压力为钻井液静液柱压力与不同密度的水泥浆和尾浆压力之和。内压力由顶替液体的压力梯度所决定。若顶替液密度较轻，则固井将产生较大的外挤力。

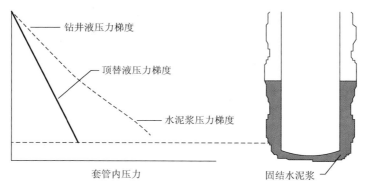

图 3-8　固井过程中承受较大外挤力工况

### 3.4.2.2　生产套管

**1. 油管柱泄漏工况生产套管内压力计算**

这种负载适用于采油和注水作业，在接近悬挂接头处的油管因泄漏（图 3-9），会在完井液的顶部产生高的井口压力，严重时，井口压力等于射孔段储层以上的气体压力梯度。

$$p(z) = p_{res} - \gamma_g z_{res} + \gamma_m z \tag{3-45}$$

式中，$z_{res}$——储层深度，m；

$p_{res}$——储层深度 $z_{res}$ 处的储层压力，MPa。

若在套管设计中确定了封隔器的位置，那么封隔器下部的套管所受的力只依据储层压力和生产的流体压力来确定。

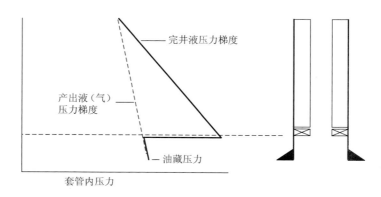

图 3-9　内压（生产套管）：油管泄漏

**2. 环空高压注入时套管内压力计算**

这种外载荷适用于高压环空注入条件下的井，例如套管压裂作业。该外载荷模拟施加于静液柱之上的井口压力（图 3-10）：

$$p(z) = p_s + \gamma_m z \tag{3-46}$$

压裂中的填砂作业所受外载荷与这一受载情形相似。

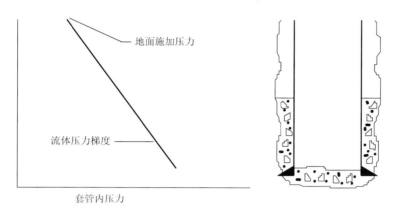

图 3-10　内压（生产）：注入套管井

**3. 全掏空时封隔器以上部分外挤力**

这一恶劣的受载情况大多出现于气举井工况。它表示套管环空充满气体时环空压力情况（图 3-11）：

$$p(z) = \gamma_g z \tag{3-47}$$

许多操作人员对于所有的生产套管采用全掏空准则，而忽略完井类型和油藏特征。

图 3-11　封隔器以上部分外挤力（生产）：全掏空

**4. 部分掏空时封隔器以上部分外挤力**

该载荷（图 3-12）依据修井作业时与衰竭油藏压力平衡的完井液柱压力来计算：

$$p(z) = 0 \quad z < z_{drop} \tag{3-48}$$

$$p(z) = p_{res} + \gamma_c (z - z_{res}) \quad z_{drop} < z < z_{res} \tag{3-49}$$

$$z_{drop} = z_{res} - p_{res} / \gamma_c \qquad (3\text{-}50)$$

式中，$z_{drop}$——完井液顶部的深度，m。

有些作业没有员没有考虑流体液位下降，仅考虑封隔器上部环空的液体压力梯度。这一做法在油藏最终衰竭压力大于封隔器上部低密度封隔液柱压力时是可以接受的。

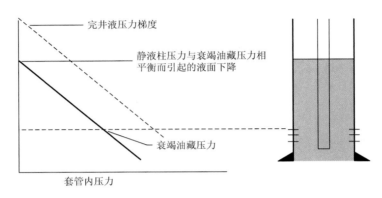

图 3-12　封隔器以上部分外挤力（生产）：部分掏空

### 5. 封隔器以下部分外挤压力（生产）：一般的载荷

（1）全掏空：这一外载荷适用于严重衰竭油藏，射孔孔眼被堵塞或生产压差很大的低渗透油藏。大多数情况下采用外挤准则。

（2）液体压力梯度：这一外载荷假设液柱上方未施加井口压力，它适用于射孔前油管内的不平衡液柱压力梯度（或者射孔以后孔眼被堵塞），对于压力不会下降为零的油层，使用该方法时需慎重。

### 6. 外挤（生产）：海上油井的气体运移

该外载荷（图 3-13）模拟井底压力作用于井口装置之前，气泡在生产套管与中间套管之间（B 环空）运移（假定破裂压力在上一层套管鞋处）。压力分布为以下两剖面中的最小情况。

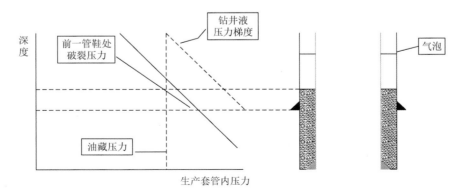

图 3-13　外挤（生产）：海上油井的气体运移

$$p(z) = p_{\text{frac}} + \gamma_m (z - z_{\text{shoe}}) \tag{3-51}$$

$$p(z) = p_{\text{res}} + \gamma_m z \tag{3-52}$$

以上外载荷只适用于作业人员无法对生产套管外环空进行操作的海上油井。其内压力剖面通常用完井液压力梯度。

### 3.4.2.3　其他载荷（试压、固井、地应力、环空带压）

**1. 套管试压工况**

该载荷模拟在钻井液压力梯度上部又施加一井口压力的情况（图 3-14）。

$$p(z) = p_s + \gamma_m z \tag{3-53}$$

试压压力一般是根据其他因素选择的内压外载荷加上一合适的安全裕量（例如 3～4MPa）后得到的最大预测值。对于生产套管，试验压力以预测的关井油管压力为依据。该外载荷不能完全决定抗内压设计，这与压力测试时井筒中的钻井液密度有关。压力测试一般在浮箍等被钻掉之前进行。

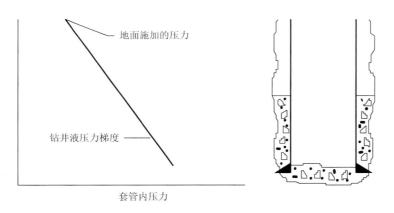

图 3-14　钻进过程中内压力计算方法（压力实验）

**2. 井漏过程中承受较大外挤力工况**

该外载荷模拟部分排空或由于钻井液静液柱与循环漏失层孔隙压力相平衡时所产生的钻井液液位下降的内压力剖面（图 3-15）。

$$p(z) = 0 \quad z < z_{\text{md}} \tag{3-54}$$

$$p(z) = \gamma_m (z - z_{\text{lc}}) \quad z_{\text{md}} < z < z_{\text{lc}} \tag{3-55}$$

钻井液液位下降为

$$z_{\text{md}} = z_{\text{lc}} + p_f / \gamma_m \tag{3-56}$$

式中，$p_f$ ——循环漏失层深度处 $z_{\text{lc}}$ 的孔隙压力，MPa。

钻下一个井段时采用高密度的钻井液来平衡孔隙压力将导致更大的钻井液液位下降。许多施工人员都保守地假设循环漏失层在下一井段的底部，且它具有正常的压力。钻井时，很少出现全部漏失工况，许多施工人员假定钻井液液位为裸眼段总井深的某一百分比。

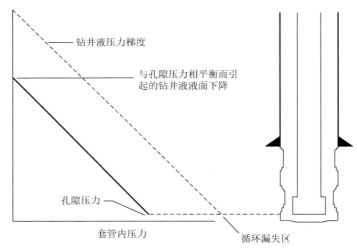

图 3-15　外挤（钻井）：钻井液循环漏失

### 3. 塑性流动地层增加的外挤载荷

如果地层呈现塑性特征，例如盐岩层、膏岩层、页岩层等，它将被套管封隔，这时从盐岩层的顶部至底部有一等值外挤压力（一般假定为上覆岩层压力）叠加在所有挤压外载荷之上（注水泥除外）（图 3-16）。

$$p(z) = \gamma_{\mathrm{ob}} z \tag{3-57}$$

式中，$\gamma_{\mathrm{ob}}$——上覆岩层的压力梯度，MPa/m（一般为 0.023MPa/m）。

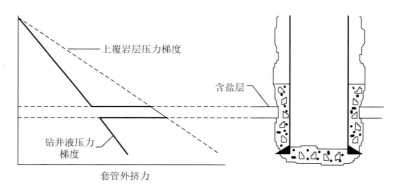

图 3-16　外挤：盐岩层负载

### 4. 密闭空间气体上移至井口的技术套管内压力计算

该外载荷模拟气泡从井口关闭的生产套管中向上运移而使井底压力作用于井口装置（以套管鞋处破裂压力为条件）（图 3-17）。该压力为以下两个压力中较小者。

$$p(z) = p_{\mathrm{frac}} + \gamma_{\mathrm{m}}(z - z_{\mathrm{shoe}}) \tag{3-58}$$

$$p(z) = p_{\mathrm{res}} + \gamma_{\mathrm{m}} z \tag{3-59}$$

该外载荷只适用于海上油井的技术套管，在该类井作业过程中无法在生产套管受外力的环空中采取措施。

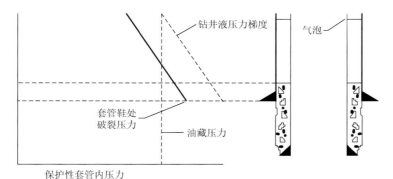

图 3-17　内压（采油）：海上油井气体运移

### 3.4.3　有效外挤力计算

#### 3.4.3.1　固井工况外挤力计算

钻井液-水泥浆的外挤力：

$$p(z) = \gamma_m z \qquad z < z_{toc} \tag{3-60}$$

$$p(z) = \gamma_m z_{toc} + \gamma_c(z - z_{toc}) \qquad z > z_{toc} \tag{3-61}$$

式中，$p(z)$——外挤压力，MPa；

　　　$\gamma_c$——水泥浆的压力梯度（内部孔隙流体压力梯度），MPa/m；

　　　$z_{toc}$——水泥环顶部的真实垂深，m。

压力剖面随着深度连续变化（图 3-18）。

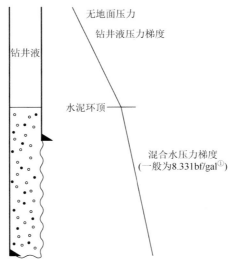

图 3-18　钻井液：水泥浆的外挤力

---

① 1bf/gal≈1.176N/L。

### 3.4.3.2 易漏地层的外挤力计算

**1. 固井良好**

易渗透地层的外挤力如图 3-19 所示。

$$p(z) = \gamma_m z \qquad z < z_{toc} \tag{3-62}$$

$$p(z) = \gamma_m z_{toc} + \left[ p_f(z_{ft}) - \gamma_m z_{toc} \right](z - z_{toc}) \qquad z_{toc} \leqslant z < z_{ft} \tag{3-63}$$

$$p(z) = p_f(z) \qquad z_{ft} \leqslant z \leqslant z_{fb} \tag{3-64}$$

$$p(z) = p_f(z_{fb}) + \gamma_{cem}(z - z_{fb}) \qquad z > z_{fb} \tag{3-65}$$

式中，$p_f(z)$——易渗透地层段 $z_{ft}$ 到 $z_{fb}$（真实垂深，m）的地层孔隙压力剖面，MPa。

例如：若 $p_f(z)$ 呈线性分布，那么

$$p_f(z) = p_{ft} + (p_{fb} - p_{ft})(z - z_{ft})/(z_{fb} - z_{ft}) \tag{3-66}$$

式中，$p_{ft}$——$z_{ft}$ 处的压力，MPa；

$p_{fb}$——$z_{fb}$ 处的压力，MPa。以上压力剖面是连续的。

**2. 固井质量不好的高压油层**

当固井质量不好时，高压油层的外挤力如图 3-20 所示。

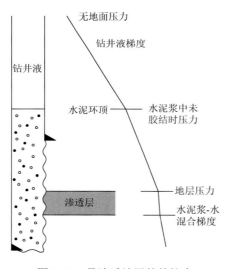

图 3-19　易渗透地层的外挤力

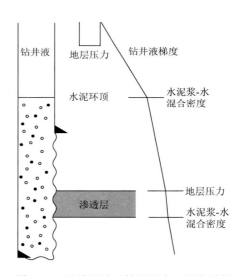

图 3-20　易渗透地层的外挤力：固井质量
不好的高压油层

$$p(z) = p(z_{ft}) + \gamma_{cem}(z_{toc} - z_{ft}) + \gamma_m(z - z_{toc}) \qquad z < z_{toc} \tag{3-67}$$

$$p(z) = p(z_{ft}) + \gamma_{cem}(z - z_{ft}) \qquad z_{toc} \leqslant z < z_{ft} \tag{3-68}$$

$$p(z) = p_f z \qquad z_{ft} \leqslant z \leqslant z_{fb} \tag{3-69}$$

$$p(z) = p_f(z_{fb}) + \gamma_{cem}(z - z_{fb}) \qquad z > z_{fb} \tag{3-70}$$

在这种情况下，地层孔隙压力通过质量不好的水泥环传至套管表面，该压力剖面是连续的。

**3. 固井质量不好的低压层**

$$p(z) = 0, \quad z < z_{md} \tag{3-71}$$

$$p(z) = p_f(z_{ft}) + \gamma_{cem}(z_{toc} - z_{ft}) + \gamma_m(z - z_{toc}), \quad z \leqslant z_{toc} \tag{3-72}$$

$$p(z) = p(z_{ft}) + \gamma_{cem}(z - z_{ft}), \quad z_{toc} < z \leqslant z_{ft} \tag{3-73}$$

$$p(z) = p_f(z), \quad z_{ft} < z \leqslant z_{fb} \tag{3-74}$$

$$p(z) = p_f(z_{fb}) + \gamma_{cem}(z - z_{fb}), \quad z > z_{fb} \tag{3-75}$$

上式中，钻井液液面下降 $z_{md}$ 为

$$z_{md} = z_{toc} - \left[ p_f(z_{ft}) + \gamma_{cem}(z_{toc} - z_{ft}) \right] / \gamma_m \tag{3-76}$$

该压力剖面是连续的（图 3-21）。

### 3.4.3.3　裸眼井段外挤力

**1. 水泥环顶部在上一层套管鞋内**

$$p(z) = \gamma_m z, \quad z \leqslant z_{toc} \tag{3-77}$$

$$p(z) = \gamma_m z_{toc} + \gamma_{cem}(z - z_{toc}), \quad z_{toc} < z \leqslant z_{shoe} \tag{3-78}$$

$$p(z) = \gamma_{em} z, \quad z > z_{shoe} \tag{3-79}$$

式中，$\gamma_{em}$——管鞋下部裸眼井段最小当量钻井液密度，MPa/m。

该压力剖面不连续，间断点在上一层套管鞋处（图 3-22）。

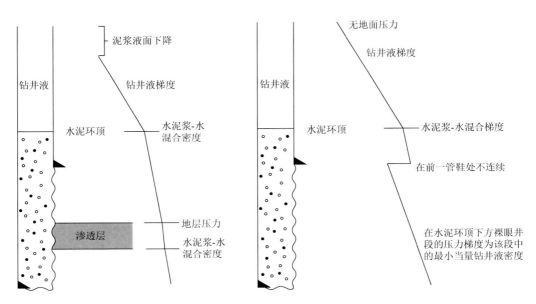

图 3-21　易渗透地层的外挤力：固井质量　　图 3-22　裸眼井段孔隙压力的外挤力（水泥环顶部
不好的低压油层　　　　　　　　　　　在上一层套管鞋以上）

**2. 裸眼井段孔隙压力的外挤力**

水泥环顶部低于上一层套管鞋且没有钻井液。

$$p(z) = \gamma_m z, \quad z < z_{toc} \tag{3-80}$$

$$p(z) = \gamma_{em}z, \quad z \geqslant z_{toc} \tag{3-81}$$

该压力剖面不连续，间断点在水泥环顶部。

水泥环顶部低于上一层套管鞋，钻井液有漏失情况。

$$p(z) = 0, \quad z < z_{md} \tag{3-82}$$

$$p(z) = \gamma_{em}z_{toc} + \gamma_m(z - z_{toc}), \quad z_{md} \leqslant z \leqslant z_{toc} \tag{3-83}$$

$$p(z) = \gamma_{em}z, \quad z_{toc} < z \tag{3-84}$$

式中，$z_{md}$——钻井液漏失高度，$z_{md} = z_{toc} - \gamma_{em}z_{toc}/\gamma_m$，m。该压力剖面是连续的（图3-23）。

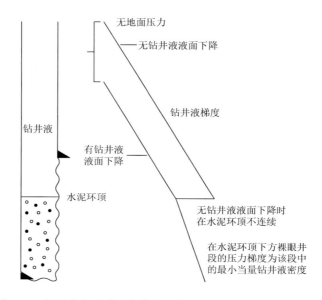

图3-23 裸眼井段孔隙压力的外挤力（水泥环顶部低于套管鞋）

### 3. 水泥环顶部的外挤力

在裸眼井段具有异常孔隙压力。

$$p(z) = \gamma_m z, \quad z \leqslant z_{toc} \tag{3-85}$$

$$p(z) = \gamma_m z_{toc} + \gamma_{cem}(z - z_{toc}), \quad z_{toc} < z \leqslant z_{shoe} \tag{3-86}$$

$$p(z) = p_{spec}(z), \quad z > z_{shoe} \tag{3-87}$$

式中，$p_{spec}(z)$——裸眼井段异常孔隙压力，MPa。

在裸眼井段具有异常孔隙压力梯度。

$$p(z) = \gamma_m z, \quad z \leqslant z_{toc} \tag{3-88}$$

$$p(z) = \gamma_m z_{toc} + \gamma_{pp}(z - z_{toc}), \quad z_{toc} < z \leqslant z_{shoe} \tag{3-89}$$

式中，$\gamma_{pp}$——裸眼井段孔隙流体的异常压力梯度，MPa/m。

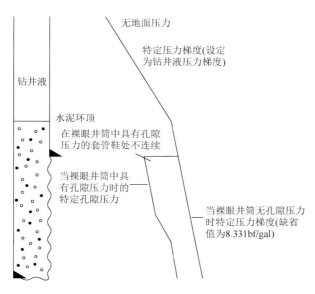

图 3-24　水泥环顶部的外挤力

## 3.5　腐蚀环境油套管柱强度设计

由于深井、超深井、水平井以及大位移井的裸眼井段长、井斜角大，在钻井和修井期间，套管的腐蚀、磨损是一个不容忽视的问题。腐蚀、磨损使套管柱的抗挤强度、抗内压强度等使用性能降低，对套管柱的安全构成威胁，它可能引起油气井井控问题，严重时甚至可使一口快要完钻的井报废。因此，在进行管柱结构设计时，需要考虑到套管的磨损、腐蚀问题。

目前，不管什么类型的井，对于套管的设计均按 ISO 10400 和 API 5C3 标准，该标准只考虑单向载荷（拉、内压和外挤）下的强度，唯一的复合应力只有轴向拉力下的抗挤强度，不能满足复杂工况下气井的评判标准。

油套管强度设计需要参考多个标准来执行。

**1. ISO 13679 和 API 5C5 标准**

按 VME（Von Mises equivalent）应力设计或校核套管。VME 应力是在管体和链接接头处按所有可能同时出现的外载计算出的当量复合应力，然后与材料的单向屈服强度比较，安全系数应大于或等于 1.25，同时应作出管体和接头的工作载荷包络线。

ISO 13679 还提出了接头密封性和上卸扣检验方法。

在生产上还需要"极限载荷包络线"，该标准目前尚未完成。气井管理部门应该制订本地区的极限载荷包络线，为设计、开采、井下作业提供依据。

**2. NACE MR0175/ISO 15156 标准**

由 T-1（石油开采中腐蚀控制）小组委员会所主持的有关金属硫化物应力开裂（SSC）问题的一系列研究、报告、标准，其中大部分针对油气开采工业，标准中的大部分准则和特殊要求均以现场经验为依据，并可适用于石油开采或其他工业中的其他构件和设备。

**3. ARP1.6、ARP2.3 标准**

加拿大阿尔伯塔建议办法（Alberta Recommended Practices）规定了酸性环境中管材材质选择、完井方法及腐蚀环境与材料的应力水平。加拿大 40% 以上的天然气井含 $H_2S$，在长期的实践中，总结并制定了酸性气井的设计、操作和管理标准或法规。

**4. API RP 14E**

规定气体冲蚀标准及流速限制。

### 3.5.1　腐蚀环境应力水平概念

应力水平应包括以下三类：

结构 VME 应力，即当量复合应力。例如按 ISO 10400 计算的油管或套管管体在拉压弯和内外压载荷下的当量复合应力，前文已经介绍了有关计算公式。

局部 VME 应力，主要指应力集中。油管连接螺纹和加厚消失点会产生较大应力水平或应力集中。

拉伸残余应力（residual tensile stresses，RTS），残余应力与制造方法有关。ISO 15156 已规定了不同制造方法消除残余应力的要求。

应力水平无量纲，即 VME 应力与钢材单向拉伸最小屈服强度（minimum yield strength，MYS）的百分比。在 $H_2S$、$CO_2$ 及氯化物环境中，降低应力水平是最重要的设计原则之一。高压气井会有较大内压力，井眼上部油套管承受较大拉伸应力。

外加厚油管加厚过渡带常发生腐蚀穿孔，主要原因是加厚过渡带存在截面变化造成的应力集中，合理的几何截面变化可使应力集中系数降至 1.00，但是端部加厚过程留下的局部金相组织破坏不一定能通过热处理消除。冷挤压加厚后未作热处理，会留下严重晶粒结构破坏带、应力集中及残余应力，热挤压加厚后经热处理，但工艺欠妥或过程质量控制不严格，会留下局部破坏的晶粒结构及残余应力。这些区域都将可能成为电偶腐蚀中的阳极加速腐蚀。

### 3.5.2　腐蚀环境强度设计安全系数

#### 3.5.2.1　基本考虑

以下为一些钢种及钢级选用原则，不涉及具体的计算。

**1. 优先选用低钢级，尽量不用高钢级**

对于油层套管宜优先选用低钢级套管，尽量不用高钢级。V150 套管在国内外均发生过破裂问题。高钢级套管对制造缺陷、纵横向性能差异、应力腐蚀开裂、射孔开裂、疲劳等问题十分敏感。如果强度计算需用到 827MPa 以上的钢种，应尽可能用其他方案解决。

**2. 降低油层套管应力水平，采用低强度钢种**

降低结构的应力水平可提高酸性环境材料的抗开裂能力，或延长服役寿命。在低应力水平下，裂纹扩展速度会降低，发生断裂的时间会延长，材料可抗较高分压的 $H_2S$ 含量；而在较高应力水平下，材料不发生环境断裂的 $H_2S$ 分压很低。在 $H_2S$ 环境中，如果构件有裂纹存在，即使外部应力低于材料的屈服强度，也会发生断裂。

K55、L80、C90、T95 及 C110 等抗硫钢种不能用在百分之百的应力水平。用 NACE 的检测方法，上述钢也只能在 80% 的应力水平下通过腐蚀检测，因此，设计安全系数必须在 80% 的应力水平基础上选取，故可以选用高强度的钢和较小的安全系数，也可选用低强度钢和较大安全系数。

根据 NACE MR0176-88，ARP（Alberta Recommended Practices，加拿大）1.6 和 ARP2.3 标准及一些专家的研究，将应力水平和 $H_2S$ 体积分数与适用钢级分为三个区间：轻微、一般和严重。三个区间的量值如下。

轻微：$H_2S$ 体积分数低于 0.5%，应力水平低于 50%，可选用低于 758MPa 的任何 API 管材。但是当 $H_2S$ 体积分数达到 10% 时，应力水平应降至 30%。

一般：$H_2S$ 体积分数达到 2.0%，采用 API 抗硫钢种，应力水平可达到 70%。$H_2S$ 体积分数达到 20% 时，应力水平应降至 60%。

严重：$H_2S$ 体积分数达到 5.0%，用 API 抗硫钢材，应力水平可达到 90%。$H_2S$ 体积分数大于 20%，应力水平应降至 70%。

### 3.5.2.2 安全系数

**1. 抗内压设计安全系数**

一般取 1.0～1.1。有的公司推荐取 1.0，主要考虑以下理由：

（1）计算内压力的大小时，已经考虑了生产套管所承受的最大内压力情况。

（2）计算套管外平衡压力时，没有考虑水泥环平衡内压力的有利因素。

（3）套管抗内压强度计算公式，考虑了 12.5% 的壁厚公差，抗内压强度值是偏保守的。

参考加拿大套管设计标准，酸性油气井应按下述情况分别考虑安全系数：

（1）微量硫化氢，硫化氢分压＜0.34kPa，安全系数取 1.0。

（2）0.34kPa＜硫化氢分压＜500kPa，安全系数取 1.25。这相当于在硫化氢环境中，材料屈服强度只按 80% 考虑。

（3）硫化氢分压＜500kPa，同时二氧化碳分压＞2000kPa，安全系数取 1.35。

（4）硫化氢分压＞500kPa 时，不是用提高安全系数就能解决问题的，应全井考虑减应力设计。

**2. 抗外挤设计安全系数**

一般取 1.0～1.1，有的外国公司和我国四川气井中曾推荐：在水泥面以下的套管柱设计系数一般取 0.85，在水泥面以上的套管柱一般取 1.0。推荐上述值的主要理由是：

（1）系列室内和油田试验证明，套管外注水泥时，由于水泥支撑会提高套管抗外挤强度。

（2）套管柱下部由于浮力作用，套管受压缩载荷，在压缩应力下会提高套管抗挤强度。

（3）API 公告给出的套管抗挤强度是最小值，而 95%以上的套管会超过这个值。

在深井中应考虑轴向拉力使套管强度降低的"双轴应力"设计方法。

**3. 抗拉设计安全系数。**

一般取 1.6。应根据螺纹类型，分别校核套管螺纹连接强度和套管本体抗拉强度。一般圆螺纹套管校核螺纹连接强度，偏梯型螺纹或气密封螺纹套管应校核本体屈服强度和螺纹强度。

设计时应根据上述原则和具体地区实际经验来确定。若选用 API 标准套管的强度达不到设计系数的要求，则需要考虑采用特殊套管柱结构，或专门订购高精度、特厚壁、特殊螺纹等高强度套管。

### 3.5.3　降低应力水平的井身结构及管柱结构

降低应力水平是从钻井技术角度减小应力腐蚀最有效的方法，可能是今后技术发展的方向之一。降低应力水平有三种方案。

**1. 套管回接**

在深井中一次性下入套管柱，特别是油层套管，必然会遇到井口部分轴向拉力大，需要采用高钢级套管。但在酸性环境，又不允许使用高钢级套管，而应采用较低屈服强度的钢种。采用套管回接技术，尾管部分用钻杆下入，下入回接套管就可减少一部分井段的重量，因此可用厚壁低钢级套管以提高抗应力腐蚀开裂能力。例如，为了提高强度，有的油层套管设计需要使用 C125 以上的钢种，采用回接技术后，就可使用 C125 或更低的 C95 钢种。因此，使用尾管长度应综合考虑全套管柱的应力分配。

**2. 在上部采用特厚壁套管同时降低钢级**

采用该方法可以提高抗硫化物开裂能力，一些含 $H_2S$ 的气井应优先采用这些方法。例如，美国 1972 年在派尼伍兹西南气田气井下 6-5/8″（$\Phi$168mm）油层套管，由于含 $H_2S$，不宜用高强度套管，因此采用了钢材屈服强度仅 586MPa 的特厚壁套管，壁厚 28.6mm。1982 年在墨西哥湾南 Timbalier 6447m 深井 6-5/8″（$\Phi$168mm）油层套管中采用壁厚18.1mm、Lss-140 钢种的套管。127mm 尾管和全部油管用抗腐蚀钢。目前国内的一些含硫气井采用这一方案，就可以采用具有抗硫能力的 L80、K55 和 J55 钢。

**3. 上大下小的复合套管柱**

这不仅有利于降低应力水平，以便采用较低钢级的套管，而且有利于下入大直径油管以适应高产气井抗冲蚀的要求。以美国亚拉巴马一口井为例（图 3-25），具体说明减应力设计思想。该井数据为：井深 6776m；井底静态温度 204℃；产层压力 70～140MPa；$H_2S$ 0.005%～10%（体积分数）；$CO_2$ 5%（体积分数）；产量 $280\times10^4 m^3/d$；设计用 $\Phi$127mm（5″）×101.6mm（4″）C276 油管。

优点：充分利用井内空间，下入上大下小的复合套管，解决了低应力水平及套管强度问题。采用普通碳钢的油层套管；采用简单可靠的生产尾管带封隔器与油管插入法完井；油管外环空充填液为加防腐剂的淡水或油，有效保护油管和套管。

效果：连续生产数年未出问题。后来的井为了降低投资，部分采用 G50 耐蚀合金油管代替 C276。

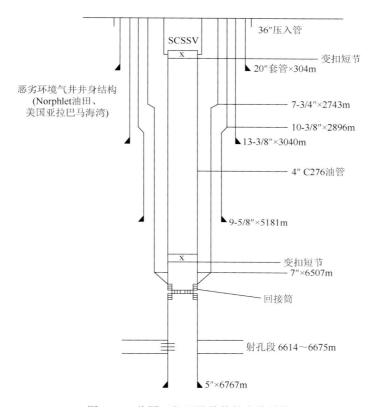

图 3-25　美国亚拉巴马某井的完井结构

# 3.6　考虑冲蚀、腐蚀的油管直径选用

油管柱设计是采油工程研究、生产方案制度确定等方面需要解决的问题，它涉及采油生产系统的节点分析，并根据节点分析结果来确定合理的油管直径。本节仅仅从冲蚀、腐蚀角度讨论防止或降低冲蚀、腐蚀的油管直径设计方法。大量实践表明，对于含 $CO_2$ 高温高压气井，当采用马氏体不锈钢（例如：L80-13Cr、超级 13Cr-110）时，油管内可能的出砂将会导致马氏体不锈钢表面钝化膜被破坏，由此产生机械损伤，从而引起应力腐蚀开裂。因此，根据油管材料的性质，应选择较大直径的油管以降低冲蚀、腐蚀，特别是地层出砂情况下的冲蚀和腐蚀。这还与整个油管柱设计有关，即大直径油管携水采气问题，尽量降低井底积水的风险。

### 3.6.1 考虑油管冲蚀/腐蚀的平均流速计算

高产气井油管设计中，受井身结构限制下不了大直径的油管，高速气体在管内流动时会对油管产生冲蚀/腐蚀。产生明显冲蚀/腐蚀作用的流速称为冲蚀流速，有的称为临界流速或极限流速。在工程实际中，流速往往是唯一可以控制的力学指标。控制了流速就可以控制由于冲蚀/腐蚀引起的管壁减薄。

有利于防止油管失效的气流速度应该是在小于冲蚀流速情况下尽可能高的流速。在这个速度区间不产生机械性的冲蚀。美国石油学会建议的两相流（气/液）管柱中冲蚀极限速度（API RP14E）为

$$V_e = \frac{C}{\sqrt{\rho_g}} \qquad (3\text{-}90)$$

式中，$V_e$——冲蚀速度，m/s;

$\rho_g$——气体的密度，$kg/m^3$，$\rho_g = 3484.4 \dfrac{\gamma_g p}{ZT}$;

$C$——经验常数，若流速在临界速度以内，则可控制腐蚀的速度，对于在有 $H_2S$ 的情况下钢表面形成的硫化亚铁膜，$C$ 为 116，对于在有 $CO_2$ 的情况下在钢表面形成的碳酸铁腐蚀膜，$C$ 为 110，若腐蚀膜是 $Fe_3O_4$，$C$ 为 183;

$\gamma_g$——混合气体的相对密度;

$p$——油（套）管流动压力，MPa;

$Z$——气体偏差因子;

$T$——气体热力学温度，K。

令 $C$=120，则

$$V_e = 2.0329 \left( \frac{ZT}{\gamma_g p} \right)^{0.5}$$

气流从井底流向井口，由于重力及摩阻的影响，井口流动压力要比井底流动压力小，而流动速度越来越大。因此只要井口处的气流速度能满足不产生明显冲蚀的条件，则井筒中管柱任何断面处的速度也能满足该条件。井口处油管的冲蚀流速与气井相应的冲蚀流量和油管内径的关系式可由下式表示：

$$V_e = 1.4736 \times 10^5 \frac{q_e}{d^2} \qquad (3\text{-}91)$$

式中，$q_e$——气井井口处的冲蚀流量，$10^4 m^3/d$;

$d$——油管内径，mm。

整理上面各式得

$$q_e = 1.3794 \times 10^{-5} \left( \frac{ZT}{\gamma_g p} \right)^{0.5} d^2 \qquad (3\text{-}92)$$

井口处冲蚀流量与地面标准条件下体积流量的关系式:

$$q_{max} = \frac{Z_{sc}T_{sc}}{P_{sc}}\frac{p}{ZT}q_e \tag{3-93}$$

当地面标准条件为: $P_{sc} = 0.101\text{MPa}$, $T_{sc} = 20℃$, $Z_{sc} = 1.0$, 则有

$$q_{max} = 0.04\left(\frac{p}{ZT\gamma_g}\right)^{0.5}d^2 \tag{3-94}$$

式中, $q_{max}$——地面标准条件下气井受冲蚀流速约束确定的产气量, $10^4\text{m}^3/\text{d}$。

实例计算:

假设井口油压和温度分别为 5.5MPa 和 60℃,天然气的相对密度为 0.65,压缩因子为 0.91。对于壁厚 5.51mm 的 2-7/8″油管来说,油管冲蚀流速对应的产气量为

$$q_{max} = 0.04\times\left(\frac{5.5}{0.91\times(273+60)\times0.65}\right)^{0.5}\times(73-5.51\times2)^2 = 25.7\times10^4(\text{m}^3/\text{d})$$

上面的计算仅是指导性的,实际的冲蚀情况十分复杂。当含 $CO_2$、$H_2S$ 和地层盐水时,初始腐蚀产物膜被不断冲掉,腐蚀膜起不到保护作用。$CO_2$ 腐蚀物疏松,更容易被冲掉。因此要特别重视含 $CO_2$ 气井的油管直径的选用和产量控制。当需加入缓蚀剂防止油管腐蚀时,若油管内流速太高,管壁缓蚀剂膜将不稳定,严重时就必须缩短注缓蚀剂的周期或改为连续注入。

对于那些疏松产层或测试、生产压差过大的产层,如果气流带砂时会加剧冲蚀腐蚀。

### 3.6.2　优选螺纹结构,防止螺纹冲蚀/腐蚀

在油套管柱中,螺纹连接处是首先被腐蚀的部位。通常情况下,油管可在井下使用,但因螺纹腐蚀,必须重车螺纹或整体报废。当流体通过油管柱接箍中部时,截面的突然放大和突然缩小会使流体流速及流场发生变化进而产生冲蚀腐蚀、应力腐蚀、缝隙腐蚀、电偶腐蚀、流动腐蚀等。

在前文电偶腐蚀讨论中已提到应力集中、局部冷却硬化部位将作为电偶对产生阳极加速腐蚀现象。此外接箍与管体用不同材料和不同工艺制造,其间也存在电位差。

有腐蚀环境的油气井宜采用气密封螺纹。气密封螺纹流道变化小,有利于防止涡流冲蚀、电偶腐蚀,降低缝隙腐蚀,电位腐蚀。API 圆螺纹接箍中部的涡流冲蚀和高的接触应力、应力集中等结构缺陷易导致先期失效。

## 3.7　考虑环空带压的完整性管理

一般的生产井都是由很多层套管组成的,因而也存在多个环形空间。根据环空所处位置不同以及环空水泥环的填充情况,可以将环空带压分为以下几种类型。

（1）井口可以泄压的环空带压（主要应用于陆上或浅海井口装置，见图 3-26）。

（2）井口不可泄压的环空带压（主要为深水井口装置，只有 A 环空可以监控和泄压，图 3-27）。

（3）井下隐蔽环空的环空带压（主要指井下局部圈闭空间的带压情况，见图 3-28、图 3-29）。

对于隐蔽环空的环空带压情况，最好采用高钢级、厚壁油套管，提高套管的强度，以抵抗套管承受局部外载荷情况。

对于井口不可泄压的环空带压情况，参照国际上的通用作法，可以采取水泥环返到上层套管鞋以下，以便让液体膨胀压力传递给裸眼地层或向地层释放。

对于环空带压井来说，套管承受的内压力为井口环空压力与环空保护液液柱压力的叠加值，在强度设计和校核时，需要考虑环空带压对外载荷的影响。

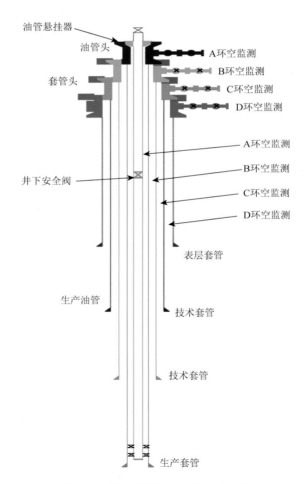

图 3-26　陆上或浅海井口装置示意图

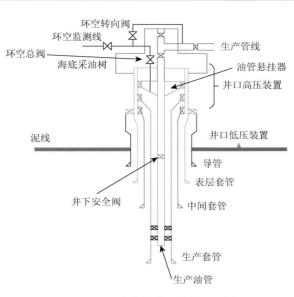

图 3-27　深水井的井口装置示意图

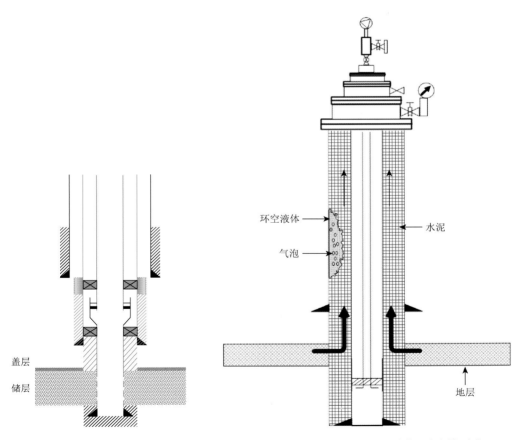

图 3-28　井下双封隔器导致的
局部圈闭空间

图 3-29　井下水泥环缺失导致的局部圈闭空间

# 3.8　油套管螺纹的密封和强度的完整性

### 3.8.1　API 油套管螺纹特征

API 5B《套管、油管和管线管螺纹加工、测量和检验的规范》规定了油套管螺纹连接的基本类型有短圆螺纹、长圆螺纹、偏梯型螺纹和直连型螺纹。

ISO 10400/API 5C3 规定了油套管螺纹的连接强度、内压强度和密封压力。

**1. API 圆螺纹**

API 圆螺纹制造成本较低，圆螺纹油套管广泛用于采油井和注水井。圆螺纹靠螺纹牙侧面的过盈啮合来实现密封，螺纹牙根到牙顶的间隙为 0.152mm，密封脂充填这个间隙起辅助密封作用，有一定的密封性。图 3-30 为 API 油管圆螺纹牙型。

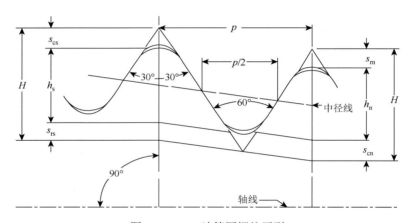

图 3-30　API 油管圆螺纹牙型

注：螺纹的锥度为 ¾in/ft 即 0.0625in/in[直径上锥度为 ¾in/ft 或 0.0628in/in（19.05mm/304.8mm 或 1.588mm/25.4mm）]
另外，为便于理解，图示点位角有意放大。

API 圆螺纹常用于表层套管、技术套管，采油井或注水井的油管或生产套管。配合使用特殊螺纹脂，API 圆螺纹也可用于压力低于 15MPa 的采气井。

API 圆螺纹会存在以下风险：连接强度较低，一般仅为管体屈服强度的 60%～80%。据统计，API 螺纹套管失效案例中，螺纹连接失效占 75% 以上。在端部外加厚的管体上车 API 圆螺纹可将连接强度提高到管体屈服强度。

API 圆螺纹的主要失效形式如下所示。

滑脱：即在轴力作用下，60° 螺纹牙侧面上径向分力造成外螺纹缩径，内螺纹胀大，导致脱扣，俗称"拉链效应"。

黏扣：螺牙金属咬合，丧失密封性。

断扣：圆螺纹疲劳强度低，井内温度、压力变化、井下作业等会产生长期交变载荷，导致圆螺纹外螺纹消失带牙根断裂。

胀扣：接箍胀大或纵向开裂。

腐蚀穿孔：螺纹连接处存在多种腐蚀作用，导致从内壁向外壁或从外壁向内壁的腐蚀穿孔。

**2. API 偏梯型螺纹**

API 偏梯型螺纹的抗拉强度高于圆螺纹，它的强度是由管体最末完全扣处强度或接箍强度决定的。为了使最末扣处管体截面积不低于管体，加工 API 偏梯型螺纹的管子实际直径比名义直径大 0.41mm（0.016in），以减少车扣的黑皮扣，同时提高螺纹实际抗拉强度。API 偏梯形套管螺纹抗拉强度公式是基于实物试验数据回归得到。薄壁套管偏梯型螺纹的抗拉强度基本同管体，厚壁套管的略低于管体。

图 3-31 为 API 偏梯型螺纹牙型，其承载面角为 + 3°，导向面角为 + 10°。偏梯型螺纹拧紧后牙顶与牙底间，导向面间有间隙，螺旋间隙形成了泄漏通道。API 偏梯型螺纹密封性比圆螺纹差，因此油管不使用偏梯型螺纹。选用带 API 偏梯型螺纹的生产套管或技术套管应十分谨慎，由内向外或由外向内的螺纹泄漏都可能导致环空带压。

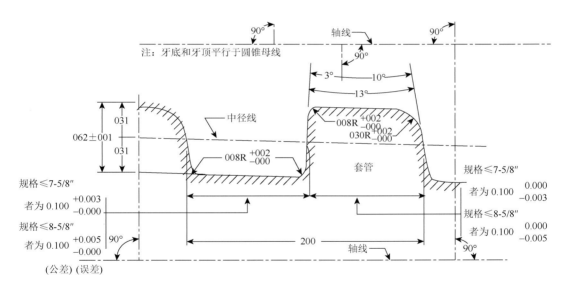

图 3-31　API 套管偏梯型螺纹牙型

## 3.8.2　油套管典型的特殊螺纹及特征

在深井或高温高压井气井中的油管和生产套管几乎都要使用特殊螺纹。众多的厂商开发了品种繁多的特殊螺纹形式。在连接强度和密封性能方面有很大的改进，已广泛用于深井、高温高压气井。此处特殊螺纹专指金属对金属的接触密封，在国外文献或产品、订货等用语中常用"premium connection"，意为"高级连接"。中文习惯用 "特殊扣"，本书用"特殊螺纹"。特殊螺纹属厂家专利，未进入 API 标准。

### 3.8.2.1　常用典型特殊螺纹牙型

　　VAM-TOP（Vallourec）是应用普遍的特殊螺纹，按国际惯例，油套管工具一般加工成VAM-TOP扣，用户根据已设计选用油套管扣型加配合短节。类似的还有VAM21（Vallourec）、BEAR（JFE）、Blue（TenarisHydril，以下称特纳）、SEAL-LOCK APEX（Hunting）、TP-G2（天钢）及TSH 3SB（特纳）。

　　上述螺纹牙型承载面角为–3°、–4°或–5°的，俗称"钩型"螺纹牙。API偏梯型螺纹承载面角为＋3°，二者比较，前述VAM-TOP等牙型具有较高抗脱扣性能。同时减小在重载拉力下对接箍的径向分力，减小接箍纵向开裂风险。

　　常用典型特殊螺纹的导向面角为＋10°～＋25°，较大的导向面角有利于对扣和旋扣时自动扶正，防止错扣。有的螺纹牙底/牙顶与轴线平行（VAM21、JFE BEAR），其他与螺纹锥体母线平行，牙高及牙型细微结构也稍有不同。TSH 3SB（TenarisHydril）螺纹牙型承载面角为0°，导向面角45°，已获得广泛应用。图3-32为常用典型特殊螺纹的牙型。

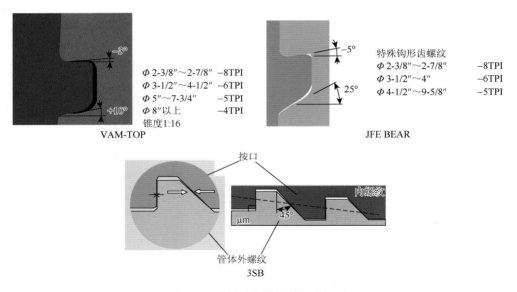

图 3-32　常用典型特殊螺纹的牙型

### 3.8.2.2　楔形螺纹牙型

　　特纳海德尔开发了独特的楔形螺纹牙，使螺纹可承受更高的扭矩，以下简称海德尔扣。轴向振动、旋转下入和弯曲的螺纹处载荷不会传递到密封部位，有利于保证密封和防止脱扣，轴向压缩不损伤密封性。海德尔扣在结构上是等螺距，渐变牙宽"燕尾"形牙型，例如一种Wedge 563的扣型螺纹螺距为每25.4mm有2.94扣（2.94/in）。

　　海德尔扣用于套管在大位移井、水平井下可旋转下入，有利于降低下入摩阻和克服"自锁"效应；用于油量可兼作作业管和试油管。类似于海德尔扣的楔形螺纹牙型还有Vallourec（VAM）的VAM® HTTC™扣。

　　上述螺纹牙型的高抗扭性能得益于管端车扣局部段镦厚，经机械加工，实标内径略大于名义通径。外径略增大，但不影响井口操作和接箍强度。

　　图3-33为海德尔扣的工作原理，图3-34为海德尔扣连接示意图。

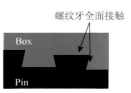

外螺纹(Pin)小端牙宽小于内螺纹(Box)大端牙宽，便于对扣时楔形牙嵌入

上扣时楔形螺纹牙顶对牙底、导向面牙侧对牙侧接触

紧扣后牙、牙侧全面接触，形成楔子嵌套，只有反向旋转才能脱扣

图 3-33　海德尔扣的工作原理

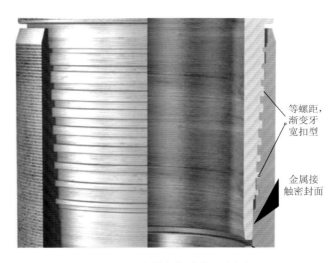

等螺距，渐变牙宽扣型

金属接触密封面

图 3-34　海德尔扣连接示意图

### 3.8.3　油套管典型的气密封结构及密封机理

　　密封结构是特殊螺纹的关键部位，密封失效导致环空带压，这是当前井筒完整性最突出和最难解决的问题。油套管特殊螺纹主要依靠金属对金属过盈配合实现高气密封能力，因此密封接触应力分布及其分布规律是特殊螺纹密封性能及可靠性的主要参数。以接触力学为基础的密封理论及长期实践揭示了以下两种气密封结构及密封机理：塑性流动密封机理和泄漏阻力密封机理。

#### 3.8.3.1　塑性流动密封机理

　　塑性流动密封机理认为如果过盈配合表面接触应力在材料弹性范围内，仅靠增大接触压力是不能实现气密封的。只有接触表面层产生塑性流动,表面粗糙程度的差异趋于抹平,泄漏通道被阻塞才能实现密封。根据上述原理,气密封结构设计应满足以下要求:

(1)紧扣扭矩和位移必须使密封面屈服,即接触层有塑性流动。

(2)在泄漏通道方向至少有 1mm 接触宽度上的平均接触压应力为拟密封内压力的两倍。

(3)接触面密封表面粗糙度 $Ra = 0.8 \sim 3.2 \mu m$。

基于上述原理,密封面镀一层软金属(例如镀铜、镀锌)有利于产生塑性流动,提高密封性。表面涂抹有机高分子涂层(例如免涂螺纹脂涂层)也会产生塑性流动提高密封性。

与上述密封机理相一致的油套管气密封结构较多,其中有如图3-35所示两种,VAM-TOP和JFE BEAR均具有可靠密封效果,被广泛使用。VAM-TOP为锥面密封,15°扭矩台阶在提供扭矩控制的同时,径向分力对密封面有楔紧作用。JFE BEAR为曲面密封,图为直径127mm,壁厚6.99mm套管的有限元计算应力分布,可见密封面接触压应力高达1435MPa。

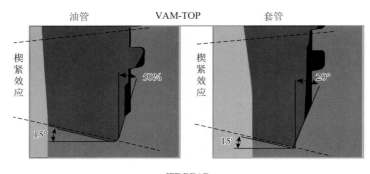

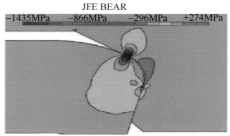

图 3-35　基于塑性流动密封机理的扣型

基于塑性流动密封机理的扣型可能会有下述风险:

(1)密封面腐蚀泄漏。在腐蚀介质中密封面金属挤压塑性变形导致晶格位错,加剧了点腐蚀和缝隙腐蚀。螺纹上紧不到位,留有缝隙,也会产生腐蚀。油气井酸化液密封面金属腐蚀较为明显。

(2)密封影响因素多,除了加工精度因素外,现场紧扣操作可能会出现不佳或不合格的旋扣圈数与扭矩曲线,影响密封。密封性能直接或间接与作用在扭矩台肩面上的压缩应力有关。如果台肩扭矩过小,在拉伸载荷作用下,台肩面压应力与密封面压应力降低过多,螺纹将失去密封性;台肩扭矩值过大又会导致台肩压应力过大,造成台肩变形或接矩箍拉应力过大。现场井口操作水平对确保特殊螺纹的结构完整性与密封完整性十分重要。

### 3.8.3.2 泄漏阻力密封机理

许多油套管厂家认识到了前述基于塑性流动密封机理的潜在风险,研发了品种甚多的其他密封结构。根据流体力学,流体通过间隙时产生的局部阻力取决于间隙的截面积和泄漏路径的长度。在泄漏方向上增加密封面长度,通过长度增加提高泄漏阻力。此外优化密封曲面,使接触应力趋于均匀化,削平峰值接触应力。由此使得接触面应力在材料弹性范围内仍能密封。有的密封结构较小地依赖于紧扣扭矩,有的完全与紧扣扭矩无关。凡上述原理的密封面锥度均极小,靠以径向力为主来提供密封面压力。

有的文献将上述机理称为密封接触能。密封接触能机理认为,阻止气体通过金属对金属密封结构的流动阻力可由密封接触强度表征,它定义为密封接触应力在有效密封长度上的积分值。

与上述密封机理相一致的油套管气密封结构也较多,其中有如图3-36所示三种结构:SEAL-LOCK APEX、Blue和Wedge 563油管,类似Blue的还有中国天钢TP-G2。Blue扣型密封面为抛物线曲面与锥面组合,使接触压力呈抛物线曲面分布,密封长度增加,降低密封面黏扣风险,相应地也降低了密封面腐蚀泄漏倾向。外螺纹鼻端缩口(见图3-36中Blue),壁厚增加使轴向压缩密封压力达到管体内压屈服度的100%。油管为曲面抛物线曲面与锥面组合,锥面锥度小到近乎圆柱面,外螺纹鼻端也缩口。海德尔563没有扭矩台阶,完全靠径向变形的曲面密封。

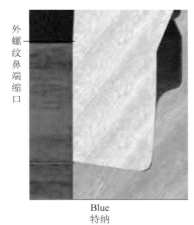

外螺纹鼻端缩口

| SEAL-LOCK APEX 汉庭 | Blue 特纳 | Wedge 563 油管 特纳 |

图 3-36 特殊螺纹泄漏阻力密封机理

### 3.8.3.3 提高轴向压缩密封性的结构特征

图3-32的特殊螺纹牙型在承受轴向压缩力时螺纹牙承载面会卸载,轴向力作用到鼻端台阶面。微小的位移或应变将影响密封面接触压力,许多典型特殊螺纹在轴向压缩下密封压力只有额定密封压力的65%~80%。在前述螺纹牙型基础上要想获得在轴向压缩密封压力与管体额定内压屈服强度相同只有螺纹部位增厚,或外螺纹鼻端增厚,

见图3-36Blue。VAM21将密封面从鼻端向后移到近螺纹牙处也显著提高了轴向压缩下的密封压力。

### 3.8.4　油套管特殊螺纹潜在的失效风险

油套管特殊螺纹大多服役在气井或深井，高温高压含腐蚀性介质环境中，承受复杂的井下载荷，实践表明，各种特殊螺纹均不同程度发生过密封失效、结构或强度失效。油套管特殊螺纹失效主要包括开裂或断裂、螺纹渗漏或泄漏等，下面将分析几种失效类型及其原因。

#### 3.8.4.1　螺纹开裂或断裂

油套管螺纹开裂或断裂属于螺纹的强度失效，由于螺纹传递轴向载荷时管体外螺纹消失点截面以及接箍临界截面（最末完全扣截面）受到的轴向载荷最大，而特殊螺纹接箍临界截面处还受到扭矩台肩面附加的预紧力作用，因此这些位置也是油管柱螺纹开裂或断裂的主要位置，如图3-37所示。

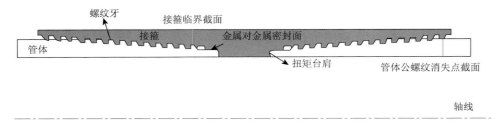

图 3-37　油套管特殊螺纹开裂或断裂主要位置示意图

油套管特殊螺纹开裂或断裂有螺纹自身结构的因素，也与井下载荷工况以及腐蚀环境等密切相关。

（1）管体外螺纹消失段存在应力集中和缺口敏感性。油套管特殊螺纹是一种带缺口的工作构件，无论是管体外螺纹消失点截面还是接箍危险截面，在轴向拉伸载荷下此处本身已处于较高的应力状态。而螺纹牙的缺口敏感和应力集中效应又不可避免，从而可导致材料局部屈服，最终导致断裂失效。

（2）油套管特殊螺纹接箍处于复杂的工作环境，因此ISO 11960/API 5CT对接箍材料、检测、电镀（铜）后去氢等方面进行特别规定。接箍毛坯强度应控制在允许区间的下限值，制造过程应有硬度检测跟踪记录。在不利的环空腐蚀介质、材料因素及力学环境组合下加剧接箍断裂失效风险。

#### 3.8.4.2　螺纹渗漏或泄漏

油套管螺纹渗漏会引发气井环空带压，威胁气井安全生产，而油套管螺纹泄漏则属于井下事故。实践表明，目前没有一种油管特殊螺纹能保证在井下工作时不发生渗漏，即使按照 ISO 13679 第 IV 级标准通过氢气密封检测的油管，完井测试和投产时仍会发生油管螺纹渗漏。Loomis 公司 2008 年对主要特殊螺纹产品进行的气密封检测渗漏情况，可以看出统计的 1056 口井中，因螺纹渗漏的井数达 238 口，占 22.54%。即使是公认的优质 VAM 特殊螺纹其螺纹渗漏井数也占到 26.2%，这表明油套管特殊螺纹渗漏（或泄漏）的复杂性。ISO 13679 第 IV 级密封检测未包括井下腐蚀和振动工况等复杂的井下环境载荷，通过密封检测的螺纹也不能保证不发生泄漏。

　　图 3-38 为油管特殊螺纹金属对金属主密封面腐蚀形貌，能清楚地看到外螺纹端面产生点蚀和局部腐蚀穿孔。

3个锈蚀孔3cm×1cm

图 3-38　油管特殊螺纹金属对金属主密封面腐蚀形貌

　　图 3-39 为某 2-7/8″油管特殊螺纹主密封部位微动腐蚀磨损。在油管下入、完井作业、测试和投产的全部过程中，油管柱均处于振动状态。气井的天然气从井底流向地面时，由于温度压力变化导致体积变化，因此流动始终是非定常流，由此可能造成流固耦联振动。对下部油管还容易引发屈曲振动。处于振动工作状态下的油管特殊螺纹密封面容易产生接触应力松弛，最终使得密封面接触应力降低。油管振动还可能造成密封面发生微动摩擦磨损，最终引发密封面渗漏。修井取出特殊螺纹常会显示螺纹牙发黑或腐蚀痕迹。

图 3-39　某 2-7/8″油管特殊螺纹主密封部位磨损微动腐蚀

### 3.8.5　油套管特殊螺纹性能要求及检测

在下述工况或井型中螺纹处于恶劣的工作环境，泄漏可能导致安全问题：高温高压深井气井，水平井、大位移井、短曲率半径井，高温高压深井油套管屈曲、下套管遇阻后旋转下入、油管用作工作管旋转作业、完井油管酸化压裂后接着用作开采油管，注蒸汽热采井，火烧油层热采井，页岩气开采重复压裂井，射孔爆燃冲击波。

在 20 世纪 80 年代，API 发布了 API RP 5C5 标准的第一版，提供了油套管特殊螺纹连接评估的建议和测试协议。2002 年 ISO 接受 API 5C5 第三版，经修订后发布了 API RP 5C5/ISO 13679 第一版《石油和天然气工业-套管和油管连接的测试程序》，成为油套管连接结构技术标准。选择合适的油套管螺纹可接受的性能级别标准是设计者或买方的责任。

#### 3.8.5.1　油套管螺纹连接强度水平分级及定义

在内外气体压力和轴向力及热应力的复合载荷工况下，螺纹连接强度和结构完整性不应低于管体。管体的强度性能是按通俗说的双轴应力来判别的，严格说称冯·米塞斯应力。管体的双轴应力如图 3-40 椭圆所示，所有载荷组合工况下螺纹应是完好的。这一要求既是厂家设计和检测应承诺的，同时也是买方检验技术条件。

在测试期间内压力可保持；在测试的 15 分钟内泄漏量小于 $0.9cm^3$；泄漏量没有增大的趋势。

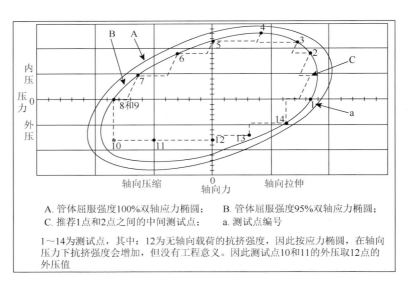

A. 管体屈服强度100%双轴应力椭圆；　　　　B. 管体屈服强度95%双轴应力椭圆；
C. 推荐1点和2点之间的中间测试点；　　　　a. 测试点编号

1～14为测试点，其中：12为无轴向载荷的抗挤强度，因此按应力椭圆，在轴向压力下抗挤强度会增加，但没有工程意义。因此测试点10和11的外压取12点的外压值

图 3-40　ISO 13679 定义的螺纹连接强度双轴应力椭圆

螺纹连接强度性能从使用环境最苛刻起分为以下四级：

**第 IV 级，需 8 个样本，最苛刻的使用环境**

模拟评价油套管连接在周期性变化内压力、外压力、轴向拉力、轴向压缩力和弯曲工

况下气井中的使用性能。包含加温到180℃和降温到52℃的热力学交变状态，加热/内压/拉伸耦合50小时经历的累积测试。

在轴向力/压力变化椭圆四个象限加载到极限破坏试验。极限破坏的试验指轴向拉断，轴向压缩折皱，永久性屈曲变形，挤毁或密封完整性完全丧失。极限破坏试验的载荷应以试件实际屈服强度和实际试件直径和壁厚为准。

**第 III 级，需 6 个样本，苛刻的使用环境**

评价要求同前述第 IV 级，但只加温到 135℃的热力学状态，包含加热/内压/拉伸耦合经历 5 小时的累积暴露状况。弯曲载荷为可选项，可加可不加。在轴向力/压力变化椭圆四个象限加载到破坏极限的试验。

**第 II 级，需 4 个样本，不太苛刻的使用环境**

评价要求同前述第 III 级，但不加外挤压力。在轴向力/压力变化椭圆四个象限加载到破坏极限的试验。

**第 I 级，需 3 个样本，不苛刻的使用环境**

第 I 级评价的油套管用油井，试验介质为液体，试验温度为室温。只需加内压的轴向拉伸轴向压缩两个象限试验。

### 3.8.5.2　油套管特殊螺纹上卸扣性能

油套管特殊螺纹性能应满足以下基本上卸扣性能要求：机紧扣和卸扣后观察无黏扣，如果发现有损伤，但按厂家规定可修复，修复后再评价无泄漏；如果有不可接受的黏扣，应尽力查明原因，尽力找到黏扣不是设计/制造的原因。如果重复试验仍不能证明其上卸扣性能，可终止评价。

# 第 4 章　高温高压气井热力学与井筒完整性

根据深井、超深井大量现场管柱失效案例的分析研究，对于高温高压气井管柱损坏常发生在安全系数比较大的井筒中下部位。由此可知管柱损坏并不是由于安全系数不足造成的，而是随机的多因素叠加造成的。管柱损坏的主要机理是：在井筒中下部高温高压环境中环空保护液有加剧环境敏感断裂的趋势；深井、超深井中下部的油管可能呈屈曲状态，管内流体流动导致中和点部位出现纵向和横向的钢体震动，同时叠加气流流动而诱发流固耦联震动，受高温和屈曲等不利因素组合作用，可能产生难以预测的共振状态，导致中下部油管损坏。

高温高压气井的螺纹密封对井筒完整性和安全影响较大，对常见的气密封油管螺纹来说，密封失效现象时有发生。常规气密封螺纹在压缩状态下只有在拉伸状态下密封能力的75%～80%，另外，密封接触压应力可能存在应力老化现象，降低其密封性能。针对深井和超深井油套管损坏、螺纹密封性能等问题，尚无标准和成熟的技术可供参考，只能采用风险设计方法。

对于高温高压带封隔器的完井来说，需要开展以下风险评估：①对于两端固定结构，可能产生较大的轴向力，影响封隔器的坐封和密封性能；②对于下部可以自由伸长的结构，需要精细计算油管长度、浮力作用下的实际长度，以此作为选择密封筒长度的依据，同时要考虑井下滑动密封风险。滑动密封对井筒密封性能影响较大，可以选择类似雪佛龙的滑动密封结构，其密封性能较好，可以降低井筒环空带压风险；③对于大泵压、大排量压裂工况来说，需要重视井筒低温、大内压导致的管柱缩短效应。

## 4.1　井筒热力学与高温高压气井管柱失效相关性

### 1. 极端温度压力引起的管柱失效模式分析

高温高压井测试期间井筒安全隐患，主要是由于温度、压力等的变化引起的，可以分为测试工具安全和管柱安全两部分。首先要保证测试工具安全，使测试作业能够顺利进行，在此基础上计算流动温度变化以及引起的后果，分析管柱的安全性能。另一方面，在管柱安全分析时，还要考虑测试工具失效问题。如果发生高温高压油气泄漏，整个井筒可能会出现的安全风险。只有全面认识到这些危险隐患，才能在井身结构设计和测试工具选择及测试工艺设计时最大限度地保证井筒安全。

高温是引起安全问题的主要原因之一，它可能使井下工具密封件失效，使测试油管因温度变化而变形过量，使套管因升温而引起井口抬升，使井口流动温度超过设备承受极限等问题。

### 2. 温度压力变化对套管安全性影响分析

在试油及采油过程中，套管热膨胀引发较高的轴向压力，环空流体体积膨胀引起密闭空间产生高压,在一定条件下会发生抗内压、抗外挤破坏,或发现轴向力增大上顶井口等问题。在深水井中有时无法进行有效调节,必须采用有效方法降低环空带压,达到保护套管目的。

　　油气开采期间井筒径向、轴向的温度分布规律发生变化。温度的传导由材料本身物理性质决定,不受材料变形限制。原来受力和变形已经达到平衡的井筒体系,随着温度升高,油管、套管、水泥环、流体环和地层都会出现热膨胀,达到新的平衡时将引起附加载荷。

　　**3. 井底高温导致的高强度钢应力腐蚀开裂**

　　在游离水和 $H_2S$ 共存情况下,与局部腐蚀的阳极过程和拉应力(残余应力和/或工作应力)相关的一种金属开裂行为。氯化物和氧化剂和高温增加了井筒高强度钢的应力腐蚀开裂的敏感性。

# 4.2　高温环境管柱材料力学性能退化

## 4.2.1　常见材料类型

　　**1. 碳钢和低合金钢**

　　碳钢(carbon steel)也叫碳素钢,指含碳量小于 2.11%的铁碳合金,碳钢除含碳外一般还含有少量的硅、锰、硫、磷。石油工业中所用碳钢的含碳量通常低于 0.8%。低合金钢(low alloy steel)也是一种铁碳合金,合金元素含量小于 5%(大约),但大于碳钢规定的含量。近年来在碳钢和低合金钢系列中,推出了一类称为微合金钢的新钢种,称为 3Cr钢。在低碳钢中铬的含量增至 3%,在进行合适的合金设计后,在材料表面生成稳定的富铬氧化膜,使得材料的抗 $CO_2$ 腐蚀性能得到显著提高,同时抗 $H_2S$ 和氯化物腐蚀性能也有显著改善,但是目前 3Cr 钢还未列入抗硫钢种。选用碳钢和低合金钢时应执行 ISO 11960和 ISO 15155-2 标准,或与其等同引用的中国标准。

　　**2. 耐蚀合金**

　　耐蚀合金(corrosion resistant alloy,CRA)是指能够耐油田环境中的一般和局部腐蚀的合金材料,在这种环境中,碳钢和低合金钢会受到腐蚀。ISO 15156-3 将不锈钢和合金钢统称为耐蚀合金,该标准提供了详尽的耐蚀合金油管、套管和耐蚀合金制造的零部件技术规范。耐蚀合金材料有:

　　(1)不锈钢:高合金奥氏体不锈钢、马氏体不锈钢、双相不锈钢;

　　(2)合金:镍基合金等类别。

　　常见的地面装备、井下工具及油井管的材料见表 4-1。

表 4-1　典型材料列表

| 最低屈服强度/MPa | 井口及采油树 | 井下使用环境 |
| --- | --- | --- |
| 517.1/551.6/586.1 | F22 | 9 Cr 1 Mo |
| | 13 Cr | 410 |
| | F6NM | 13 Cr |
| | 8630M | 4130/4140 |
| | 4130/4140 | |

续表

| 最低屈服强度/MPa | 井口及采油树 | 井下使用环境 |
|---|---|---|
| 620.5 | F22 | 410 |
| | 4130/4140 | 4130/4140 |
| | F6NM | |
| | 8630M | |
| 758.4 | UNS N09925（INCOLOY® alloy 925™） | UNS N09925（INCOLOY® alloy 925™） |
| | UNS N07718 | S17400 |
| | UNS N09935 | 4130mod/4140 |
| 827.4/861.9 | UNS N09945 | UNS N09945 |
| | UNS N07718 | UNS N07718 |
| | UNS N07725（INCONEL® alloy 725™） | UNS N07725（INCONEL® alloy 725™） |
| | UNS N07716（Custom Age 625PLUS®²） | UNS N07716（Custom Age 625PLUS®） |
| | | 4130mod/4140 |
| 965.3 | UNS N07718 | |
| | UNS N07716（Custom Age 625PLUS®） | |

**3. 其他材料**

在油气井中还有多种类型橡胶密封件、塑料零部件以及固井水泥环。这些非金属材料也存在选用设计不合理甚至腐蚀失效等问题。

**4. 高温环境油套管材料性能参数测试方法**

材料的高温性能测量方法如下：高温弹性模量和泊松比测量执行 ASTM A 370 标准；高温应力-应变曲线测量执行 ASTM E 21 标准；夏比冲击试验（夏比 V-缺口）测量断裂韧性执行 ASTM E 1820 and BS 7448 标准，计算方法参考 ASME BPVC，Section VIII，Division 3 Appendix D Section D-600 的转换方程；平面应变断裂韧性线性弹性测量执行 ASTM E 399 标准；腐蚀环境断裂韧性测试测量执行 NACE TM0177 标准；疲劳寿命断裂力学测量执行 ISO 12108 标准；S/N 疲劳裂纹扩展速率测量执行 ASTM E 647 标准；真实应力-真应变曲线测量执行使用方法 ASME BPVC Section VIII，Div 2，Annex 3.D（强度参数）标准；夏比冲击测量执行 ASTM E 23 标准；蠕变测量执行 ASTM E 139 标准。

### 4.2.2　温度对碳钢和低合金钢强度的影响

日本住友提供的 4130/4140 低合金钢高温强度数据见表 4-2。

表 4-2　温度对 API 等级碳钢（4130/4140 低合金钢）强度的影响

| 钢级 | 温度 | | | | |
|---|---|---|---|---|---|
| | 50℃ | 100℃ | 150℃ | 175℃ | 200℃ |
| L80 | 99.6 | 95.9 | 91.3 | 89.5 | 88.7 |
| P110 | 97.2 | 93.6 | 90.7 | 90.1 | 89.5 |
| Q125 | 98.6 | 95.6 | 93.8 | 92.6 | 91.3 |

注：表中数据指高温状态下的强度是常温强度的百分比，%。

AISI 4130 和 AISI 4140 的热力学性能温度变化的曲线如图 4-1、图 4-2 所示（美国材料标准）。

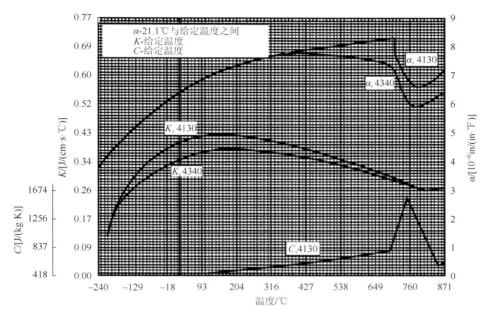

图 4-1 温度对 4130 和 4340 热力学性能的影响（美国材料标准）

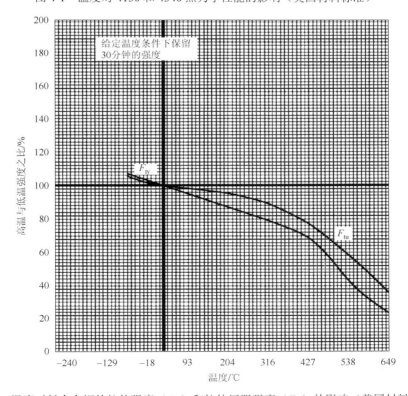

图 4-2 温度对低合金钢的拉伸强度（$F_{tu}$）和拉伸屈服强度（$F_{ty}$）的影响（美国材料标准）

美国井口设备制造商规定的低合金钢锻件机械性能见表 4-3。

表 4-3   温度对低合金钢 API 6A 强度的影响

| 材料 | 温度/℃ | | | |
|---|---|---|---|---|
| | 148.9 | 176.7 | 204.4 | 232.2 |
| AISI 4130 低合金钢 | 91 | 90 | 89 | 88 |
| AISI 8630 低合金钢 | 92 | 90 | 89 | 87 |
| 2-1/4 Cr 1 Mo 低合金钢 | 92 | 91 | 90 | 89 |
| AISI 4140 低合金钢 | 92 | 90 | 89 | 88 |

注：表中数据指表示高温与低温强度之比，%。

铬镍钼耐热钢 4130M7 的化学成分见表 4-4，温度对力学性能的影响见表 4-5。

表 4-4   4130M7 管材化学成分

| | C | Mn | P | S | Si | Cr | Ni | Mo | Cu | Al | V | Cb |
|---|---|---|---|---|---|---|---|---|---|---|---|---|
| 质量分数/% | 0.31 | 0.8 | 0.01 | 0.01 | 0.26 | 1.44 | 0.13 | 0.67 | 0.22 | 0.02 | 0.01 | 0.03 |

表 4-5   温度对 4130M7 油管拉伸性能的影响

| 材料 | 试样直径/mm | 测试温度/℃ | 0.2%屈服强度/MPa | 极限抗拉强度/MPa | 延伸率/% | 断面收缩率/% |
|---|---|---|---|---|---|---|
| 外径 5.16″，壁原 1.438″，连续热处理淬火回火管 | 12.827 | 23.9 | 817.1 | 912.9 | 21 | 68 |
| | 9.0678 | 37.8 | 832.9 | 914.3 | 22 | 69 |
| | 9.0678 | 93.3 | 798.4 | 881.9 | 20 | 70 |
| | 9.0678 | 148.9 | 755.0 | 861.9 | 21 | 70 |
| | 9.0678 | 204.4 | 721.2 | 858.4 | 20 | 67 |
| | 9.0678 | 260 | 696.4 | 864.6 | 22 | 66 |

注：连续热处理设备（CTTF），淬火回火（Q/T）。

## 4.2.3   温度对耐蚀合金（CRA）强度的影响

### 1. 美国井口设备制造商提供的数据

美国井口设备制造商给出的温度对不锈钢/耐蚀合金强度的影响见表 4-6。

表 4-6   温度对不锈钢/耐蚀合金强度的影响

| 材料 | 温度/℃ | | | |
|---|---|---|---|---|
| | 148.9 | 176.7 | 204.4 | 232.2 |
| AISI 410 马氏体不锈钢 | 91 | 90 | 89 | 88 |
| F6NM 马氏体不锈钢 | 92 | 91 | 89 | 88 |
| 25 铬超级不锈钢 | 81 | 78 | 76 | 73 |

续表

| 材料 | 温度/℃ | | | |
|---|---|---|---|---|
| | 148.9 | 176.7 | 204.4 | 232.2 |
| ASTM A453 GR 660 沉淀硬化奥氏体不锈钢 | 99 | 95 | 96 | 97 |
| 718（API 6A718）镍基合金 | 94 | 93 | 92 | 91 |
| 725/用户定制 625PLUS®镍基合金 | 93 | 92 | 90 | 89 |
| INCOLOY®合金 925™镍合金 | 92 | 92 | 91 | 90 |

注：表中数据指高温与低温强度之比，%。

温度对铁基奥氏体不锈钢 UNS N08535 的屈服强度 YS 和极限抗拉强度 TS 的影响见图 4-3。

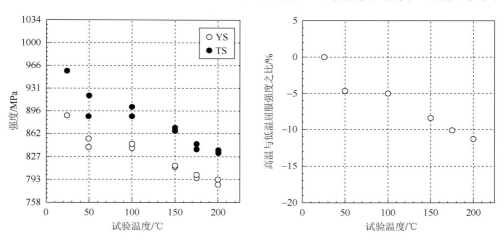

图 4-3　温度对 N08535-125 合金强度的影响

## 2. 双相不锈钢（美国材料标准提供的数据）

温度对双相不锈钢（UNS S39274）的屈服强度 YS 和极限抗拉强度 TS 的影响如图 4-4 所示。

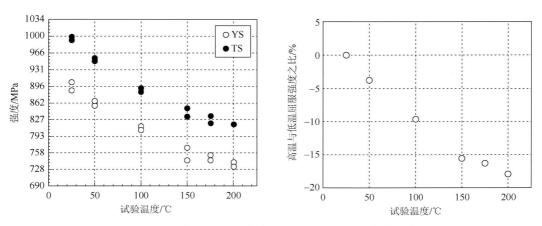

图 4-4　温度对 25CrW 合金（UNS S39274）强度的影响

### 3. 奥氏体镍基合金（美国材料标准提供的数据）

温度对 825 奥氏体镍基合金，即 UNS N08825 机械强度的影响见表 4-7。

**表 4-7　4″直径 825 奥氏体镍基合金管的力学性能（冷加工）**

| 温度/℃ | 屈服强度/MPa | 抗拉强度/MPa | 断面收缩率% | 延伸率% |
|---|---|---|---|---|
| 室温 | 797.1 | 864.6 | | 21.9 |
| 148.9 | 716.4 | 755.0 | 66.8 | 18.7 |
| 204.4 | 701.2 | 729.5 | 63.9 | 15.9 |
| | 711.6 | 755.0 | 68.4 | 16.0 |
| 218.3 | 720.5 | 748.8 | 66.9 | 15.6 |
| | 704.7 | 738.5 | 62.8 | 16.1 |
| 232.2 | 715.0 | 755.0 | 68.9 | 17.5 |
| | 716.4 | 748.1 | 66.8 | 16.4 |
| 室温 | 800.5 | 875.7 | — | 22.4 |
| 148.9 | 728.1 | 760.5 | 74.4 | 19.1 |
| RT | 807.4 | 861.9 | — | 22.8 |
| 148.9 | 724.0 | 758.5 | 74.1 | 18.3 |
| 204.4 | 724.0 | 751.6 | 67.8 | 17.0 |
| | 724.0 | 753.6 | 67.0 | 17.6 |
| 218.3 | 755.7 | 786.7 | 64.6 | 15.6 |
| | 717.8 | 750.9 | 64.7 | 17.1 |
| 232.2 | 716.4 | 746.7 | 70.0 | 17.3 |
| | 708.8 | 744.7 | 62.8 | 17.5 |

### 4. 固溶镍基合金（美国材料标准提供的数据）

温度对 UNS N07718 固溶镍基合金热力学性能的影响见图 4-5。这些数据来源于宇航版，强度降低的比例可能与石油行业有些差异（API 标准 6A718）。

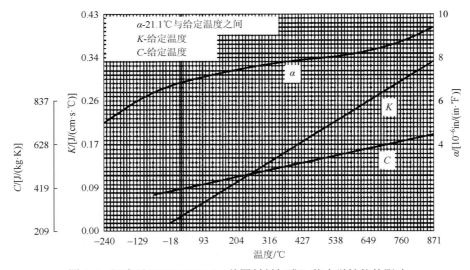

图 4-5　温度对 UNS N07718（美国材料标准）热力学性能的影响

固溶镍基合金 725 合金（UNS N07725）材料的化学成分见表 4-8，强度性能随温度的变化见表 4-9。

表 4-8　加热试验中各材料的质量分数（%）

| | C | Mn | Fe | P | S | Si | Cr | Ni | Mo | Cu | Al | Ti | V | Nb |
|---|---|---|---|---|---|---|---|---|---|---|---|---|---|---|
| HT4593LY | 0.009 | 0.10 | 9.22 | 0.002 | 0.002 | 0.04 | 20.92 | 56.33 | 8.02 | — | 0.019 | 1.62 | — | 3.54 |
| HT4732LY | 0.004 | 0.08 | 9.18 | 0.005 | 0.001 | 0.05 | 21.01 | 56.22 | 8.13 | — | 0.200 | 1.50 | — | 3.60 |
| HT4757LY | 0.004 | 0.07 | 9.66 | 0.004 | 0.002 | 0.04 | 20.88 | 55.90 | 8.06 | — | 0.200 | 1.59 | — | 3.57 |

表 4-9　INCONEL®合金 725™强度性能随温度的变化

| 直径 $\Phi$/mm | 批号 | 温度/℃ | 极限抗拉强度/MPa | 0.2%屈服强度/MPa | 延伸率/% | 面积收缩率/% |
|---|---|---|---|---|---|---|
| 15.875 | HT4732LY-1B | 室温 | 1242.2 | 854.3 | 32.5 | 51.5 |
| 25.4 | HT4732LY-18 | 室温 | 1218.7 | 844.3 | 35.4 | 51.6 |
| 114.3 | HT4593LY-1211 | 室温 | 1296.7 | 942.1 | 29.7 | 44.6 |
| 165.1 | HT4757LY-211 | 室温 | 1248.2 | 911.5 | 31.7 | 46.8 |
| 15.875 | HT4732LY-1B | 37.8 | 1254.2 | 875.7 | 34 | 51.7 |
| 25.4 | HT4732LY-18 | 37.8 | 1220.4 | 852.9 | 38 | 52.3 |
| 114.3 | HT4593LY-1211 | 37.8 | 1281.8 | 968.7 | 29 | 42.3 |
| 165.1 | HT4757LY-211 | 37.8 | 1268.7 | 935.7 | 29.5 | 49.5 |
| 15.875 | HT4732LY-1B | 93.3 | 1208 | 813.6 | 32 | 52 |
| 25.4 | HT4732LY-18 | 93.3 | 1188.7 | 788.8 | 33 | 50.2 |
| 114.3 | HT4593LY-1211 | 93.3 | 1276.6 | 920.9 | 26.3 | 41.9 |
| 165.1 | HT4757LY-211 | 93.3 | 1228.7 | 910.2 | 29 | 45.8 |
| 15.875 | HT4732LY-1B | 148.9 | 1177.9 | 802.1 | 32 | 53.5 |
| 25.4 | HT4732LY-18 | 148.9 | 1158.1 | 754.7 | 34 | 51.4 |
| 114.3 | HT4593LY-1211 | 148.9 | 1225.9 | 927.4 | 27 | 41.8 |
| 165.1 | HT4757LY-211 | 148.9 | 1218.4 | 882.6 | 28 | 48.4 |
| 15.875 | HT4732LY-1B | 204.4 | 1156.3 | 798.4 | 31.7 | 54.8 |
| 25.4 | HT4732LY-18 | 204.4 | 1138.7 | 754.7 | 34.5 | 55.4 |
| 114.3 | HT4593LY-1211 | 204.4 | 1205.3 | 891.2 | 27 | 47.2 |
| 165.1 | HT4757LY-211 | 204.4 | 1185.6 | 865 | 29 | 51.1 |
| 15.875 | HT4732LY-1B | 260 | 1114.2 | 777.8 | 35 | 56.7 |
| 25.4 | HT4732LY-18 | 260 | 1125.3 | 752.2 | 32 | 51.5 |
| 114.3 | HT4593LY-1211 | 260 | 1189.4 | 866 | 27 | 48.9 |
| 165.1 | HT4757LY-211 | 260 | 1136.3 | 848.1 | 30 | 53.7 |

**5. 钛合金（美国材料标准提供的数据）**

6246 钛合金（UNS R56260）的化学成分见表 4-10，温度对 6246 钛合金（UNS R56260）的影响见表 4-11。

表 4-10　拉伸测试样品合金化学成分质量分数（%）

| 直径 | 炉号 | C | Mo | N | Fe | Al | O | Sn | Zr | H |
|---|---|---|---|---|---|---|---|---|---|---|
| 1.625in | 8-35-3203 | 0.007 | 5.500 | 0.007 | 0.046 | 5.720 | 0.124 | 1.95 | 3.690 | 0.004 |
| 3.250in | 8-41-4226 | 0.006 | 6.270 | 0.006 | 0.038 | 5.920 | 0.116 | 2.070 | 3.920 | 0.0031 |
| 4.000in | 8-41-4140 | 0.006 | 6.080 | 0.008 | 0.050 | 5.740 | 0.108 | 2.040 | 3.680 | 0.0072 |
| 4.250in | 9521748 | 0.007 | 6.140 | 0.002 | 0.040 | 6.040 | 0.110 | 1.980 | 3.980 | 0.0034 |
| 5.188in | 8-841-4465 | 0.005 | 6.060 | 0.004 | 0.008 | 5.870 | 0.120 | 2.08 | 3.890 | 0.0042 |

表 4-11　钛 6246（UNS R56260）拉伸性能

| 直径/mm | 炉号 | 温度/℃ | 极限抗拉强度/MPa | 0.2%屈服强度/MPa | 延伸率/% | 面积收缩率/% |
|---|---|---|---|---|---|---|
| 41.275 | 8-35-3203 | 室温 | 1159.7 | 1090.1 | 18 | 46 |
| 41.275 | 8-35-3203 | 232.2 | 992.2 | 879.8 | 19 | 52 |
| 82.550 | 8-41-4226 | 室温 | 1225.2 | 1152.1 | 15 | 46 |
| 82.550 | 8-41-4226 | 17.7 | 1027.3 | 914.9 | 20 | 50 |
| 101.600 | 8-41-4140 | 室温 | 1182.5 | 1133.5 | 14 | 41 |
| 101.600 | 8-41-4140 | 204.4 | 1037.7 | 939.8 | 16 | 45 |
| 107.950 | 9521748 | 室温 | 1327.2 | 1208.0 | 12 | 39 |
| 107.950 | 9521748 | 204.4 | 1081.1 | 919.8 | 17 | 52.5 |
| 131.775 | 8-41-4465 | 室温 | 1010.8 | 958.4 | 21 | 49 |
| 131.775 | 8-41-4465 | 204.4 | 901.1 | 769.5 | 21 | 53 |

**6. 常见材料的弹性模型数据（美国材料标准提供的数据）**

温度对常见材料杨氏弹性模量的影响见表 4-12。

表 4-12　温度对杨氏弹性模量（$E \times 10^3$ MPa）的影响

| 材料 | 温度/℃ | | | | | | | |
|---|---|---|---|---|---|---|---|---|
| | −200 | −129 | −73 | 21 | 93 | 149 | 204 | 260 |
| 碳钢 C 质量分数≤0.3% | 216.5 | 212.4 | 208.2 | 203.4 | 198.6 | 195.1 | 191.0 | 188.2 |
| 镍钢镍质量分数 2%～9% | 204.1 | 200.6 | 196.5 | 191.7 | 186.9 | 184.1 | 180.0 | 177.2 |
| 铬钼钢 Cr 质量分数 0.5%～2% | 217.9 | 213.7 | 209.6 | 204.8 | 200.0 | 196.5 | 192.4 | 189.6 |
| 铬钼钢 Cr 质量分数 2.25%～3% | 224.8 | 220.6 | 216.5 | 211.0 | 205.5 | 202.7 | 198.6 | 195.1 |
| 铬钼钢 Cr 质量分数 5%～9% | 226.8 | 222.7 | 218.6 | 213.1 | 207.5 | 204.8 | 200.0 | 197.2 |
| 铬钼钢 Cr 质量分数 12%～27% | 215.1 | 211.7 | 207.5 | 201.3 | 196.5 | 192.4 | 188.2 | 184.1 |

# 4.3　超深井管柱有效下深计算

目前高温高压深井、超深井油套管下入后，由于油套管外水泥浆密度和管内顶替流体密度的差异较大，管柱会受到较大的轴向压缩力，因此，油井管的实际下入深度小于油井管在地面的长度。对于井口回接套管问题，需要开展实际套管鞋深度标定和计算，以便确定合理的下入长度。

钻井深度是按钻杆长度来计算的。通过钻杆下入带回接筒的尾管，然后尾管固井。下回接套管时，地面判断回接套管是否插入回接筒，然后通过环空打压并憋压判断是否下入指定位置。环空打压并能够憋压，则认为回接套管下入指定位置，此时在井口套管上做好标识。再次注水泥固井时，由于井筒流体密度发生变化，仅仅根据先前套管上的标识则不能完全保证下入到指定位置。对于插入式密封来说，井筒流体密度变化可能导致下入深度不到位的情况。因此，开展高温高压深井、超深井管柱真实长度计算对优化配管长度、确保下入到指定位置具有十分重要的意义。

### 4.3.1　阿基米德原理

古希腊科学家阿基米德发现物体的浮力等于其漂浮在液体中排开液体的重量。然而对于一些特殊的实际应用问题这个定义是不够的，必须采取一个更广义的定义。对于油井管管柱在井筒流体中的重量问题，这里定义为油井管管柱在空气中的重量乘以油井管的浮力系数 $\beta$，浮力系数是指管柱在液体中的重量与在空气中的重量的差异系数，管柱的浮力系数由管柱的组合，管柱的尺寸以及管柱内外液体密度共同决定。因此，本文利用该原理建立了在不同液体密度环境中和不同管柱尺寸组合的浮力系数计算模型。

对于直井和斜井来说可通过下面的方程计算浮力系数。如果油井管柱内部与外部液体密度相同，可通过式（4-1）计算管柱的浮力系数。

$$\beta = \frac{在钻井液中的悬浮重量}{在空气中的重量} = 1 - \frac{\rho_f}{\rho_p} \tag{4-1}$$

式中，　$\rho_p$——油井管材料的密度，$g/cm^3$；

　　　　$\rho_f$——钻井液的密度，$g/cm^3$。

如果油井管内部和外部存在不同的密度流体，采用式（4-2）计算管柱的浮力系数：

$$\beta = 1 - \frac{\rho_o r_o^2 - \rho_i r_i^2}{\rho_p(r_o^2 - r_i^2)} \tag{4-2}$$

式中，　$\rho_o$——油井管外部流体密度，$g/cm^3$；

　　　　$\rho_i$——油井管内部流体密度，$g/cm^3$；

　　　　$r_o$——油井管外径，$mm$；

　　　　$r_i$——油井管内径，$mm$。

式（4-1）、式（4-2）是单一尺寸管柱的浮力系数计算方法，然而实际油井管管柱大多是由多种尺寸组成的，任意深度的复合管柱的整体浮力系数的计算公式如下：

$$\beta = 1 - \frac{\sum\limits_{k=1}^{n} D_k (\rho_o r_{ok}^2 - \rho_i r_{ik}^2)}{\rho_p \sum\limits_{k=1}^{n} D_k (r_{ok}^2 - r_{ik}^2)} \tag{4-3}$$

式中，$D$——对应段下入长度（下标 $k$ 表示第 $k$ 段管柱参数），m。

**1. 投影高度的概念**

图 4-6 是管柱倾斜时的受力示意图，可以将管柱的重力分解为轴向和径向。

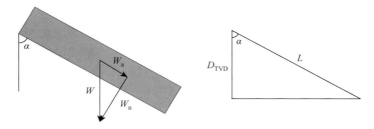

图 4-6　斜井段管柱的重量

$$W = wL \tag{4-4}$$
$$W_a = W \cos\alpha = wL \cos\alpha \tag{4-5}$$
$$W_n = W \sin\alpha = wL \sin\alpha \tag{4-6}$$

根据几何学，倾斜油井管的长度和垂直高度之间存在以下的垂直投影关系：

$$D_{TVD} = L \cos\alpha \tag{4-7}$$

此时，结合式（4-4）、式（4-5）和式（4-6），油井管的轴向重力分量可以表示为

$$W_a = wD_{TVD} \tag{4-8}$$

通过对管柱重量和高度的预计，可以很容易地评估钩载重量（忽略摩擦力），并结合运动方程，可以得到径向的作用力：

$$W_n = wD_{TVD} \tan\alpha \tag{4-9}$$

以上式中，$w$——单位长度的重量。

**2. 直井段轴向力计算**

图 4-7 为垂直油井管柱浸没在液体中的受力分析。

管柱的单位长度重量可以表示为油井管材料的密度与截面面积的乘积，油井管在空气中的重量为

$$W = wD = \rho_{管} gAD \tag{4-10}$$

当管柱浸没到液体中时，井筒中液体会为油井管底面提供一个静液柱压力作用。该压力为井底压力与油井管底部的横截面面积的乘积，可表示为

$$F = \rho_{液} gAD \tag{4-11}$$

结合式（4-10）、式（4-11），可以得到管柱在液体中的净重量：

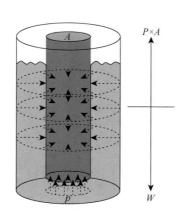

图 4-7　直井段管柱的受力

$$W_{净重} = (\rho_{管} - \rho_{液})gAD \qquad (4-12)$$

引入浮力系数，浮力系数与油井管净重量的乘积即为浮力：

$$W_{浮力} = \beta(\rho_{管} - \rho_{液})gAD \qquad (4-13)$$

此时，浮力系数可以表示为

$$\beta = 1 - \frac{\rho_{液}}{\rho_{管}} \qquad (4-14)$$

式中，　$\rho_{液}$——流体的密度，$g/cm^3$；

　　　　$\rho_{管}$——管体的材料的密度，$g/cm^3$。

### 3. 斜井段轴向力计算

图 4-8 为斜井中的油井管受力。

管体的重量可分解为管柱轴向的分力与径向的分力，浮力现在作用在管柱水平面的投影面积上。可以通过式（4-5）和式（4-6）计算油井管重量在轴向和径向的分量。

无论油井管的方向如何，所受的重力和浮力总是作用在相反的方向上，同时，油井管所受的重力和浮力的关系是不变的（阿基米德定义的浮力作为流失流体的重量）。因此，浮力系数同样适用于直井和斜井。唯一的区别是，在垂直井中，油井管主要在底端受到浮力作用；而对于斜井，浮力是分布在整个油井管上的。

井筒边界条件对倾斜管柱的影响也不能忽略，如果直井中油井管管柱在端部开口，则理论上该油井管不存在浮力作用，大钩载荷等于油井管在空气中的重量。针对上述情况，油井管底部将不存在浮力作用，并且油井管底部也没有供浮力计算的投影面积。

油气田开发过程中，大多数井筒都属于定向井或水平井（斜井），因此不能根据油井管柱的横截面来分析计算浮力。从图 4-8、图 4-9 中可以看出，如果油井管管线偏离垂直方向，可以将其投影到水平面进行受力分析，从而可得到油井管的实际浮力，并通过狗腿角或偏离程度来确定斜井偏离垂直方向的角度，从而确定管柱压缩受力面。因此，无论斜井油井管端部是否处于压力状态，认为浮力永远存在。

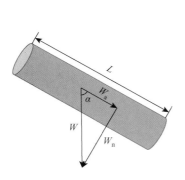

图 4-8　斜井段管柱的重量

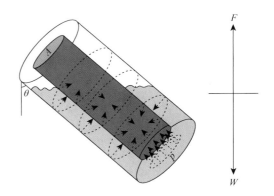

图 4-9　边界条件的影响

### 4. 直井段与斜井段的比较

图 4-10 为垂直井段和斜井段的浮力分析示意图。分析发现：对于直井，浮力只作用

在油井管的端部，而对于斜井，浮力沿管线长度分布，并且井深不同油井管柱所受浮力也不同。事实上，倾斜管柱的实际轴向力通过乘以浮力系数得到的，实际轴向力总是沿管线分布（从底部一直延伸到顶部），然而直井中的垂直管柱只有在底端表面不存在浮力，因此可以忽略不计。

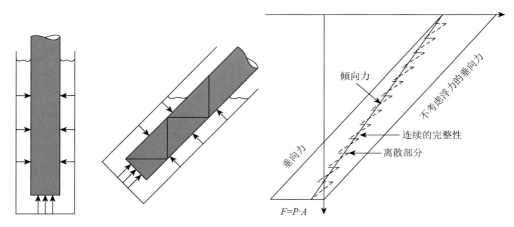

图 4-10　浮力施加的位置的差异

### 5. 施加井口压力的影响

图 4-11 为不同位置施加井口压力的井筒内部受力示意图。分析发现：如果在油井管内部施加表面压力，则该作用力将会同时支撑套管的浮力和重力；如果在油井管环空施加表面压力，则该作用力将会支撑套管的浮力；如果同时在油井管内部施加表面压力，则该作用力将会同时支撑套管的浮力和重力。

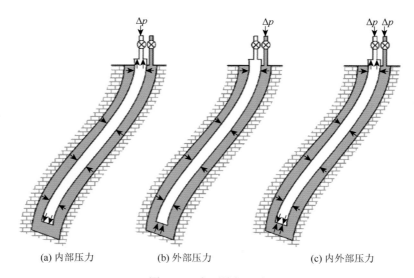

(a) 内部压力　　　　(b) 外部压力　　　　(c) 内外部压力

图 4-11　表面施加压力

　　图 4-12 为基于活塞力原理的管柱受力图，图中轴向力（活塞力）和平均静液柱压力作用于计算管柱不同组成部分，分析发现：该管柱下部受到压缩，上部受到拉伸，变径处为中性点，且在该点处拉伸力突然增加。

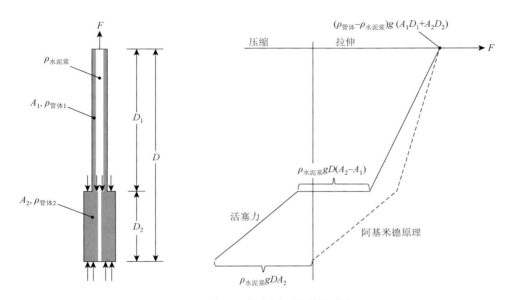

图 4-12　基于活塞力原理的管柱受力

## 4.3.2　实际深度计算

　　管柱的浮力作用、内压力、外挤力、温度效应和变径过渡带的垂向力的共同作用，将会产生比较大的轴向载荷从而导致油井管缩短，因此，油井管的实际下入深度小于油井管在地面的长度。

**1. 内压力、外挤力对轴向力的影响**

　　受管柱内压力作用时，管柱的重量不变，但在油井管串中增加了附加的轴向拉力：

$$\Delta F = \Delta p A = \Delta p \pi r_i^2 \tag{4-15}$$

式中，$\Delta F$——附加轴向拉力，kN；

　　　　$\Delta p$——有效内压力，MPa。

　　管柱外挤压力仅仅被施加在环空（即在底部闭合），轴向应力将保持不变。然而，由于油井管底部的活塞效应提供了一个压力梯度。通过计算管柱变径处每一个变化的投影面积，可以计算出活塞力。

$$\Delta F = \Delta p A = \Delta p \pi r_o^2 \tag{4-16}$$

**2. 温度影响**

　　温度导致的油井管增长：

$$\Delta L = L \alpha \Delta T \tag{4-17}$$

其中，$L$——油井管长度，m；

$\alpha$——油井管材料的温度系数，1/℃；

$\Delta T$——油井管的温度变化，℃。

外径随温度的改变量为

$$\Delta b = b\alpha\Delta T \tag{4-18}$$

内径随温度的改变量为

$$\Delta a = a\alpha\Delta T \tag{4-19}$$

其中，$a$——油井管内径，mm；

　　　$b$——油井管外径，mm。

体积的增加会伴随着密度的变化。

### 3. 内压力、外挤力对管柱变形的影响

（1）针对薄壁压力容器$\left(\dfrac{R}{t} > 10\right)$，容器半径 $R$（mm），壁厚 $t$（mm），壁厚 $t$ 处均匀载荷 $q$（MPa），则半径变化量如下：

$$\Delta R = \frac{qR^2}{Et} \tag{4-20}$$

式中，$E$——弹性模量，MPa。

（2）针对厚壁压力容器$\left(\dfrac{R}{t} < 10\right)$：

有效内压为

$$q = q_i - q_o \tag{4-21}$$

其中，$q$——油井管有效内压力，MPa；

　　　$q_i$——油井管内压力，MPa；

　　　$q_o$——油井管外压力，MPa。

外径增长量：

$$\Delta b = \frac{2qba^2}{E(b^2 - a^2)} \tag{4-22}$$

内径增长量：

$$\Delta a = \frac{qb}{E}\left(\frac{b^2 + a^2}{b^2 - a^2} + \mu\right) \tag{4-23}$$

长度增长量：

$$\Delta L = \frac{2q\mu La^2}{E(b^2 - a^2)} \tag{4-24}$$

式中，$b$——油井管外径，mm；

　　　$a$——油井管内径，mm；

　　　$L$——油井管长度，m。

### 4. 变径过渡带的垂向力

变径区参数：$b_{bo}$，变径区上部外径，mm；$b_{bi}$，变径区上部内径，mm；$b_{lo}$，变径区

下部外径，mm；$b_{li}$，变径区下部内径，mm；$A_{out,b1}$，变径管外侧下部面积，$mm^2$；$A_{out,b2}$，变径管外侧上部面积，$mm^2$；$A_{in}$，变径管内部面积，$mm^2$；有

$$A_{out,b1} = \frac{\pi(b_{lo}^2 - b_{li}^2)}{4} \tag{4-25}$$

$$A_{out,b2} = \frac{\pi(b_{bo}^2 - b_{bi}^2)}{4} \tag{4-26}$$

$$A_{in} = \frac{\pi(b_{bi}^2 - b_{li}^2)}{4} \tag{4-27}$$

外部变径处垂向力等于外挤压力乘以外侧面积在水平面上投影的面积差：

$$F_{e,v} = P_e(A_{out,b1} - A_{out,b2}) \tag{4-28}$$

内部变径处垂向力等于内压力乘以内面积在水平面上的投影：

$$F_{i,v} = P_e \times A_{in} \tag{4-29}$$

变径处内部垂向力与外部垂向力方向相反，因此变径处垂向力为

$$F_{cross} = F_{e,v} - F_{i,v} \tag{4-30}$$

**5. 节点处净载荷**

（1）悬挂器处净载荷

$$F_{hanger} = F_{displaced} - F_{casing} + F_{upward} - F_{downward} - F_{fluid} \tag{4-31}$$

式中，$F_{hanger}$——悬挂器处静载荷，kN；

$F_{displaced}$——排出液体重量，kN；

$F_{casing}$——套管重量，kN；

$F_{upward}$——上顶力，kN；

$F_{downward}$——下顶力，kN；

$F_{fluid}$——管内液重，kN。

（2）净浮力

$$F_{hanger} = F_{displaced} - F_{casing} + F_{upward} - F_{downward} - F_{fluid} \tag{4-32}$$

### 4.3.3　现场应用

某高温高压高产超深气井的垂深为 7135m，产层温度 163℃，产层压力 121MPa，其井身结构如图 4-13 所示。

对于表层套管，固井时管内钻井液的密度为 1.2g/cm³，环空水泥浆的密度为 1.8g/cm³，该层套管尺寸无变径，此时浮力系数 $\beta_{1-1}$ 为

$$\beta_{1-1} = 1 - \frac{\sum\limits_{k=1}^{n}(\rho_o r_o^2 - \rho_i r_i^2)}{\rho_p \sum\limits_{k=1}^{n}(r_o^2 - r_i^2)} = 1 - \frac{1.8 \times 508^2 - 1.2 \times 482.6^2}{7.8 \times (508^2 - 482.6^2)} = 0.057 \tag{4-33}$$

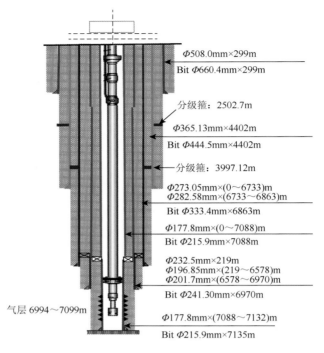

图 4-13  X 井井身结构

同时该表层套管的线重为 1.54kN/m，长度为 299m，则该段所受的轴向载荷 $W_{1-1}$ 为

$$W_{1-1} = \beta ML = 0.057 \times 1.54 \times 299 = 26.246 \text{kN} \qquad (4-34)$$

对于中间套管二开，固井时管内钻井液的密度为 1.2g/cm$^3$，环空水泥浆的密度为 1.8g/cm$^3$，该层套管尺寸无变径，此时浮力系数 $\beta_{2-1}$ 为

$$\beta_{2-1} = 1 - \frac{\sum_{k=1}^{n}(\rho_o r_o^2 - \rho_i r_i^2)}{\rho_p \sum_{k=1}^{n}(r_o^2 - r_i^2)} = 1 - \frac{1.8 \times 365.13^2 - 1.2 \times 337.37^2}{7.8 \times (365.13^2 - 337.37^2)} = 0.320 \qquad (4-35)$$

同时该中间套管二开的线重为 1.19kN/m，长度为 4402m，则该段所受的轴向载荷 $W_{2-1}$ 为

$$W_{2-1} = \beta ML = 0.320 \times 1.19 \times 4402 = 1676.282 \text{kN} \qquad (4-36)$$

对于中间套管三开，固井时管内钻井液的密度为 1.3g/cm$^3$，环空水泥浆的密度为 1.8g/cm$^3$，根据套管尺寸不同将其分为两段，长度分别为 6733m、130m，浮力系数 $\beta_{3-1}$、$\beta_{3-2}$ 分别为

$$\beta_{3-1} = 1 - \frac{\sum_{k=1}^{n}(\rho_o r_o^2 - \rho_i r_i^2)}{\rho_p \sum_{k=1}^{n}(r_o^2 - r_i^2)} = 1 - \frac{1.8 \times 273.05^2 - 1.3 \times 245.37^2}{7.8 \times (273.05^2 - 245.37^2)} = 0.500 \qquad (4-37)$$

$$\begin{aligned}
\beta_{3-2} &= 1 - \frac{\sum_{k=1}^{n}(\rho_{o}r_{o}^{2} - \rho_{i}r_{i}^{2})}{\rho_{p}\sum_{k=1}^{n}D_{k}\rho_{p}(r_{o}^{2} - r_{i}^{2})} \\
&= 1 - \frac{6733\times[1.8\times273.05^{2} - 1.3\times245.37^{2}] + 130\times[1.8\times282.6^{2} - 1.3\times245.3^{2}]}{7.8\times\{6733\times[273.05^{2} - 245.37^{2}] + 130\times[282.6^{2} - 245.3^{2}]\}} = 0.502
\end{aligned}$$

$$(4\text{-}38)$$

同时该中间套管三开的线重分别为 0.88kN/m，1.20kN/m，则该段所受的轴向载荷 $W_{3-1}$ 为

$$W_{3-1} = \beta ML = 0.500\times0.88\times6733 = 2962.52\text{kN} \tag{4-39}$$

整个套管所受的轴向载荷 $W_{3-2}$ 为

$$W_{3-2} = \beta ML = 0.502\times(0.88\times6733 + 1.20\times130) = 3052.682\text{kN} \tag{4-40}$$

对于生产套管，固井时管内钻井液的密度为 1.5g/cm³，环空水泥浆的密度为 1.8g/cm³，根据套管尺寸不同将其分为三段，长度分别为 219m、6359m、392m，浮力系数 $\beta_{4-1}$、$\beta_{4-2}$、$\beta_{4-3}$ 分别为

$$\beta_{4-1} = 1 - \frac{\sum_{k=1}^{n}(\rho_{o}r_{o}^{2} - \rho_{i}r_{i}^{2})}{\rho_{p}\sum_{k=1}^{n}(r_{o}^{2} - r_{i}^{2})} = 1 - \frac{1.8\times232.5^{2} - 1.5\times199^{2}}{7.8\times(232.5^{2} - 199^{2})} = 0.664 \tag{4-41}$$

$$\begin{aligned}
\beta_{4-2} &= 1 - \frac{\sum_{k=1}^{n}(\rho_{o}r_{o}^{2} - \rho_{i}r_{i}^{2})}{\rho_{p}\sum_{k=1}^{n}D_{k}\rho_{p}(r_{o}^{2} - r_{i}^{2})} \\
&= 1 - \frac{219\times(1.8\times232.5^{2} - 1.5\times199^{2}) + 6359\times(1.8\times196.85^{2} - 1.5\times171.45^{2})}{7.8\times[219\times(232.5^{2} - 199^{2}) + 6359\times(196.85^{2} - 171.45^{2})]} = 0.649
\end{aligned}$$

$$(4\text{-}42)$$

$$\begin{aligned}
\beta_{4-3} &= 1 - \frac{\sum_{k=1}^{n}(\rho_{o}r_{o}^{2} - \rho_{i}r_{i}^{2})}{\rho_{p}\sum_{k=1}^{n}D_{k}\rho_{p}(r_{o}^{2} - r_{i}^{2})} \\
&= 1 - \frac{219\times(1.8\times232.5^{2} - 1.5\times199^{2}) + 6359\times(1.8\times196.85^{2} - 1.5\times171.45^{2}) + 392\times(1.8\times201.7^{2} - 1.5\times171.46^{2})}{7.8\times[219\times(232.5^{2} - 199^{2}) + 6359\times(196.85^{2} - 171.45^{2}) + 392\times(201.7^{2} - 171.46^{2})]} \\
&= 0.650
\end{aligned}$$

$$(4\text{-}43)$$

同时该生产套管的线重分别为 0.89kN/m、0.57kN/m、0.69kN/m，则第一段套管所受的轴向载荷 $W_{4-1}$ 为

$$W_{4-1} = \beta ML = 0.664 \times 0.89 \times 219 = 129.420 \text{kN} \tag{4-44}$$

第二段套管所受的轴向载荷 $W_{4-2}$ 为

$$W_{4-2} = \beta ML = 0.649 \times (0.89 \times 219 + 0.57 \times 6359) = 2478.881 \text{kN} \tag{4-45}$$

整个套管所受的轴向载荷 $W_{4-3}$ 为

$$W_{4-3} = \beta ML = 0.650 \times (0.89 \times 219 + 0.57 \times 6359 + 0.69 \times 392) = 2658.513 \text{kN} \tag{4-46}$$

对于尾管，固井时管内钻井液的密度为 $1.73 \text{g/cm}^3$，环空水泥浆的密度为 $1.8 \text{g/cm}^3$，该层套管尺寸无变径，此时浮力系数 $\beta_{5-1}$ 为

$$\beta_{5-1} = 1 - \frac{\sum\limits_{k=1}^{n}(\rho_\text{o} r_\text{o}^2 - \rho_\text{i} r_\text{i}^2)}{\rho_\text{p} \sum\limits_{k=1}^{n}(r_\text{o}^2 - r_\text{i}^2)} = 1 - \frac{1.8 \times 177.8^2 - 1.73 \times 159.42^2}{7.8 \times (177.8^2 - 159.42^2)} = 0.732 \tag{4-47}$$

同时该层套管的线重为 $0.38 \text{kN/m}$，长度为 $538 \text{m}$，则该段所受的轴向载荷 $W_{5-1}$ 为

$$W_{5-1} = \beta ML = 0.732 \times 0.38 \times 538 = 149.650 \text{kN} \tag{4-48}$$

对于尾管回接，固井时管内钻井液的密度为 $1.73 \text{g/cm}^3$，环空水泥浆的密度为 $1.8 \text{g/cm}^3$，该层套管尺寸无变径，此时浮力系数 $\beta_{5-2}$ 为

$$\beta_{5-2} = 1 - \frac{\sum\limits_{k=1}^{n}(\rho_\text{o} r_\text{o}^2 - \rho_\text{i} r_\text{i}^2)}{\rho_\text{p} \sum\limits_{k=1}^{n}(r_\text{o}^2 - r_\text{i}^2)} = 1 - \frac{1.8 \times 177.8^2 - 1.73 \times 159.42^2}{7.8 \times (177.8^2 - 159.42^2)} = 0.732 \tag{4-49}$$

相同质量，得到沿井深方向的浮力系数分布见图 4-14。

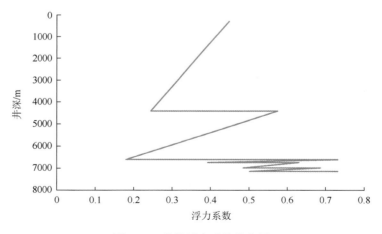

图 4-14　井筒浮力系数分布图

同时该层套管的线重为 $0.38 \text{kN/m}$，长度为 $6597 \text{m}$，则该段所受的轴向载荷 $W_{5-2}$ 为

$$W_{5-2} = \beta ML = 0.732 \times 0.38 \times 6597 = 1835.022 \text{kN} \tag{4-50}$$

各层套管段计算结果如表 4-13 所示。

表 4-13　各层套管段计算结果

| 开次 | 套管层次 | 套管尺寸（壁厚）/mm | 浮力系数 | 轴向载荷/kN |
|---|---|---|---|---|
| 一开 | 表层套管 | 508（17.7） | 0.057 | 26.246 |
| 二开 | 中间套管 | 365.13（13.88） | 0.320 | 1676.282 |
| 三开 | 中间套管 | 273.05（13.85） | 0.500 | 2962.520 |
| | | 282.6（18.62） | 0.502 | 3052.682 |
| 四开 | 生产套管 | 232.5（16.75） | 0.664 | 129.420 |
| | | 196.85（12.7） | 0.649 | 2478.881 |
| | | 201.7（15.12） | 0.650 | 2658.513 |
| 五开 | 尾管回接 | 177.8（9.19） | 0.732 | 1835.022 |
| | 生产尾管 | 177.8（9.19） | 0.732 | 149.650 |

通过上面对各层套管浮力系数和轴向载荷的计算，最终可以得到整个井筒在每次变径处受到的轴向载荷：

井底处所受到的轴向载荷为

$$W_1 = W_{5-1} = 148.650\text{kN} \tag{4-51}$$

生产套管管鞋处受到的轴向载荷为

$$W_2 = W_{3-2} - W_{4-3} + W_1 = 59.488\text{kN} \tag{4-52}$$

三开中间套管管鞋处受到的轴向载荷为

$$W_3 = W_{3-2} - W_{3-1} + W_2 = 453.657\text{kN} \tag{4-53}$$

三开中间套管变径处受到的轴向载荷为

$$W_4 = W_{3-1} - W_{4-2} + W_3 = 1277.1481\text{kN} \tag{4-54}$$

尾管回接处受到的轴向载荷为

$$W_5 = W_{4-2} - W_{5-2} + W_4 = 633.2891\text{kN} \tag{4-55}$$

技术套管第二次变径处受到的轴向载荷为

$$W_6 = W_{4-2} - W_{2-1} + W_5 = 1435.888\text{kN} \tag{4-56}$$

二开中间套管管鞋处受到的轴向载荷为

$$W_7 = W_{2-1} - W_{1-1} + W_6 = 3085.9241\text{kN} \tag{4-57}$$

表层套管管鞋处受到的轴向载荷为

$$W_8 = W_{4-1} - W_{1-1} + W_7 = 3189.098\text{kN} \tag{4-58}$$

技术套管第二次变径处受到的轴向载荷为

$$W_9 = W_{4-1} + W_8 = 3318.518\text{kN} \tag{4-59}$$

图 4-15、图 4-16 分别是整个井筒的浮力系数分布与轴向载荷的分布。

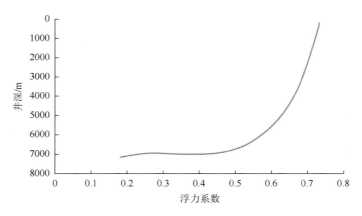

图 4-15　井筒累计浮力系数分布图

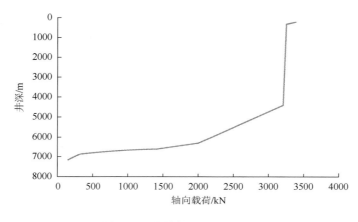

图 4-16　井筒轴向载荷分布图

# 4.4　不同作业工况下油管柱轴向力及变形

## 4.4.1　油管柱轴向力及变形计算

油管柱静力学设计需要考虑以下因素：管柱屈曲与变形（带伸缩短节或滑套结构），弯曲变形临界载荷，温度、膨胀、弯曲、活塞效应对强度、变形的影响，管柱强度设计与校核（两端固定结构），高温工况材料屈服强度的折减系数，高温高压及含 $H_2S/CO_2$ 油气井油管柱强度设计时的安全系数确定，增补考虑拉力余量的强度校核、井下作业情况对强度的影响等。

### 4.4.1.1　有效轴向力计算

**1. 油管的临界屈曲值、后屈曲摩阻特性及永久性螺旋变形计算模型**
油管的临界屈曲值、后屈曲摩阻特性及永久性螺旋变形计算见下述理论模型。

**2. 有效轴向力计算模型**

设封隔器处为坐标原点，向上为正，轴向力以压力为正。设任一井深油管横截面真实轴向力（单位：kN）为 $F_a$，则定义有效轴向力（单位：kN）为

$$F_f(x) = F_a(x) + p_i(x)A_i - p_o(x)A_o \qquad (4\text{-}60)$$

式中，$p_i$——油管内液体压力，MPa；

$\quad p_o$——油管外液体压力，MPa；

$\quad A_i$——油管内圆截面积，$m^2$；

$\quad A_o$——油管外圆截面积，$m^2$。

**3. 膨胀效应与活塞效应计算模型**

膨胀效应：对于插管封隔器，必须算准在各操作工况下插管的插入深度，严防插管拔出。因此，在插管下入阶段就必须根据操作过程和流动情况计算出内外压的影响。

由于内外液体压力，管柱膨胀效应将引起轴向应变：

$$\varepsilon_z = \frac{2v}{E} \cdot \frac{p_o R^2 - p_i}{R^2 - 1} \qquad (4\text{-}61)$$

式中，$\varepsilon_z$——变形比；

$\quad v$——泊松比；

$\quad R$——油管外径与内径之比；

$\quad E$——管材杨氏模量，MPa；

$\quad p_i$——内压力，MPa。

活塞效应：在油管变截面及测试阀等部位，液压会引起轴向力突变，尤其在测试过程中，油管内外压力的变化比较大，因此活塞效应非常明显。

活塞力的计算公式为

$$F_v = p_o(A_{o2} - A_{o1}) - p_i(A_{i2} - A_{i1}) \qquad (4\text{-}62)$$

式中，$A_{o1}$、$A_{o2}$、$A_{i1}$、$A_{i2}$ ——两段管柱的外横截面面积和内横截面面积，$mm^2$。

**4. 管柱轴向力引起的伸缩**

油管横截面真实轴向力 $F_a$ 引起的轴向应变计算式为

$$\varepsilon_{Fa} = \frac{F_a}{EA_c} \qquad (4\text{-}63)$$

式中，$E$——弹性模量，MPa；

$\quad A_c = A_o - A_i$——油管净截面积，$m^2$。

**5. 温度效应**

由于温度变化引起管柱应力变化的现象称为温度效应。测试管柱在坐封后，在井口和封隔器处都限制了管柱的位移，对于带销钉类机械式封隔器，如果热应力过大，有可能将封隔器处的销钉剪断，因此有必要计算由于存在热应力在封隔器处产生的附加作用力。

对于一口斜井，从井口到井底温度分布为

$$T(s) = T_s + G_t H(s) / 100 \qquad (4\text{-}64)$$

式中，$T_s$——作业井地面平均温度，℃；

$\quad G_t$——地温梯度为，℃/100m；

$H(s)$——测深为 $s$ 处垂深，m。

对于井内任一微元段管柱，其温度为

$$T_{iv} = T_s + G_t(H_{i-1} + H_i)/200 \qquad (4\text{-}65)$$

平均温度增量为

$$\Delta T_{iv} = G_t(H_{i-1} + H_i)/200 \qquad (4\text{-}66)$$

微元段内的热应变为

$$\varepsilon = \alpha \Delta T_{iv} \qquad (4\text{-}67)$$

温度改变引起的轴向力变化为

$$\Delta F_{ti} = E\alpha \Delta T_{iv} A_s \qquad (4\text{-}68)$$

从井口到井底由温度改变引起的轴向力分布为

$$F_i = F_{i-1} - \Delta F_{ti} = F_{i-1} - E\alpha \Delta T_{iv} A_s \qquad (4\text{-}69)$$

式中，$T_s$——地面温度，℃；

$G_t$——地温梯度，℃/100m；

$H_i$——沿井深方向划分单元格时，第 $i$ 段的深度，m；

$\alpha$——管材热膨胀系数，m/℃；

$\Delta T_{iv}$——第 $iv$ 个单元格的温度增量，℃；

$\Delta F_{iv}$——第 $iv$ 个单元格的温度效应导致的轴向力，kN；

$F_i$——第 $i$ 个单元格的轴向力，kN。

**6. 流动效应**

管内流体流动引起管柱应力变化的现象称为流动效应。对于高压井，开井后管内流体流动除引起沿程压力变化外，还有以下两方面影响：一方面，流体的黏滞力作用于管壁，类似摩擦力，改变轴向力。另一方面，在管柱弯曲段，管内流体高速流动，产生惯性离心力，增加屈曲效应和油管与套管的接触力。

流动产生的惯性离心力为

$$f = \rho A_1 v^2 / R_\kappa \qquad (4\text{-}70)$$

式中，$\rho$——管内流体局部质量密度，kg/m$^3$；

$v$——流动速度，m/s；

$R_\kappa$——管柱曲率半径，m。

对于均匀螺旋屈曲，$R_\kappa$ 的表达式为

$$\frac{1}{R_\kappa} = \frac{4\pi^2 r}{p^2 + 4\pi^2 r^2} \qquad (4\text{-}71)$$

式中，$r$——油管内径，m；

$p$——螺距，m。

均匀螺旋屈曲的螺距表达式为

$$p = 2\pi\sqrt{2EI/F_f} \qquad (4\text{-}72)$$

式中，$E$——管材杨氏模量，N/m$^2$；

$F_f$——轴向力，kN；

$I$——惯性矩，m$^4$。

**7. 激动压力计算**

试油或其他操作过程中，由于射孔、开井、关井等操作，引起液流速度骤变，这会导致管内压力急剧交替升降，即压力激动。压力激动过程是一种非恒定流动，在流动参数产生阶跃变化的动态过程中，压力瞬间的最大升值可达到管路中正常压力的许多倍，而且压力升降的频率很高。因此激动压力的计算也是油管安全校核时必须考虑的内容。

当阀门突然开关时，最大压力升高值为

$$\Delta p = \rho_1 v_s (v_0 - v_F) \tag{4-73}$$

式中，$\Delta p$——最大压力升高值，MPa；

$\rho_1$——流体密度，$kg/m^3$；

$v_s$——压力波传播速度，m/s；

$v_0$——阀门动作前流体流动速度，m/s；

$v_F$——阀门动作后流体流动速度，m/s。

当阀门开关动作经历一段时间时，最大压力升高值为

$$\Delta p = \rho_1 (v_0 - v_F) \frac{2L}{t_k} \tag{4-74}$$

式中，$L$——管长，m；

$t_k$——阀门动作时间，s。

压力波传播速度：

$$v_s = \sqrt{\frac{E_c / \rho_1}{1 + (2a/\delta)(E_c / E)}} \tag{4-75}$$

式中，$\delta$——油管壁厚，m。

### 4.4.1.2　轴向变形计算

管柱微元体在内压力作用下会产生相应变形。由于管柱的横向尺寸较小，其横向变形量通常也很小，一般不会对实际测试作业产生影响。然而，由于管柱的纵向尺寸较大，其纵向变形比较大，对作业管柱的操作有较大的影响。当管柱两端固定时，这种变形还会影响管柱内压力分布，下面主要讨论作业管柱的纵向变形。

作业管柱的纵向变形主要包括以下四个方面：

（1）温度改变所产生的温度效应。

（2）内、外压作用所产生的鼓胀效应。

（3）轴向力（包括活塞力、轴向黏滞摩阻和库仑摩擦力、管柱自重以及井底轴向作用力等）作用所产生的轴向力效应。

（4）管柱失稳弯曲所产生的弯曲变形效应（包括正弦弯曲效应和螺旋弯曲效应等）。

下面分别介绍这几种效应所产生的位移计算模型。

**1. 温度效应所产的轴向位移 $u_T(s)$**

设在井深 s 处管柱的温度为 $T(s)$，则有

$$\frac{du_T(s)}{ds} = \alpha [T(s) - T_0] \tag{4-76}$$

$$u_{\mathrm{T}}(s) = u_{\mathrm{T}}(s_0) + \alpha \int_{s_0}^{s} [T(s) - T_0] \mathrm{d}s \tag{4-77}$$

式中，$u_{\mathrm{T}}(s)$——井深 $s$ 处的轴向位移，m；

$\quad\quad T_0$——井深 $s_0$ 处的温度，℃；

$\quad\quad T(s)$——井深 $s$ 处的温度，℃；

$\quad\quad \alpha$——材料的温度线膨胀系数，m/℃。

**2. 内外压作用所产生的轴向位移 $u_{\mathrm{p}}(s)$**

根据广义虎克定律，依据径向应力 $\sigma_{\mathrm{r}}$ 和环向应力 $\sigma_{\theta}$ 可以求得内、外压作用所产生的轴向应变 $\varepsilon_{\mathrm{p}}$：

$$\varepsilon_{\mathrm{p}}(s) = -\frac{v}{E}(\sigma_{\mathrm{r}} + \sigma_{\theta}) = \frac{2v}{E(A_{\mathrm{o}} - A_{\mathrm{i}})}[p_{\mathrm{o}}(s)A_{\mathrm{o}} - p_{\mathrm{i}}(s)A_{\mathrm{i}}] \tag{4-78}$$

即

$$\frac{\mathrm{d}u_{\mathrm{p}}}{\mathrm{d}s} = \frac{2v}{E(A_{\mathrm{o}} - A_{\mathrm{i}})}(p_{\mathrm{o}}A_{\mathrm{o}} - p_{\mathrm{i}}A_{\mathrm{i}}) \tag{4-79}$$

$$u_{\mathrm{p}}(s) = u_{\mathrm{p}}(s_0) + \frac{2v}{E(A_{\mathrm{o}} - A_{\mathrm{i}})}\left[A_{\mathrm{o}}\int_{s_0}^{s} p_{\mathrm{o}}(s)\mathrm{d}s - A_{\mathrm{i}}\int_{s_0}^{s} p_{\mathrm{i}}(s)\mathrm{d}s\right] \tag{4-80}$$

式中，$v$——入井管材的泊松比；

$\quad\quad E$——钢材的弹性模量，MPa；

$\quad\quad p_{\mathrm{o}}$——管外压力，MPa；

$\quad\quad p_{\mathrm{i}}$——管内压力，MPa；

$\quad\quad A_{\mathrm{o}}$——管外压力 $p_{\mathrm{o}}$ 作用的管柱横向截面积，$\mathrm{m}^2$；

$\quad\quad A_{\mathrm{i}}$——管内压力 $p_{\mathrm{i}}$ 作用的管柱横向截面积，$\mathrm{m}^2$。

**3. 轴力所产生的轴向位移 $u_{\mathrm{F}}(s)$**

根据虎克定律，由轴向应力 $\sigma_{\mathrm{F}}(s)$ 可以确定相应的轴向应变 $\varepsilon_{\mathrm{F}}(s)$：

$$\varepsilon_{\mathrm{F}}(s) = \frac{\mathrm{d}u_{\mathrm{F}}(s)}{\mathrm{d}s} = \frac{\sigma_{\mathrm{F}}(s)}{E} = -\frac{F_{\tau}(s)}{E(A_{\mathrm{o}} - A_{\mathrm{i}})} \tag{4-81}$$

$$u_{\mathrm{F}}(s) = u_{\mathrm{F}}(s_0) - \frac{1}{E(A_{\mathrm{o}} - A_{\mathrm{i}})}\int_{s_0}^{s} F_{\tau}(s)\mathrm{d}s \tag{4-82}$$

式中，$F_{\tau}(s)$ ——井深 $s$ 处的轴向力，kN；

$\quad\quad \sigma_{\mathrm{F}}(s)$ ——井深 $s$ 处的轴向应力，MPa；

$\quad\quad u_{\mathrm{F}}(s)$ ——井深 $s$ 处的位移，m。

**4. 失稳弯曲所产生的轴向位移 $u_{\mathrm{b}}(s)$**

管柱微弧长 $\mathrm{d}s$ 与所对应的井眼轴线微弧长度 $\mathrm{d}s_0$ 之间有如下的关系：

$$u_{\mathrm{b}}(s) = u_{\mathrm{b}}(s_0) + \int_{s_0}^{s}\left[-\frac{1}{2}r^2\left(\frac{\mathrm{d}\theta}{\mathrm{d}s_0}\right)^2 + rk_0(1-\cos\theta)\right]\mathrm{d}s \tag{4-83}$$

管柱上任意一点处的总位移 $u(s)$ 则是上述 4 种位移的代数和：

$$u(s) = u_{\mathrm{p}}(s) + u_{\mathrm{T}}(s) + u_{\mathrm{F}}(s) + u_{\mathrm{b}}(s) \tag{4-84}$$

式中，$\theta$——屈曲段微元体夹角，（°）；

$r$——油管与套管或井壁的径向间隙，m；

$ds_0$、$ds$——井眼轴线微弧长度、管柱微弧长度，m；

$k_0$——井眼曲率，（°）/m。

在一般情况下，需要通过数值积分求上述位移。

### 4.4.1.3　管柱强度设计与校核（两端固定结构）

管柱上任一点处的应力状态主要包括以下几种应力：内、外压作用所产生的径向应力 $\sigma_r$ 和周向应力 $\sigma_\theta$；轴向力所产生的轴向拉、压应力 $\sigma_F$；井眼弯曲或正弦弯曲、螺旋弯曲所产生的轴向附加弯曲应力 $\sigma_M$；剪力 $Q$ 所产生的横向剪切应力 $\tau_Q$。由此可见，一般情况下管柱上的任一点的应力状态都是复杂的三轴应力状态。因此，在进行强度校核时不能只进行单轴应力校核（如单向抗拉、抗内压、抗外压等），而必须按照第四强度理论进行三轴应力校核。

**1. 内、外压作用下管柱的应力分析**

根据弹性力学的厚壁圆筒理论可知，在内压 $p_i(s)$ 及外压 $p_o(s)$ 作用下管柱上任一点 $(r,s)$ 处，周向应力 $\sigma_\theta(r,s)$ 和径向应力 $\sigma_r(r,s)$ 分别为

$$\sigma_\theta(r,s) = \frac{p_i r_i^2 - p_o r_o^2}{r_o^2 - r_i^2} + \frac{r_o^2 r_i^2}{(r_o^2 - r_i^2) r^2}(p_i - p_o) \tag{4-85}$$

$$\sigma_r(r,s) = \frac{p_i r_i^2 - p_o r_o^2}{r_o^2 - r_i^2} - \frac{r_o^2 r_i^2}{(r_o^2 - r_i^2) r^2}(p_i - p_o) \tag{4-86}$$

式中，$r_i$、$r_o$——管柱的内半径和外半径，m；

$p_i$、$p_o$——管内外的压力，MPa。

在内外压力作用下，径向应力和轴向应力的大小与内外压力差有关，也与管柱计算半径 $r$ 有关。对管柱的强度校核问题，最关心的是最大径向应力和周向应力，理论推导表明，最大径向应力和周向应力发生在内管壁处，即 $r = r_i$ 处，可得

$$\sigma_{rmax} = -p_i \tag{4-87}$$

$$\sigma_{\theta max} = \frac{p_i(r_i^2 + r_o^2)}{r_o^2 - r_i^2} - \frac{2 p_o r_o^2}{r_o^2 - r_i^2} \tag{4-88}$$

**2. 轴向力所产生的轴向拉、压应力计算**

根据前面的讨论，可以确定管柱上任一点 $s$ 处的轴力 $F_\tau(s)$。那么其真实轴力 $F_{\tau e}(s)$ 为

$$F_{\tau e}(s) = F_\tau(s) - p_i(s)A_i + p_o(s)A_o \tag{4-89}$$

其真实轴向力 $F_{\tau e}(s)$（注意在此处轴力受压为正、受拉力负）所产生的轴向应力为

$$\sigma_F(s) = -\frac{F_{\tau e}(s)}{A_o - A_i} \tag{4-90}$$

**3. 弯曲应力计算**

根据前面的分析，当求得管柱上任一点处的弯矩 $M(s)$ 时，则在弯矩 $M(s)$ 所作用的平面内距管柱轴心为 $r$ 的轴向弯曲应力 $\sigma_M(r,s)$ 为

$$\sigma_M(r,s) = \pm \frac{4M(s) r}{\pi(r_o^4 - r_i^4)} \tag{4-91}$$

式中，$M(s)$——任意截面的弯曲，N·m。

**4. 剪切应力计算**

当剪力 $Q(s)$ 确定后，则可以确定相应的剪切应力。由材料力学的有关公式可知其剪切应力可近似按下式计算：

$$\tau_Q(s) \approx 2\frac{Q(s)}{A_o - A_i} \tag{4-92}$$

**5. 等效应力强度条件**

根据第四强度理论，可得管柱在拉、压、扭、剪等外力作用下的等效应力 $\sigma_{ed}$ 为

$$\sigma_{ed}(r,s) = \frac{1}{\sqrt{2}}[(\sigma_F + \sigma_M - \sigma_r)^2 + (\sigma_F + \sigma_M - \sigma_\theta)^2 + (\sigma_r - \sigma_\theta)^2]^{\frac{1}{2}} \tag{4-93}$$

取 $\sigma_{max} = \max[\sigma_{ed}(r,s)]$，则相应的强度条件为：$\sigma_{max} \leqslant [\sigma]$。$[\sigma] = \dfrac{\sigma_s}{n_s}$ 为管柱材料的许用应力。$\sigma_s$ 为材料的屈服极限（MPa），$n_s$ 为安全系数，一般可取 $n_s$=1.25。在工作过程中的实际安全系数 $n$ 应满足：

$$n = \frac{\sigma_s}{\sigma_{max}} \geqslant n_s \tag{4-94}$$

## 4.4.2　在压裂、测试、井下作业等工况中的应用

油管柱静力学设计需要考虑以下因素：管柱屈曲与变形（带伸缩短节或滑套结构），弯曲变形临界载荷，温度、膨胀、弯曲、活塞效应对强度、变形的影响，管柱强度设计与校核（两端固定结构），高温工况材料屈服强度的折减系数的确定，高温高压及含 $H_2S/CO_2$ 油气井油管柱强度设计时的安全系数确定，增补考虑拉力余量的强度校核、井下作业情况对强度的影响等。以某气田 X 井为例介绍相关计算过程。该气田压力系数为 2.1～2.3，为超高压气田；地温梯度 2.3℃/100m，属正常的温度系统。气藏中部埋藏深度 5046m，地层压力 106.2MPa，地层温度 136.3℃。该井为直井，完钻井深为 5056m。

### 4.4.2.1　工况及其载荷分析

在 $\Phi$177.8mm 套管内，X 井下入 $\Phi$177.8mm THT 永久封隔器。对于液压式封隔器，坐封时是靠在油管内整压，当封隔器处承受的压差达到 48MPa、稳压 20min，坐封封隔器。根据程序，在管柱力学分析过程中，考虑了以下几种工况。

**1. 下管柱结束**

管柱下到预定位置，此时，轴向力分布是井口最大，底部最小，在进行轴向力计算时，考虑封隔器之下管柱重量对上部管柱的影响。管外充满密度与地层压力系数相当的完井液，密度为 1.37g/cm³，油管内存在液垫，高度人为控制，管内液体密度可以人为设置；温度分布按地温梯度（2.259℃/100m）计算，产层约为 130℃。

由于封隔器尚未坐封，无活塞力，测试阀关闭，因此，测试阀之下的压力不能传递到测试阀之上的井段，油管内压力按液垫流体性质计算。

井口油管压力为 0MPa，套管压力为 0MPa。

### 2. 在预定井深起管柱

对于定向井、水平井，由于摩阻力的存在，而且摩阻力的方向跟管柱运动方向密切相关，导致起钻和下钻工况的轴向力分布大不相同，必须分别计算。起管柱的内外压力计算同下管柱工况，管外充满密度与地层压力系数相当的完井液；油管内存在液垫，高度人为控制；温度按地温梯度计算。由于封隔器尚未坐封，无活塞力，测试阀关闭，因此，封隔器之下的压力不能传递到封隔器之上。同时考虑封隔器之下管柱重量对上部管柱的影响。

井口油管压力为 0MPa，套管压力为 0MPa。由于该井为直井，起管柱与下管柱之间的井口载荷差异较小，因此，没有模拟计算相关参数。

### 3. 坐封

坐封时，封隔器的受力主要取决于封隔器的类型，对于液压式封隔器，管柱的受力等同于下钻完工况，在封隔器处没有附加力存在，只不过坐封时需要在封隔器处承受的压差达到 48MPa，此时，由于需要在管内加压，油管内必然充满液体，坐封完成后，将管内液体降到设定的液垫高度，封隔器之下管柱的重量对封隔器之上管柱受力无影响；管外充满密度与地层压力系数相当的完井液；温度按地温梯度计算。

井口油管压力为 48MPa，套管压力为 0MPa。

### 4. 射孔

射孔时，受力情况跟坐封类似。

井口油管压力为 65MPa，套管压力为 0MPa。

### 5. 酸化

轴向力同坐封状态轴向力，酸化过程中管外是环空保护液（密度为 1.37g/cm³），管内为酸液，井口油管压力为酸化过程中的泵压，高挤前置酸 1.45m³，泵压 80-91-99.6MPa，为防止油管柱损坏所施加的平衡背压为套压，平衡压力 20-30-40MPa，排量 0.5m³/min，共注入井筒 24.45m³，泵压高，停泵。

考虑以下三种工况：

（1）井口油管压力为 80MPa，套管压力为 20MPa。

（2）井口油管压力为 91MPa，套管压力为 30MPa。

（3）井口油管压力为 100MPa，套管压力为 40MPa。

### 6. 测试

测试过程中，管柱轴向受力同坐封状态，管内井底压力为地层压力，井底温度为地层温度，测试过程中的管内的温度、压力分布按有关理论计算得到，管外压力按管外充满液体计算。

井口油管压力约为 80MPa，套管压力约为 25MPa，产油 58.24m³/d，产气 601394m³/d，气比重 0.642，井口温度约为 50℃。

### 7. 关井

关井条件下，轴向力按坐封时考虑，管内为天然气，考虑存在封隔器和测试阀，如果测试阀关闭，测试阀之下为地层压力，测试阀之上为天然气，如果关井时测试阀仍然打开，即采用井口关井，则在井底管内压力为地层压力（105MPa），在考虑静气柱压力后，井口油管压力为 87.73～87.71MPa。管外按充满完井液计算，且井口套压为 1.78～1.47MPa。由于无地层流体流动，温度分布按地温梯度计算。

井口油管压力为 87MPa，套管压力为 1.5MPa。

对于上述 7 种工况，由于每种工况下管内外流体密度不同，管柱所受到的管内外压力也不一样，不同工况下的井口油管压力和套管压力不尽相同，这些压力的变化，直接影响到管柱的受力和变形。特别是一种工况过渡到另一种工况时由于压力变化所造成的鼓胀效应需要特别考虑。此外，管柱强度校核时，也与管柱所受到的外载荷密切相关。

### 4.4.2.2　管柱结构

带液压式封隔器管柱的管串结构见表 4-14。

**表 4-14　液压式封隔器管柱组合（从上到下排列）**

| 序号 | 名称 | 内径/mm | 外径/mm | 长度/mm |
|---|---|---|---|---|
| 1 | $\Phi$88.9mm C110（壁厚 7.34mm，15.18kg/m）油管 | 74.2 | 88.9 | 1090 |
| 1 | $\Phi$88.9mm C110（壁厚 6.45mm，13.69kg/m）油管 | 76 | 88.9 | 3357 |
| 2 | $\Phi$177.8mm THT 封隔器 | | 177.8 | |
| 3 | $\Phi$73mm C110（壁厚 5.51mm）油管 | 62 | 88.9 | 596 |

管柱外载参数设置与计算结果见表 4-15。

**表 4-15　不同工况下典型载荷设置与计算结果**

| 工况 | | 下管柱 | 坐封 | 射孔 | 酸化 | | | 测试 | 关井 |
|---|---|---|---|---|---|---|---|---|---|
| | | | | | 方案一 | 方案二 | 方案三 | | |
| 温度/℃ | 井口 | 16 | 16 | 16 | 16 | 16 | 16 | 75 | 16 |
| | 井底 | 130 | 130 | 130 | 70 | 70 | 70 | 130 | 130 |
| 井口压力 /MPa | 油压 | 0 | 48 | 65 | 80 | 91 | 100 | 80 | 87 |
| | 套压 | 0 | 0 | 0 | 20 | 30 | 40 | 25 | 1.5 |
| 流体密度/ (g/cm³) | 管内 | 1.37 | 1.37 | 1.37 | 1.37 | 1.37 | 1.37 | 0.64 天然气 | 0.64 天然气 |
| | 环空 | 1.37 | 1.37 | 1.37 | 1.37 | 1.37 | 1.37 | 1.37 | 1.37 |
| 弹性变形/m | | 3.8781 | 3.8832 | 3.8832 | 3.8832 | 3.8832 | 3.8832 | 2.3898 | 2.3898 |
| 膨胀效应/m | | 0.4902 | −1.021 | −1.5563 | −.8243 | −0.7117 | −0.5361 | −0.1524 | −1.4732 |
| 温度效应/m | | 3.5843 | 3.5843 | 3.5843 | 1.6978 | 1.6978 | 1.6978 | 5.4247 | 3.5843 |
| 螺旋效应/m | | 0 | 0 | 0 | 0 | 0 | 0 | 0 | 0 |
| 累计变形/m | | 7.9526 | 6.4465 | 5.9112 | 4.7567 | 4.8693 | 5.0449 | 7.6621 | 4.5009 |

### 4.4.2.3　管柱应力与强度分析

根据第四强度理论，对带机械式封隔器管柱的强度进行了校核，由于井口是最危险的截面，在进行强度校核时，重点校核井口截面。在不同工况下井口外载大小、应力大小及安全系数的计算结果见表 4-16。从表中计算结果可以看出，所使用的管柱结构是安全的。最小安全系数是关井工况，但仍然达到 1.6 以上。

**表 4-16　X 井测试管柱三轴应力与强度分布**

| 工况 | | 下管柱 | 坐封 | 射孔 | 酸化 | | | 测试 | 关井 |
| --- | --- | --- | --- | --- | --- | --- | --- | --- | --- |
| | | | | | 方案一 | 方案二 | 方案三 | | |
| 温度/℃ | 井口 | 16 | 16 | 16 | 16 | 16 | 16 | 75 | 16 |
| | 井底 | 130 | 130 | 130 | 70 | 70 | 70 | 130 | 130 |
| 井口压力/MPa | 油压 | 0 | 48 | 65 | 80 | 91 | 100 | 80 | 87 |
| | 套压 | 0 | 0 | 0 | 20 | 30 | 40 | 25 | 1.5 |
| 流体密度/（g·cm³） | 管内 | 1.37 | 1.37 | 1.37 | 1.37 | 1.37 | 1.37 | 0.64 天然气 | 0.64 天然气 |
| | 环空 | 1.37 | 1.37 | 1.37 | 1.37 | 1.37 | 1.37 | 1.37 | 1.37 |
| 井口内压/MPa | | 0.00 | 48.00 | 65.00 | 80.00 | 91.00 | 100.00 | 80.00 | 87.00 |
| 井口外挤压力/MPa | | 0.00 | 0.00 | 0.00 | 20.00 | 30.00 | 40.00 | 25.00 | 1.50 |
| 井口轴向力/kN | | 594.32 | 595.60 | 595.60 | 595.60 | 595.60 | 595.60 | 371.89 | 371.89 |
| 井口轴向应力/MPa | | 315.78 | 316.46 | 316.46 | 316.46 | 316.46 | 316.46 | 197.59 | 197.59 |
| 井口径向应力/MPa | | 0.00 | −48.00 | −65.00 | −80.00 | −91.00 | −100.00 | −80.00 | −87.00 |
| 井口周向应力/MPa | | 0.00 | 268.45 | 363.52 | 315.56 | 311.15 | 295.56 | 282.60 | 476.67 |
| 井口安全系数 | | 2.4 | 2.2 | 1.9 | 1.9 | 1.9 | 1.9 | 2.3 | 1.6 |

# 4.5　高温高压气井管柱屈曲

## 4.5.1　屈曲的危害

### 1. 屈曲的基本类型

下完管柱后，套管或油管要么悬挂在垂直井中，要么靠在斜井井筒的低边。温度和内外压力的变化可能导致极大的压缩应力。若这些应力足够大时，套管或油管的初始形态将不再稳定。对于油管来说，由于油管受到套管的约束，油管将变形至另一稳定形态，即屈曲状态。一般在直井中为螺旋形状（图 4-17），在斜井中为侧向 S 形（图 4-18）。

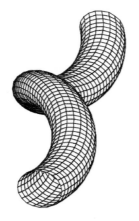

图 4-17　油管螺旋变形（垂直井）　　　　图 4-18　油管 S 形横向变形（斜井）

**2. 油田生产中的套管屈曲**

在钻井过程中应避免屈曲以减小套管的磨损。在钻井中要减小或消除屈曲，作业人员应在固定套管前施加一定大小的上提力。可以在水泥候凝期保持一定拉力来使管柱受到预拉应力。其他减小或消除屈曲的方法，包括增加水泥环高度，采用扶正器或提高管材刚度等。在采油阶段，套管屈曲并不是一个重要的设计项目。然而，在某些井中采油温度升高会导致套管大量屈曲。在设计中，应加以校核以保证套管不产生塑性变形或螺旋屈曲。

**3. 油田生产中的油管屈曲**

屈曲将引起油管的上下移动，同时导致油管下入深度比油管实际长度短。活动式封隔器的坐封可用于调节油管的移动，因而坐封深度是一个重要的设计参数。与此同时，当封隔器坐封后，油管屈曲可减小轴向压缩外载荷。屈曲油管的轴向弹性变形要比直油管的弹性变形小得多。这一现象可由以下方法证明：首先在直油管的末端加压，然后在屈曲油管的末端加压。对于屈曲油管，由热膨胀或鼓胀效应引起的油管移动产生的轴向力增加量较小。

另外，由于产量一直处于波动状态，导致屈曲点在某一范围内移动。长期频繁的移动将导致油管和套管发生偏磨。

屈曲模型的精度和完善程度对于油管设计是很重要的。对于锚定封隔器，解封将过高估计有关的弹性变形，从而大大低估轴向力，成为非保守的设计。对于活动式封隔器，过大的油管移动将要求增加坐封的长度。

与套管相比，油管的屈曲是个关键的设计问题。其原因为：①在生产中，油管一般要承受较高的温度；②作用在浮动密封装置上的压力或作用面积可能将显著地增加屈曲程度。③油管刚性不如套管，且环空间隙更大。之所以要考虑油管屈曲，是因为它可能妨碍钢丝作业顺利通过油管。

现场可以选用合适的油管对封隔器间的连接（锚定或是自由、密封筒的直径、在密封段处可允许活动等）来控制屈曲。屈曲控制也可以通过控制在井口的下放或上提力或改变油管的横截面积来实现。封隔液密度、管体刚度、扶正器和水力坐封压力也可能造成油管发生屈曲。

## 4.5.2　屈曲计算

### 1. 基本力学模型

在屈曲力大于临界值时，套管（油管）将会产生屈曲。$F_p$ 称为临界屈曲力（Dawson，1984）。屈曲力 $F_b$ 由下式定义：

$$F_b = -F_a + p_i A_i - p_o A_o \qquad (4-95)$$

式中，$F_a$——正的轴向力，kN；

　　$p_i$——内压力，MPa；

　　$A_i$——套管（油管）内截面积，为 $\pi r_i^2$，$mm^2$；

　　$p_o$——外压力，MPa；

　　$A_o$——套管（油管）外截面积，为 $\pi r_o^2$，$mm^2$。

临界屈曲力为

$$F_p = \sqrt{4\omega \sin\varphi \frac{EI}{r}} \qquad (4-96)$$

式中，$F_p$——临界屈曲力，kN；

　　$\omega$——套管（油管）浮重，kN；

　　$\varphi$——井斜角，（°）；

　　$EI$——管体屈曲刚度；

　　$r$——径向环空间隙，mm。

当 $F_b < F_p$ 时，不屈曲；当 $F_p < F_b < \sqrt{2}\,F_p$ 时，侧向（S 形）屈曲；当 $\sqrt{2}\,F_p < F_b < 2\sqrt{2}\,F_p$ 时，侧向或螺旋状屈曲；当 $2\sqrt{2}\,F_p < F_b$ 时，螺旋状屈曲。

温度升高将减小轴向力（或增加轴向压缩力）。轴向力的减小将使屈曲更严重。屈曲的产生及类型是井斜角的函数。在斜井中，套管处于井筒的低边部，由于产生的侧向力会有稳定作用，因而在斜井中产生屈曲将需要更大的力。在直井中，$F_p = 0$，因而一旦 $F_b > 0$，就将出现螺旋屈曲。对于生产油管可以在井筒内自由活动，密封装置中的压力或作用面积的影响产生向上的力将减小 $F_a$，又会加剧屈曲程度。

油管的侧向位移（图 4-19）可由下式给出：

$$\mu_1 = r\cos\theta \qquad (4-97)$$

$$\mu_2 = r\sin\theta \qquad (4-98)$$

式中，$\theta$ 为螺旋角。参数 $\theta'$（定义为 d/dz）很重要

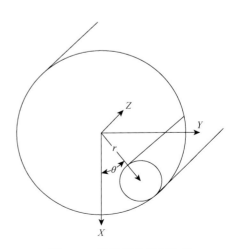

图 4-19　油管屈曲横向位移

且经常出现在以下的分析中。通过下式可将它与更熟悉的量-螺距（$L$）联系起来：

$$L = 2\pi/\theta' \tag{4-99}$$

其他的重要参数，例如井眼曲率、弯矩、屈曲应力和油管长度变化等都正比于 $\theta'$ 的平方。非零的 $\theta'$ 表明管体是弯的，当 $\theta' = 0$ 时说明管体是直的。

**2. 狗腿度**

对于侧向屈曲中 $\theta'$ 最大值的相关式如下：

当 $2.8F_p > F_b > F_p$ 时：

$$\theta'_{\max} = \frac{1.1227}{\sqrt{2EI}} F_b^{0.04} (F_b - F_p)^{0.46} \tag{4-100}$$

当 $F_b > 2.8F_p$ 时其相关的螺旋屈曲可能是

$$\theta'_{\max} = \sqrt{\frac{F_b}{2EI}} \tag{4-101}$$

在 $2.8F_p > F_b > 1.4F_p$ 区域，侧向屈曲和螺旋屈曲都可能产生，然而 $2.8F_p$ 被认为是侧向屈曲的外载荷界限，而 $1.4F_p$ 则被认为是螺旋屈曲的外载荷界限。式（4-100）和式（4-101）之间一个重要区别是式（4-101）计算的是 $\theta'$ 的最大值，而式（4-100）得到的是 $\theta'$ 的实际值。

螺旋线的狗腿曲率由下式计算：

$$k = r(\theta')^2 \tag{4-102}$$

式（4-102）中狗腿度的单位是弧度每英尺，要将之转化为常规单位（°）/30m，可乘以系数 68.755。

**3. 弯矩和屈曲应力相关式**

给定油管曲率，弯矩可定义为

$$M = EIk = EIr(\theta')^2 \tag{4-103}$$

相应的最大屈曲应力为

$$\sigma_b = \frac{MD_o}{2I} = \frac{ED_o r(\theta')^2}{2} \tag{4-104}$$

式中，$D_o$ 为管体外径，以下相关式可由式（4-101）和式（4-102）导出。

当 $F_b > F_p$ 时：

$$M = 0$$

当 $2.8F_p > F_b > F_p$ 时：

$$M = 0.6302rF_b^{0.08}(F_b - F_p)^{0.92} \tag{4-105}$$

当 $F_b > 2.8F_p$ 时：

$$M = 0.5rF_b \tag{4-106}$$

当 $F_b < F_p$ 时：

$$\sigma_b = 0 \tag{4-107}$$

当 $2.8F_p > F_b > F_p$ 时：

$$\sigma_b = 0.3151 \frac{D_o r}{I} F_b^{0.08} (F_b - F_p)^{0.92} \tag{4-108}$$

当 $F_b > 2.8 F_p$ 时：

$$\sigma_b = 0.2500 \frac{D_o r}{I} F_b \tag{4-109}$$

**4. 屈曲应变及长度变化相关式**

按 Lubinski 的定义，屈曲应变为单位长度产生的屈曲变化。

屈曲应变 $e_b$ 由下式确定：

$$e_b = -\frac{1}{2} r(\theta')^2 \tag{4-110}$$

对于侧向屈曲，可将 $\theta'$ 曲线的实际形状数值积分来得到以下关系式：

$$e_{bavg} = -0.7285 \frac{r^2}{4EI} F_b^{0.08} (F_b - F_p)^{0.92}, 2.8 F_p > F_b > F_p \tag{4-111}$$

这与螺旋屈曲应变有所不同：

$$e_b = -\frac{r^2}{4EI} F_b, \quad F_b > 2.8 F_p \tag{4-112}$$

侧向屈曲应变大约是常规螺旋屈曲应变的一半。为确定屈曲长度改变量 $\Delta L_b$，可将式（4-112）和式（4-113）在对应的长度段内积分：

$$\Delta L_b = \int_{z_1}^{z_2} e_b \mathrm{d}z \tag{4-113}$$

式中，$z_1$ 和 $z_2$ 由屈曲力 $F$ 的分布情况确定的，对于一般情况下在 $\Delta L = z_2 - z_1$ 段内的任意变量 $F_b$，式（4-114）只能通过数值方法积分。但一般只采用两种特例。对于一恒定力 $F_b$，例如在水平井中的情况，式（4-114）的积分较简单：

$$\int_{z_1}^{z_2} e_b \mathrm{d}z = e_b \Delta L \tag{4-114}$$

式中，$e_b$ 可由式（4-112）和式（4-113）定义。第二种特例是 $F_b$ 在某段内呈线性分布的情形：

$$F_b(z) = wz + c \tag{4-115}$$

长度变化可由下式确定：

$$\Delta L_b = \frac{-r^2}{4EIw} (F_2 - F_p)[0.377 I F_2 - 0.3668 F_p], \quad 2.8 F_p > F_2 > F_p \tag{4-116}$$

$$\Delta L_b = \frac{-r^2}{8EIw} [F_2^2 - F_1^2], \quad F > 2.8 F_p \tag{4-117}$$

**5. 接触力相关式**

仅从平衡角度考虑，侧向屈曲平均接触力为

$$W_n = w_e \tag{4-118}$$

对螺旋屈曲段的平均接触力为

$$W_n = \frac{rF^2}{4EI} + w_e \tag{4-119}$$

当屈曲方式由侧向屈曲变化为螺旋屈曲时，接触力显著增大。

# 4.6　井筒传热学及热力学分析计算模型

　　井筒压力剖面计算依赖于井筒温度剖面的预测，常规方法假设井筒温度剖面线性化，认为井筒流体温度与时间无关的处理方式只适合稳定生产状态，而油气井不稳定测试时流量、压力、温度都处于不稳定过程，沿用常规方法计算井筒温度误差较大。

　　针对长期稳定生产过程，采用解析方法建立井筒稳态传热模型，预测得到的井筒温度呈非线性；针对试油测试的短期过程，建立井筒非稳态传热模型，预测不同工况和时间下的井筒温度剖面。

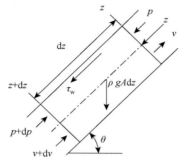

图 4-20　管流压降分析

## 4.6.1　管内稳态流动模型

### 1. 基本方程

　　将管内和油套环空流动问题考虑为稳定的一维问题。如图 4-20，取地面为坐标原点，沿管线向下的方向为坐标轴 $z$ 正向，建立坐标系。$\theta$ 为管线与水平方向的夹角。质量、动量和能量守恒方程如下，所有单位均采用 SI 单位制。

　　质量守恒方程

$$\rho \frac{\mathrm{d}v}{\mathrm{d}z} + v \frac{\mathrm{d}\rho}{\mathrm{d}z} = 0 \tag{4-120}$$

动量守恒方程

$$\frac{\mathrm{d}p}{\mathrm{d}z} = \rho g \sin\theta - f \frac{\rho v|v|}{2d} - \rho v \frac{\mathrm{d}v}{\mathrm{d}z} \tag{4-121}$$

能量守恒方程

$$q + A\rho v \left( \frac{\mathrm{d}h}{\mathrm{d}z} + \frac{v\mathrm{d}v}{\mathrm{d}z} - g \right) = 0 \tag{4-122}$$

状态方程

$$\rho = \rho(p, T) \tag{4-123}$$

式中，$\rho$ ——流体密度，$kg/m^3$；

　　　$v$ ——流速，m/s；

　　　$z$ ——深度，m；

　　　$p$ ——压力，Pa；

　　　$g$ ——重力加速度，$9.81m/s^2$；

　　　$\theta$ ——井斜角，(°)；

　　　$f$ ——摩阻系数，无因次；

　　　$d$ ——管子内径，m；

　　　$q$ ——单位长度控制体在单位时间内的热损失，$J/(m·s)$；

　　　$A$ ——流通截面积，$m^2$；

$h$ ——比焓，J/kg；

$T$ ——温度，K。

**2. 比焓梯度**

比焓梯度由下式计算

$$\frac{\mathrm{d}h}{\mathrm{d}z} = C_{\mathrm{p}}\frac{\mathrm{d}T}{\mathrm{d}z} - C_{\mathrm{p}}\alpha_{\mathrm{JT}}\frac{\mathrm{d}p}{\mathrm{d}z} \tag{4-124}$$

式中，$C_{\mathrm{p}}$——流体的比定压热容，J/(kg·K)；

$\alpha_{\mathrm{JT}}$——焦耳-汤姆孙系数，K/Pa。

**3. 焦耳-汤姆逊系数**

焦耳-汤姆逊系数由下式定义：

$$\alpha_{\mathrm{JT}} = \left(\frac{\partial T}{\partial p}\right)_{\mathrm{H}} \tag{4-125}$$

对于气体：

$$\alpha_{\mathrm{JTG}} = \frac{1}{C_{\mathrm{pG}}}\frac{1}{\rho_{\mathrm{G}}}\frac{T}{Z_{\mathrm{g}}}\frac{\partial Z_{\mathrm{g}}}{\partial T} \tag{4-126}$$

对于液体：

因其压缩系数非常小，可近似认为液体不可压缩，则

$$\alpha_{\mathrm{JTL}} = -\frac{1}{C_{\mathrm{pL}}\rho_{\mathrm{L}}} \tag{4-127}$$

**4. 摩阻系数**

对于气体，摩阻系数采用 Jain 公式计算

$$\frac{1}{\sqrt{f}} = 1.14 - 2\lg\left(\frac{e}{d} + \frac{21.25}{Re^{0.9}}\right) \tag{4-128}$$

式中，$e$——绝对粗糙度，m；

$Re$——雷诺数，无因次。

对于液体，根据雷诺数和流态采用相应的经验关系式计算摩阻系数，见表 4-17。

表 4-17　常用计算水力摩阻的经验公式

| 流态类型 | | $Re$ 范围 | 经验公式 |
|---|---|---|---|
| 层流 | | $Re \leqslant 2000$ | $f = \dfrac{64}{Re}$ |
| 紊流 | 水力光滑 | $2000 < Re < \dfrac{59.7}{e^{8/7}}$ | $f = \dfrac{0.3164}{\sqrt[4]{Re}}$ |
| | 混合摩擦 | $\dfrac{59.7}{e^{8/7}} < Re < \dfrac{665 - 765\lg e}{e}$ | $\dfrac{1}{\sqrt{f}} = -1.8\lg\left[\dfrac{6.8}{Re} + \left(\dfrac{e}{7.4}\right)^{1.11}\right]$ |
| | 水力粗糙 | $Re > \dfrac{665 - 765\lg e}{e}$ | $f = \left(2\lg\dfrac{7.4}{e}\right)^{-2}$ |

### 4.6.2　油套环空流动模型

试油时经常需要进行循环压井，循环压井涉及环空流动。计算环空流体的温度、压力分布只需在计算单一油管内流体温度、压力分布基础上稍作修改。工程上常用的方法是将管流模型中的管子内径，改为环空的水力半径。

水力半径 $r_h$ 定义：

$$r_h = \frac{2A}{L} \tag{4-129}$$

式中，$r_h$——水力半径，m；

　　　$A$——流通截面积，$m^2$；

　　　$L$——湿周，m。

根据定义，环形空间的水力半径：

$$r_h = \frac{2\pi(D_{ci}^2 - D_{to}^2)/4}{\pi(D_{ci} + D_{to})} = \frac{D_{ci} - D_{to}}{2} \tag{4-130}$$

式中，$D_{ci}$——套管内直径，m；

　　　$D_{to}$——油管外直径，m。

其当量直径为

$$D_e = 2r_h = D_{ci} - D_{to} \tag{4-131}$$

对于单一油管，$D_{to} = 0$，故 $r_h = D_{ci}/2$，即油管的当量直径为 $2r_h$。所以，与环形空间有关的计算仍可采用单管计算模型，只需用 $D_{ci} - D_{to}$ 代替涉及单管内径的参变量和无因次变量，如雷诺数 $Re = \rho v D/\mu$ 和相对粗糙度为 $e/D$，可以用 $D_{ci} - D_{to}$ 直接代替 $D$。

环形空间流动涉及油管外壁和套管内壁的粗糙度，因此环形空间流动的有效粗糙度应作如下修正：

$$e = e_c\left(\frac{D_{ci}}{D_{ci} + D_{to}}\right) + e_t\left(\frac{D_{to}}{D_{ci} + D_{to}}\right) \tag{4-132}$$

式中，$e$——有效粗糙度，m；

　　　$e_c, e_t$——套管内壁和油管外壁绝对粗糙度，m；

　　　$D_{ci}, D_{to}$——套管内径和油管外径，m。

这样，环空的相对粗糙度可表示为 $e/(D_{ci} - D_{to})$。

实际工作中 $e$ 的取值应考虑多种因素的综合影响，如环空中的接箍会产生局部摩阻，油管、套管的腐蚀、结垢等情况，所以 $e$ 的取值具有经验性。

### 4.6.3　井眼径向传热模型

常用的井底完井方法包括射孔完井和裸眼完井两种。射孔完井和裸眼完井在井底处的传热模型有微小的差别，因为对于射孔完井而言，井底处有油层套管或尾管，而裸眼完井在井底处无油层套管和尾管。这里将井筒传热模型划分为两种，第一种模型中包含油层套管或尾管，它适用于射孔完井和裸眼完井的裸眼段以上部分；第二种模型中不含油层套管和尾管，它仅适用于裸眼完井的裸眼段部分。

**1. 套管井径向传热**

其物理模型如图 4-21 所示。其主要假设条件如下：

（1）井筒内传热为稳定传热。

（2）地层内传热为不稳定传热且服从 Ramey 推荐的无因次时间函数。

（3）油套管同心。

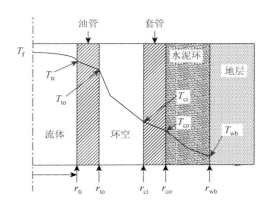

图 4-21　第一类井筒传热模型

井筒流体从井底流至地面的过程中，热量不断从油管径向流向井筒周围地层。计算井筒流体热损失，关键是如何确定具体井身结构条件下的总传热系数。它涉及在环空液体或气体的热对流、热传导及热辐射都存在条件下如何准确计算出环空传热系数。影响环空传热系数的因素较多，油井的无因次生产时间也是影响井筒流体热损失的因素之一。

由稳定传热规律得

$$q = 2\pi r_{to} U_{to} (T_f - T_{wb}) \tag{4-133}$$

由不稳定传热规律得

$$q = \frac{2\pi k_e (T_{wb} - T_{ei})}{f(t_d)} \tag{4-134}$$

根据上述两个式子可求得

$$q = \frac{2\pi r_{to} U_{to} k_e}{r_{to} U_{to} f(t_d) + k_e} (T_f - T_{ei}) \tag{4-135}$$

$$T_e = T_0 + g_e z$$

$$t_d = \alpha t / r_{cem}^2$$

$$\alpha = k_e / (\rho_e c_e)$$

式中，$r_{to}$——油管外径，m；

　　　$U_{to}$——总传热系数，W/(m·℃)；

　　　$T_f$——流体温度，K；

　　　$T_{wb}$——井壁温度，K；

$T_{ei}$——地层原始温度，K；

$k_e$——地层传热系数，W/(m·℃)；

$f(t_d)$——无因次时间函数。

对于 $t_d \leq 100$（一般注入时间 $t < 7$ 天），无因次时间函数 $f(t_d)$ 随无因次时间和无因次量 $r_{to}U_{to}/k_e$ 的变化关系由表 4-18 确定。

表 4-18　无因次时间函数表

| $t_D$ | $r_{to} \cdot U_{to}/k_e$ | | | | | | | | | | | | |
|---|---|---|---|---|---|---|---|---|---|---|---|---|---|
| | 0.01 | 0.02 | 0.05 | 0.1 | 0.2 | 0.5 | 1.0 | 2.0 | 5.0 | 10 | 20 | 50 | 100 |
| 0.1 | 0.313 | 0.313 | 0.314 | 0.316 | 0.138 | 0.323 | 0.330 | 0.345 | 0.373 | 0.396 | 0.417 | 0.433 | 0.438 |
| 0.2 | 0.423 | 0.423 | 0.424 | 0.427 | 0.430 | 0.439 | 0.452 | 0.473 | 0.511 | 0.538 | 0.568 | 0.572 | 0.578 |
| 0.5 | 0.616 | 0.617 | 0.619 | 0.623 | 0.629 | 0.644 | 0.666 | 0.698 | 0.745 | 0.772 | 0.790 | 0.802 | 0.806 |
| 1.0 | 0.802 | 0.803 | 0.806 | 0.811 | 0.820 | 0.842 | 0.872 | 0.910 | 0.958 | 0.984 | 1.00 | 1.01 | 1.01 |
| 2.0 | 1.02 | 1.02 | 1.03 | 1.04 | 1.05 | 1.08 | 1.11 | 1.15 | 1.20 | 1.22 | 1.24 | 1.24 | 1.25 |
| 5.0 | 1.36 | 1.37 | 1.37 | 1.38 | 1.40 | 1.44 | 1.48 | 1.52 | 1.56 | 1.57 | 1.58 | 1.59 | 1.59 |
| 10.0 | 1.65 | 1.66 | 1.66 | 1.67 | 1.69 | 1.73 | 1.77 | 1.81 | 1.84 | 1.86 | 1.86 | 1.87 | 1.87 |
| 20.0 | 1.96 | 1.97 | 1.97 | 1.99 | 2.00 | 2.05 | 2.09 | 2.12 | 2.15 | 2.16 | 2.16 | 2.17 | 2.17 |
| 50.0 | 2.39 | 2.39 | 2.40 | 2.42 | 2.44 | 2.48 | 2.51 | 2.54 | 2.56 | 2.57 | 2.57 | 2.57 | 2.58 |
| 100 | 2.73 | 2.73 | 2.74 | 2.75 | 2.77 | 2.81 | 2.84 | 2.86 | 2.88 | 2.89 | 2.89 | 2.89 | 2.89 |

对于 $t_D > 100$（一般注入时间为 7 天以上），无因次时间函数 $f(t_D)$ 可由下式计算

$$f(t_D) = \frac{1}{2}\ln(t_D) + 0.4035 \tag{4-136}$$

由传热机理导出井眼传热系数为

$$\frac{1}{U_{to}} = \frac{r_{to}}{r_{ti}h_t} + \frac{r_{to}\ln(r_{to}/r_{ti})}{k_t} + \frac{1}{h_c} + \sum_{j=1}^{n}\frac{r_{to}\ln(r_{co}/r_{ci})}{k_{cas}} + \sum_{j=1}^{n}\frac{r_{to}\ln(r_{cem}/r_{co})}{k_{cem}} \tag{4-137}$$

式中，$h_t$——油管内流体热对流系数，W/(m²·℃)；

$h_c$——环空流体热对流系数，W/(m²·℃)；

$k_t$——油管导热系数，W/(m·℃)；

$k_{cas}$——套管导热系数，W/(m·℃)；

$k_{cem}$——水泥环导热系数，W/(m·℃)；

$r_{ti}$、$r_{to}$——油管内、外径，m；

$r_{ci}$、$r_{co}$——套管内、外径，m；

$r_{cem}$——水泥环半径，m；

$n$——套管及水泥环的层数，无因次。

**2. 裸眼井径向传热**

其物理模型如图 4-22 所示，假设条件与套管径向传热相同。由不稳定传热规律得

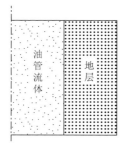

图 4-22　第二类井筒
　　　　传热模型

$$q = \frac{2\pi k_e (T_f - T_{ci})}{f(t_D)}$$　　　　　　　（4-138）

无因次时间函数的计算同前述套管径向传热。

### 4.6.4 油套管材料的热力学性能

图 4-23 为材料热扩散系数随温度的变化情况。由图可以看出，随着温度的升高，Super 13Cr-110 的热扩散系数略有增加，而其余四种钢级材料的热扩散系数大小基本一样且都随温度逐步减小，但是减小的幅度不大。

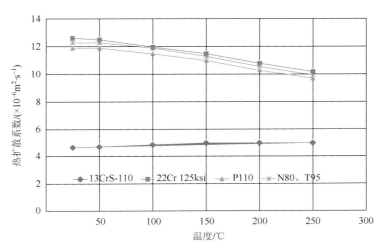

图 4-23　材料热扩散系数随温度变化情况（日本住友网站提供的数据）

图 4-24 为材料热容量随温度的变化情况。由图可以看出，这五种材料的热容量都随着温度的增加而增大。

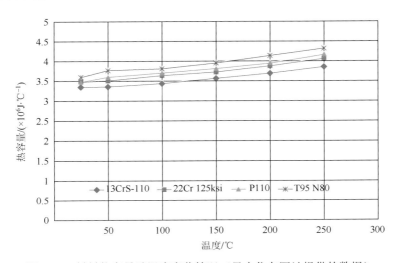

图 4-24　材料热容量随温度变化情况（日本住友网站提供的数据）

图 4-25 为材料热导率随温度的变化情况，随着温度的升高，Super 13Cr-110 的热导率略有增加，而其余四种钢级材料的热导率变化基本一样，都随温度增加略有减小，但是减小的幅度不大。

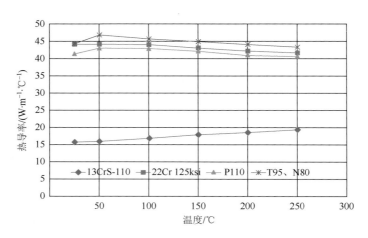

图 4-25　材料热导率随温度变化情况

图 4-26 为材料比热容随温度的变化情况。由图可以看出，这五种材料的比热容都随着温度的增加而增大。

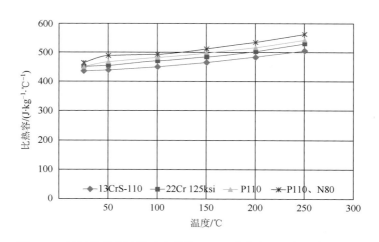

图 4-26　材料比热容随温度变化情况（日本住友网站提供的数据）

### 4.6.5　模型求解

将比焓梯度代入能量方程，结合实际流体的状态方程就可得到含四个待求未知量 $p$，$T$，$v$，$\rho$ 的方程组，方程个数等于未知量个数，方程组封闭。再加上定解条件就可计算出井筒流体压力、温度、流速及密度沿井深的分布。

将待求的四个未知量 $p$，$T$，$v$，$\rho$ 记为 $y_i$（$i=1$，2，3，4），方程组总可以化成相应的梯度方程的形式，$F_i$ 为右函数；

$$\frac{\mathrm{d}y_i}{\mathrm{d}z} = F_i(z, y_1, y_2, y_3, y_4) \quad (i=1, 2, 3, 4) \tag{4-139}$$

起点位置 $z_0$ 的函数值 $y_i(z_0)$ 记为 $y_{i0}$，取步长为 $h$，节点 $z_1 = z_0 + h$ 处的解可用四阶龙格-库塔法表示为

$$y_i^1 = y_i^0 + \frac{h}{6}(a_i + 2b_i + 2c_i + d_i) \quad (i=1, 2, 3, 4) \tag{4-140}$$

式中，$a_i = F_i(z_0, y_1^0, y_2^0, y_3^0, y_4^0)$；

$$b_i = F_i\left(z_0 + \frac{h}{2}, y_1^0 + \frac{h}{2}a_1, y_2^0 + \frac{h}{2}a_2, y_3^0 + \frac{h}{2}a_3, y_4^0 + \frac{h}{2}a_4\right);$$

$$c_i = F_i\left(z_0 + \frac{h}{2}, y_1^0 + \frac{h}{2}b_1, y_2^0 + \frac{h}{2}b_2, y_3^0 + \frac{h}{2}b_3, y_4^0 + \frac{h}{2}b_4\right);$$

$$d_i = F_i\left(z_0 + h, y_1^0 + hc_1, y_2^0 + hc_2, y_3^0 + hc_3, y_4^0 + hc_4\right).$$

若未达到预计深度，再将节点的计算值作为下步计算的起点值，重复上述步骤，如此连续向前推算直到预计深度。上述计算过程同时输出沿井深各节点流动气体的压力、温度、流速和密度。

## 4.6.6　高产高温气井调产对井筒安全的影响

高产高温气井调产（增加产量）过程中，井筒温度会随着产量增加而增加。对于原本处于压力平衡的环空来说，井筒温度增加就意味着环空的热膨胀压力增加。增加的环空热膨胀压力再叠加上原有的环空带压值，将导致环空承受比较大的静液柱压力。此时，需要重新校核油管柱的抗挤安全系数、套管柱的抗内压安全系数以及封隔器、尾管头的承压能力。

# 第5章 与腐蚀和环境敏感开裂相关的井筒完整性

随着油气井深度增加，井下苛刻的服役工况和受力特点对材料提出了新的要求和挑战。高强度钢正是在深井和超深井中推广使用的一种套管和钻杆材料。现场实践表明，随着强度的提高，高强度钢抵抗环境敏感断裂的能力呈现下降的趋势，即高强度钢环境敏感断裂倾向增大。因此，对高强度钢环境敏感断裂性能的研究是有效保障高强度套管和钻杆在服役过程中的安全性和结构完整性的途径之一。

井筒腐蚀完整性管理是井筒完整性管理的重要组成部分。如果说井筒单元可能会因外载超过结构强度或密封压力而发生破坏或泄漏，那么它仅是个案或带有偶然性；但是腐蚀、材料老化导致井筒安全性降低却是持续和几乎不可避免的，也不能因为有腐蚀、材料老化而弃井。井筒腐蚀完整性管理的宗旨就是建立一套"适用性"评价和管理的理念和方法，它不追求"完全正确"或"最好"，而是追求可用及避免发生不可控的井筒泄漏。

## 5.1 腐蚀与环境敏感开裂对井筒完整性的影响

金属与其所处的环境介质之间发生化学或电化学作用而引起金属变质或损坏的现象称为金属的腐蚀。油气井在生产过程中的腐蚀机理可以归纳为以下几类：化学腐蚀、电化学腐蚀、环境断裂和应力腐蚀、流动诱导腐蚀和冲刷腐蚀。

油气井的腐蚀与产出流体中的腐蚀介质、腐蚀环境和所用材质及其结构等因素有关。各因素间存在交互作用，使井与井之间、同一口井的不同部位、同一口井的不同开采时间段的腐蚀差异较大。

油气井生产系统中还有许多非金属部件，如塑料或橡胶制品，它们的腐蚀也应重视。在含 $H_2S/CO_2$ 的油气井中，超临界态 $H_2S/CO_2$ 会溶解塑料或橡胶制品，使其失去密封性。

油气井的腐蚀环境包括不同部位的压力、温度、流态及流场。这些因素又引起系统相态变化，变化过程伴有气体溶解、逸出、气泡破裂等，在流道壁面产生剪切及气蚀，机械力与电化学腐蚀协同作用加剧了腐蚀。流道直径变化、流向改变都会引起压力、温度、流态及流场变化，加剧腐蚀。在油气井开采过程中，腐蚀性组分含量常常是变化的，特别是随开采期的延长，地层水含量往往呈增加趋势，有时也会出现 $H_2S$ 含量随开采期延长而增加的现象。不同材料接触或连接处会有电位差，有的地层或井段会与套管形成电位差，电位差是油气井的腐蚀环境的重要组成部分。构件（油、套管、采油树等）的应力状态和应力水平也是重要的腐蚀环境。

# 5.2　油气井腐蚀

## 5.2.1　油气井腐蚀介质

油气井的腐蚀介质主要包括以下三部分。

**1. 动态产出物的腐蚀性组分**

（1）$CO_2$。

（2）$H_2S$、硫元素及有机硫等含硫组分。

（3）氯离子浓度较高的地层水或注水开采过程中的注入水。

（4）建井和井下作业中引入的氧或其他酸性材料（如酸化作业）。

（5）硫酸盐及硫酸盐还原菌、碳酸盐类。

**2. 注入的腐蚀性组分**

凡是人工配置注入井筒的液体统称为油气井工作流体或油气井工作液。与腐蚀和环境敏感开裂密切相关的油气井工作液或作业类型有：

（1）注入水。

（2）增产措施：酸化作业时的残酸、注聚合物提高采收率时注入的聚合物、回注 $CO_2$ 强化采油工艺时注入的 $CO_2$ 等。

（3）凝析气藏、干气回注、气体回注中的 $CO_2$。

（4）稠油热采注入高温水蒸气。

**3. 非产层地层中的腐蚀性组分**

（1）酸性气体：$H_2S$、$CO_2$、$H^+$。

（2）溶解氧气：$O_2$。

（3）盐离子：$HCO_3^-$、$SO_4^{2-}$、$Cl^-$、$OH^-$。

（4）细菌：如硫酸盐还原菌、嗜氧菌。

（5）注水泥质量差或井下作业欠妥造成的层间窜流，产层流体窜到非产层段。

## 5.2.2　油气井腐蚀环境

**1. 温度及压力变化区间大**

油气井为深入地下的钢管结构，受正常或异常地温梯度的影响，一口 5000～8000m 的深井温度可从接近地表的温度到 200℃间变化。在北方冬季或北极地面温度会低到 0℃ 到−60℃，这就要求井口和采油树材料，油套管材料既要能承受高温下产出流体介质的腐蚀和应力腐蚀开裂（stress corrosion cracking，SCC），又要能耐冷脆、氢脆或硫化物应力开裂（sulfide stress cracking，SSC），而大部分钢材或合金常常不可二者兼得。

如果是注蒸汽热采井，温度可高到 300℃以上。

油气井压力变化也极大，可从机抽井的常压到高温高压井的 100～150MPa，甚至 200MPa。硫化氢、二氧化碳对钢的应力腐蚀开裂严重程度以分压作判据，即使极低的百分比含量,在高压井中也会有高的分压。因高压而采用厚壁或高强度钢会有裂纹失稳破裂风险,不符合"LBB"设计安全要求。LBB 为 leak before break 的缩写,意为"先有泄漏预警而避免爆裂"。

**2. 井筒腐蚀机理和严重度受相态和流态变化影响大**

从井底到井口全井筒油管内腐蚀机理和腐蚀严重度差异大,这是因为产出流体相态和流态受组分、压力和温度变化影响大,难以人为调控和判别。有一些根据相态和流态变化预判从井底到井口全井筒油管内腐蚀机理和腐蚀严重度的模型和软件,但因过于复杂或可靠性不足,难以应用。

**3. 油管结蜡、结垢不仅导致腐蚀,而且阻塞油管**

某些采油气井油管有结蜡、结垢,产生垢下腐蚀,导致油管断裂。结蜡、结垢阻塞油管,导致停产。防止结蜡、结垢有时比防腐蚀更难,是更迫切地需要解决的问题。注水井水质不佳也会造成腐蚀、结垢和阻塞。

**4. 在高温高压气井中油套管低应力水平断裂**

许多油套管断裂位置宏观三轴应力水平并不高,甚至可能还是三轴应力水平最低的井深位置。屈曲、振动、气流颤振与某些特定的腐蚀环境、局部应变、冷裂纹随机的耦合可能会导致油套管柱在三轴应力水平低的位置断裂。上述冷裂纹指油套管出厂前现行探伤技术可能检测不到的潜在制造裂纹。

**5. 环空腐蚀和应力腐蚀开裂**

针对产层流体压力、温度、二氧化碳或硫化氢分压大小,已有一些选材标准或公认的推荐做法。但是已认识到是环空保护液选用不当,环空井口压力管控措施欠妥,腐蚀或应力腐蚀开裂造成许多井油管、套管或井口失效。已发现许多双相不锈钢(22Cr、25-28Cr)油管和超级 13Cr 油管由于环空保护液选用不当造成腐蚀或应力腐蚀开裂。

如果套管外有含腐蚀性介质地层,该地层未用水泥环封隔或水泥环封隔失效,套管会发生外腐蚀,流动的地层水会加剧这类腐蚀。有的井油管不带封隔器,产层流体会腐蚀套管内壁。套管腐蚀穿孔或破裂可能导致层间窜流或地下井喷,可能污染地下水或造成环境安全问题。

# 5.3　电化学腐蚀

## 5.3.1　腐蚀特点

在电化学腐蚀过程中,铁发生阳极溶解,铁原子被氧化并以亚铁离子的形式进入溶液,并以 $Fe_2O_3 \cdot (H_2O)_x$、$FeS_x$、$FeCO_3$ 等形式存在。同时,在管道和腐蚀溶液的界面上发生阴极反应,如氢离子的还原、氧还原、碳酸或硫化氢的还原等。腐蚀过程中形成的腐蚀产物可能在金属表面沉积,形成一层腐蚀产物膜。腐蚀产物膜的保护性决定了后续腐蚀速率的大小。

### 1. 均匀电化学腐蚀

如果电化学腐蚀发生在整个金属表面,称为均匀腐蚀。目前的腐蚀预测软件也主要是针对均匀腐蚀开发的，均匀腐蚀较容易预测和预防，例如增加壁厚，留有腐蚀裕量。外加电场的阴极防护也主要是针对均匀腐蚀的。

**2. 局部腐蚀**

局部腐蚀大致有以下两类：

（1）电位能级差较大的两种金属间存在电解质溶液，或直接接触并浸没在电解质溶液中，会产生电位差腐蚀，或称电偶腐蚀。

（2）金属内部缺陷或缝隙暴露在电解质溶液中会引起局部电化学腐蚀。

上述边界条件衍生的电化学腐蚀会引起局部腐蚀穿孔或断裂，也是造成油套管、抽油杆及设备腐蚀失效的主要形式。

## 5.3.2　$H_2S$ 腐蚀

$H_2S$ 和游离水同时存在时称为湿 $H_2S$，只有在湿 $H_2S$ 环境下才会产生腐蚀。由于 $H_2S$ 含量和分压是动态变化的，随着开采时地层压力的降低，$H_2S$ 体积百分浓度会增加，在评估含 $H_2S$ 气井的腐蚀时应该特别注意这点。

$H_2S$ 易溶于水，且溶解的 $H_2S$ 很快会产生电离，其离解反应为

$$H_2S \rightarrow HS^- + H^+$$
$$HS^- \rightarrow S^{2-} + H^+$$

氢离子是强去极化剂，它在钢铁表面夺取电子后还原成氢原子，这一过程称为阴极反应。失去电子的铁与硫离子反应生成硫化亚铁，这一过程称为阳极反应。上述电化学反应常表示为

阳极反应：$Fe \rightarrow Fe^{2+} + 2e^-$；

阴极反应：$2H^+ + 2e^- \rightarrow 2H$；

阳极产物：$Fe^{2+} + S^{2-} \rightarrow FeS$；

总反应为：$Fe + H_2S \rightarrow FeS + 2H$。

上述反应造成的严重后果是：

（1）生成氢原子，导致钢铁氢脆。金属表面吸附的 $H_2S/HS^-$ 阻止氢原子生成氢分子，从而使得部分氢原子进入金属内部，氢原子结合成氢分子，导致体积大幅度增加从而形成氢压，并向金属缺陷处渗透和富集。

（2）$H_2S$ 分压越高，$H^+$ 浓度也越高，溶液 pH 越低，加剧金属的腐蚀。阳极产物 FeS 或 $FeS_2$ 是比较致密的保护膜，它将阻止腐蚀的持续进行。由于腐蚀环境的差异，阳极产物还会以其他化学形式生成，如 $Fe_3S_4$、$Fe_9S_8$ 等，它们的结构有缺陷、对金属附着力差，甚至作为阴极端与金属表面形成电位差，产生电偶腐蚀。在 $CO_2$、氯离子、氧共存环境中，硫化亚铁膜可能被破坏，从而加快电化学腐蚀。

少量 $H_2S$ 可促使生成稳定的硫化亚铁保护膜，降低腐蚀速率。其保护作用取决于所生成的硫化亚铁类型、氯根含量、温度、流速和 $H_2S/CO_2$ 值。另一方面，硫化亚铁膜相对于碳钢的电化学电位高，如果保护膜损伤，电位腐蚀引起严重点蚀或坑蚀，同时 $CO_2$ 阻碍生成致密硫化亚铁膜，加剧腐蚀。

### 5.3.3　$CO_2$腐蚀

#### 5.3.3.1　$CO_2$腐蚀机理

$CO_2$腐蚀在油气工业中叫甜腐蚀（sweet corrosion），是相对于硫化氢酸腐蚀（sour corrosion）而言的。$CO_2$溶于水形成碳酸，金属在碳酸水溶液中发生电化学腐蚀。在没有电解质（水）存在的条件下，干燥的$CO_2$本身并不腐蚀金属。但是随着油气田开发的进行，含水率逐渐上升，$CO_2$溶解于水，形成碳酸，具有较强的腐蚀性。碳酸电离反应的步骤可以概括如下：

$$CO_2 + H_2O \longrightarrow H_2CO_3 \longrightarrow H^+ + HCO_3^-$$
$$H_2CO_3 \longrightarrow H^+ + HCO_3^-$$
$$H_2CO_3 + e^- \longrightarrow H + HCO_3^-$$
$$2H \longrightarrow H_2$$

与铁接触时：

$$Fe \longrightarrow Fe^{2+} + 2e^-$$

最终反应生成$FeCO_3$（碳酸亚铁）：

$$FeCO_3：CO_2 + H_2O + Fe^{2+} \longrightarrow FeCO_3 \longrightarrow H_2$$
$$CO_2 + H_2O + Fe^{2+} \longrightarrow FeCO_3 + H_2$$

#### 5.3.3.2　$CO_2$的腐蚀现象

$CO_2$的腐蚀现象主要包括均匀腐蚀、点腐蚀（坑蚀）。其中点腐蚀是最严重的腐蚀，预测和控制均十分困难。点腐蚀呈轮癣状腐蚀和台面状坑蚀，台面状坑蚀是点腐蚀中最严重的一种情况，这种腐蚀的穿透率很高。

**1. 点蚀**

点蚀是指壁厚减薄或局部腐蚀。局部腐蚀的特点是在金属表面呈分散蚀坑，无腐蚀坑表面可能见不到明显腐蚀。腐蚀坑呈现不同的几何形貌，例如圆锥形点蚀坑。点蚀会发生在从关井到开采过程中有流动的所有温度范围。随着温度和$CO_2$分压增加，发生点蚀的敏感性增加。不同合金元素的钢可能会有点蚀最严重的温度范围。含$CO_2$的气井油管点蚀的严重性可能会与下述井下工况有关：

点蚀的敏感井温段：一般认为80~90℃的井深段点蚀严重。

相态及相变敏感井段：低产井或关停井油管内压力温度的露点区，$CO_2$溶于凝析水，水附着在管壁上造成腐蚀。由于凝析水不含钙、钠、钾等无机盐离子，水滴pH偏低，腐蚀严重。如果产量较高，虽然气流会处在露点区，但水滴或膜被气流冲击带走，腐蚀就会降低。

流态敏感井段：油管内腐蚀对出水低产井沿油管的流态变化较敏感，特别是段塞流区。

**2. 台面状腐蚀**

台面状腐蚀在坑底部区域平坦，边缘陡直。台面状腐蚀与流动、局部碳酸铁膜形成或脱落有关。局部碳酸铁膜脱落，露出金属面，新生成膜又脱落，导致形成深的平直底坑。

### 3. 流动冲蚀

在油管管体内壁的流动冲蚀与前述点蚀和台面状腐蚀有关。在这些粗糙部位边界层进入紊流，产生流动腐蚀。

#### 5.3.3.3　影响 $CO_2$ 腐蚀的因素

影响 $CO_2$ 腐蚀速率的因素较多，主要体现在以下几个方面。

### 1. $CO_2$ 分压影响

$CO_2$ 溶解在水相中生成碳酸，与管壁发生化学反应，产生 $CO_2$ 腐蚀。水相中 $CO_2$ 的含量与气液平衡中 $CO_2$ 的分压紧密相关（如果没有自由气体存在，水中 $CO_2$ 含量将由与水相保持接触的气相 $CO_2$ 压力来决定）。因而，预测 $CO_2$ 腐蚀速度应以气相中的 $CO_2$ 分压为基础：

$P_{CO_2}$ ＞0.2MPa，严重腐蚀；

$P_{CO_2}$ = 0.02～0.2MPa，有腐蚀；

$P_{CO_2}$ ＜0.02MPa，没有腐蚀。

当 $P_{CO_2}$ = 0.05～0.1MPa 且有地层水存在时，将地层水中 $Ca^{2+}$、$HCO_3^-$ 的摩尔浓度乘以其电价数后相比，根据其比值大小可以判断腐蚀的强弱：

$Ca^{2+}/HCO_3^-$ ＞0.5 时，腐蚀速率较低；

$Ca^{2+}/HCO_3^-$ ＞1000 时，腐蚀速率中等；

$0.5＜Ca^{2+}/HCO_3^-＜1000$ 时，腐蚀速率较高。

### 2. $H_2S$ 和 $CO_2$ 共存对腐蚀的影响

由于腐蚀性组分的相互作用，电化学腐蚀并不是完全取决于 $H_2S$、$CO_2$ 的含量或它们的分压，而与每口井、每个气藏的具体动态腐蚀环境有关，腐蚀机理较为复杂。以下为 $CO_2/H_2S$ 对腐蚀类型影响的经验法则：

$CO_2/H_2S＞500$，以 $CO_2$ 腐蚀为主；

$500＜CO_2/H_2S＜20$，两种腐蚀都有，即混合腐蚀；

$CO_2/H_2S＜20$，以 $H_2S$ 腐蚀为主。

例如一个简单的腐蚀率模型：

$$CR_{H_2S} = CR_{basic}F_{Cl}F_{temp}F_{flow}$$

式中，$CR_{basic}$——腐蚀速率；

$\quad\quad F_{Cl}$——氯化物因子；

$\quad\quad F_{temp}$——温度因子；

$\quad\quad F_{flow}$——流动因子。

### 3. $O_2$ 和 $CO_2$ 的共存对腐蚀的影响

$O_2$ 和 $CO_2$ 的共存会使腐蚀程度加剧，$O_2$ 在 $CO_2$ 腐蚀的催化机制中起很大的作用。当金属表面未生成保护膜时，$O_2$ 的含量越高腐蚀速率越大；当金属表面已生成保护膜时，

$O_2$ 的含量对其腐蚀的影响较小。而在饱和氧气的溶液中，$CO_2$ 的存在会大大提高腐蚀速率，此时，$CO_2$ 在腐蚀溶液中起催化作用。

从图 5-1 可以看出：相同溶解量的情况下，$O_2$ 腐蚀性比 $CO_2$ 强 80 倍，比 $H_2S$ 强 400 倍；随着水相中气体含量的增大，腐蚀速率也急剧增大。对于注水井来说，如果注入水处理不好，$O_2$ 含量太多，则管壁腐蚀速率较大。

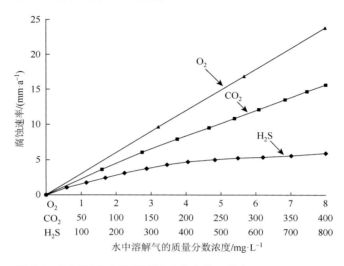

图 5-1　不同气体水溶液腐蚀速率曲线（引自 Schlumberger）

对于高温高压气井，当进行井口开关阀门、井下作业时，必须考虑吸入 $O_2$ 对腐蚀的影响。特别是采用 Super 13Cr、22 Cr 等不锈钢时，应避免井筒倒抽吸入或混入空气。

**4. $CO_2$ 与氯化物共存对腐蚀的影响**

氯离子对金属腐蚀的影响随材质的不同而不同，可导致金属发生严重的孔蚀、缝隙腐蚀等局部腐蚀。成膜理论的观点认为，由于氯离子半径小，穿透能力强，故它最容易穿透保护膜内极小的孔隙，到达金属表面，并与金属相互作用形成可溶性化合物，使保护膜的结构发生变化，腐蚀金属。此外，高浓度氯化物可能引起耐蚀钢或高强度钢的应力腐蚀开裂。

## 5.3.4　局部腐蚀

### 5.3.4.1　电偶腐蚀

**1. 电偶腐蚀概念**

电偶腐蚀（galvanic corrosion），也叫异种金属的接触腐蚀（bimetallic contact corrosion），是指两种具有不同电位能级的材料在与周围环境介质构成回路的同时，构成了电偶对。由于腐蚀电位不相等有电偶电流流动，使电位较低的金属溶解速度增加，而电位较高的金属，溶解速度反而降低的现象称为电偶腐蚀。造成电偶腐蚀的原因是：两种材料之间存在着较大的电位差，存在的电解质溶液构成电子和离子的传导体，由此形成了腐蚀原电池。

**2. 电偶腐蚀的普遍性**

油气井生产系统中有各式各样的连接或构件间的接触、不同材质的金属间不同程度的存在电位差，因此电偶腐蚀具有普遍性。构件间接触必然有缝隙，因此电偶腐蚀与缝隙腐蚀往往同时发生，加剧了腐蚀。

电位差大的金属连接会导致强电偶腐蚀，即阳极端加速腐蚀。不锈钢油管与低合金钢油管连接，碳钢或低合金钢油管作为腐蚀阳极，加速腐蚀。当碳钢或低合金钢管端为外螺纹与不锈钢管端内螺纹连接时，外螺纹截面积比内螺纹的小，即"小阳极大阴极"，外螺纹腐蚀形成最严重的腐蚀连接。

井下油管封隔器之上的不锈钢油管因井斜变化或屈曲，几乎都会与碳钢套管接触。如果环空保护液电离或含腐蚀性组分，可能造成套管腐蚀、穿孔甚至破裂，不锈钢油管可能发生点蚀穿孔。

镍基合金与碳钢、低合金钢连接，不像前述不锈钢那样形成强电偶腐蚀的连接件，这是因为耐蚀合金腐蚀产物膜与碳钢、低合金钢的电位差小。

不同钢级管柱之间的连接，管体与接箍用不同的钢材制造，都可能发生弱电偶腐蚀。油管内壁结垢，钢作为阳极，产生垢下电偶腐蚀。

油管、套管或设备中的应力集中、局部冷作硬化（如钳牙咬伤的坑痕、钢印）部位与相邻金属间也有电位差，应力集中、局部冷作硬化处作为阳极加速腐蚀。这是外加厚油管加厚过渡带易腐蚀穿孔的主要原因之一。

**3. 防止电偶腐蚀措施**

（1）"大阳极小阴极"的连接设计。

在有可能发生强电偶腐蚀的连接中，只要结构允许，应尽可能将易被腐蚀端（阳极）体积或质量做大，不易腐蚀端（阴极）做小，这种结构称为"大阳极小阴极"。此外，阳极端做大后，对应的装配应力、外载应力可降低，这也可以降低应力腐蚀和提高承载能力与使用寿命。在井下油管及附件的连接中可能会有不锈钢与低合金钢的连接，根据上述原理，应该尽可能将不锈钢端做成外螺纹，低合金钢端做成内螺纹，即接箍。只要结构允许，低合金钢端内螺纹连接件壁厚或直径应尽量增大。

（2）电偶隔离。

在异种金属连接或接触部位加绝缘垫、绝缘套或密封填料、有机涂层等，可防止或减缓电偶腐蚀和电偶诱发氢应力开裂。如果结构空间允许，应采用尽可能长或厚的绝缘垫。

（3）局部牺牲阳极保护。

在具有腐蚀倾向的阳极端喷涂或镀锌、铝或镁可起到局部保护作用。锌、铝或镁电子流向钢，使原来的电偶极性逆转，这也是一种局部牺牲阳极保护技术，该技术应在实验评价有效后方可实施。

### 5.3.4.2　缝隙腐蚀

缝隙腐蚀也是一种普遍的局部腐蚀。遭受缝隙腐蚀的金属，在缝隙内呈现深浅不一的腐蚀坑或深孔，其形态为沟缝状。缝隙可以有以下几种类型：金属构件之间连接处的缝隙、金属裂纹缝隙、金属与非金属间缝隙。产生缝隙腐蚀必须具备两个条件：有危害性的阴离子，如氯离子等；有缝隙，且其缝宽必须使侵蚀液能进入缝内，同时缝宽又必须窄到能使液体在缝内停滞。

引起腐蚀的缝隙并非是一般肉眼可以观察到的缝隙，而是指能使缝内介质停滞的特小缝隙，其宽度一般在 0.025～0.10mm 范围内。油气田井口装置由于金属之间衔接（铆接、焊接、螺纹连接等）、金属与非金属相接触（衬里、衬垫等）以及井筒流体中含有大量的氯离子，容易产生缝隙腐蚀，如钻杆接头、油管和套管螺纹连接处存在缝隙，经常发生缝隙腐蚀。油井管由于结构的局部差异，在管道内壁的局部位置常常出现砂泥、积垢、杂屑等沉积物或附着物，无形中形成了缝隙，给缝隙腐蚀创造了条件。

### 5.3.4.3　点蚀

点蚀又称点腐蚀、小孔腐蚀或孔蚀，其特征是表面几乎无腐蚀的情况下形成许多小孔，孔的深度往往大于孔的直径，严重时发生穿孔。腐蚀介质含氧和氯离子及金属金相组织缺陷协同作用是产生点蚀的根源。通过油管注水或其他工作液带入氧会加剧点蚀；当井下装有封隔器，在地面开关油套环空阀门时，环空可能吸入空气，也会加剧点蚀；在高温和氯离子环境，同样可加剧点蚀。

点蚀多发生在表面生成钝化膜的金属或合金上，如 L8013Cr、超级 13Cr-110 之类的不锈钢。在这些金属表面局部钝化膜发生破坏，裸露基体金属区域与膜未破坏区域形成小阳极大阴极的活化-钝化腐蚀电池，腐蚀向纵深发展成为蚀孔。

## 5.3.5　流动与相变因素引起的腐蚀

### 5.3.5.1　流动诱导腐蚀

流动诱导腐蚀和冲刷腐蚀是流体流动、电化学与机械力协同作用导致的腐蚀现象。流动诱导腐蚀和冲刷腐蚀是彼此关联但又存在区别的腐蚀类型。油管内流体流动和控制管内流体流动引起的腐蚀/冲蚀是油气井防腐设计的重要组成部分。流体介质和电化学腐蚀是客观存在的，通过合理设计，可以在很大程度上控制流动诱导腐蚀和冲刷腐蚀。

### 5.3.5.2　相变诱导腐蚀

发生腐蚀的必要条件是金属表面分离出液相水膜，即自由水，而自由水的形成决定于出水量、流型和流动参数。当油气井处于高产时，水被束缚在油、气中，只要流速高于 1m/s，含水量低于 20%的产液的水均可溶于油中，减小了流体的腐蚀性。而在流道直径突变、弯头、焊缝等处的紊流区，水就从油中分离出来。在低流速或低产量或关井状态下，即使产液含水量较低，水也不会溶于油气中，从而增加其腐蚀性。对于凝析气井，由于水不能形成乳化状态，即使含水量低于 5%也会产生水润湿和腐蚀现象。由于影响含水量的因素较多，目前不能计算出发生腐蚀的含水量临界值。如果金属表面为油湿状态，对金属可以起到一定的保护作用，减小腐蚀的发生概率。在低压油井中，含水量为 25%～35%，只要没有流态变化，往往会形成油相保护膜，此时的腐蚀性较小。如果金属被水润湿，其腐蚀性大小取决于水中的组分。

在高压井中，微量的水就足以造成腐蚀，这其中可能存在一个含水量上限值，即高于此值才会发生腐蚀。在气井中，水以气态或液态存在，含水量要高于某一临界值时才会形成凝析水而附着在金属表面。如图 5-2 所示，压力和温度决定了水以气态溶于理想气体的饱和度。由图可知，当气相中的含水量低于某一值，沿虚线的压力/温度线以上，不会有凝析水析出；含水量高于某一值后，就会有凝析水生成。如果产出流体含气相和液相，温度和压力决定了气/液值，而油管内温度从下到上逐渐降低，因此油管内气液比也必然是变化的，天然气中的含水汽饱和度也是变化的。即使天然气中溶解的水汽未饱和，局部位置上也可能有水析出，例如，金属表面温度低于流体温度，非饱和天然气中的水汽也会凝析出来。如果金属表面温度低于水汽的露点，也会产生凝析水。气相中的水汽达到饱和或接近饱和是产生腐蚀的条件，产出流体的含水量即使体积分数远低于 1% 也会造成严重腐蚀，尤其在"死角"或低凹积水处。

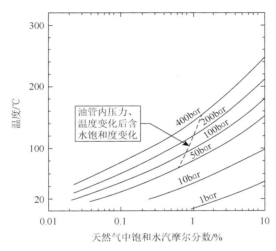

图 5-2　天然气中含水汽饱和度与压力、温度的关系

注：$1bar=10^5Pa$

# 5.4　环境敏感断裂

## 5.4.1　环境敏感断裂概念

油气田开发中的油管、套管及钻杆等设备突发性开裂或断裂时有发生。有的突发性开裂或断裂可能造成人员伤亡、重大环境问题、经济损失。

在油管、套管和地面装置中由于腐蚀环境可能会出现一种突发性的破坏现象，称为环境断裂（environment assisted fracture）。环境敏感断裂指管件或材料在一定的拉应力、介质环境中丧失原有物理及力学性能，最终发生突然断裂的现象。大部分开裂或断裂在学术上归结为环境断裂，其本质是结构的应力、材料的选择性、腐蚀介质和环境参数（温度、压力和微区电位）激励，导致材料丧失其原有物理和力学性质，特别是使材料韧性降低，最终发生断裂。由于断裂对安全生产具有重大影响，国内外均把环境敏感断裂作为重点的研究方向。

有的文献又统称为应力腐蚀开裂。粗略地说，环境断裂包括应力腐蚀和氢脆。应力腐蚀和氢脆之间并没有严格的界限，二者可同时发生，也可以说氢脆是应力腐蚀的本质因素或机理之一。图 5-3 是环境敏感断裂的基本条件及其作用关系。

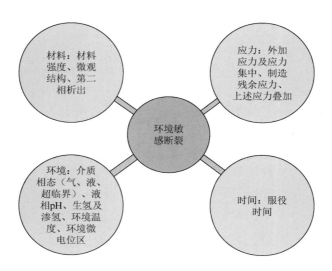

图 5-3　环境敏感断裂的基本条件及其作用关系

由图 5-3 看出，应力腐蚀开裂应具有以下特征：

（1）有应力存在，包括外加应力或残余应力，而危害最大的是拉应力。材料断裂前不会发生显著的塑性变形，承受的应力越大，断裂发生得越快，当材料断裂时其拉应力可小于其屈服强度。

（2）应力腐蚀断裂是否发生取决于腐蚀介质、金属材质和温度、pH 之间的选择性组合。如含氯离子腐蚀介质可导致 13 Cr、Super 13Cr 和 22Cr、25Cr 油管和输送管的突发应力腐蚀断裂，但一般不会造成低合金钢（如 J55、N80、P110 油管和套管）应力腐蚀断裂。

## 5.4.2　环境敏感开裂类型

### 5.4.2.1　应力腐蚀开裂

应力腐蚀开裂（stress corrosion cracking，SCC）：常见应力腐蚀的机理是构件在应力和腐蚀介质作用下，表面的氧化膜被腐蚀而受到破坏，破坏的表面和未破坏的表面分别形成阳极和阴极，阳极处的金属成为离子而被溶解，产生电流流向阴极。由于阳极面积比阴极的小得多，阳极的电流密度很大，进一步腐蚀已破坏的表面。加上拉应力的作用，破坏处逐渐形成裂纹，裂纹随时间逐渐扩展直到断裂。这种裂纹不仅可以沿着金属晶粒边界发展，而且还能穿过晶粒发展。应力腐蚀影响因素如图 5-4 所示。

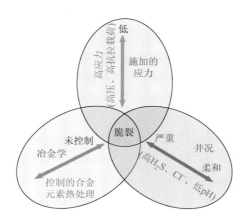

图 5-4　冶金成分、应力水平和工作环境是影响脆裂的主要因素

### 5.4.2.2　与湿硫化氢环境相关的环境敏感开裂

在游离水和 $H_2S$ 共存的情况下，腐蚀和拉应力（残余应力/工作应力）可能引发特殊的金属开裂行为，一般有两种：一种是硫化物应力开裂，另一种是硫化物应力腐蚀开裂。

**硫化物应力开裂**（sulfide stress cracking，SSC）：SSC 的本质是氢应力开裂（HSC），腐蚀过程在金属材料表面生氢，在硫化物存在时，会加速氢的吸收。原子氢扩散到金属中，导致金属材料延性降低，开裂的敏感性升高。高强度金属材料和硬焊缝区容易发生 SSC。图 5-5 为金属表面腐蚀生氢和氢在金属内扩散示意图。

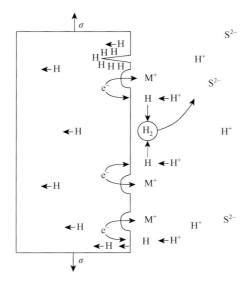

图 5-5　金属表面腐蚀生氢和氢在金属内扩散示意图

SSC 在低温下敏感，有文献认为在–6～50℃是 SSC 敏感区。低于–6℃时氢向金属渗透太慢，大量形成了氢分子逸出，在材料中聚集不到有害浓度；高于 50℃时氢原子在金属内渗透又太快，也聚集不到有害浓度。

**硫化物应力腐蚀开裂**（sulfide stress corrosion cracking，SSCC）是应力腐蚀开裂中（SCC）的一个特殊类型。

氯化物、氧和温度升高增加了硫化物应力腐蚀开裂的敏感性，因此 SSC 评价总是在有氯化物和严格除氧下进行。

硫化物应力开裂是含 $H_2S$ 气田开发过程中最危险的一类破坏形式，在含有水（包括凝析水）且 $H_2S$ 分压大于等于 0.000345MPa（酸性环境）时，金属材料会发生硫化物应力开裂。硫化物应力开裂具有突发性、低应力、易造成金属断裂和爆破的特点。经过半个世纪的科学研究和生产实践，对硫化物应力开裂的特征有了全面的了解，对其机理进行了深入的研究，制定了含 $H_2S$ 环境中金属材料的技术标准，如美国腐蚀工程师协会制定的 NACE 标准 MR0175（用于油田设备的耐硫化物应力开裂金属材料标准）和我国的标准 SY/T 0599（天然气地面设施抗硫化物应力开裂金属材料标准），所以防止硫化物应力开裂的技术已日趋成熟。

### 5.4.2.3　与氢渗透相关的开裂

氢是周期表中最小的元素，极易在金属中渗透。研究表明，氢渗透对高强度碳钢和不锈钢的腐蚀及开裂性能有很大的影响，氢渗透不仅发生在含硫化氢环境中，在大多数腐蚀过程中，阴极反应也会有氢生成。将氢渗透开裂细分为：氢致鼓泡、氢致开裂、氢应力开裂、应力定向氢致开裂、电偶诱发的氢应力开裂几种机理或类型。

**氢致鼓泡**（hydrogen induced blister，HIB）：当介质呈酸性时，存在大量的阴离子，FeS 保护膜被溶解，材料表面处于活性溶解状态，这使得反应过程中产生的氢原子更加容易向管材内部渗透。这些氢原子渗入金属管材内部后，在金属材料的薄弱部位（孔穴、非金属夹杂物处）聚集，并形成氢分子。随着聚集过程的进行，在某些部位，氢气压力可达数百兆帕。此外，在高温下材料中夹杂的 $Fe_3C$ 与氢原子反应生成 $CH_4$，同样产生气体并聚集，气体所产生的压力，使材料内部形成很高的内应力，致使材料薄弱面发生塑性变形，造成钢夹层鼓起，即为"鼓泡"。"鼓泡"也是一种"开裂"行为，是应力腐蚀析氢所引起的断裂，通常在低强度钢和无外部载荷条件下发生。

**氢致开裂**（hydrogen induced cracking，HIC）：当氢原子扩散进钢铁中并在缺陷处结合成氢分子（氢气）时，在碳钢和低合金钢中就会出现平面裂纹。裂纹是由于氢的聚集点压力增大而产生的，氢致开裂的产生不需要施加外部的应力，引起 HIC 的聚集点常常发生在杂质含量较高的地方，通常称为"陷阱"。富集在"陷阱"中的氢原子一旦结合成氢分子，积累的氢气压力很高（该压力可能高达 300MPa），促使金属脆化，局部区域发生塑性变形，产生裂纹导致局部开裂。

**氢应力开裂**（hydrogen stress cracking，HSC）：金属在有氢和拉应力（残余应力和/或工作应力）存在时出现的一种开裂行为。HSC 描述的是对 SSC 不敏感的金属，这种金属作为阴极和另一种易被腐蚀的金属作为阳极形成电偶，在有氢时，金属就可能变脆，这与电偶诱发的氢应力开裂（GHSC）机理相同，当不锈钢或合金与碳钢或低合金钢连接时，受电偶激发后，不锈钢或合金中的"陷阱"聚集氢而变脆的现象可归为 HSC。

**应力定向氢致开裂**（stress oriented hydrogen induced cracking，SOHIC）：在酸性环境中，电化学腐蚀产生的氢原子在 HS⁻ 的作用下进入金属内部，在金属内的局部区域积聚形成阶梯型裂纹和鼓泡，在应力的作用下（如输气管道和压力容器中）造成破坏。

应力定向氢致开裂产生与主应力（残余应力/工作应力）方向接近垂直的像梯子一样的交错小裂纹，该裂纹将已有 HIC 造成的裂纹连接起来形成裂纹簇。SOHIC 是一种不常见的现象，在直焊缝钢管的母材和压力容器焊缝的热影响区可以观察到，通常与低强度铁素体钢管和压力容器所用钢材类型相关。

材料的高应力部位（高残余应力和应力集中部位）易发生应力定向氢致开裂。在应力梯度下通过应力诱导扩散作用，氢将向高应力区聚集，在缺口或裂纹尖端存在着应力集中现象，在应力诱导作用下，氢富集在裂纹前端。在实际应用中，由于阳极溶解型裂纹和氢致开裂型裂纹产生的机理不同，其产生和发展随钢材所处的环境也会互相转化，条件适合时可以同时产生。

**电偶诱发的氢应力开裂**（galvanically induced hydrogen stress cracking，GHSC）：不锈钢、合金钢与碳钢、低合金钢接触，浸没在腐蚀介质中形成电偶，受电偶激发，不锈钢或合金中的组织缺陷聚集氢而变脆的现象。镍基合金管与碳钢或低合金钢管接触也可能产生电偶诱发的氢应力开裂（GHSC）。

### 5.4.2.4　软区开裂

**软区开裂**（soft zone cracking，SZC）：是 SSC 的一种裂纹形式，当钢中含有屈服强度较低的局部"软区"时，在外部载荷作用下，"软区"会屈服，局部塑性应变扩展加剧了非 SSC 材料对 SSC 的敏感性，该"软区"的性质与碳钢的焊接有密切关系。

### 5.4.2.5　腐蚀疲劳

当金属在腐蚀环境中承受循环应力时，在给定应力下引起损坏所需要的循环次数逐渐减少，这种通过腐蚀而使得疲劳加速的现象称为腐蚀疲劳。也可以说腐蚀疲劳就是腐蚀和疲劳共同作用引起金属发生断裂的现象。

即使在不太严重的腐蚀环境中，材料的疲劳极限也会显著降低，对于具有保护膜的金属，这种现象更加明显，主要由于交变应力使金属表面保护膜反复破坏，所以新的金属表面不断地腐蚀。

金属构件发生腐蚀疲劳时，局部位置会出现宏观裂纹。和机械疲劳相比，腐蚀疲劳的危害性更大，因为纯机械疲劳是在应力超过一定临界循环应力值后才会产生疲劳破坏，该临界循环应力值称为疲劳极限；而腐蚀疲劳在低于临界循环应力情况下就会产生破坏，钻杆或深井泵的抽油杆等在低应力的条件下所发生的损坏，通常是腐蚀疲劳引起的。油管内非稳态流或井口节流管汇及弯管处的高速气流会诱发流固耦合振动，可能导致在无明显腐蚀损伤情况下的腐蚀疲劳断裂。

#### 5.4.2.6 高强度钢延迟断裂

高强度钢延迟断裂又称滞后断裂，是构件在静止外载应力作用，经过一定时间后突然脆性破坏的一种现象。延迟断裂现象是材料-环境-应力相互作用而发生的一种环境脆化，是氢致材质恶化（氢损伤或氢脆）的一种形态。其特征是在外载应力远低于材料屈服强度下断裂。发生延迟断裂的本质是原子氢通过应力诱导扩散富集到临界值需要经过一段时间，故要经过一定时间后氢致裂纹才会形成和扩展。抗拉强度大于 1100MPa、硬度 ≥38 的高强度钢，延迟断裂的敏感性显著增大。高温会增加延迟断裂的敏感性。延迟断裂也可看成应力腐蚀开裂的一种类型。

### 5.4.3 应力腐蚀开裂机理

#### 5.4.3.1 裂纹源与潜在缺陷

应力腐蚀裂纹几乎都源自表面缺陷，它可能是服役过程中产生的腐蚀坑，腐蚀坑底诱发裂纹；也可能是表面机械损伤（碰伤、咬伤、擦伤）；还有一种是热轧或热处理留下的高温氧化皮，由于热胀冷缩应力、外加应力使高温氧化皮开裂，裂纹局部暴露出活性金属表面，发生阳极溶解，在应力作用下裂纹向前延伸。

各种金属应力腐蚀开裂对上述表面缺陷的敏感性差异较大，石油管中马氏体不锈钢应力腐蚀开裂对表面缺陷最敏感。事实上热轧油井管表面有一定的粗糙度或毛细裂纹，现行的工业探伤技术难以发现这些潜在制造缺陷。于是人为规定了不允许有大于壁厚 0.5% 的表面裂纹存在，该量级的潜在裂纹不会影响材料宏观力学性能（拉伸强度和断裂延伸率）和管体抗内压、拉伸和抗挤强度。但是在腐蚀环境中，上述潜在裂纹可能成为裂纹源。

金属微观缺陷对氢迁移敏感，图 5-6 表示多种微观缺陷会成为氢的陷阱。氢原子在含

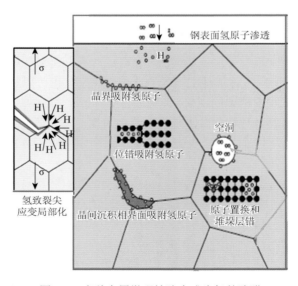

图 5-6　多种金属微观缺陷会成为氢的陷阱

某种缺陷的钢表面渗透，包括晶界、位错、晶间沉积相界面、原子置换和堆垛层错、空洞都会成为氢的陷阱。在残余拉应力或外载拉应力作用下氢会导致裂尖应变局部化，最终引起破裂。

### 5.4.3.2　主要的应力腐蚀开裂机理

金属及合金材料应力腐蚀开裂机制已经有广泛的研究，SCC 的最基本问题是探索裂纹形核、扩展的原因和过程。现今在研究裂纹尖端腐蚀作用和电化学状态方面、应力强度与裂纹扩展速率的关系。氢致裂纹扩展作用机制、应力和应变速率对 SCC 的促进作用方面已经取得很大进展，并提出多种作用机理解释 SCC 现象，但迄今为止尚无公认的统一机理。应力腐蚀与腐蚀过程密切相关，其作用机理必然与伴随腐蚀，所发生的阳极反应和阴极反应有关，因而 SCC 机理主要可分为两大类阳极溶解机理（APE）和氢致开裂机理（HEC），以及在这两个作用机理之上发展起来的表面膜破裂理论、活性通道理论、应力吸附开裂理论、腐蚀产物楔入理论、闭塞电池理论、以机械开裂为主的两段论和环境破裂三阶段理论等。在井下工况中服役的油井管发生环境开裂的过程尤为复杂，裂纹的形核、扩展与引起应力腐蚀的管材、腐蚀介质、应力大小等因素密切相关，而且不同环境中裂纹的产生形式、裂纹的形核与扩展方式不同，所以解释环境开裂作用机理往往需要结合各种应力腐蚀开裂理论。

**1. 阳极溶解机理**

阳极溶解理论由 Hoar 和 Hines 提出，该理论认为：在应力和腐蚀的联合作用下，局部位置产生微裂纹，这时整个金属表面为阴极区，裂纹侧面和裂纹尖端组成阳极区，从而形成"大阴极，小阳极"的电化学腐蚀。晶界区结构成分与晶体之间的差别为阳极溶解提供条件。对于单相合金，由于晶界偏析或选择性溶解，晶体成分与晶界成分有显著差异；晶界沉淀导致的邻近区域的溶质贫乏，都将引起晶间腐蚀。

环境开裂由裂纹尖端的阳极快速溶解所引起，裂纹侧面的腐蚀溶解被表面膜所抑制，裂纹在裂纹尖端部位快速形核扩展。该理论适用于自钝化金属，由于裂纹两侧受到钝化膜保护，造成裂纹尖端溶解速度加快，裂纹向前推进的同时，裂纹两侧金属发生再钝化，从而形成"裂纹尖端扩展-裂纹两侧钝化-裂纹继续扩展"的循环进程，因此该理论与裂纹两侧的再钝化过程有密切联系。若再钝化过快，裂缝腐蚀溶解和持续扩展就不会发生；若再钝化过慢，裂纹尖端会因为腐蚀作用而形成活性较低的圆形蚀坑；当且仅当裂纹中钝化膜破裂和再钝化过程处于同步条件时，才能使裂纹向纵深发展，进而使裂纹两侧钝化与裂纹尖端扩展持续进行，发生环境开裂。

**2. 氢致开裂机理**

氢致开裂机理主要包括氢压理论、弱键理论、氢降低表面能理论以及氢促进局部塑性变形引发断裂等理论。这些理论的统一性在于：在应力腐蚀开裂中，氢起到了重要的作用。氢致开裂理论认为由于腐蚀的阴极反应产生氢原子，金属内部的过饱和氢必然要退出，直到建立新的平恒压力为止。金属材料内部包含有大量宏观和微观缺陷，晶格中逸出的氢往往在缺陷处聚集，产生巨大压力。氢压超过某一临界值（接近晶体的弹性强度）时，材料发生脆化。当氢原子扩散至金属内部并到达裂纹尖端时，使裂纹尖端区域脆化，从而在拉应力作用下引发脆断。

在拉应力、腐蚀介质、材料内部氢原子的共同作用下，氢促进裂纹尖端发射位错，降低键合力并促进和加剧位错的运动。在较高外应力作用下，周围位错源开动，微裂纹转变为空洞导致氢致韧断；在较低外应力作用下，由于氢的促进作用使得无位错区域微裂纹形核。由于较低外加应力不足以使周围位错源开动，不能通过滑移钝化成空洞，转变为解理裂纹，从而形成氢致脆断。这种氢致韧脆转变依赖于外加应力、应力强度因子 $K_{IC}$ 和晶体内部氢浓度等因素。

## 5.5　油气井工作流体的腐蚀和环境敏感开裂

### 5.5.1　油气井工作流体范畴

凡是人工配置注入井筒的液体、气体、泡沫、含砂压裂液、调剖剂等统称为油气井工作流体，或油气井工作液。与腐蚀和环境敏感开裂密切相关的油气井工作液或作业类型有酸化液、注水开发注入水、注气举升注入气、注二氧化碳驱或空气驱开发注入的气体。油套环空保护液也是油气井工作流体，鉴于其对井筒完整性的重要影响，将在下一节中另行讨论。

### 5.5.2　酸液腐蚀

油气井酸化作为一项重大的增产和稳产的技术措施，在多数油田生产中都广泛采用。然而酸化工艺的采用，也容易导致油气井油管、井口及采气树和地面站场设备出现严重腐蚀问题。目前用于酸腐蚀抑制的缓蚀剂可基本起到保护碳钢油井管及设备的作用。但是对于深井、高温井和采用马氏体不锈钢（例如：超级 13Cr、L80-13Cr）、双相不锈钢（例如：22Cr、25-28Cr）的井，酸液腐蚀是一个十分严峻的问题，需要有针对性的缓蚀剂。镍基合金油管及管件，内堆焊 625 合金的 HH 级采油树具有最好的耐酸液腐蚀性能。

盐酸电离生成的氯离子的活化作用对不锈钢氧化膜的建立和破坏均起着重要作用。一种观点认为氯离子半径小，穿透能力强，容易穿透氧化膜微小的孔隙，到达金属表面，并与金属相互作用形成可溶性化合物，膜的结构发生变化，金属产生腐蚀。

单一的缓蚀剂由于本身的分子结构等问题很难达到理想的缓蚀效果，目前酸化缓蚀剂的研究发展方向是研制新型、环境友好、抗高温耐浓酸的长效缓蚀剂复配体系。高温酸化缓蚀剂主要是多组分缓蚀剂、增效剂复配而成，尤其是胺类、季铵类及炔醇类复配缓蚀剂应用较多。

酸液腐蚀问题十分复杂，有电化学腐蚀、缝隙腐蚀、氯化物应力腐蚀开裂、氢应力开裂等。由于工作环境的差异，有的井是注酸过程（鲜酸）腐蚀严重，有的井是排液过程（乏酸）腐蚀严重。

以下简述解决酸液腐蚀的技术方案：

（1）持续研发高温井、深井的酸化缓蚀剂，双相不锈钢缓蚀剂。

（2）优化完井设计，在需要使用马氏体不锈钢（超级 13Cr、L80-13Cr）或双相不锈钢（22Cr、25-28Cr）作为采气管柱的井，首先使用碳钢油管或钻杆作工作管进行酸化作业，然后使用前述不锈钢作采气管柱。

（3）氯离子的强迁移性能会加剧缝隙腐蚀，因此，油管螺纹、井口和采油树设备中的密封钢圈务必上紧到位，酸液会对构件缝隙产生严重缝隙腐蚀。密封位置的半封闭空间会加剧缝隙腐蚀，目前 API 6A 的井口和采油树密封钢圈为外斜面密封型，酸化时钢圈槽有酸液加剧缝隙腐蚀倾向。对于预计开展酸化作业的井口和采油树，推荐钢圈密封槽堆焊825 或 625 镍基合金。

### 5.5.3　注入水腐蚀

注水开发是最普遍的开发模式，注入水水质有严格的标准。但是出于技术经济考虑，许多注水开发井注入水水质欠佳，对注水系统造成不同程度的腐蚀。所谓注水系统是指一次沉降罐、缓冲罐等储罐腐蚀、污水处理设备、地面输水管线、注水泵、注水井油套管、采出井油管及回水管线等。

氧气腐蚀是油田注水系统的主要腐蚀形式之一。溶液中含有极低浓度的氧气（低于1mg/L）就可造成极为严重的腐蚀，如果同时有 $H_2S$ 或 $CO_2$ 气体存在，腐蚀速度会急剧升高。氧气在水中的溶解度取决于温度、压力和水中氯离子的质量浓度。氧气的腐蚀一般为局部腐蚀，其局部腐蚀速率为其平均腐蚀速率的 2～4 倍。

若作注入水为采出水与地表水混合而成，则水质中可能含不等量硫酸盐还原菌腐蚀、$CO_2$ 或 $H_2S$，多种钙、镁、纳的无机盐类，除腐蚀外，油管内或产层的结垢将可能影响生产。含腐蚀性注入水的注水井油管腐蚀极为严重，新油管几个月到一年便发生腐蚀穿孔，测算年腐蚀速率高达 5～10mm。主要腐蚀形式为局部点蚀穿孔，结垢和垢下腐蚀。油管螺纹腐蚀最严重，全井段油管螺纹均存在腐蚀现象。

注水系统防腐蚀措施首要环节是对水质进行化学处程，例如使用缓蚀剂、杀菌剂、有除氧剂等化学药品。如果水质处理不彻底，那么优先推荐使用有机内涂层的油管，对腐蚀和结垢具良好的效果。对于不深的井，如果抗拉强度满足要求也可选用玻璃钢油管。

### 5.5.4　注气开发腐蚀

注气开发提高采收率日益受到重视，主要包括注 $CO_2$、空气或天然气，腐蚀最严重的是注 $CO_2$ 或注空气开发。

**1. 注 $CO_2$ 开采的腐蚀**

如果有 $CO_2$ 气源，交替注 $CO_2$ 和水的混相驱油可显著提高采收率，其应用越来越广泛。但是发生腐蚀的风险很大，需要特别注意 $CO_2$ 管线、$CO_2$ 注入井和采出井的腐蚀。如果 $CO_2$ 引起管壁的全面腐蚀和严重的局部腐蚀，会使得管道和设备早期腐蚀失效。虽然存在着腐蚀危害的可能性，但是可以通过恰当的设计和管理有效降低腐蚀。

**2. 注空气驱腐蚀**

注空气驱又称为空气泡沫驱，这是因为注入井一般是含起泡作用的水和空气交替注入。它是一种比较有效的三次采油技术，空气不存在来源问题，空气泡沫在油层中具有一定的调剖作用。近年来在国外广泛研究和实验了空气泡沫驱三次采油技术，中国中原油田、大港油田也都曾进行过空气泡沫驱的研究和实验。

伴随空气泡沫驱出现的问题是井筒腐蚀，其中注入井以氧腐蚀为主，对注入井的油管产生较严重的氧腐蚀。氧腐蚀的速率远高于硫化氢、二氧化碳腐蚀，因此，如果不解决注入井的氧腐蚀问题，由于油套管的腐蚀穿孔，将制约空气泡沫驱技术的应用。

另一类泡沫驱腐蚀是出现在采出井中，由于空气中氧与地层中原油伴生气及岩石、矿物发生反应后会产生二氧化碳；在采出井井筒中或其附近，当天然气与氧气混合达到一定比例时，可能发生井下爆燃，进一步产生二氧化碳。因此采出井的腐蚀工况比较复杂，但其腐蚀程度不像注入井那么严重。

由于注二氧化碳、注空气泡沫驱的井产量较低，如果在管柱设计中用价格昂贵的不锈钢产品将会提高首次投入成本，这取决于技术经济评价。前述注二氧化碳、注空气的腐蚀均可选择用缓蚀剂，以减缓二氧化碳腐蚀、氧腐蚀。但是缓蚀剂的加入与使用条件及穿越地层后与原油伴生气反应甚为复杂，因此缓蚀剂的使用效果带有随机性，持续应用缓蚀剂会增加开采成本。

以油管涂层为主的防腐技术，包括具有耐腐蚀的油管内涂层及相应的油管螺纹结构，确保油管管体内壁及螺纹处不发生腐蚀可能是最佳技术措施。

## 5.5.5　套管间环空滞留钻井液腐蚀

在套管外未注水泥环空井段的腐蚀差别很大，从可忽略的腐蚀到严重腐蚀均可能存在。通常情况下钻井液的 pH 为 9~11，其中所含少量氧、气或水侵酸性腐蚀性组分在与套管表面腐蚀耗尽后腐蚀将会显著减缓或停止。但是下述情况应高度关注。

**1. 未注水泥段环空套管腐蚀**

表层套管下得过浅，生产套管外未注水泥段地层含有腐蚀性盐水层或潜在断层，油套环空带压叠加生产套管腐蚀可能导致地下井喷，井周地面冒油或气。也可能是套管腐蚀或泄漏后地层水返流入油套环空，又加剧油套管腐蚀。

对类似上述只有两层套管的井，生产套管外水泥应返到表层套管内或返到井口。如果因井漏水泥返深受限，至少应用低密度水泥或充气泡沫水泥将水泥返到表层套管内。

**2. 环空钻井液降解或沉降**

对于高温高压深井，水泥环以上的钻井液可能会降解，并由此丧失沉降稳定性。钻井液降解还会导致 pH 降低、腐蚀性增加。钻屑、固相粒或重晶石加重剂沉降导致下部井段液柱密度略有增高，中上部井段液柱密度降低。如果水泥未返到上一层套管，有可能改变井眼与地层压力平衡，导致地层流体侵入环空，引起腐蚀或环空带压。

## 5.6　环空保护液的腐蚀与环境敏感开裂

### 5.6.1　环空保护液的腐蚀与环境敏感开裂的复杂性

环空保护液，又称封隔液（packer fluids），它是充填在封隔器之上，生产套管或生产尾管与油管之间环空的一种油气井工作液。环空保护液对井筒构件的腐蚀与环境敏感开裂远比产层流体复杂。许多井井筒完整性问题或重大事故可能与环空保护液有关，基本上都经历了井下失效案例分析，再反过来推动设计和环空保护液材料的改进。在完井施工中环空保护液注入和封隔器坐封后，环空保护液的热稳定性物理化学变化，及其对油管、套管、封隔器胶筒、油管挂和套管挂的腐蚀与环境敏感开裂基本上不可监测。直到环空带压才去分析可能的泄漏源或破裂点，并分析或推测与环空保护液的相关性。

### 5.6.2　环空保护液功能与设计的基本要求

#### 1. 确定环空保护液密度的风险因素

确定环空保护液密度带有一定风险，在完井设计时应有充分认证。封隔器之上压力为环空保护液液柱压力，下端为生产时井底流压或关井井底压力，理论上二者之差越小，密封越可靠。但是这个压差几乎是动态变化的，随着开采期延伸，井底流压会逐步降低，封隔器之上的液柱压力会大于井底流压。开采期 A 环空升温会造成压力增加，如果处理不当可能导致封隔器泄漏，A 环空的环空保护液的液面降低。

环空保护液密度设计还与完井方式和射孔压差，油管柱屈曲、挤毁强度和套管抗内压强度等有关。此外，所选用的环空保护液密度还应考虑是否符合防腐蚀及长期稳定性要求，技术经济是否可行。

#### 2. 尽可能低的环空腐蚀

环空金属组件和密封件的腐蚀和应力腐蚀开裂简称环空腐蚀，尽可能降低的环空腐蚀是环空保护液最重要的性能指标。大量的井筒完整性案例研究和文献调研表明环空保护液造成的腐蚀和应力腐蚀开裂问题远比产层流体的多。不同的环空金属组件会有不同的腐蚀评价重点，但是应力腐蚀开裂、点蚀穿孔和缝隙腐蚀是后果最严重的腐蚀形式。

碳钢油管、套管及其组件环空腐蚀评价的重点是点蚀、均匀腐蚀，应力腐蚀开裂类型及严重程度。

马氏体不锈钢 L80-13Cr、超级 13Cr-110 和双相钢 22-28 Cr 等油管和套管具有优良的抗二氧化碳腐蚀性能，广泛用于含二氧化碳气井。但是上述不锈钢对点蚀、多种类型的应力腐蚀开裂敏感。此外，还会有接箍与管体外螺纹消失带的缝隙腐蚀，不锈钢与碳钢接触的电偶腐蚀等问题。

在高温高压深井或腐蚀性气井中还用沉淀硬化镍基合金 717、725、925 等制造的管件，例如，套管挂、芯轴式套管悬挂器、井下安全阀、油管封隔器等。上述沉淀硬化镍基合金材料具有优良的耐二氧化碳、硫化氢、氯化物盐等的腐蚀性能。但是潜在的组织缺陷对环空保护液或产层气侵入生成的氢及相应的氢应力开裂敏感，氢应力开裂是对上述材料评价的重点。

环空保护液不应侵蚀封隔器胶筒及密封圈，许多环空带压或环空泄漏是封隔器密封失效造成的。环空保护液物理化学反应生成的，或产层气侵入的二氧化碳、硫化氢在高温高压下可侵入橡胶，压力降低后气体将溢出；一些化学组分会导致橡胶溶胀，失去弹性；橡胶贴的金属可能会产生缝隙腐蚀。所有上述损伤在压力变化时产生泄漏，有时泄漏会被固相颗粒物堵塞，间接修复密封。

几乎所有的水基环空保护液在注替过程中会被钻井液、完井液或压井液污染，或服役过程被泄漏侵入的产层二氧化碳或硫化氢污染都会对金属加剧腐蚀或应力腐蚀开裂。如果环空保护液抗污染性能不能接受或已确认是风险源，则需要改进完井方法，避免污染环空保护液将是重要和优先考虑可行的途径。

**3. 高温高压下的长期沉降稳定性**

如果环空保护液含有可沉降的固相或物理化学反应生成固相物质，可能会在管壁上生成垢，产生垢下腐蚀。严重时沉降会造成液柱压力变化，也会对日后压井或修井取油管造成困难。

**4. 其他要求**

有的完井方法还会要求环空保护液对储层损害低、可杀菌或抑菌、不污染环境或可重复利用等。对于异常高温井还应评估高温井环空保护液沸点与压力相关性，试油或开采过程中允许的井口油套环空回压不能抑制沸腾时，井口环空压力会异常高。反复放压又升压及气液相变动力学可能损伤油管、套管或井口。在寒冷地区长期关井，近井口处环空保护液不应结冰膨胀损伤井口及油套管。含盐的环空保护液应有合适浓度和结晶温度，确保长期关井不会有盐类过饱和析出。

对于水下井口的深水气井、异常高地温梯度高温气井或高温高压气井，降低径向传热对 A（油套）环空及更外层 B、C 环空安全十分重要。环空保护液的另一重要要求是隔热性能。特别是水下井口的深水气井各环空压力不能监测和泄压，环空保护液隔热性能更为重要。环空保护液流体材料应具有低导热系数减小径向传热、高黏度及触变性以减小环空传质与传热对流。

## 5.6.3　环空保护液类型及与金属材料的相容性

环空保护液可分水基和油基两大类，使用最为广泛的是水基类环空保护液，其次是油基环空保护液。水基环空保护液分为抑制性淡水环空保护液、抑制性海水环空保护液、无固相无机盐环空保护液、无固相有机盐环空保护液。

### 5.6.3.1　油基环空保护液

油基环空保护液具有优异的防腐蚀、隔热性能和高温稳定性，这些都是高温高压井所需要的。宜选择芳香烃质量分数较低、黏度适中的矿物油作基油，如柴油、白油（white oil）等。用柴油作基油时，闪点应高于 82℃，以有利于安全。白油为无色透明油状液体，没有气相，闪点（开式）164～223℃。上述所谓闪点又称闪火点，是指可燃性液体的蒸气同空气的混合物在有火焰接近时，能发生闪火的最低温度。在闪点温度下，只能使油蒸气与空气组成的混合物燃烧，而不能使液体油品燃烧。

选用油基环空保护液还需添加黏度、流变性、密度等调节剂，更重要的是对环境潜在的影响十分敏感，在油气井应用中尚缺乏经验。

### 5.6.3.2　抑制性淡水环空保护液和抑制性海水环空保护液

抑制性淡水环空保护液和抑制性海水环空保护液密度低，只在地层压力和完井方法许可时使用。水质需严格过滤，同时应加入缓蚀剂、除氧剂、缓冲剂（又称 pH 调节剂）、抑菌剂等。应进行环空热力学评估，在许可的 A 环空控制压力下不应有沸腾，井口环空压力可控。

抑制性淡水环空保护液可用于碳钢、不锈钢及镍基合金油套管井。由于腐蚀和应力腐蚀开裂问题的复杂性，添加剂效果的随机性、不推荐抑制性海水环空保护液在有马氏体不锈钢、双相不锈钢油套管井中使用。上述淡水和海水在泵入前应严格测试氧和硫离子质量浓度，氧、氯和硫协同作用会加剧点蚀和应力腐蚀开裂。

### 5.6.3.3　无固相无机盐水环空保护液

无固相无机盐水又称为清洁盐水，在压井液、完井液、射孔液、环空保护液中曾广泛使用。环空保护液使用的无机盐基本都是卤族元素氟（F）、氯（Cl）、溴（Br）的金属无机盐，例如，一价卤族盐水（氯化钠、氯化钾、溴化钠）和二价卤族盐水（氯化钙、溴化钙、溴化锌、氯化镁等）。盐水可以用一种盐或两种盐混合在一起，这取决于所需的密度。提高密度就需增大盐的加量，但是也降低了结晶温度。单一的盐最高可达到的密度为：氯化钾 $1.16g/cm^3$、氯化钠 $1.20g/cm^3$、氯化钙 $1.39g/cm^3$、溴化钙 $1.82g/cm^3$、溴化锌 $2.30g/cm^3$。

除氯化钾腐蚀稍轻外，其他几种盐都有腐蚀性，因此，需要根据评价和经验加入缓蚀剂、除氧剂、缓冲剂、抑菌剂等。除了盐自身因素外，腐蚀性还与下列因素有关：

（1）温度：温度升高，腐蚀和应力腐蚀开裂加剧。

（2）盐水酸度（pH）：单一的盐水溶液在混配时显中性到弱碱性，需加入缓冲剂提高碱度以抑制氢离子的腐蚀性。

（3）吸入空气的氧腐蚀：配制过程中搅拌或滴落会吸入空气，微量氧都会加剧腐蚀，并与可能存在的含硫组分协同作用导致油套管应力腐蚀开裂。

（4）产层气侵入：含硫化氢、二氧化碳天然气在油套管或封隔器泄漏点侵入环空会导致盐水对油套管的腐蚀和应力腐蚀开裂。其机理之一是化学反应会有氢生成，引起氢致开裂。

（5）压井液/完井液污染：在井内用环空保护液顶替含固相配浆材料或加重剂，无机盐或有机盐类的压井液/完井液中如果存在混浆，会造成环空保护液污染。被污染的环空保护液也将会导致油套管应力腐蚀开裂。

（6）环空保护液与油套管材料的相容性：对碳钢油管、套管及其组件，加入经优化配制、严谨作业、性能评价合格的缓蚀剂和无固相无机盐水环空保护液，点蚀、均匀腐蚀、应力腐蚀开裂的风险基本可以接受，这取决于风险和技术经济评估。对于重要或风险严峻区域的油气井，无固相无机盐水仅推荐用作压井液、修井液、射孔液等完井作业用工作液，不宜用作长期留在井下的环空保护液。对 L80-13Cr、超级 13Cr-110 马氏体不锈钢，22-28Cr 双相不锈钢油管、套管及其组件不推荐采用无固相无机盐水作环空保护液，因为油套管应力腐蚀开裂倾向难以预测和有效控制。

### 5.6.3.4　无固相有机盐水环空保护液

有机酸（例如羧酸）与碱金属发生中和反应生成的盐，统称为有机盐。在有机结构上只有少数离子的形态（羧基等）基团可与碱金属反应制成本来难以溶于水的有机物变得易溶于水。

目前广泛使用，取得公认效果的一类有机盐是甲酸盐体系，包含甲酸钠（NaHCOO）、甲酸钾（KHCOO）和甲酸铯（CsHCOO）。上述三种甲酸盐可配置的水溶液密度分别可达到：甲酸钠 $1.00\sim1.30g/cm^3$，甲酸钾 $1.30\sim1.58g/cm^3$，甲酸铯 $1.58\sim2.30g/cm^3$。上述三种有机盐混合可调配 $1.0\sim2.30g/cm^3$ 任何密度的甲酸盐体系环空保护液。

在甲酸盐体系环空保护液中是否还需再加入碳酸盐缓冲剂，有不同的看法。品质优良的甲酸盐具有高纯度，即氯、硫和磷等有害元素质量分数低。仅甲酸盐本身就具有以下优异性能：

抗氧化性：甲酸盐本身就具有一定的抗氧化性，可降低少量氧混入的腐蚀严重性；

高 pH：甲酸盐水溶液本身就是天然的碱性（pH 9～10），这对降低腐蚀是有利的；

与缓冲剂相容性：如果有二氧化碳气体侵入甲酸盐环空保护液，pH 降低会导致严重的二氧化碳腐蚀问题。有效防止二氧化碳腐蚀的措施是添加碳酸盐/碳酸氢盐的缓冲剂。在甲酸盐中，这种缓冲剂阻止了 pH 的下降，同时可促进了金属表面生成铁碳酸盐层钝化膜，提高金属耐蚀性。

除硫剂功能：在有含硫化氢天然气侵入甲酸盐环空保护液时，甲酸盐可清除硫化氢气体。这有利于防止或降低应力腐蚀开裂（SCC）和硫化物应力开裂（SSC）风险。

### 5.6.3.5　环空保护液的应力腐蚀开裂评价

为了防止前述固相无机盐水环空保护液或有机盐水环空保护液对对应力腐蚀开裂更敏感，应重点评价和认证。油套管造成腐蚀和应力腐蚀开裂，拟定合理和充分的评价，严谨的现场施工是十分必要的。无论哪种环空保护液都要有充分评价和质量监控，但是超级 13Cr-110 和 22-28Cr 不锈钢油套管。

在含大量二氧化碳深井和高温高压及 22-28Cr 不锈钢油管的井中，使用甲酸盐体系环空保护液未见影响井筒完整性的油管腐蚀或开裂的报道。但是实验室评价的某些甲酸盐环空保护液体系在高温高压釜中高温下分解出氢及氧，对 S13Cr-110 材料 C 型环存在应力腐蚀开裂。实验室评价现象与现场应用结果的不一致尚不能解释。

推荐使用 NACE MR0175 中的"C"型环评价方法及操作规范，该方法试件保留了管子出厂时的原始状态，即热挤压和热处理留在管外壁的高温氧化膜层。ISO 13680 规定马氏体不锈钢油套管交货前，所有管子内表面必须经酸洗或喷丸处理，喷丸必须采用不锈钢丸球或氧化铝丸球进行。这是考虑到高温氧化膜层会促进产层腐蚀性组分对材料的腐蚀或应力腐蚀开裂。但是油管外壁有环空保护液防护，未要求去除管外壁的高温氧化膜层。

不锈钢外壁高温氧化膜层的组织及成分远比碳钢的复杂，除了铁的氧化物外还会有铬、镍等元素的氧化物。油管外壁高温氧化膜层应变开裂，将加剧点蚀，并在点蚀坑底诱发裂纹。是否去除管外壁的氧化膜层应在充分评价后进一步现场验证。

"C"型环实验后试件是否开裂与许多因素有关，对环空保护液尚没有标准。主要的影响因素有以下三方面。

（1）加载应力水平与时间。螺栓拧紧加载的应力水平对是否开裂影响显著，延长测试评价时间可提高评价的可靠性。推荐按照材料名义屈服强度 100% 应力水平加载，时间为7 天；70%～80% 材料名义屈服强度应力水平加载，时间为 15 天；50%～70% 材料名义屈服强度应力水平加载，时间为 30 天。

（2）基本的要求是纯净的环空保护液在模拟井下温度压力条件下评价，取出试样在扫描电镜下观察近外壁处的腐蚀及裂纹情况，不能只凭目视观察是否有裂纹。在扫描电镜下观察近外壁处有裂纹应判定为存在风险。

（3）在上述纯净的环空保护液模拟井下温度压力条件评价的基础上，还应补充甲酸盐的污染评价。含硫化氢、二氧化碳天然气可能通过油套管或封隔器泄漏点侵入环空，这将可能引发油套管的腐蚀和应力腐蚀开裂。在井内用环空保护液顶替压井液/完井液时存在混浆，含固相配浆材料或加重剂，无机盐或有机盐类污染的环空保护液也将对油套管有应力腐蚀开裂倾向。引起氢致开裂机理之一可能是由于高温化学反应过程中材料作为阳极端产生腐蚀、点蚀坑，点蚀坑底产生裂纹。环空保护液中有氢生成，引发材料的氢致应力开裂。

### 5.6.4　环空保护液导致应力腐蚀开裂的现场案例

#### 1. 22Cr 油管应力腐蚀开裂

北海一高温高压气井 22Cr 油管失效，井下情况：井底温度：176℃；气层压力：97MPa；$CO_2$ 体积分数：4%；$H_2S$ 质量浓度：15～30mg/L；油管：采用 22Cr，5″+4 1/2″复合管，以降低应力水平和流速。采用 $CaCl_2$ 水溶液作为环空保护液，并加入杀菌剂、除氧剂和无机缓蚀剂。密度 1.34g/cm³，用以平恒油管内高压。井口环空高温导致沸腾，环空带压。反复泄压 40 次，倒吸入空气。环空分气相段和液相段，上部气相段及气/液交替段严重腐蚀。油管应力腐蚀开裂照片见图 5-7。

应力腐蚀开裂形貌

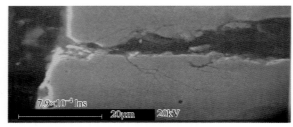

扫描电镜显示点蚀坑

图 5-7　22Cr 油管氯化物应力腐蚀开裂（SPE/IADC 67779）

**2. L80-13Cr 钢油管氯化物应力腐蚀开裂**

印度尼西亚 Arun 油田开发井，井深 3050m，井底温度 178℃，井底压力 49MPa，采用 L80-13Cr。坐封隔器前油/套环空替入密度 1.37g/cm³ 氯化钙流体以平衡油管内压力。油管投产 2～5 年普遍被腐蚀穿孔，腐蚀速率 1.3～5.1mm/a。

**3. 超级 13Cr-110 油管氯化物应力腐蚀开裂**

图 5-8 为卤化物（卤水）压井液导致超级 13Cr-110 油管应力腐蚀开裂。井温 140℃，井下滞留时间约 3 个月。

图 5-8　超级 13Cr-110 油管氯化物应力腐蚀开裂

**4. 超级 13Cr-110 油管在环空保护液中外壁氢致应力腐蚀开裂**

图 5-9 和图 5-10 显示超级 13Cr-110 油管外壁氢致应力腐蚀开裂（H-SCC）。该油管外环空为一种有机盐环空保护液，怀疑环空保护液被污染，在井下有氢生成。油管外壁保留制造过程生成的铬、铁、镍高温氧化产物膜，导致低应力水平下氢致应力腐蚀裂纹。

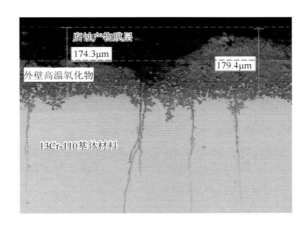

图 5-9　13Cr-110 油管外壁氢致应力腐蚀开裂（H-SCC）

 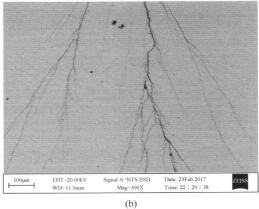

(a)　　　　　　　　　　　　　　　　　　(b)

图 5-10　13Cr-110 油管裂纹通道及末梢树根状氢致应力腐蚀开裂（H-SCC）

# 5.7　套管腐蚀管理

## 5.7.1　套管外环空腐蚀问题的复杂性

套管外环空腐蚀管理包括产层段套管外壁腐蚀，注水泥段套管外壁腐蚀和水泥面之上滞留流体腐蚀。如果套管外地层含有腐蚀性介质，该地层未用水泥环封隔或水泥环封隔失效，套管会有外腐蚀，流动的地层水会加剧这类腐蚀。对于油管不带封隔器的井，产层流体会腐蚀套管内壁。

在设计时通常已充分考虑了产层流体对油管和封隔器以下套管的腐蚀，选用相适应的材料。油管封隔器之上几乎都是选用碳钢材料，套管可能遭受含腐蚀性流体地层中流体侵入的腐蚀或产层环空气窜流体的腐蚀。套管外壁腐蚀可能导致严重的井筒安全问题，例如：

（1）层间窜流：产层气窜入非产层，造成资源损失；含硫化氢油气层窜入不含硫化氢产层造成开采附加安全问题。

（2）套管穿孔或破裂：可能导致严重环空带压，油管腐蚀。如界油管泄漏或破损，可能导致地下窜流或地下井喷，油气窜到相邻井或窜到地面。可能污染地下水或造成环境安全问题。

腐蚀可以通过以下三种方式损伤套管。

第一种：腐蚀造成壁厚减薄，导致套管抗内压强度、抗挤强度或抗拉强度降低，发生挤毁或开裂。

第二种：腐蚀过程生成氢原子，氢原子渗透进入套管内部形成脆性区，并在应力作用下形成微裂纹，导致抗内压、抗挤强度或抗拉强度降低；

第三种：点蚀造成腐蚀穿孔，套管泄漏。

## 5.7.2　套管环空腐蚀管理

### 5.7.2.1　严重环空带压或地面冒油气应急处理及风险评估

油气井投产后发现套管腐蚀损坏引起的严重环空带压或地面冒油气，原则上都应视为高风险井，应及时处置。环空注入流体或水泥浆压井可能有效，也可能无效。有时注入的水泥浆在含水高渗透层被稀释，不能形成横跨地层的隔离带，封堵会失败。如果泵入压力过高，地层被压裂，水泥浆在地层不能驻留，封堵会失败。

在中国四川油气田和大庆油气田，曾有气井发生上述套管破损造成地面冒气，环空压井困难。注入一种高触变性聚合物凝胶，凝胶进入地层后随扩散半径增加而流速降低，高触变性使流体得以驻留，为随后泵入的水泥浆可停留和凝固创造条件。

注水泥封堵虽可阻断油气窜到地面，但应评估环空油气在层间窜流造成地下流体系统混乱对油气田开发的影响，考虑产层气储量损失的潜在风险、地下水污染的潜在风险。应考虑扩大监测半径，评估油气沿未知断层在远端窜到地面或海底的风险。

套管外环空腐蚀带有不确定性，腐蚀造成严重环空带压或地面冒油气概率极小。但是在陆地和海洋的井均发生过，处置困难，后果严重。因此套管外环空腐蚀管理重点是预防措施，风险评估及预防措施应写入设计准则，并在钻井过程中逐一实施。

### 5.7.2.2　套管内腐蚀管理

**1. 泄漏造成的套管内腐蚀**

套管内壁腐蚀主要来源于储层腐蚀性流体组分，如地层水、硫化氢或二氧化碳。储流体通常限制在油管内，但是在某些情况下，油管/封隔器泄漏，或在修井作业期腐蚀，反复起下打捞作业管或套铣油管损伤套管。

套管外腐蚀穿孔，地层中腐蚀性流体流入油套环空，造成内腐蚀。腐蚀穿孔多发生在上部未注水泥井段，地层水中可能含硫酸盐还原菌。有的地层水处于流动状态，或与地表水相通，含氧，腐蚀更为严重。

在设计阶段可考虑多下一层套管专门封隔腐蚀性流体层，套管外环空采用抗腐蚀低密度水泥。生产套管水泥返到地面，若不能返到地面，水泥面之上滞留流体应有足够大密度。通过液柱压力抑制潜在的地层水流入。

**2. 油管封隔器之上生产套管内腐蚀**

油管封隔器之上生产套管内壁处于环空保护液的防护之下，腐蚀不应该是主要问题。但是设计使用欠妥的环空保护液，或环空保护被污染也会对生产套管造成腐蚀。这种腐蚀可能很难被发现，会在若干年后发现生产套管外环空带压，取油管修井和进行套管完整性测井时才会被发现。

严谨的环空保护液设计和管理应能减轻上述套管内腐蚀。

**3. 注气举升开采的套管内壁腐蚀**

注气举升开采的套管内壁腐蚀带有普遍性，推荐设计阶段应考虑的腐蚀防护方案有：

（1）很多气举井注入气脱水不净，且可能含二氧化碳或硫化氢。水将脱出并沉入最深气举阀以下的口袋中，造成封隔器与最深一个气举阀之间口袋段的套管发生严重腐蚀。如果在开发设计中未考虑注入气充分脱水，推荐在上述"口袋"段套管采用与油管相同的耐蚀合金材料油管。

（2）注气开采前环空先注柴油或原油，用油来防止"口袋"段套管腐蚀。

（3）注入气充分脱水到干气水平，这样注入气中未脱除的二氧化碳或硫化氢不会造成腐蚀。

（4）注气井套管采用内涂层防腐，同时考虑完井作业不损伤内涂层的工艺措施。

### 5.7.2.3　水泥封隔井段套管的腐蚀

在套管程序设计中已要求水泥应返到上层套管鞋以内，用水泥环隔离地层中腐蚀性组分是最基本和可行的技术。但是，水泥环作为井筒屏障带有不确定性，水泥封隔井段套管腐蚀仍经常发生，预测发生腐蚀的概率和考虑腐蚀的服役寿命十分困难，已成为井筒完整性的潜在风险。

即使固井质量检测封固良好，但是开采期井筒热应力及微位移、完井作业碰撞或压力/温度变化也会造成套管外产生微环隙或水泥环破碎。只要地层水与套管碳钢材料接触，腐蚀就不可避免。

目前的钻井、钻井液和井控技术可以裸眼钻井 3000～5000m，可以穿越某些高低压流体层，高钻速和简化套管程序，显著降低建井成本。但是可能留下一个有套管外腐蚀的潜在风险井，技术经济和风险控制是一个十分严峻的问题。生产套管外过长的水泥环固井质量及长期封隔寿命带有不确定性，含腐蚀性组分（硫化氢、二氧化碳、氯化物、氟化物、硫酸盐或硫酸盐还原菌）的非生产层段套管可能发生腐蚀。

在设计阶段就要考虑套管外腐蚀的风险及解决方案,可行的技术有:

(1)评估环境敏感性,发生环空井喷、地面或海底冒气、层间窜流风险的可承受性。

(2)压井或封井弃井的可行性评估,某些复杂的环空窜流或井周地面冒油气会造成复杂的局面。若不动用钻机修井段铣套管和注水泥作业的话,将不能阻断管外流动。

(3)潜在腐蚀地层用套管封隔的井身结构及技术经济评价,潜在有腐蚀的井段宜设计有两层套管和两层水泥。

(4)对潜在的含硫化氢地层或高压盐水层上下均用套管外封隔器辅助封隔,选用高品质的遇水膨胀封隔器可简化施工。潜在腐蚀性地层用厚壁套管封隔。钻到预计的高压盐水层或含硫化氢/二氧化碳非产层时,先注稠泥浆或水泥浆堵塞后再往下钻进。此措施虽然不能完全阻止流入,但至少可把井周地层从高渗透降为低渗透或降低流动地下水在井周渗流或传质速度。

(5)避免在腐蚀性非产层段用低密度水泥浆固井,在腐蚀性非产层段用富含铝酸三钙水泥体系,尽可能实施低渗透和高韧性水泥体系。

### 5.7.2.4　非注水泥段套管的腐蚀

如果非注水泥段地层含腐蚀性组分,套管的腐蚀会比较严重。对长的未注水泥段应评估钻井液沉降稳定性,加重料或固相沉淀后上中段密度降低可能导致地层腐蚀性流体侵入。套管腐蚀穿孔或套管破损后地层水流入套管内可能造成井底积水导致停产。此外,因套管内外壁同时腐蚀,加速了套管破坏。因此,对于气井和自喷油井,原则上要求生产套管外水泥要返到上层套管鞋之内。

通常滞留在环空水泥面上泥浆不会对套管造成严重腐蚀,这是因为钻井液有较高的pH,其中所含氧及腐蚀性组分因与铁反应消耗掉后腐蚀将会停止。

对于某些高温高压井,水泥不宜返到上层套管内的设计,应合理设计上层套管鞋层位,使留下的未注水泥段地层不含腐蚀性流体。

### 5.7.2.5　表层套管的腐蚀与安全

表层套管要承受全部井筒油套管和井口/采油树的重量,表层套管及环空水泥环的稳定性对井的安全至关重要。在高温高压和高产气井中偶尔会发生井口向上抬升,成为安全生产的隐患。表层套管安全与下述因素有关:

(1)表层套管应下入足够深度,以考虑支撑全部井筒油套管和井口/采油树的重量,重力将作用在水泥环上。定向井中压入下套管过程中的压力叠加采气期套管的膨胀力将部分作用在表层套管上,可能造成井口抬升。同时,还应考虑表层套管鞋之下地层破裂压力应高于循环排出溢流的井涌余量要求。

(2)表层套管本身及其环空水泥环可能受到地层水腐蚀,有的地层水为可流动态淡水或碱性水,有的与地表水相通,富含氧,有的含硫酸盐还原菌。因此,应充分重视表层套管的固井质量。

(3)雨水或地表水富含氧,应防止其对表层套管的腐蚀。表层套管和导管间应认真回填水泥,井口地面应有防水层,防止雨水渗透。

### 5.7.3　套管腐蚀监测

套管腐蚀监测可以在恶性事故发生前找到薄弱点，采取预防措施或补救措施，提供井筒是否还有再利用价值的决策。套管腐蚀监测对降低安全及环境风险十分重要。井下油套管柱的腐蚀监测主要采用测井仪器完成。目前主要的监测腐蚀的仪器包括：多臂成像测井仪、超声测井仪、电磁（EM）测井仪。腐蚀测井较为成熟和可靠，但有时需要采用多种腐蚀测井仪器进行对比，排除测量结果的不确定性。

**1. 多臂井径成像测井**

多臂井径成像测井用于检测油套管内径变化，它可能是腐蚀、挤毁、错断、磨损、孔洞或结垢，不能反映外壁状况。2 7/8～7in（73.03～177.80mm）油管或套管用 16 个臂；7～13 3/8in（177.80～339.73mm）套管用 36、60、72 个臂井径成像测井仪。

**2. 井壁超声彩色成像测井仪**

井下超声成像测井（UCI）又称三维井壁超声成像测井，利用先进的计算机图像处理技术对井壁的回波幅度和时间信息进行处理。使用不同角度、不同形式的图形描绘破损部位，由计算机显示器显示出立体图、纵横截面图、时间图、幅度图并做出声波井径曲线。若用高分辨率彩色显示器，则可拍摄记录彩色照片。

井壁超声彩色成像测井用于在套管内诊断套管直径和壁厚，水泥环状况，裸眼井状况，套管变形，如错位、弯曲、破裂、孔洞、腐蚀等。由于超声波在液体中衰减，油、水和轻泥浆效果好，重泥浆效果差。

**3. 电磁成像测井**

电磁成像测井是检测磁场变化，从而探测重金属体边界和电磁性质。电磁成像测井有两种原理，一种是基于漏磁检测；另一种是电磁涡流。可以测到套管外壁腐蚀或内壁腐蚀，破损或孔洞。电磁成像测井的独特优点是可在油管内用电缆或连续油管下入，不取油管。对发现的问题分析后再确定继续生产，监控生产或取油管再证实或修井。

# 5.8　应力腐蚀开裂实验方法及表征参量

## 5.8.1　应力腐蚀开裂实验标准

**1. 基于 ISO 7539 的应力腐蚀开裂实验标准**

在金属构件失效问题中应力腐蚀开裂危害大、带有普遍性，因此国际上进行了长期和广泛的研究。在构件选材、结构设计、载荷和环境控制及失效分析各方面都应遵从标准。《金属和合金的腐蚀：应力腐蚀试验》标准体系 ISO 7539（2015）中包含了较全面的应力腐蚀开裂评价方法，并逐步增补完善。上述标准已在中国国标 GB/T 15970 中等同引用。

到目前为止，该标准包括下述 10 部分应力腐蚀实验方法。

第 1 部分：试验方法总则。

第 2 部分：弯梁试样的制备和应用。

第 3 部分：U 型弯曲试样的制备和应用。

第 4 部分：轴载拉伸试样的制备和应用。

第 5 部分：C 型环试样的制备和应用。

第 6 部分：预裂纹试样的制备和应用。

第 7 部分：慢应变速率试验。

第 8 部分：焊接试样的制备和应用。

第 9 部分：反向 U 型弯曲试样的制备和应用。

第 10 部分：用于测试金属和合金的抗氢脆和氢致开裂的导则。

**2. 基于 NACE TM 0177 硫化氢环境应力腐蚀开裂实验室实验标准**

油气田开发中的酸性油气井常含不等量硫化氢，石油管及设备遭受湿硫化氢应力腐蚀开裂具有普遍性和严重性。硫化物应力开裂（SSC）是应力腐蚀开裂（SCC）中的一个特殊类型。由湿硫化氢引发的油气井金属设备应力腐蚀开裂关系到井筒完整性，含硫化氢产出流体泄漏会导致从业人员或公众安全问题。多个权威标准化组织专门针对含硫化氢油气开采材料选用和评价提出了比上述 ISO 7539 更具有针对性和具体的标准。美国国家腐蚀工程师协会（现称为 NACE 国际或 NACE）率先于 1975 年发布了 NACE MR0175 第一版，后经多次修改，目前版本为 NACE TM 0177—2016，中国 GB/T 4157 为等同引用标准。

NACE TM 0177 规定了在含 $H_2S$ 的低 pH 水溶液环境中，金属材料在受拉伸应力作用下的抗硫化物应力开裂（SSC）和应力腐蚀开裂（SCC）的实验室实验方法。在含硫化氢油气田开发设备中低温下倾向于发生硫化物应力开裂（SSC），高温下倾向于发生应力腐蚀开裂（SCC）。对于碳钢材料，工程上更关注低温下硫化物应力开裂（SSC）的材料评选；而对于合金材料，更关注高温下应力腐蚀开裂（SCC）。

NACE TM 0177 规定了实验用的试剂、实验装置、试样制备方法和实验程序等要求。实验方法包括以下五种及对应的产品材料验收评定标准：

NACE A 法：恒载荷拉伸实验，720 小时内不失效的最高单轴拉伸应力。

NACE B 法：三点弯曲实验，720 小时内基于统计 50%失效可能性的临界应力（$Sc$）值。

NACE C 法：C 形环实验，720 小时内不失效的最高环向应力。

NACE D 法：双悬臂梁（DCB）实验，重复实验试样中有效试样的平均 $K_{ISSC}$（SSC 的应力场强度因子临界值）。

NACE E 法：四点弯曲实验，720 小时内不失效的最高拉伸应力。

### 5.8.2  硫化氢环境应力腐蚀开裂实验方法

上述 ISO 7539、NACE TM 0177 标准的实验方法可分为四类：恒载荷实验、恒变形实验、断裂力学实验、慢应变速率实验。以下将讨论实验方法的特征和适用性问题。

#### 5.8.2.1  恒载荷实验

恒载荷实验是模拟构件在一个标准统一设定的腐蚀性介质环境中对试件施加一个恒定载荷，得出断或不断的结果。也可以改变外加载荷，得出断裂时间与施加载荷的相关性。

恒载荷法虽然加载是恒定的，但试样在暴露过程中由于腐蚀或产生初始裂纹，开裂部分截面的有效应力是不断增加的。所以，恒载荷实验条件十分严苛。

前述 NACE A 法是一种恒载荷实验，可以是弹簧加载，见图 5-11（a）或杠杆砝码加载，见图 5-11（b）。

(a) 弹应力弹簧加载　　　　　　　　　　　　(b) 杠杆砝码加载

图 5-11　恒载荷实验

外加载荷的值完全是适用性的规定，对于 NACE A 法的圆柱拉伸试件，规定拉伸应力为材料名义屈服强度的 80%～90%，称为应力比。对于硫化物应力开裂严重的区域或 C110 准抗硫钢，取应力比 80%；对于硫化物应力开裂不严重的区域，取应力比 90%；或按厂家承诺值，用户与厂家协议值。NACE A 法恒载荷实验条件过于苛刻，应力比不应是 100%。

上述 NACE A 法是在室温 24℃下进行的，考虑了硫化物应力开裂 SSC 在低温下敏感。而硫化氢环境应力腐蚀开裂在高温下敏感，需采用高压釜，实验甚为复杂，可参考 NACE TM 0177—2016 版。

试样取出后观察有下列现象者视为不通过或失效：

（1）试样完全断开。

（2）经 720 小时实验周期结束后，用 10 倍放大镜目视可观测到试样的环境敏感开裂裂纹。可使用金相显微镜、扫描显微镜检查裂纹特征。

### 5.8.2.2　恒变形实验

恒变形法也称恒位移法、恒应变法等。它是利用夹具或螺栓对试样加载到一定的变形，再放入盛有规定腐蚀介质的实验容器。上述 NACE TM 0177 中 NACE B 法、NACE C 法和 NACE E 法均属于恒变形法。恒变形法具有下述优点：

（1）试样紧凑、简便，适合于在小的容器或高压釜内进行长时间的成批实验。

（2）实验能较好反映构件服役的实际应力工况，例如，试件考察点可以含有应力集中（NACE B 法：三点弯曲实验）或局部应变，可在材料弹性范围内或超过屈服强度的弹塑性区预置残余应力。

（3）可作低温下硫化物应力开裂 SSC，或高温下硫化氢环境应力腐蚀开裂。也可作氯化物、磷酸盐等其他介质的应力腐蚀开裂。

（4）可以较好反映构件表面自然状态对环境敏感开裂的影响。油套管表面含有高温轧制或热处理的氧化膜，也可能含有出厂前现行探伤设备难以发现的小于壁厚 5.0% 的表面微裂纹（图 5-12）。

检测管外壁EC开裂　　　检测管内壁EC开裂　　　检测管内壁EC开裂

图 5-12　C 形环实验夹持形式

　　恒变形实验基本上是定性的比较评价,热膨胀或应力松弛可能会使试件上的应力与加载时稍有不同。

### 5.8.2.3　断裂力学实验

　　断裂力学实验方法采用带有预制裂纹的试样,通常是在试样上用机械方法加工一个切口,用疲劳载荷在切口根部预制裂纹,然后对试样加一定载荷并置入环境中进行实验。采用预制裂纹试样,把线弹性断裂力学应用于应力腐蚀开裂实验,可以确定金属材料在特定介质中的临界应力场强度因子 $K_{ISCC}$ 或裂纹扩展速率 $da/dt$,确定构件中可允许的最大缺陷尺寸及构件的寿命。断裂力学方法的优点是可定量计算,可在工程设计上用于安全评定和寿命评估。断裂力学所用的预制裂纹试样提供了有利于裂纹发展所必需的介质电化学条件,从而缩短了孕育期。

　　ISO 7539 第 6 部分:"预裂纹试样的制备和应用"提供了许多断裂力学试件形式。但是对于油套管,管壁的厚度基本不能满足断裂力学实验的平面应变条件,因此 NACE TM 0177 中提供了 NACE D 法:"双悬臂梁(DCB)实验"。重复实验试样中有效试样的平均 $K_{ISSC}$ (在指定环境中 SSC 的应力场强度因子临界值)。DCB 实验是一种止裂型的断裂力学实验,临界应力场强度因子 $K_{ISSC}$ 来表示抗 SSC 扩展性能。方法 D 给出了一个直接用数字表示的抗裂纹扩展能力的量化排序,而不取决于失效/不失效结果的评价。对于油套管,由于几乎不能加工满足平面应变条件的试件,测试程序和数据处理复杂,很难得到反映材料固有属性的 $K_{ISSC}$。用于计算某一特定环境中定量的承载能力(内压力、拉伸)仍有困难。用于比较不同材料在同一实验环境和实验条件下的抗开裂性能虽有差异却是可行的。

### 5.8.2.4　慢应变速率实验

　　慢应变速率实验(SSRT)是 ISO 7539 第 7 部分:"慢应变速率试验"规定的实验方法,NACE TM 0177 不包含慢应变速率实验。

　　慢应变速率实验是将拉伸试件放入特制的慢应变速率实验机中,以恒定不变十分缓慢的应变速度把载荷施加到试件上,通常使用的变形速率范围为 $10^{-4} \sim 10^{-7} s^{-1}$。试件敏感点将由弹性拉伸缓慢进入所谓活性区,由启裂发展到最终断裂。试件可以是圆棒、板状或带缺口试件。慢应变速率实验机中盛入特定的腐蚀介质和惰性介质,以强化应变状态来加速应力腐蚀开裂 SCC 过程的发生和发展。在腐蚀介质中与在惰性介质中的拉断强度、断裂延伸率、断面收缩率、断裂时间、断裂能等的比值反映了应力腐蚀开裂敏感度。带缺口慢应变速率实验可反映材料在某特定介质中的缺口敏感性、局部应变损伤敏感性。可在慢拉伸过程中同时研究其他因素（如温度、电极电位和溶液 pH 等）对应力腐蚀过程的影响。与前两种方法相比，慢应变速率法具有较大的优越性。首先，慢应变速率法对应力腐蚀开裂有较高的灵敏性。

慢应变速率实验主要用于快速比较不同材料在某一介质中的抗应力腐蚀开裂性能，或研究不同环境介质对固定材料应力腐蚀开裂的影响。

### 5.8.3　硫化物应力开裂 SSC 实验设定的腐蚀介质

#### 5.8.3.1　NACE TM 0177 规定的 SSC 实验腐蚀介质

**1. 碳钢和低合金钢实验腐蚀介质**

碳钢和低合金钢在低温下对硫化物应力开裂 SSC 敏感，规定实验溶液温度应保持在 $24\pm3℃$。实验溶液有 A 溶液、B 溶液、C 溶液、D 溶液和 E 溶液五种。

（1）A 溶液，一种强酸性的饱和 $H_2S$ 盐水溶液。

A 溶液由质量分数为 5.0%NaCl 和 0.5%$CH_3COOH$（冰醋酸，纯无水乙酸）溶解在蒸馏水或去离子水中组成，例如，50.0g 的 NaCl 和 5.0g 的 $CH_3COOH$ 溶解在 945g 蒸馏水或去离子水中。严谨的操作下溶液 pH 应可为 2.6～2.8，不可通过化学试剂调节溶液 pH。

通入高纯度氮气排氧，对于强度为 L80 及以下（R65、K55、J55）低合金钢的实验溶液，确保溶解氧的质量浓度低于 $50\times10^{-9}g/L$；对于强度在 L80 以上的低合金钢及耐蚀合金，溶液中溶解氧的质量浓度应小于 $10^{-8}g/L$。对于如此低的含氧量，只有用高精度测氧仪来检测。如果没有测氧仪，就应采用比 NACE TM 0177 规定的更长的排氧时间和更严谨的操作。

如果排氧不净，就怀疑实验溶液有氧污染。氧污染将加剧金属腐蚀，也会加剧环境开裂敏感性，使得本来可判定为合格的试件误判为不合格。

（2）B 溶液，一种强酸性但放宽 pH 的饱和 $H_2S$ 盐水溶液。

B 溶液与 A 溶液相近，仅 pH 可缓冲到约 3.5。B 溶液由质量分数为 5.0%NaCl、0.25%$CH_3COOH$ 和 0.41%$CH_3COONa$（醋酸钠）溶解在蒸馏水或去离子水中组成，例如，50.0g 的 NaCl、25.0g 的 $CH_3COOH$ 和 4.1g 的 $CH_3COONa$ 溶解在 921g 的蒸馏水或去离子水中。严谨的操作下溶液 pH 应可为 3.4～3.6，不可通过化学试剂调节溶液 pH。

（3）D 溶液，一种缓冲的盐水溶液。

D 溶液氯化物质量分数、$H_2S$ 分压以及 pH 符合中度酸性环境的要求。实验溶液由质量分数分别为 5.0%NaCl 和 0.4%$CH_3COONa$ 溶解在蒸馏水或去离子水中组成，例如 50.0g 的 NaCl 和 4.0g 的 $CH_3COONa$ 溶解在 946g 蒸馏水或去离子水中，其 pH 应为 3.8～4.0。采取标准中规定的除氧措施，则 pH 不会超过 4.6。

实验气体应含有摩尔分数为 7.0%±0.3%的 $H_2S$，其余部分用氮气平衡。溶液在初期饱和后，应采用实验气体连续鼓泡，以保持溶液中气体处于饱和状态。

D 溶液可用于高强度准抗硫钢，如，API 5CT C110 级。C110 级准抗硫钢用 NACE A 法 A 溶液，720h 通过率会有随机性。

**2. 马氏体不锈钢实验腐蚀介质**

C 溶液是一种可用于马氏体不锈钢实验腐蚀介质。常用的超级 13Cr-110、L80-13Cr 主要用于二氧化碳腐蚀环境,但可允许有微量硫化氢。根据供货方和业主方达成的谅解协议,规定模拟特定服役环境的 Cl⁻ 浓度、$H_2S$ 分压和 pH 要求的一种缓冲的盐水溶液。溶液由 0.4g/L $CH_3COONa$ 和与特定服役环境相同浓度的 Cl⁻(添加 NaCl)溶解在蒸馏水或去离子水中组成,采用 HCl 或 NaOH 调节溶液初始 pH。实验气体应是 $H_2S$ 和 $CO_2$ 气体混合物,$H_2S$ 体积分数足以达到特定服役环境规定的 $H_2S$ 分压。在实验过程中应用实验气体对实验溶液连续鼓泡,鼓泡速度应使实验气体在实验溶液中持续饱和。

### 5.8.3.2　NACE TM 0177 规定的高温高压 SCC 实验腐蚀介质

图 5-13 为 NACE TM 0177 推荐的高温高压 SCC 实验装置示意图。

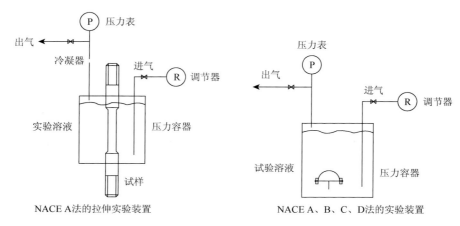

图 5-13　NACE TM 0177 推荐的高温高压 SCC 实验装置示意图

NACE TM 0177 规定的高温高压 SCC 实验腐蚀介质适用于模拟实际工况条件或根据 NACE 15156-3 对耐蚀合金设置的分级评价条件。如果 $H_2S$ 分压超过 100kPa(通常说的一个大气压),也应进行实验腐蚀介质条件下的高温高压 SCC 评价。

实验溶液通常为含有一定浓度的盐水(NaCl),可加化学剂调节 pH,也可模拟含元素硫。实验气体通常是 $H_2S$ 或 $H_2S$ 与 $CO_2$ 和氮气,按分压预混合成混合气体相。实验混合气体最好储藏在标准气瓶中,并装有合适的压力调节器,以便满足实验要求的压力。

对于高温高压 SCC 实验,实验施加的应力原则上应为常温下的材料名义屈服强度。但对于高温或实验温度下屈服强度降低较大的材料,也可用预先检测过的对应温度下屈服强度,或查资料得到的屈服强度。

采用惰性气体鼓泡对实验溶液除氧,通气管应插入溶液中,每升溶液至少除氧 1 小时。

通过下述方法来达到实验环境中的 $H_2S$ 分压:充入实验气体之前先加热容器,关闭阀门,加热容器到实验温度至稳定,然后测量容器顶部实验溶液的蒸汽压。实验气体充入容器,直到达到实验压力。如果已积累经验,保证能达到计算的 $H_2S$ 分压,也可在容器升温之前充入实验气体。

### 5.8.3.3　硫化物应力开裂 SSC 实验设定外载应力水平

ISO 11960—2011 年版《石油和天然气工业-钢管用作套管或油管井》规定了碳钢和低合金钢油套管硫化物应力开裂 SSC 实验设定的加载应力水平。

**1. NACE A 法**

标准尺寸试样：$\Phi6.35$mm，以下 $YS_{min}$ 代表名义屈服强度。

C90：$YS_{min}\times80\%$，即 496MPa，对 PSL3 产品规范级别，加载应力水平为 90%。

T95：$YS_{min}\times80\%$，即 524MPa，对 PSL3 产品规范级别，加载应力水平为 90%。

C110：$YS_{min}\times85\%$，即 644MPa。

小尺寸试样：$\Phi6.35$mm，以下 $YS_{min}$ 代表名义屈服强度。

C90：$YS_{min}\times72\%$，即 447MPa。

T95：$YS_{min}\times72\%$，即 472MPa。

C110：$YS_{min}\times76\%$，即 576MPa。

**2. NACE D（DCB）法**

试样最小厚度 9.53mm，C90 和 T95 有效试样中最小值的三个试样 DCB 硫化物应力开裂实验应力强度因子平均应为 33.0MPa·m$^{1/2}$，C110 为 26.3MPa·m$^{1/2}$。

## 5.8.4　硫化物应力开裂 SSC 实验不通过的折中处理

NACE TM 0177 针对碳钢和低合金钢设定的实验介质为强化腐蚀溶液，十分苛刻，它与井下实际工况是否会断裂没有直接的相关性。对应于图 5-14（见下一节）酸性环境分区图中一区和二区的环境，常常不会使用昂贵的合金材料，碳钢材料（如 C110）按标准评价可能会不通过，而 ISO 15156-2 附录 B 提出了硫化物应力开裂 SSC 实验不通过的折中处理实验方法，这是一种实用性实验方法。以下两种试验标准中的任一个通过均可接受，这取决于买方的技术经济和风险评估。

### 5.8.4.1　轻度或中度酸性环境

适用于图 5-14 酸性环境分区图中一区和二区的环境，或指定的具体井下环境。

**1. NACE A 法和 C 法（C 形环）**

实验溶液：一种缓冲的盐水溶液，实验溶液由质量分数分别为 5.0%NaCl 和 0.4%CH$_3$COONa 溶解在蒸馏水或去离子水中组成，采用 HCl 或 NaOH 调节溶液 pH 到预计井下环境的计算值。

硫化氢分压：酸性环境分区图中一区和二区的环境的分压值，或指定的具体井下环境分压值。

加载应力水平：按试件实测屈服强度的 90%加载。屈服强度按 ISO 6892-1—2009 标准中 $Rp_{0.2}$ 工程屈服强度计算。

可接受准则：无断裂，无裂纹。

**2. DCB 法**

实验溶液、硫化氢分压同上，结果值按供需双方协议。

### 5.8.4.2　全部酸性环境的三个分区

适用于图 5-14 酸性环境分区图中所有分区的环境。

**1. NACE A 法和 C 法（C 形环）**

实验溶液：实验溶液由质量分数分别为 5.0%NaCl 和 0.4%CH$_3$COOH 溶解在蒸馏水或去离子水中组成。

硫化氢分压：充 0.1MPa 硫化氢至饱和。

加载应力水平：按试件实测屈服强度的 80%加载。屈服强度按 ISO 6892-1—2009 标准中 $R_{p0.2}$ 工程屈服强度计算。

可接受准则：无断裂，无裂纹。

**2. DCB 法**

实验溶液、硫化氢分压同上，实验结果按供需双方协议。

## 5.9　硫化氢环境油套管材料的选用

### 5.9.1　硫化物应力开裂和应力腐蚀开裂选材标准体系

油气田开发中酸性油气井常含不等量硫化氢，由湿硫化氢引发的油气井金属设备应力腐蚀开裂关系到井筒完整性。含硫化氢产出流体泄漏会导致从业人员或公众安全问题。多个权威标准化组织专门针对含硫化氢油气开采材料选用和评价提出了比上述 ISO 7539 更具有针对性和具体的标准。美国国家腐蚀工程师协会（现称为 NACE 国际）率先于 1975 年发布了 NACE MR0175 第一版。NACE MR0175 阐述了 H$_2$S 分压限制，硫化物应力开裂（SSC）的预防措施，以及耐硫化物应力开裂（SSC）材料选择和规范的导则，提供了一些耐蚀合金应用范围，包括环境成分和 pH、温度和 H$_2$S 分压。

1996 年欧洲腐蚀协会独立发布了 EFC 出版物，对前述 NACE 标准作了补充，两个文本在范围和细节的描述上稍有不同。

2003 年，NACE、EFC 和 ISO 专家达成一致，将标准统一为"NACE MR0175/ISO 15156 石油天然气工业-油气开采中用于含硫化氢环境的材料"。但是 NACE MR0175 和 ISO 15156 在个别处表述会稍有不同。标准分为以下三个部分发布：

第 1 部分：抗开裂材料选用的一般原则。

第 2 部分：抗开裂碳钢、低合金钢和铸铁。

第 3 部分：抗开裂合金（耐蚀合金）和其他合金。

上述第 2 部分和第 3 部分将在稍后重点讨论。

### 5.9.2　材料选用总体方案

为了便于在宏观上选材，Sumitomo Metals 公司提出了油气井腐蚀环境与材料选用方案，见图 5-14。图 5-14 综合反映了硫化氢和二氧化碳分压及温度对腐蚀、环境敏感开裂的影响及推荐对应的材料类型。Sumitomo Metals 公司制定的腐蚀环境与材料选用指导图中各区域说明如下。

**1. 第一类：轻微腐蚀环境**

油气井产出流体中含少量地层水、凝析水以及微量 $H_2S$、$CO_2$ 的环境以及注水井等都属于轻微腐蚀环境，可用符合 ISO 11960 规定的任何油套管，常用的有 J55、N80、P110、Q125 等。

**2. 第二类：$H_2S$ 酸性环境，硫化物应力开裂是主要的控制因素**

$CO_2$ 体积分数低，硫化物应力开裂是主要的控制因素。根据温度的不同，选用表中相对应的抗硫化物应力开裂的钢级，例如，H40、J55、K55、M65、L80-1、C90（C90-1 和 C90-2）、C95、T95（T95-1 和 T95-2）。

**3. 第三类：湿 $CO_2$ 环境**

由不同体积分数的 $CO_2$ 及地层水组成，且以电化学腐蚀为主的井下环境。常用 L80-13Cr 或超级 13Cr-110 马氏体不锈钢。有的公司推出 L90-13Cr、L95-13Cr、Super 15Cr-110、Super 15Cr-125。

**4. 第四类：高温、湿 $CO_2$ 和微量 $H_2S$ 环境**

双相不锈钢 22Cr，超级双相钢 25Cr 或 28Cr，适用于湿 $CO_2$ 和的微量 $H_2S$ 环境。$H_2S$ 和氯根质量浓度高时应降低屈服强度，可选 25Cr-80、28 Cr-80 低超级双相钢。

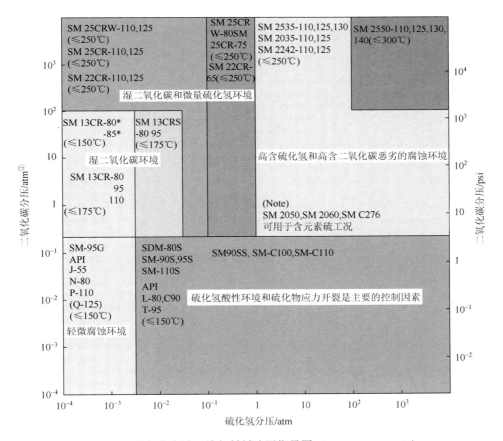

图 5-14　油气井腐蚀环境与材料选用指导图（Sumitomo Metals）

---

① 1atm=1.01325×$10^5$Pa。

**5. 第五类：高含 $H_2S$ 和高含 $CO_2$ 恶劣的腐蚀环境**

在不利的油气井腐蚀介质类型组合及含量、压力、温度等相互作用下，同时存在硫化物应力开裂 SSC 和应力腐蚀开裂 SCC。碳钢和低合金钢可能会出现严重失重腐蚀、点蚀或开裂；马氏体不锈钢或双相不锈钢会遭到应力腐蚀开裂 SCC。这是最恶劣的腐蚀环境，总体来说只可选用镍基合金类材料。

### 5.9.3　基于现场经验的材料选用

对于某些腐蚀环境，如按前述 ISO 15156 标准选不到合适的材料，或存在技术经济不可行问题。NACE 方法 A 和 A 溶液是一种最苛刻的抗硫化物应力开裂评价方法。大量实践证明，按 NACE 方法 A 和 A 溶液不合格的材料，在现场长期工作并未开裂。

A 溶液是一种强化腐蚀的评价方法，在含硫油气井中几乎不会存在 A 溶液工况。在含硫油气井中出现 24℃低温只可能在投产或测试后关井，但是在近井口段油管内不会是水为连续相的含硫水体，即水淹到井口。此时在井上部油管内的腐蚀是气相腐蚀，即"露点腐蚀"点。露点指井筒内气相压力温度降低到某一值时，开始有水滴析出。气相中的硫化氢或二氧化碳溶于析出水中，水滴吸附在足够冷的管壁上形成局部连续水膜。吸附水膜显酸性，具有较强的腐蚀性，称露点腐蚀。在连续生产时油管内有流动，不易形成稳定的吸附水膜。油套 A 环空无流动，露点腐蚀相对较严重，这是许多油气井油管外壁腐蚀比内壁严重的原因。在气相中 SSC 不是失效的控制因素。

在井底部可能会有积水，但井底部温度较高，失效控制因素不是 SSC，而是 SCC，即应力腐蚀开裂。

例如在需要用 C110 准抗硫钢的井，根据前述 5.8.3.1，推荐通过 D 溶液评价即可接受。

在含硫化氢凝析气井或含伴生气，伴生气中含硫化氢的井中，部分井硫化氢体积分数大于 20%。上述油气井有的采用碳钢油管开采数年未发现硫化物应力开裂问题，有的井产水后会有应力腐蚀开裂问题。如果能在油管过度腐蚀之前修井更换油管也是可行的。

ISO 15156-1 提供了一个适用性设计原则，即可以根据现场经验资料进行材料的选择。但需符合下述条件：

（1）提供的现场经验至少是经过两年生产实践得到的，并且在现场使用之后进行了全面的潜在损伤检查。

（2）拟使用环境的苛刻程度不能超过该材料现场经历过环境的苛刻程度。

### 5.9.4　硫化氢酸性环境，硫化物应力开裂为主控因素的碳钢材料选用

#### 5.9.4.1　$H_2S$ 酸性环境碳钢和低合金钢开裂严重度判别

本节讨论 5.9.2 节中第二类：$H_2S$ 酸性环境，硫化物应力开裂是主要控制因素的材料选用，对应 ISO 15156-2 部分。

**1. 碳钢和合金钢开裂严重度判别图**

在酸性环境下，影响碳钢和低合金钢性能的因素中，最关键的是 $H_2S$ 分压和 pH，因此，ISO 15156 以这两个参数的大小来判定材料开裂的严重度。值得注意的是，ISO 15156 只涉及

材料的环境断裂问题，未考虑一般的腐蚀问题。在材料选用实际设计中，最好能得到相当于井下对应点的 pH 数据。由于对含 $H_2S$ 的油气井取样比较困难，所以不知道产液的 pH 时，要根据组分分析报告计算出 pH，再用本节介绍的方法来判断材料开裂的严重度。

标准考虑了在酸性环境中服役的金属与 $H_2S$ 分压和 pH 的关系，根据 $H_2S$ 分压和 pH 的取值，将酸性环境分为四个区域，可以作为碳钢和低合金钢在 $H_2S$ 酸性环境中开裂严重度的判据，如图 5-15 所示。

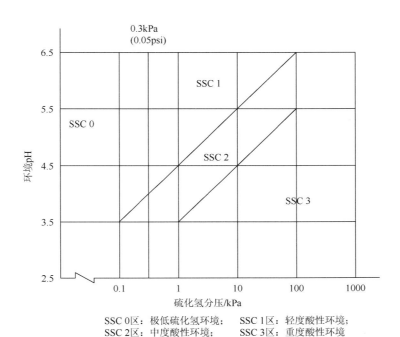

SSC 0区：极低硫化氢环境；　　　SSC 1区：轻度酸性环境；
SSC 2区：中度酸性环境；　　　　SSC 3区：重度酸性环境

图 5-15　酸性环境分区（ISO 15156-2）

在讨论各区之前，对该图做一些说明：该图适用于 $H_2S$ 分压为 0.3～1000kPa。当 $H_2S$ 分压高于 1000kPa 时，要根据井下具体工况和实验评价来选择合适的材料。

在 SSC 1 区、SSC 2 区、SSC 3 区都存在金属开裂的风险。SSC 1 是硫化物应力开裂最可能出现的区域，在此区域内，对材料不需要特别的限制。SSC 2 是一个过渡区，在此区域内需对材料应用的重要性进行评价。在某些情况下，并不是所有合格材料都可使用，它们应满足适用性目标的准则，在条件不明确时，可以把 SSC 2 看成是 SSC 3 的一个组成部分。SSC 3 是敏感材料可能出现硫化物应力开裂的区域，暴露在这个区域的材料，需要按 ISO 15156-2 做出质量判定。

选用碳钢和低合金钢时，应根据拟服役的酸性工作环境或按 SSC 1 区、SSC 2 区、SSC 3 区的条件开展评价实验。若已有待选油管和套管的现场使用经验，也可以参考经验进行选材。在确定含有 $H_2S$ 环境的 pH 时，应考虑非正常操作或停产形成凝析水，因为凝析水可能会有极低的 pH，还应考虑增产酸化的酸液 pH。$H_2S$ 溶于酸液后 pH 还会降低，尤其是在酸液返排不及时和井底滞留残酸的情况下。

**2. SSC 0 区，代表 H₂S 分压较小的环境（$p_{H_2S} < 0.3kPa$）**

SSC 0 区，是"非酸性"范围。在此范围内，对钢材的选用无特殊要求，也不需要采用特殊的预防措施，但是毕竟含有 H₂S，以下因素也有可能导致材料开裂：

（1）左下角虚线表示 H₂S 分压低于 0.3kPa，此时可能会存在测量和材料性能的不确定性。

（2）对硫化物应力开裂和氢应力开裂高度敏感的金属，应特别注意防止应力集中，避免使用高强度钢。

（3）金属的物理和冶金性能可能会影响其抗硫化物应力开裂和抗氢应力开裂性能。

（4）在不含 H₂S 的液相环境中，特高强度的金属可能发生氢应力开裂。当金属的屈服强度高于 965MPa 时，需要限制金属的化学成分以保证在 SSC 0 区不出现硫化物应力开裂或者氢应力开裂。

（5）应力集中增加开裂的风险。

**3. SSC1 到 SSC 3 区，代表 H₂S 环境（$p_{H_2S} \geqslant 0.3kPa$）**

这是一个很宽的 SSC 严重度区间，所有油套管材料都要按 ISO 15156-2 附录 A 要求制造和检验。

### 5.9.4.2　H₂S 酸性环境碳钢和低合金钢材料性能要求

**1. 材料类型**

H₂S 酸性环境碳钢和低合金钢材料类型为 UNS G41XX0，UNS 为 unified numbering system for metals and alloys 的缩写，G 代表碳钢和低合金钢，例如，多数油套管用 UNS G41300，对应于原 AISI 4130。

**2. 酸性环境碳钢不同钢级套管和油管的适用温度条件**

前述含 H₂S 环境对碳钢和低合金钢应力腐蚀开裂的影响因素中，温度是一个关键的参数。一般来说，硫化物应力开裂的敏感温度是室温 65℃，因此前述实验标准都设置在 24℃，如果温度低于 24℃，开裂趋势会更加严重。在含硫气井设计中，在温度高于 65℃ 的井段可以采用强度较高的非抗硫油套管。表 5-1 列出了按 ISO 11960 标准规定的套管和油管适用的温度条件。

表 5-1　酸性环境套管和油管最低允许使用温度条件（ISO 11960 钢级）

| 适用于所有温度 | ≥65℃ | ≥80℃ | ≥107℃ |
|---|---|---|---|
| （ISO 11960 钢级）[a]<br>H40、J55、K55、M65<br>L80-1；C90-1<br>T95-1 | （ISO 11960 钢级）[a]<br>N80-Q<br>C95 | （ISO 11960 钢级）[a]<br>N80<br>P110 | （ISO 11960 钢级）[a]<br>Q125 |
| 符合 ISO 15156-2 A2.2.3.3 条款<br>的抗硫钢 | 最大屈服强度小于等于760MPa<br>专用 Q&T 钢<br>符合 ISO 15156-2 A2.2.3.2 条款<br>的 Cr-Mo 低合钢 | 最大屈服强度小于等于<br>965MPa 专用 Q&T 钢 | |

所述最低允许使用温度指不发生 SSC 硫化物应力开裂的温度。
未考虑低温冲击功，由用户另作要求。
a.　2001 年版 ISO 11960

**3. 酸性环境碳钢套管和油管折中的适用性条件**

除表 5-1 中的钢级外，符合下述条件的钢也可采用。

H₂S 酸性环境碳钢和低合金钢材料类型为前述 UNS G41XX0 钢，例如，原 AISI 4130，经淬火回火调制到硬度低于 30HRC。

规定的最小屈服强度为 690MPa（100ksi）、720MPa（105ksi）、760MPa（110ksi），允许的最大屈服强度与前述规定最小屈服强度区间不大于 103MPa（15ksi）。

符合 ISO 15156-2 附录 B 提出的硫化物应力开裂 SSC NACE A 法的折中处理实验方法，该方法见 5.8.4 节硫化物应力开裂 SSC 实验不通过的折中处理办法，且硬度低于 26HRC。

如果管体和管件在低于 510℃（950℉）下冷校直，之后应在最低温度为 480℃（900℉）以上作消除应力处理；如果管体和管件为冷成形制造，例如，公端缩口、母端胀大，外缘周向应变已大于 5%，冷变形部分应在不低于 595℃（1100℉）下作消除应力处理；如果连接管件为高强度钢，硬度高于 22 HRC 的冷成形制造，管件应在不低于 595℃（1100℉）下作消除应力处理。

### 5.9.4.3　影响碳钢和低合金钢环境开裂的主要因素

**1. 影响环境开裂的主要因素**

在含 H₂S 环境中，影响管材性能的因素较多，主要包括：

（1）化学成分，制造方法，成形方式，强度，材料的硬度和局部变化，冷加工量，热处理条件，材料微观结构，微观结构的均匀性，晶粒大小和材料的纯净度。

（2）H₂S 分压或溶解在水相中的当量浓度。

（3）水相中的氯离子质量浓度。

（4）水相酸度值（pH）。

（5）是否存在硫元素或其他氧化剂。

（6）非产层流体侵入或与非产层流体接触。

（7）温度。

（8）应力状态及总拉伸应力（外加应力加残余应力）。

（9）暴露时间。

以下将从材料设计和选用方面讨论影响碳钢和低合金钢开裂的主要因素。

**2. 化学元素的影响**

ISO 11960 规定的抗硫钢元素组成十分宽泛，元素组成留给厂家决定。H₂S 酸性环境碳钢和低合金钢材料的元素组成不仅影响材料综合力学性能，还影响其环境开裂敏感性，平衡设计至关重要。以下简述以 UNS G41300（AISI 4130）为基础的重要合金元素适用范围及限制。

C：质量分数为 0.25%～0.35%，兼顾强度、热处理性能及抗环境开裂。如果能满足强度、热处理工艺要求，又避免了高含碳量时可能发生的淬火开裂，可以得到好的晶粒度和更高的 $Sc$ 值。

Mn：Mn 兼顾强度、热处理性能，Mn 质量分数高会在 Cr-Mo 钢中形成 Mn 的高质量分数偏析。应适当降低 Mn 的质量分数并在结晶过程中制定步骤来避免 Mn 的偏析。理想的 Mn 质量分数小于 0.75%。C110 钢 Mn 质量分数宜小于 0.5%。

Si：控制质量分数元素。理想 Si 的质量分数为 0.15%～0.35%。

S：有害元素，降低 S 的质量分数到 0.008%～0.001%，甚至 0.008%以下，可以改善抗 SSC 性能。MnS 是 SSC 的主要危险源，长形的 MnS 会降低抗 SSC 性能。

P：有害元素，P 元素倾向于在界面偏析，P 质量分数高损害抗应力开裂性能。加入微合金元素和提高 Mo 的质量分数可抵消 P 的危害。抗硫钢 P 质量分数均应小于 0.02%，C110 应更低。

Cr：Cr 可提高钢的可淬硬性，但过多有害，高质量分数的 Cr 可引发晶间开裂。抗硫钢 Cr 的质量分数通常为 0.3%～0.80%。

Mo：提高淬硬性、耐腐蚀性、抗 SSC 性能和细化晶粒。抗硫钢 Mo 的质量分数通常为 0.4%～0.80%。

Ni：提高淬硬性、耐腐蚀性。抗硫钢 Ni 的质量分数通常为 0.3%～0.80%。

其他元素可能还有：B、Ti、Al、Cu、V、Nb 等，由厂家自定。V、Nb 对细化晶粒、提高 C110 钢抗硫化物应力开裂有利。其加量对热处理温度和强度影响显著，与工厂经验和热处理炉温控制水平有关。

### 5.9.4.4　硬度和强度

屈服强度和硬度是材料抗硫化物应力开裂的重要性能参数。强度和硬度太高会导致开裂，适当的强度和硬度是确定碳钢和低合金钢抗环境开裂的重要指标，通过限制强度等级可以避免硫化物应力开裂。因为硬度与强度有关，而硬度能用简便且非破坏性的方法确定，因此在酸性环境中材料选择和质量控制广泛使用硬度指标。表 5-2 为 ISO 11960 规定的常用抗硫钢材硬度值。

**表 5-2　ISO 11960 规定的常用抗硫钢材的硬度值，HRC**

|  | J55 K55 | L80-1 型 | C90-1 型 | T95-1 型 | C110 |
|---|---|---|---|---|---|
| 硬度最大值 | 22.0 | 23.0 | 25.4 | 25.4 | 30 |
| 硬度平均值 | 22.0 | 22.0 | 24.4 | 24.4 | 29 |

最大强度/硬度许可值与施加的拉伸应力和酸性环境的恶劣程度有关。硬度增加，材料承受拉伸应力降低到某一值后，不会发生 SSC。对于 NACE A 法、A 溶液，C110 钢良好的抗硫化物应力开裂的强区间为 110～120ksi（758～827MPa），120～125ksi（827～861MPa）区间通过率有随机性，大于 125ksi（861MPa）很难通过。这是 2015 年版 ISO 15156 提出用 NACE A 法 D 溶液测试 C110 钢抗硫化物应力开裂的原因之一。

图 5-16 表示随着强度增加，材料在 $H_2S$ 环境中临界应力强度因子 $K_{ISSC}$ 降低。由图中数据看出屈服强度大于 689MPa（100ksi）后，材料在 $H_2S$ 环境中临界应力强度因子 $K_{ISSC}$ 小于 33MPa·m$^{0.5}$（1ksi·in$^{0.5}$=1.098MPa·m$^{0.5}$）。鉴于屈服强度对环境开裂影响较大，适合 $H_2S$ 环境使用的材料除满足最小屈服强度要求外，还对最大屈服强度值有限制。

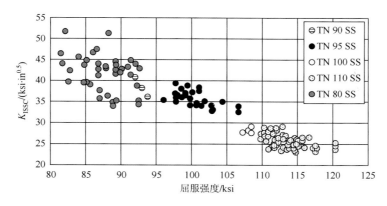

图 5-16　常用低合金钢强度影响 $H_2S$ 环境应力强度因子 $K_{ISSC}$（NACE 200511）

### 5.9.4.5　电化学腐蚀影响

在井底段硫化物应力开裂虽然不发生，但是随着井温的增加，电化学腐蚀加剧。因此，在高含 $H_2S$、$CO_2$ 或地层水井中，油套管的设计十分复杂。在含 $H_2S$、$CO_2$ 或地层水井中，合适的井段设计和采用合适的抗硫钢材仅仅是解决了硫化物应力开裂 SSC 问题，但硫化物应力腐蚀开裂 SCC 和腐蚀并没有解决。如果因电化学腐蚀，管子截面积减小或腐蚀坑处应力集中，仍会出现一般性应力腐蚀开裂问题。考虑到这种情况，有必要采用镍基耐蚀合金管。

## 5.10　二氧化碳腐蚀环境油套管材料的选用

### 5.10.1　二氧化碳环境碳钢油套管材料的选用

由于技术经济原因，一些含二氧化碳气井仍在使用碳钢油套管。另一些井是勘探开发活动中的认识演变过程，可能会有在二氧化碳环境中使用碳钢油套管的经历，或腐蚀严重度有一个探索过程。因此本节介绍二氧化碳环境碳钢油套管的腐蚀及材料的选用问题。

油气井产出流体中含少量地层水、凝析水以及微量 $H_2S$、$CO_2$ 的环境以及注水井等都属于轻微腐蚀环境，可用符合 ISO 11960 规定的任何油套管，常用的有 J55、N80、P110、Q125 等。

近年来有厂家推出"3Cr 经济型抗二氧化碳腐蚀钢"，即铬的质量分数提高到 3%。在 ISO 11960/API 5CT 中也有 L80-1Cr、L80-9Cr 抗腐蚀钢。上述类型钢在某些腐蚀介质环境中是有效的，但在不利的腐蚀介质组合下腐蚀可能会更严重，使用经验及严谨的模拟评价十分重要。

对于二氧化碳分压高于 1MPa 的气井，如果油管气流相态处于"干气"状态，那么选用碳钢油管也是可行的。"干气"指在油管内压力下温度高于露点温度 10℃，这意味着没有凝析水析出和附壁，就会减轻腐蚀。

以上讨论的选材理论、标准和方法也适用于二氧化碳埋藏井的油管和套管选材。

### 5.10.2　二氧化碳环境不锈钢油套管材料的选用标准

#### 5.10.2.1　二氧化碳环境耐蚀合金油套管材料的选用标准

图 5-14 油气井腐蚀环境与材料选用指导图中左上角中二氧化碳分压大于 0.1MPa 和硫化氢分压小于 0.1MPa 的区域大体上为湿 $CO_2$ 腐蚀环境。可分为以下两类：

第一类：湿 $CO_2$ 环境。由不同体积分数的 $CO_2$ 及地层水组成，且以电化学腐蚀为主的井下环境。常用 L80-13Cr 或超级 13Cr-110 马氏体不锈钢。有的公司推出 L90-13Cr、L95-13Cr、超级 15Cr-110、超级 15Cr-125。

第二类：高温、湿 $CO_2$ 或微量 $H_2S$ 环境。双相不锈钢 22Cr，超级双相钢 25Cr 或 28Cr。$H_2S$ 和氯根质量浓度高时应降低屈服强度，可选 25Cr-80、28 Cr-80 超级双相钢。

在实践中二氧化碳腐蚀的选材及腐蚀预测十分复杂，包括技术经济可接受程度、腐蚀严重程度及影响因素判别或评估、不锈钢应力腐蚀开裂倾向评估、油气井工作液（酸化、环空保护液、完井液）造成应力腐蚀开裂倾向等。

油气开发活动中二氧化碳腐蚀的标准滞后于生产需求。直到 2016 年才有第一个高含二氧化碳气井的油套管选材标准：《石油天然气工业-高体积分数二氧化碳环境中套管、油管和井下设备的材料选用》，ISO 17348（2016 年 02 月 15 日版本）提出了二氧化碳分压高于 1 MPa 和二氧化碳摩尔体积分数高于 10%环境的油套管和设备选材标准。该标准也适用于二氧化碳地下埋藏井的油套管和设备。

在上述标准之前，国际上采用和参考欧洲腐蚀联合会出版物 EFC23：《$CO_2$ 在油气生产中的腐蚀控制—设计考虑》。它不是一个标准，而是碳钢油套管与二氧化碳腐蚀相关问题的全面描述。包括 $CO_2$ 腐蚀的机理解释和腐蚀破坏的形式，焊缝 $CO_2$ 腐蚀损伤及防护，碳酸钙垢下腐蚀，腐蚀影响因素及腐蚀速率预测模型，防止二氧化碳腐蚀的完井设计等。

湿 $CO_2$ 腐蚀环境常用 L80-13Cr 或超级 13Cr-110 马氏体不锈钢，超级双相钢 25Cr 或 28Cr 的材料标准在 ISO 13680 和 ISO 15156-3 中分别有规定。

#### 5.10.2.2　湿二氧化碳环境马氏体不锈钢油套管材料的选用

**1. 马氏体不锈钢**

马氏体不锈钢是一种在室温下保持马氏体显微组织的铬不锈钢，可以通过热处理改善强度、硬度、弹性和耐磨性等力学性能。表 5-3 给出了部分马氏体不锈钢的化学成分，表中 UNS 表示美国金属和合金编号体系（SAE-ASTM）的编号。

**2. 马氏体不锈钢使用环境限制**

（1）超级 13Cr-110。

使用温度区间：没有确切的使用温度区间限制，但高温促使应力腐蚀开裂趋势增加。高温下产层流体氯化物质量浓度高，加剧二氧化碳腐蚀诱导的应力腐蚀开裂。一般认为低于 150℃为可靠区间，150～180℃腐蚀加剧，应力腐蚀开裂带有不确定性，180℃以上不宜使用。

表 5-3　ISO 15156-3 油套管用部分马氏体不锈钢的化学成分

| 合金类型 | 商品名 | UNS 名 | 化学成分 最大允许质量分数或允许区间/% | | | | | | | | | 抗点蚀指数 | API 钢级 | NACE MR0175/ISO 15156-3H$_2$S 限用条件 |
| --- | --- | --- | --- | --- | --- | --- | --- | --- | --- | --- | --- | --- | --- | --- |
| | | | C | Cr | Ni | Mo | Cu | Ti | V | W | N | | | |
| 13 铬 | L80-13CR | S42000 | 0.15 0.22 | 12.0 14.0 | 0.5 | — | 0.25 | — | — | — | — | 12~14 | 80 | H$_2$S≤1.5psi, pH≥3.5 |
| | 13CRS CR13S | S41426 | 0.03 | 11.5~13.5 | 4.5~6.5 | 1.5~3.0 | — | 0.01~0.5 | 0.5 | — | — | 16~23 | 80 95 110 | H$_2$S≤1.5psi, pH≥3.5 110 钢级不推荐酸性环境使用 |
| 超级 13 铬 | S13CR | S41425 | 0.05 | 12~15 | 4.0~7.0 | 1.5~2.0 | 0.03 | — | — | — | 0.06~0.12 | 17~22 | 80 95 110 | H$_2$S≤1.5psi, pH≥3.5 110 钢级不推荐酸性环境使用 |
| | SCR13 | S41427 | 0.03 | 11.5~13.5 | 4.5~6.0 | 1.5~2.5 | — | 0.01 | 0.1~0.5 | — | — | 16~22 | 80 95 110 | 1.5psi<H$_2$S, pH≥3.5, Cl⁻≤6g/L 110 钢级不推荐酸性环境使用 |
| 15 铬 | 15Cr | S42500 | 0.08~0.2 | 14.0~16.0 | 1.0~2.0 | 0.3~0.7 | — | — | — | — | 0.2 | 15~18 | 110 125 | H$_2$S≤1.5psi, pH≥3.5 |
| | 15CR Super 15Cr | 非标 | 0.04 | 14.0~16.0 | 6.0~7.0 | 1.8~2.5 | 1.5 | — | — | — | — | 20~24 | 110 125 | 不推荐酸性环境使用 |

注：1psi=6.8948kPa。

硫化氢分压限制：超级 13Cr-110 为二氧化碳环境用钢，在硫化氢环境中存在开裂敏感性。使用环境硫化氢分压应低于 10kPa（1.5psi），环境 pH 应高于 4.0。微调合金成分可提高抗硫化氢环境开裂性能，但没有显著的改进。

温度高于 150℃时推荐采用表 5-3 中 15Cr 或超级 15Cr。

（2）L80-13Cr。

在强度许可和温度低于 150℃范围内使用，抗二氧化碳腐蚀性能低于超级 13Cr-110，但抗硫化氢环境的开裂性能高于超级 13Cr-110。ISO 15156 标准规定 L80-13Cr 可在硫化氢分压小于 0.1MPa 和 pH≥3.5 环境使用。

### 5.10.2.3　高温湿二氧化碳环境双相不锈钢油套管材料的选用

**1. 双相不锈钢**

固溶组织中含铁素体和奥氏体组织，其中最少相体积分数大于 30%。双相不锈钢综合了奥氏体和铁素体的特点，把奥氏体不锈钢的优良韧性和焊接性与铁素体不锈钢的高强度和耐氯化物应力腐蚀性能结合在一起，因此，具有较好的耐腐蚀性和机械性能。双相不锈钢耐高温、二氧化碳腐蚀，氯化物和微量硫化氢环境开裂性能优于前述超级 13Cr-110，在含二氧化碳高温高压深井中已有使用。

双相不锈钢可通过冷轧得到不同的强度级别和适应不同硫化氢分压，例如 API 钢级758MPa（110ksi）可用于硫化氢分压小于 0.01MPa；如果不含硫化氢，强度可达 965MPa（125ksi）。如果硫化氢分压界于 0.01～0.10MPa，应采用超级双相钢，且屈服强度降低到415～550MPa（60～80ksi）。表 5-4 给出了部分双相不锈钢的化学成分。

**2. 双相不锈钢的抗点蚀性能表征**

耐蚀合金依赖于表面的一种氧化铬钝化膜提供防腐保护，氯化物或氧气的存在可能导致该钝化膜变得不稳定。小区域将会变得活跃，氧化铬膜损伤将会产生快速的局部腐蚀，在金属中产生孔洞。这些洞很难探测，可能导致管柱泄漏或断裂。高温和/或低 pH 促使铬氧化膜更趋于不稳定，因此，可能的途径是提高铬、钼、钨或氮的质量分数及合金化。这就需要一个判别指标，对耐蚀合金的抗蚀性进行排序的常用工具是利用经验公式来计算抗点蚀指数 PREN 或 $F_{PREN}$（pitting resistance equivalent number）。

PREN 是反映或预测合金中 Cr（铬）、Mo（钼）、W（钨）和 N（氮）元素质量分数比例对抗点蚀性能的影响。

双相不锈钢 $F_{PREN}$ 可以采用下列公式计算：

$$F_{PREN} = \%Cr + 3.3（\%Mo + 0.5\%W）+ 16\%N$$

式中，%Cr——合金中铬的质量分数；

%Mo——合金中钼的质量分数；

%W——合金中钨的质量分数；

%N——合金中氮的质量分数。

**3. 影响点蚀及开裂的环境因素**

$F_{PREN}$ 的提出完全是为了反映和预测不锈钢在有溶解的氯化物和氧的情况下的抗点蚀性能。该数值虽然有用，但不能直接预示在含 $H_2S$ 油田环境中的抗腐蚀性能。

表 5-4　部分双相不锈钢的化学成分（ISO 15156-3）

| 合金类型 | 商品名 | UNS 名 | 化学成分 最大允许质量分数或允许区间/% | | | | | | | | | 抗点蚀指数 | API 钢级 | NACE MR0175/ISO15156-3 H₂S 限用条件 | |
| --- | --- | --- | --- | --- | --- | --- | --- | --- | --- | --- | --- | --- | --- | --- | --- |
| | | | C | Cr | Ni | Mo | Cu | Ti | V | W | N | | | 状态 | 酸性环境使用限度 |
| 22 铬双相钢 | 22Cr 2205 | S31803 | 0.03 | 21.0~23.0 | 4.5~6.5 | 2.5~3.5 | — | — | — | — | 0.08~0.20 | 35~40 | 65 75 110 125 140 | （回火态） | H₂S≤ 1.5psi，温度 ≤232℃ |
| 25 铬双相钢 | 25Cr 2507 | S31260 | 0.03 | 24.0~26.0 | 5.5~7.5 | 2.5~3.5 | 0.2~0.8 | — | — | 0.10~0.50 | 0.10~0.30 | 37~40 | | （冷轧态） | H₂S≤0.3psi 140 钢级不 推荐酸性环 境使用 |
| | SAD 2507 | S32750 | 0.03 | 24.0~26.0 | 6.0~8.0 | 3.0~4.0 | — | — | — | — | 0.24~0.32 | 40~45 | | （回火态） | H₂S≤ 3.0psi，温度 ≤232℃ |
| 超级双相 不锈钢 | 25CRS Z100 | S32760 | 0.03 | 24.0~26.0 | 6.0~8.0 | 3.0~4.0 | 0.5~1.0 | — | — | 0.50~1.0 | 0.20~0.30 | 40~45 | 80 90 110 125 140 | （冷轧态） | H₂S≤ 3.0psi，Cl≤ 120g/L 140 钢级不 推荐酸性环 境使用 |
| | 25CRW | S39274 | 0.03 | 24.0~26.0 | 6.0~26.0 | 2.5~3.5 | 0.2~0.8 | — | — | 1.5~2.5 | 0.24~0.32 | 40~45 | | （冷轧态） | |

ISO 15156-3 描述了双相不锈钢点蚀指数与适用的硫化氢分压的关系。点蚀指数 $F_{PREN}$ 为 31～40，称为双相钢，允许硫化氢分压 0.1MPa；点蚀指数 $F_{PREN}$＞40，称为超级双相钢，25Cr-27 Cr，允许硫化氢分压 0.2MPa，适用于井下的任意氯根质量浓度。

双相不锈钢在 80～100℃温度区间对硫化物应力腐蚀开裂 SSC 敏感，因此，应检测下述三个温度下的 SCC 性能：24±3℃、90±3℃、预计的服役温度。

在氧和氯化物共存下，双相不锈钢抗点蚀性能降低。如果氯的质量浓度超过 100000mg/L 或氧的质量浓度超过 10mg/L，应使用 PREN＞40 的耐腐蚀合金，如超级 25Cr 或镍基合金。

**4. 双相不锈钢用作井下管件、封隔器和其他井下装置的环境和材料限制（表 5-5）**

表 5-5　双相不锈钢用作井下管件，封隔器和其他井下装置的环境和材料限制（ISO 15156）

| 材料类型 | 最高使用温度/℃ | 最大 $H_2S$ 分压，$p_{H_2S}$/kPa | 最大氯化物质量浓度/(mg·L$^{-1}$) | pH | 是否抗硫元素 | 备注 |
|---|---|---|---|---|---|---|
| 30≤$F_{PREN}$≤40，Mo%≥1.5% | 见备注 | 2 | 见备注 | 见备注 | NDS[a] | 可适用于井下任何温度和氯化物浓度、pH |
| 40＜$F_{PREN}$≤45 | 见备注 | 20 | 120000 | 见备注 | NDS[a] | 可适用于井下任何温度、pH。已发现氯化物浓度的限制强烈依赖于屈服强度和冷加工水平 |

对于这些应用，这些材料应是：
（1）固溶退火，液体淬火和冷加工状态；
（2）铁素体体积分数为 35%～65%；
（3）最大硬度为 36HRC。

注：$F_{PREN}$ 值越高，抗蚀能力就越高，但是，在制造期间 $F_{PREN}$ 也会使材料的铁素体相中形成 σ 和 α 基本相的危险增加，这取决于产品厚度和可达到的淬火速率。标出的 $F_{PREN}$ 范围是发现 σ 和 α 基本相形成的最低典型范围。

### 5.10.2.4　不锈钢油套管选材设计和使用的风险控制

**1. 完井工作液选用和操作风险控制**

在引用 ISO 15156-3 时，对于油套管用马氏体不锈钢和双相不锈钢常会看到注释"任何井下温度、pH 和氯化物质量分数组合都是许可的"这一表述。这是因为在地下自然状态下，一般无溶解氧，或只有低溶解氧，不会有过量的 Cl⁻或其他卤化物（F⁻、Br⁻）的盐类，碳酸根类离子可缓冲 pH。

应加强评价高温井或深油气井增产酸化及返排残酸对超级 13Cr-110 或 L80-13Cr、双相不锈钢的腐蚀。应考虑螺纹连接处的缝隙腐蚀，局部区域酸液滞留造成的严重腐蚀。开发和采用合适缓蚀剂及改进酸化工艺，选用的油管螺纹管端不应有酸液滞留，防止紧扣不到位留下缝隙。

对 L80-13Cr、超级 13Cr-110 马氏体不锈钢、22-28Cr 双相不锈钢油管、套管及其组件不宜采用无固相无机盐（CaCl₂、NaCl、ZnCl₂、CaCl₂、CaBr₂）水环空保护液。甲酸盐环空保护液都要有充分评价和质量监控，并保证注入过程不被钻井液污染。甲酸盐环空保护液被钻井液污染或产层气中二氧化碳污染在对超级 13Cr-110 马氏体不锈钢有应力腐蚀开裂倾向。

综上所述，如果采气管柱设计选用超级 13Cr-110、L80-13Cr 或双相钢 22Cr-28Cr，推荐两层套管柱完井投产。完井设计优先考虑选用碳钢油管或钻杆酸化或压裂,再用 L80-13Cr、超级 13Cr-110 马氏体不锈钢、双相不锈钢油管投产。

### 2. 防止和降低机械损伤

超级 13Cr-110 油套管局部碰、划或刮伤后,在腐蚀环境中均可能发生腐蚀,从而成为裂纹源点。气井出砂或钢丝作业可能划伤油管内壁,并演变成应力腐蚀开裂裂纹源点。

应管控油管外壁卡瓦或钳牙咬伤,使用降低咬伤的井口操作工具。

### 3. 制造质量控制

马氏体(超级 13Cr-110、L80-13Cr)双相不锈钢微观组织缺陷可能成为氢的驻留点(陷阱),导致应力腐蚀开裂。

ISO 13680《石油和天然气工业用耐蚀合金无缝套管、油管和接箍料的交货技术条件》标准对制造中潜在的微观组织缺陷设置了容许值。

第 1 组,对马氏体材料:超级 13Cr-110 马氏体材料,$\delta$-铁素体体积分数不超过 5%,微观组织中晶界处没有连续的析出相或网状铁素体。对 L80-13Cr 材料,经由购方和制造厂协商铁素体体积分数可以超过 5%。图 5-17 为超级 13Cr-110 含有连续铁素体的析出相或网状铁素体析出相实例。第 2 组,双相不锈钢:微观组织中晶界处没有连续的析出相。金属间化合物相、氮化物和碳化物总体积分数不超过 1.0%。22Cr 双相不锈钢,铁素体体积分数为 40%～60%;25-28Cr 超级双相不锈钢,铁素体体积分数为 35%～55%。

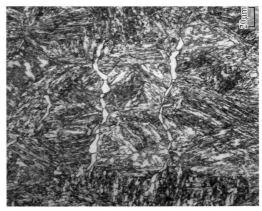

图 5-17　超级 13Cr-110 含有连续铁素体的析出相

在现场使用双相不锈钢的实践中已发现较多双相不锈钢开裂案例,一些厂家已在开发超级 15Cr-110、超级 15Cr-125 或改进超级 13Cr-110 的马氏体不锈钢,看看能否替代双相不锈钢。超级 15Cr-110、超级 15Cr-125 的 Cr 体积分数提高后,厂家对 $\delta$-铁素体,微观组织中晶界析出相控制会增加难度,其允许值有待研究。

### 4. 表面处理

不锈钢管制造过程在内外表面会有一层高温氧化膜,该氧化膜层可能有潜在的微裂纹或使用过程中产生新的微裂纹,膜层中的这些微裂纹在腐蚀介质中可能导致点蚀和应力腐蚀开裂。

ISO 13680《石油和天然气工业用耐蚀合金无缝套管、油管和接箍料的交货技术条件》标准对马氏体不锈钢（超级 13Cr-110、L80-13Cr）要求管内壁应去除高温氧化膜。交货前，所有管子内表面必须经酸洗或喷丸处理。喷丸必须采用不锈钢丸球或氧化铝丸球进行，喷丸除锈等级必须达到 Sa2 1/2 级的要求。认为管外壁有环空保护液，不接触产层流体，未要求外壁去除高温氧化膜。已发现环空保护液造成大量不锈钢油管外壁应力腐蚀开裂的案例，其中氧化皮的危害值得研究。

ISO 13680 规定双相不锈钢管内外壁都要进行清洁处理。

**5. 电偶腐蚀控制**

从井口到井底的油套管柱及管件可能会有不同类型材料的连接或接触，电偶腐蚀或电偶诱发氢应力开裂应在设计阶段考虑。考虑到电偶腐蚀，不锈钢油管柱中不应该有碳钢油管或管件。推荐不锈钢油管柱中的所有管件，例如：油管挂、井下安全阀、异径短节、油管封隔器、阀座等采用 718、725、925 等沉淀硬化镍基合金，上述材料可参考 API 6ACRA标准。

## 5.10.2.5　二氧化碳环境不锈钢油套管材料设计选用的举例

ISO 17348《石油天然气工业-高体积分数二氧化碳环境中套管、油管和井下设备的材料选用》提供了二氧化碳环境不锈钢油套管材料的选用方法案例。该标准将二氧化碳分压高于 1MPa 或摩尔分数高于 10% 的环境定义为严重腐蚀环境。

材料的选用涉及具体井的安全、寿命、环境相容性、产量、修井的可行性及代价。显然选用优良或高耐蚀钢会降低风险，但建井投资高。天然气生产井的材料选择需要考虑的因素包括：pH，气体中 $O_2$、$CO_2$、$H_2S$ 体积分数以及水成分，温度和压力。

考虑到应力腐蚀开裂在高温下敏感，首先按产层条件选材。更全面的选材分析应建立在节点分析基础上，考虑全井温度、压力、相态、流速和流态。前述节点分析一般只用于油管内径优化设计，几乎不会用来作为分段材料类型选用设计。

已知储层条件：地层压力 50MPa，静态温度 110℃，产层气含二氧化碳、硫化氢。产层气组分见表 5-6。地层水分析见表 5-7。

表 5-6　产层气组分

| 组分 | $N_2$ | $CO_2$ | $H_2S$ | C1 | C2 | C3 | C4 |
|---|---|---|---|---|---|---|---|
| 摩尔分数/mol% | 0.31 | 10.25 | 0.029 | 84.44 | 3.85 | 1.45 | 0.31 |

表 5-7　地层水分析

| 组分 | 钠 | 钾 | 镁 | 钙 | 钡 | 锶 | 总铁 | 氯化物 | 溴化物 |
|---|---|---|---|---|---|---|---|---|---|
| 质量浓度/(mg/L) | 42340 | 3600 | 190 | 26500 | 720 | 4200 | 0 | 119000 | 1700 |

| 组分 | 硫化物 | 碳酸氢盐 | 甲酸盐 | 醋酸盐 | 总碱度 | 含盐度/(mg/L) |
|---|---|---|---|---|---|---|
| 质量浓度/(mg/L) | 41 | 405 | <1 | 92 | 448 | 196 370 |

设计步骤：

计算硫化氢分压：　$p_{H_2S}$=0.00029×50=0.0145MPa

计算二氧化碳分压：　$p_{CO_2}$=0.1025×50=5.125MPa

凝析水及地层水情况下 pH 计算：

对于凝析水，在 $H_2S$、$CO_2$ 环境下 pH 可通过 ISO 15156-2—2015 图 D.1 确定。本计算案例中，$p_{CO_2}$ + $p_{H_2S}$=0.0145+5.125=5.140MPa=5140kPa。从图 5-18 可查出 pH 在 20℃ 及 100℃ 情况下为 3～3.2。

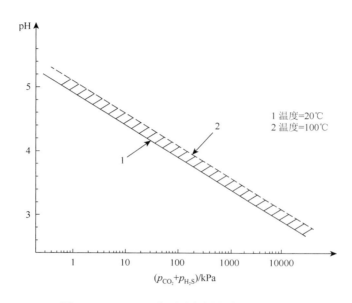

图 5-18　$H_2S/CO_2$ 分压对凝析水中 pH 的影响

对于地层水，在 $H_2S$、$CO_2$ 环境下 pH 可通过 ISO 15156-2—2015 中图 D.3 及图 D.3 可知 20℃时 pH 在 4.8 左右，100℃时 pH 在 4.3 左右。

材料选择：

ISO 15156-3 标准认定超级 13Cr-110 为二氧化碳环境用钢，对硫化氢环境的开裂敏感。使用环境硫化氢分压应低于 10kPa（1.5psi），环境 pH 应高于 4.0。本案例环境中 $H_2S$ 分压为 0.0145MPa（14.5kPa），且 pH 为 3～4.2。因此不能够选择马氏体不锈钢超级 13Cr-110。

表 5-4 中耐点蚀系数为 40～45 的双相不锈钢材料 $H_2S$ 分压上限为 20kPa，且无 pH 限制，可以选用。只有超级双相钢 25Cr（表 5-4 中 S32750、S32760）以上材料可选用。22Cr 不可选用，其允许 $H_2S$ 分压应小于 2kPa。

5.10.2.4 节的双相钢的点蚀系数计算：

在双相不锈钢中，22Cr 双相钢的点蚀系数为

$$F_{PREN} = 22 + 3.3 \times (3 + 0.5 \times 0.3) + 16 \times 0.17 = 35.2$$

而 25Cr 超级双相钢的点蚀系数为

$$F_{PREN} = 25 + 3.3 \times (3 + 0.5 \times 0.3) + 16 \times 0.17 = 41.9$$

因此，可以选用 25Cr 超级双相钢。

### 5.10.3 高含 $H_2S$ 和 $CO_2$ 腐蚀环境镍基合金油套管材料的选用

#### 5.10.3.1 恶劣腐蚀环境的界定及标准

**1. 恶劣腐蚀环境的界定**

在图 5-14 中，如果 $CO_2$ 分压低于 0.03MPa，即使再高的 $H_2S$ 分压，理论上碳钢抗硫油套管均可以选用。如果产层天然气不含 $CO_2$，只含 $H_2S$，$H_2S$ 对碳钢腐蚀生成硫化亚铁，硫化亚铁腐蚀产物膜比较致密，阻隔了进一步的腐蚀。但是，由于氯离子或氧的共同作用或机械力的作用，可能导致硫化亚铁腐蚀产物膜开裂或剥落，局部腐蚀将会发生。很难用模型预测抗硫钢的此类腐蚀和服役寿命，更多的要依赖经验来开展风险评估和技术经济分析。

图 5-15 中当 $H_2S$ 分压高于 0.3kPa 的工况被认为是恶劣的腐蚀环境。如果有 $CO_2$ 溶解在水中，pH 可能会降低到图 5-15 中的 SSC 3 区重度酸性环境。在上述区间原则上只有镍基合金油套管材料可以选用。元素硫的存在使镍基合金腐蚀环境的界定更加复杂化。

**2. 相关的标准**

镍基合金腐蚀失效的主要形式是局部腐蚀和环境断裂，硫化氢一旦泄漏对油气井及环境和人员安全影响大。耐蚀合金品种多、价格昂贵且差异较大，对使用环境的适应性差异大。因此，选用耐蚀合金的决策需要有充分依据，首先进行标准研究，引用标准规定许用的材料。此外，还应尽可能模拟使用环境，进行实验室评价，吸取类似油气田开发的经验教训。

鉴于使用沉淀硬化镍基合金制作油管挂、井下安全阀等曾发生过若干次环境开裂事件，而且断裂源发生在冶金微观金相组织缺陷处。2015 年，发布了 API 6ACRA《用于石油和天然气钻井和开采设备的时效强化镍基合金》，标准中列举的可以接受和不可以接受的晶间 δ 相针状体沉积的图谱。

2016 年，发布了 API PER15K-1《高温高压设备检验与认证方案》，此文档公布了收集到的井下油管柱工具开裂案例，提出了材料检验与认证的具体评价方法。

#### 5.10.3.2 镍基合金类型

根据不同的使用目标和制造过程不同的热处理方式，ISO 15156-3 规定了两大类镍基合金，即油套管用固溶镍基合金、井口及井下管件用沉淀硬化镍基合金。

**1. 固溶处理**

固溶处理是为了溶解基体内碳化物、γ'相等以得到均匀的过饱和固溶体，便于失效时重新析出颗粒细小、分布均匀的碳化物和 γ' 等强化相，同时消除由于冷热加工产生的应力，使合金发生再结晶。其次，固溶处理是为了获得适宜的晶粒度，以保证合金高温抗蠕变性能。固溶处理的温度范围为 980～1250℃，主要根据各个合金中相析出和溶解规律及使用要求来选择，以保证主要强化相必要的析出条件和一定的晶粒度。对于长期高温使用的合金，要求有较好的高温持久和蠕变性能，应选择较高的固溶温度以获得较大的晶粒度；对于中温使用的合金，要求有较好的室温硬度、屈服强度、拉伸强度、冲击韧性和疲劳强度，可采用较低的固溶温度，保证较小的晶粒度。高温固溶处理时，各种析出相都逐步溶解，同时晶粒长大；低温固溶处理时，不仅有主要强化相的溶解，而且可能有某些相的析出。对于过饱和度低的合金，通常选择较快的冷却速度；对于过饱和度高的合金，通常为空气中冷却。

适宜固溶处理的油套管合金材料有：028、825、G3、050 和 C276。028 和 825 含有铁的组分，有的将其细分为铁镍基合金，而 G3、050 和 C276 称为镍基合金。

**2. 沉淀硬化**

沉淀硬化，又称析出强化，指金属在过饱和固溶体中溶质原子偏聚区和（或）由之脱溶出微粒弥散分布于基体中而导致硬化的一种热处理工艺。即某些合金的过饱和固溶体在室温下放置或者将它加热到一定温度，溶质原子会在固溶点阵的一定区域内聚集或组成第二相，从而导致合金的硬度升高的现象。

沉淀硬化的处理适用于厚壁管件的合金材料，便于机械加工为井口部件及井下工具。这类材料有 718、725、925 等。

### 5.10.3.3　固溶镍基合金

**1. 材料的化学成分**

表 5-8 列出了固溶镍基合金材料类别的分类，共分为 4a、4b、4c、4d、4e 类型。这种分类反映了固溶镍基合金元素质量分数抗点蚀指数，反映点蚀对环境开裂 EC 的影响。

**表 5-8　固溶镍基合金的材料类型（ISO 15156-3，2015）**

| 材料类型 | Cr 最小质量分数/% | Ni+Co 最小质量分数/% | Mo 最小质量分数/% | Mo+W 最小质量分数/% | 冶金状态 |
| --- | --- | --- | --- | --- | --- |
| 4a 类型（028）[b] | 19.0 | 29.5 | 2.5 | | 固溶退火或退火 |
| 4b 类型 | 14.5 | 52 | 12 | | 固溶退火或退火 |
| 4c 类型（825）[b] | 19.5 | 29.5 | 2.5 | | 固溶退火或退火加冷加工 |
| 4d 类型（G3、2550）[b] | 19.0 | 45 | | 6 | 固溶退火或退火加冷加工 |
| 4e 类型（C276）[b] | 14.5 | 52 | 12 | | 固溶退火或退火加冷加工 |

在某些情况下，对化学成分的限制将比表中列出的限制更加严格。
a 仅限用于 UNS N07022。b 括号内为该类型常用牌号举例，为作者所加。

应力腐蚀开裂起源于点蚀坑,在应力作用下坑底为氯化物应力腐蚀开裂创造了阳极反应条件。因此也有文献提出了镍基合金抗点蚀指数经验公式:

$$F_{PREN}=\%Cr+(3.3\times\%Mo)+(11\times\%N)+1.5\times(\%W+\%Nb)$$

式中,%Cr——合金中铬的质量分数;

%Mo——合金中钼的质量分数;

%W——合金中钨的质量分数;

%Nb——合金中铌的质量分数;

%N——合金中氮的质量分数。

**2. 固溶镍基合金使用环境限制**

表 5-9 为 ISO 15156-3—2015 列出的固溶镍基合金用作油套管材料的酸性环境条件限制,这是一个偏于保守的材料使用指南。

表 5-9　退火加冷加工的固溶镍基合金用作任何设备或部件的环境和材料限制(**ISO 15156-3,2015**)

| 材料类型 | 最高温度/℃(℉) | 最大 $H_2S$ 分压,$p_{H_2S}$/kPa(psi) | 最大氯离子质量浓度/(mg/L) | pH | 是否抗元素硫 | 备注 |
|---|---|---|---|---|---|---|
| 4c、4d 和 4e 类型的冷加工合金 | 232(450) | 200(30) | 见备注 | 见备注 | 否 | 开采环境中的氯离子质量浓度和原位 pH 的任何组合都是允许的 |
| | 218(425) | 700(100) | 见备注 | 见备注 | 否 | |
| | 204(400) | 1 000(150) | 见备注 | 见备注 | 否 | |
| | 177(350) | 1 400(200) | 见备注 | 见备注 | 否 | |
| | 132(270) | 见备注 | 见备注 | 见备注 | 是 | 开采环境中的硫化氢、氯离子质量浓度和原位 pH 的任何组合都是允许的 |
| 4d 和 4e 类型的冷加工合金 | 218(425) | 2 000(300) | 见备注 | 见备注 | 否 | 开采环境中的氯离子质量浓度和原位 pH 的任何组合都是允许的 |
| | 149(300) | 见备注 | 见备注 | 见备注 | 是 | 开采环境中的硫化氢、氯离子质量浓度和原位 pH 的任何组合都是允许的 |

在这些应用中,经锻造或铸造的固溶镍基产品应为退火加冷加工状态,并且应满足下列所有要求:
(1)这些应用中,合金的最大硬度值应为 40HRC;
(2)合金经冷加工后获得的最大屈服强度应为:
——4c 类型:1 034MPa(150ksi);
——4d 类型:1 034MPa(150ksi);
——4e 类型:1 240MPa(180ksi)。
(3)当在最低温度 121℃(250℉)使用时,UNS N10276(4e 类型)的最大硬度应为 45HRC;
(4)UNS N07022(Type 4f)在退火和冷加工状态下最大硬度应为 43HRC 和最大屈服强度应为 1413MPa(205ksi);
(5)UNS N07022(Type 4f)在退火和冷加工、时效处理状态下最大硬度应为 47HRC 和最大屈服强度应为 1420MPa(206ksi)。

### 5.10.3.4　油套管用固溶镍基合金

**1. 硫化氢环境中影响镍基合金抗开裂性能的因素**

耐蚀合金和其他合金在含硫化氢环境中的开裂行为受下列因素相互作用的综合影响,这些因素包括:

（1）材料的化学成分、强度、热处理、显微组织、制造方法和材料的最终状态。

（2）硫化氢分压或其在水相中的当量溶解浓度。

（3）水相的酸度（原位 pH）。

（4）氯离子或其他卤族元素离子浓度。

（5）氧、硫或其他氧化剂的存在。

（6）长期或短时的暴露温度及时间。

（7）材料在使用环境中的抗点蚀性能。

（8）与异种金属接触电偶及叠加缝隙腐蚀的影响。

（9）总拉伸应力（外加应力加残余应力）。

井下实际工况远比上述各因素复杂，例如酸化后返排残酸，影响开裂的 pH 会比较低；投产后关井可能在管壁上会有高酸性凝析水附壁，或元素硫析出和附壁会影响点蚀或开裂。元素硫是否会析出与产层气组分或是否有凝析油有关，预测十分困难。

**2. 镍基合金的化学成分**

ISO 15156-3 提供了详尽的耐蚀合金油管、套管和其他零部件技术规范。表 5-10 给出了部分镍基合金的化学成分，不同名称或牌号及推荐适用范围。表 5-9 列出的固溶镍基合金用作油套管材料的酸性环境条件限制，这是一个偏于保守的材料使用指南。大多数镍基合金在 150℃ 以下具有可靠耐腐蚀和抗开裂性能。根据氯离子质量浓度、硫化氢体积分数和是否有元素硫的存在可有较多牌号的镍基合金供选用。冷加工镍基合金的抗腐蚀和开裂性能排序如下：

$$C276＞050＞625, G3(2550)＞825＞028$$

028 合金不是表 5-9 认可的硫化氢环境选用材料。

与镍基合金选用有关的因素：

（1）温度。

井下温度是油套管选用镍基合金的关键因素，温度低于 130℃ 和屈服强度为 758～860MPa（110～125ksi）时上述几种固溶镍基合金都可选用。但温度为 130～150℃ 时推荐 G-3，G-3 与 2550 相似。温度高于 150℃ 时推荐 C276。

温度高于 177℃ 时所有镍基合金可允许的硫化氢分压都要降低到 1.4MPa 以下，而且不抗元素硫。元素硫会造成严重点蚀和开裂，有元素硫环境，温度高于 150℃ 时 G-3 也难免会有点蚀，C276 是可接受的选材。

（2）屈服强度。

屈服强度对开裂敏感，对油管 825 和 028 合金，允许最大名义屈服强度为 758MPa（110ksi）。G-3 和 C276 允许最大名义屈服强度为 862MPa（125ksi）。

表 5-8～表 5-10 的选材只是指导性的，应模拟井下开采环境进行评价后合理进行选材。

表5-10　部分镍基合金的化学成分

| 合金类型 | 商品名 | UNS名 | 化学成分 最大允许质量分数或允许区间/% | | | | | | | | | | 抗点蚀指数 | API钢级 | NACE MR0175/ISO15156-3 酸性环境使用限度 |
| --- | --- | --- | --- | --- | --- | --- | --- | --- | --- | --- | --- | --- | --- | --- | --- |
| | | | Cr | Ni | Fe | Mo | Co | Cu | Ti | Nb+Ta | W | Al | | | |
| 28铬 | 28Chrome Alloy 28 | N08028 | 26.0~28.0 | 29.5~32.5 | 裕量 | 3.0~4.0 | — | 0.6~1.4 | — | — | — | — | 36~41 | | |
| 2535 | 2535 | N08535 | 24~27.0 | 29.0~36.5 | 裕量 | 2.5~4.0 | — | 1.5 | — | — | — | — | 32~40 | 110 125 140 | 特殊条件温度可大于132℃，140钢级不推荐酸性环境使用 |
| 2035 | 2035 | N08135 | 20.5~23.5 | 33.0~38.0 | 裕量 | 4.0~5.0 | — | 0.7 | — | — | 0.2~0.8 | — | 34~41 | | |
| 825 | 825 2242 | N08825 | 19.5~23.5 | 38.0~46.0 | 裕量 | 2.5~3.5 | — | 1.5~3.0 | 0.6~1.2 | — | — | 0.2 | 28~35 | | |
| G3 | G3 | N06985 | 21.0~23.5 | 裕量 | 18.0~21.0 | 6.0~8.0 | 5.0 | 1.5~2.5 | — | 0.50 | 1.5 | — | 41~50 | | |
| G2 | G2 | N06975 | 23.0~26.0 | 47.0~52.0 | 裕量 | 5.0~7.0 | — | 0.7~1.2 | 0.7~1.5 | — | — | — | 40~49 | 110 125 140 | 特殊条件温度可大于149℃，140钢级不推荐酸性环境使用 |
| 2550 | 2550 CRA 2550E | N06255 | 23.0~26.0 | 47.0~52.0 | 裕量 | 6.0~9.0 | — | 1.2 | 0.69 | — | 3.0 | — | 43~56 | | |
| G50 | G50 Alloy 050 | N06950 | 19.0~21.0 | 50.0 Min | 15.0~20.0 | 8.0~10.0 | 2.5 | 0.5 | — | 0.50 | 1.0 | — | 45~54 | | |
| C276 | C276 | N10276 | 14.5~16.5 | 裕量 | 4.0~7.0 | 15.0~17.0 | 2.5 | — | — | — | 3.0~4.5 | — | 69~80 | 110 125 140 | 特殊条件温度可大于204℃ |
| C22 | Alloy 22 | N06022 | 20.0~22.5 | 裕量 | 2.0~6.0 | 12.5~14.5 | 2.5 | — | — | — | 2.5~3.5 | — | 65~76 | | |

### 5.10.3.5　沉淀硬化镍基合金

ISO 15156-3 对沉淀硬化镍基合金化学成分、酸性环境使用制造等作了规定，见表 5-11。

表 5-11　沉淀硬化镍基合金用作任何设备或部件的环境和材料限制

| 合金 UNS 编号 | 通用名 | 最高温度/℃ | 最大 H₂S 分压，$p_{H_2S}$/kPa | 最大氯离子质量浓度/（mg/L） | pH | 是否抗元素硫 | 备注 |
|---|---|---|---|---|---|---|---|
| N07718 N09925 | 718 925 | 232 | 200 | 见备注 | 见备注 | 否 | 开采环境中的氯离子质量浓度和原位 pH 的任何组合都是允许的 |
| | | 204 | 1 400 | 见备注 | 见备注 | 否 | |
| | | 199 | 2 300 | 见备注 | 见备注 | 否 | |
| | | 191 | 2 500 | 见备注 | 见备注 | 否 | |
| | | 149 | 2 800 | 见备注 | 见备注 | 否 | |
| N07718 N09925 | 718 925 | 135 | 见备注 | 见备注 | 见备注 | 是 | 开采环境中的硫化氢、氯离子质量浓度和原位 pH 的任何组合都是允许的 |
| N07725 | 725 | 175 | 见备注 | 见备注 | 见备注 | 是 | 开采环境中的硫化氢、氯离子质量浓度和原位 pH 的任何组合都是允许的 |

这些材料还应遵照下列要求：
a）UNS N07718 锻件应为下列状态中的任一种：
（1）固溶退火，最大硬度为 35HRC；
（2）热加工，最大硬度为 35HRC；
（3）热加工加时效，最大硬度为 35HRC；
（4）固溶退火加时效，最大硬度为 40HRC。
b）UNS N09925 锻件应为下列状态中的任一种：
（1）冷加工，最大硬度为 35HRC；
（2）固溶退火，最大硬度为 35HRC；
（3）固溶退火加时效，最大硬度为 38HRC；
（4）冷加工加时效，最大硬度为 40HRC；
（5）热精整加时效，最大硬度为 40HRC。
c）UNS N07725 锻件应是固溶退火加时效状态，最大硬度应为 43HRC；
UNS N07725 锻件在固溶退火加时效状态、最大硬度为 44HRC 时，也可用于无元素硫，最高温度 204℃（400℉）所列的其他环境限制的环境中。

表 5-11 已说明根据氯离子质量浓度、硫化氢体积分数和是否存在元素硫可判定沉淀硬化镍基合金抗腐蚀和开裂性能排序如下：

$$725 > 925 > 718$$

井下温度是油套管选用镍基合金的关键因素，温度高于 150℃时，718 和 925 使用的硫化氢分压有限，725 可使用的温度可高达 175℃。

根据不同的应用情况，不同的合金使用不同的强度等级。一般合金 925 许用名义屈服强度为 758MPa（110ksi）；用作井下工具时合金 718 和 725 许用名义屈服强度为 827MPa（120ksi）；用作井口工具时合金 718 和 725 许用名义屈服强度可高达 965～1043MPa（140～

150ksi)。沉淀硬化镍基合金用作井下工具时，可比照油管用固溶强化镍基合金选用。如果油管用 825 和 028，那么井口及井下工具可用 925、718；如果油管用 G3、C276，井口及井下工具可用 725。

### 5.10.4　恶劣腐蚀环境钛及钛合金油套管材料

#### 5.10.4.1　钛及钛合金油套管技术经济优势

钛材指的是纯钛，其金相组织为单一的 $\alpha$ 相或近 $\alpha$ 相的钛材。钛材具有良好的耐腐蚀性、高韧性和焊接性能，换热器/冷凝器、化工仪表等领域已广泛应用。钛材在油气田开发中用于含硫化氢介质输送管比镍基合金或碳钢基管熔覆镍基合金复合管更具有竞争性。$\alpha$ 钛材的强度和硬度偏低，不太适合用于井下油套管。

钛合金指加有某些合金元素，且热处理成 $\alpha+\beta$ 相或 $\beta$ 相。加不同类型少量合金元素可显著提高耐蚀性或获得不同的强度。钛合金具有良好的耐高温腐蚀性、极高强度或宽的可调强度范围，在航天航空、军械中也广泛应用。未在石油工业中广泛应用的原因之一可能是价格昂贵。但是近年来随着钛合金材料制造技术的进步，价格有较大降低。按长度计算的价格会低于 G3、C276 等镍基合金。

与镍基合金油套管相比，钛合金性能具有以下优越性：

**1. 优良的高温耐腐蚀及应力腐蚀开裂性能**

钛合金的耐腐蚀性得益于表面快速生成一种致密的 3~5nm 厚钛氧化物（$TiO_2$）表面保护层，该保护层损伤后在有氧环境中具有自修复性。

表 5-9 和表 5-10 表明目前广泛使用的镍基合金油套管受温度、硫化氢分压和氯离子质量浓度相互组合的制约。例如 4d、4e 类（如 G3、2550、C276）镍基合金在温度低于 150℃时可耐受井下任何硫化氢分压和氯离子质量浓度及元素硫。但是温度达到 177℃时，限制硫化氢分压小于 1.4MPa，且不抗元素硫腐蚀。

某些钛合金在温度 210℃时，可耐受硫化氢分压 6.9MPa、二氧化碳分压 3.4MPa、质量分数为 20%氯化钠、元素硫 1g/L，材料屈服强度可达 930MPa（135ksi）。

**2. 低密度**

钛合金密度为 4.40~4.50g/cm³，约为碳钢密度的 57%或镍基合金密度的 55%。因此相同直径、相同壁厚参数下，钛合金管的单重（单位长度的重量，单位 kg/m）比镍基合金管小，参见表 5-12。重量减轻具有重要工程意义，不仅降低管柱应力水平，而且还降低了提升机构的负荷。

表 5-12 为每吨质量钛合金与镍基合金油套管的长度比较。

表 5-12　每吨质量钛合金与镍基合金油套管的长度比较

| 基本参数 | 钛合金 | | | | 镍基合金 | | | |
|---|---|---|---|---|---|---|---|---|
| 管直径/in | 2-7/8 | 3-1/2 | 4 | 7 | 2-7/8 | 3-1/2 | 4 | 7 |
| 壁厚/mm | 7.82 | 9.53 | 10.54 | 12.65 | 7..82 | 9.53 | 10.54 | 12.65 |
| 单重/(kg/m) | 7.34 | 10.83 | 13.74 | 29.86 | 13.27 | 19.60 | 24.85 | 53.95 |

续表

| 基本参数 | 钛合金 | | | | 镍基合金 | | | |
|---|---|---|---|---|---|---|---|---|
| 屈服强度/ksi（MPa） | 110～125（760～860） | | | | | | | |
| 密度/(g/cm³) | 4.45 | | | | 8.14 | | | |
| 吨长/(m/t) | 136 | 92 | 73 | 33 | 75 | 51 | 40 | 19 |

**3. 低弹性模量，低热膨胀系数**

钛合金低弹性模量为 108GPa，钢约为 201GPa。相同的变形，钛合金内应力更低，或钛合金更适应于变形，某些钛合金应变值达到 1%仍在屈服强度范围内。

钛合金热膨胀系数低于碳钢、不锈钢和镍基合金。在 30～200℃，钛合金热膨胀系数为 $9.0 \times 10^{-6}$mm/℃；S13Cr 为 $12 \times 10^{-6}$mm/℃。低弹性模量和低的热膨胀系数意味着低的膨胀内应力或接触应力。这对超深井、地热井具有极高的应用价值。举例计算如下：

S13Cr：Ct=Ea=$201 \times 12 \times 10^{-6}$=2.4MPa/℃；升高 50℃的热应力为 50×2.4=120MPa。

钛合金：Ct=Ea=$108 \times 9 \times 10^{-6}$=0.97MPa/℃；升高 50℃的热应力为 50×0.9=49MPa。

**4. 极高的应力腐蚀开裂疲劳寿命**

钛合金的高耐腐蚀性使其在腐蚀介质中的应力腐蚀疲劳寿命与在空气中的疲劳寿命相比，降低甚小。在腐蚀介质中应力腐蚀疲劳寿命远高于碳钢和不锈钢。图 5-19 表示在盐水中钛合金与马氏体不锈钢 12Cr 的应力腐蚀疲劳寿命和应力幅值比较。钛合金在空气、盐水和蒸汽中的应力腐蚀疲劳极限高达 500MPa；与之相比，马氏体不锈钢 12Cr 无疲劳极限，应力腐蚀疲劳寿命持续降低。

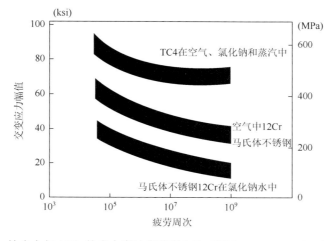

图 5-19　钛合金与 12Cr 的应力腐蚀疲劳寿命比（引自 www.RMITitanium.com.）

### 5.10.4.2　ISO 15156-3 认可的钛及钛合金牌号

表 5-13 为 ISO 15156-3 规定的钛及钛合金在硫化氢环境中的适用范围。UNS R50400 和 50250 为纯钛系列，其余为钛合金。表中注明了钛及钛合金适用于井下开采环境中的任

意温度、硫化氢分压、氯离子质量浓度和原位 pH 的任何组合。但镍基合金只有在一定温度下才适用于井下任意硫化氢分压、氯离子质量浓度和元素硫的组合。钛及钛合金在表中指出的某一硬度下，强度和硬度与硫化物应力开裂 SSC 和应力腐蚀开裂 SCC 敏感性没有相关性。

**表 5-13　钛及钛合金用作任何设备或部件的环境和材料限制（对应于 ISO 15156-3 中表 A.41，对应 ASTM 和中国牌号为作者所加）**

| UNS | ASTM | 中国 | 最高温度/℃（℉） | 最大 H$_2$S 分压，$p_{H_2S}$ /kPa（psi） | 最大氯离子质量浓度/(mg/L) | pH | 是否抗元素硫 | 备注 |
|---|---|---|---|---|---|---|---|---|
| R50400 | GR2（ELI） | TA2 | | | | | | 开采环境中的温度、$p_{H_2S}$、氯离子质量浓度和原位 pH 的任何组合都是允许的 |
| R56260 | 6246 | TC19 | 见备注 | 见备注 | 见备注 | 见备注 | 是 | |
| R53400 | GR12 | TA10 | | | | | | |
| R56323 | GR28 | | | | | | | |
| R56403 | | | | | | | | |
| R56404 | GR29 | TC23 | | | | | | |
| R58640 | GR19 | TB9 | | | | | | |

这些材料还应符合下列要求：
a）UNS R50400 和 50250 的最大硬度应为 100HRB；
b）UNS R56260 最大硬度应为 45HRC 且应是下列三种状态中的一种：
——退火；
——固溶退火；
——固溶退火加时效。
c）UNS R53400 应为退火状态。退火热处理应在（774±14）℃[（1 425±25）℉]下保温 2 小时，随后空冷。最大硬度应为 92HRB。
d）UNS R56323 应为退火状态且最大硬度应为 32HRC；
e）UNS R56403 锻件应为退火状态且最大硬度应为 36HRC；
f）UNS R56404 应为退火状态且最大硬度应为 35HRC；
g）UNS R58640 最大硬度应为 42HRC。
为了成功地应用本部分规定的每一种钛合金，应遵照特定的准则。例如，在温度高于 80℃（176℉）含 H$_2$S 的水介质中，钛合金若与某些活泼金属（如碳钢）形成电偶就可能发生氢脆。某些钛合金在氯化物环境中可能对缝隙腐蚀和（或）SSC 敏感。硬度与 SSC 和（或）SCC 敏感性没有显示相关性，但是在本表中指出了高强度合金不发生失效的最大实验硬度等级。

### 5.10.4.3　钛及钛合金油套管负面效应的处理

**1. 耐酸化腐蚀性**

纯盐酸和即使少量氢氟酸对钛及钛合金具有强腐蚀性。盐酸或焦磷酸酸化的缓蚀剂及防腐蚀技术已有报道，已有较好或可接受的解决技术。有文献报道加苯胺、硫脲、β-萘酚和或钼酸钠缓蚀剂盐酸酸化具有较好防腐效果，尚未见到土酸（加有氢氟酸）缓蚀剂的报道。

**2. 电偶腐蚀和缝隙腐蚀**

腐蚀环境和超深井油管基本都要用沉淀硬化镍基合金的油管串工具，例如：油管挂、井下安全阀、油管封隔器等。钛合金与镍基合金连接的电偶腐蚀和缝隙腐蚀严重度可以接受，但是钛合金与碳钢或不锈钢连接的电偶腐蚀和缝隙腐蚀是非常严重的。如果需要有钛合金与碳钢或不锈钢连接，应在二者之间加镍基合金隔离。

表 5-13 中的钛及钛合金抗缝隙腐蚀性能已高于镍基合金，可不作为设计考虑的重点。

**3. 钛及钛合金在甲醇中的应力腐蚀开裂**

在气井或输气管线中常常要注入甲醇预防或解除水合物堵塞，钛及钛合金在甲醇中有应力腐蚀开裂倾向。在甲醇中混入体积分数大于 9% 的水可预防应力腐蚀开裂。

**4. 钛合金强度标定**

碳钢、不锈钢和镍基合金具有基本相同的弹性模量和泊松比，因此它们的使用强度符合 API 5C3/ISO 10400 标准。钛合金弹性模量为 100～110GPa，泊松比 0.33，其抗内压和抗拉屈服强度可参照上述标准计算。但是抗挤强度需参照上述标准研究可靠的计算方法。

在 NACE 10318 文献中介绍了 Ti-6246 套抗挤强度的 API 5C3 弹性几何失稳公式与实物挤毁实验值相淀关性。$D/t$ 吻合度达 90% 为 16～24 的钛合金管最小挤毁强度与 API 5C3 弹性几何失稳公式计算值的吻合度达 90%。

# 5.11　油气井腐蚀环境组分、pH 和溶液浓度换算

## 5.11.1　天然气组分的相关换算

在分析和研究腐蚀时，$H_2S/CO_2$ 等腐蚀性气体对腐蚀严重程度的影响常用分压（partial pressure）来表示，其物理意义为：在气体混合物中，在同一温度下假定每个组分单独存在于混合物占据的总体积时所呈现出的压力。某组分的分压等于体系绝对总压乘以该组分在混合物中的摩尔分数（或体积分数）。

在研究 $H_2S/CO_2$ 的腐蚀问题时，不仅要重视 $H_2S/CO_2$ 在混合气体中所占的体积分数，而且还需重视整个气体体系的总压力。研究表明：从体积分数来看，$H_2S/CO_2$ 等腐蚀性气体体积分数低而总压高对腐蚀的影响实际上比 $H_2S/CO_2$ 等腐蚀性气体体积分数高而总压低更严重。$H_2S/CO_2$ 分压通常用 MPa（大气压）表示。目前，国际通常用 $H_2S/CO_2$ 分压的高低来判断腐蚀的严重程度。

### 5.11.1.1　天然气组分常用描述方法

（1）气体的质量浓度（$G$）。表示标准状态（20℃和 101.3kPa）下每立方米容积所含的某种气体的质量，$g/m^3$。

（2）气体的体积分数（$X$）。表示标准状态下每立方米容积所含的某种气体的体积，用 % 表示。

（3）气体分压。在气体混合物中，在同一温度下假定每个组分单独存在于混合物所占据的总体积时，所呈现的压力。每个组分的分压等于绝对总压乘以它在混合物中的摩尔分数。对于理想气体，其摩尔分数等于该组分的体积分数。

### 5.11.1.2　不同表示方式之间的换算关系

**1. 质量浓度与体积分数之间的换算**

$$X = \frac{GV}{M \times 10} \tag{5-1}$$

式中，$X$——体积分数，用%表示；

　　　　$G$——某种气体的质量浓度，$g/m^3$；

　　　　$M$——某种气体的摩尔质量，$g/mol$；

　　　　$V$——1mol 该种气体在标准状态（20℃和101.3kPa）下的体积，L/mol。

例 1：$H_2S$ 气体浓度的换算，由气体的质量浓度换算成体积分数。

1mol $H_2S$ 气体在标准状态（20℃和101.3kPa）下的体积：$V$=23.76L/mol；

$H_2S$ 气体摩尔质量：$M$=34.08g/mol；

$$X_{H_2S} = \frac{G \times 23.76}{34.08 \times 10} = 0.0697G \qquad (5\text{-}2)$$

对于质量浓度为75mg/m$^3$ 的 $H_2S$ 来说，其体积分数为

$$X_{H_2S}(\%) = 0.0697 \times 75 \times 10^{-3} = 52 \times 10^{-4}\%$$

对于理想气体，摩尔分数等于体积分数。

例 2：$CO_2$ 气体浓度的换算。

$CO_2$ 气体在标准状态（20℃和101.3kPa）下的体积：$V$=23.89L/mol；

$CO_2$ 气体摩尔质量：$M$=4400g/mol；

$$X_{CO_2} = \frac{G \times 23.89}{44.00 \times 10} = 0.054G \qquad (5\text{-}3)$$

**2. 浓度与分压之间的换算**

（1）具有气相时，气体分压的计算。

分压=系统压力×摩尔分数。或用式（5-4）表示：

$$p_x = p_t \times \frac{X}{100} \qquad (5\text{-}4)$$

式中，$p_x$——$H_2S$（或 $CO_2$）分压，MPa；

　　　　$p_t$——系统总的绝对压力，MPa；

　　　　$X$——$H_2S$（或 $CO_2$）在气体中的摩尔分数，%。

　　例如，气体总压为 70MPa，气体中 $H_2S$ 摩尔分数为 10%，那么 $H_2S$ 分压为 7MPa。如果系统中的总压和 $H_2S$ 的浓度是已知的，$H_2S$ 分压就可用图 5-20 进行计算。

　　（2）无气相液体系统中，$H_2S$ 气体分压的计算。对于无气相液态系统，有效的 $H_2S$ 热力学活度可以通过 $H_2S$ 真实分压计算，其方法如下：

　　采用适当的方法测量某一温度下液体的泡点压力（$p_B$）。在分离器下游的充满液体管线中，泡点压力可以近似取为最后一个分离器的总压；在泡点条件下，测定气相中 $H_2S$ 的摩尔分数；由以下公式计算泡点状态下天然气中 $H_2S$ 分压：

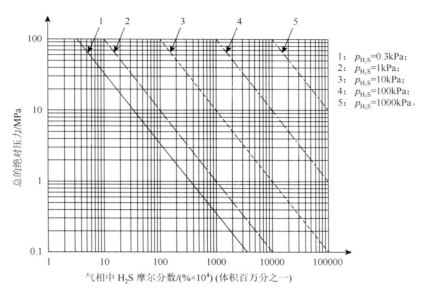

图 5-20　酸性气体系统中 H₂S 分压等压线

$$p_{H_2S} = p_B \times \frac{X_{H_2S}}{100} \tag{5-5}$$

式中，　$p_{H_2S}$——H₂S 分压，MPa；

　　　　$p_B$——为泡点压力，MPa；

　　　　$X_{H_2S}$——为 H₂S 在气体中的摩尔分数，%。

（3）用此方法测定液态系统中的 H₂S 分压。可用此值判断系统是否符合 ISO 15156-2 规定的酸性环境系统，也可直接用图 5-11 判断。

### 5.11.2　地面 pH 与原位 pH 之间的换算

pH 是影响腐蚀的关键因素，现场腐蚀状况的诊断分析或者防腐设计经常要涉及 pH。pH 受组分的溶解、逸出和温度、压力、相变等因素的影响，因此，油管外环空及油管内不同井深的 pH 均有差异。pH 也是定量描述腐蚀严重程度和材料评选的基本依据之一。通常从分离器取出的无压水样中测量的 pH，不能代表井下某一点实际的 pH。因此把取样点的 pH 用到其他环境时要作必要的转换，以下为简要的转换方法。

**1. 计算法**

蒸馏水中仅溶解 CO₂，而没有其他离子时，溶液的 pH 较低，计算 pH 的经验公式为

$$pH_{CO_2} = 3.71 + 0.00417T - 0.5\log(p_{CO_2}) \tag{5-6}$$

式中，$T$——热力学温度，K；

　　　　$p_{CO_2}$——CO₂ 分压，MPa。

当溶液中含 $H_2S$ 气体时，需要修正溶液的 pH 计算公式，即

$$pH = C_1 - \log(p_{H_2S} + p_{CO_2}) \tag{5-7}$$

存在 $HCO_3^-$ 时：

$$pH = C_2 - \log(p_{H_2S} + p_{CO_2}) + \log(P_{HCO_3^-}) \tag{5-8}$$

式中，　$p_{H_2S}$——$H_2S$ 分压，MPa；

　　$C_1$、$C_2$——常数，可以参考公开发表的文献。

但是，实际工作流体介质中离子质量浓度较高且组分较复杂，可以根据物理化学的有关理论计算 pH。

**2. 查图法**

以下各图引自最新版本的 ISO 15156-2（石油天然气工业油气开采中用于含 $H_2S$ 环境的材料第二部分：抗开裂碳钢、低合金钢和铸铁）标准，为了阅读方便，做了必要的技术处理。

图 5-18、图 5-21～图 5-24 给出了不同条件下确定水相 pH 近似值的一般方法，如果不能确切计算或者测量 pH，那么可用本节推荐的方法来进行计算，可能的误差范围为 $\pm 0.5$。纵坐标为"原位 pH"，但是没有考虑原位 pH 可能受有机酸存在的影响，如乙酸、丙酸（及其盐）等。为了修正考察点计算的 pH，有必要对可能存在的有机酸进行分析。

产出流体的 pH 受组分及相态变化的影响，在计算 pH 时可参考下列组合：

（1）$CO_2$ 体积分数对 pH 有显著的影响，但是仅仅依靠 $CO_2$ 体积分数计算 pH 有较大的误差，因为体系中含有某些酸式碳酸盐。由图 5-18，图 5-21～图 5-24 可以看出，酸式

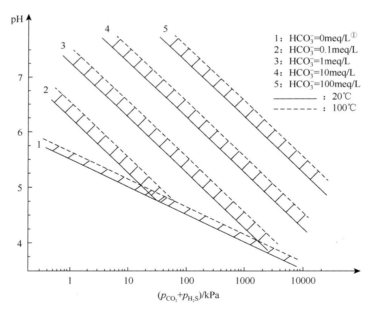

图 5-21　$H_2S/CO_2$ 分压对凝析水或含有碳酸氢盐
（不饱和 $CaCO_3$）地层水中 pH 的影响

---

① 1meq=1mmol/L×原子价，表示摩尔离子每升。

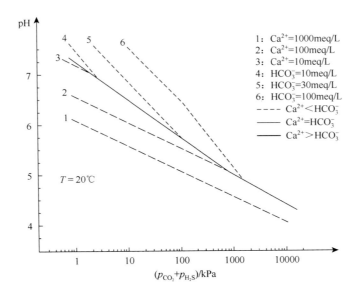

图 5-22　20℃时在 $H_2S/CO_2$ 分压下的（过）饱和 $CaCO_3$ 地层水的 pH

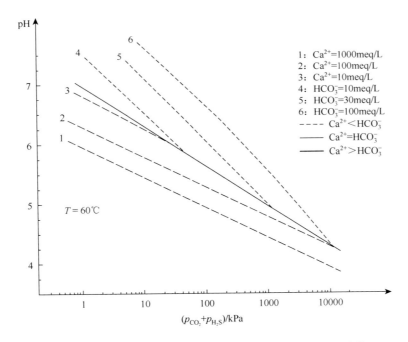

图 5-23　60℃时在 $H_2S/CO_2$ 分压下的（过）饱和 $CaCO_3$ 地层水的 pH

碳酸盐的质量分数对系统的 pH 影响显著。在分析井下腐蚀状况时，需要同时考虑油气组分的影响。

（2）同时含有 $H_2S/CO_2$ 时，必须考虑两者溶于水时 pH 的降低。但是，这一物理化学变化过程极其复杂，因为在不同压力和温度下，$H_2S$ 在溶液中的溶解度差异甚大。

（3）温度对系统 pH 的影响没有压力对 pH 的影响大。

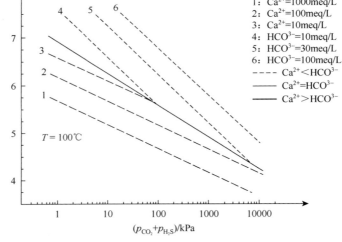

图 5-24　100℃时在 $H_2S/CO_2$ 分压下的（过）饱和 $CaCO_3$ 地层水的 pH

### 5.11.3　溶液浓度换算

#### 1. 溶解度

溶解度是指在一定温度下，某物质在 100g 溶剂中达到饱和状态时所能溶解的质量（单位为 g，用 $S$ 表示）。根据概念，溶质的质量 $m_{溶质}$、溶剂的质量 $m_{溶剂}$ 和溶解度 $S$ 有如下关系：

$$\frac{m_{溶质}}{m_{溶剂}}=\frac{S}{100} \tag{5-9}$$

#### 2. 质量分数

质量分数为溶质的质量 $m_{溶质}$ 与全部溶液质量 $m_{溶液}$ 的比值，单位为%，用 $\omega$ 表示，即

$$\omega=\frac{m_{溶质}}{m_{溶液}}\times100\% \tag{5-10}$$

#### 3. 物质的量浓度

物质的量浓度为单位体积（V，$1m^3$ 或 1L）溶液中含有溶质的物质的量浓度 $n$，用 $c$ 表示，单位为 mol/L，它的表达式为

$$c=\frac{n}{V} \tag{5-11}$$

如果溶质的分子式为 $A_xB_y$，溶质的物质的量浓度为 $c_t$，则 A、B 的物质的量浓度分别为：$c_tx$、$c_ty$。

例如：$CaCl_2$ 的物质的量浓度为 50mol/L，则 $Ca^{2+}$、$Cl^-$ 的物质的量浓度分别为：50mol/L、100mol/L。

**4. 质量-体积浓度**

质量-体积浓度为单位体积（V，$1m^3$ 或 1L）溶液中所含的溶质质量（$m_{溶质}$，mg 或 g），用 $\eta$ 表示，单位为 $g/m^3$、mg/L 或 ppm（1ppm=1mg/kg=1mg/L），它的表达式为

$$\eta = \frac{m_{溶质}}{V} \tag{5-12}$$

例如，1L 含 NaCl 水中含 NaCl 质量为 2mg，则 NaCl 的浓度为 2mg/L。

如果溶质的分子式为 $A_xB_y$，其中 A 的摩尔质量为 $M_A$、B 的摩尔质量 $M_B$。如果 $A_xB_y$ 的质量-体积浓度为 $\eta_t$，则 A、B 的质量-体积浓度分别为 $\eta_t \dfrac{xM_A}{xM_A + yM_B}$，$\eta_t \dfrac{yM_B}{xM_A + yM_B}$。

例如：如果 NaCl 的浓度为 2g/L，则 $Cl^-$ 的浓度为 $2 \times \dfrac{35.45}{22.99 + 35.45} = 1.21 \, g/L$。

**5. 溶质的质量分数与物质的量浓度的换算关系**

溶质的质量分数与物质的量浓度之间的换算，实际上是两种表示法中溶质质量与溶质的物质的量浓度、溶液质量与溶液体积间的转换。换算时应注意以下两点：首先，溶液中溶质的质量分数和溶液中溶质的物质的量浓度，是表示溶质和溶液关系的物理量，它并不表示溶质和溶液的多少，因此进行二者间转换时，必须设定溶液的量及相应溶质的量，才能实施转换；此外，溶质的物质的量浓度中溶液体积的单位为 L，因溶液的密度单位为 g/mL 或 kg/L，溶液体积和质量间变换时务必使质量单位与体积单位相对应。

设定溶质质量 $m_{溶质}$、溶液质量 $m_{溶液}$、溶质的摩尔质量 $M$、溶液的密度 $\rho$，则溶质的物质的量浓度（mol/L）的表达式为

$$c = \frac{\dfrac{m_{溶质}}{M}}{\dfrac{m_{溶液}}{\rho}} = \frac{\rho \cdot m_{溶质}}{M \cdot m_{溶液}} \tag{5-13}$$

例如：如果 NaCl 的浓度为 2g/L（2000ppm），则 NaCl 的物质的量浓度为

$$c = \frac{\rho \cdot m_{溶质}}{M \cdot m_{溶液}} = \frac{1000g/L \times 2g}{58.44 \times 1000g} = 0.034mol/L$$

**6. 相同溶质、不同浓度的溶液混合后的混合溶液的物质的量浓度的换算关系**

两种溶液的质量分数分别为 $\omega_A$、$\omega_B$，混合后溶液的密度为 $\rho$，混合溶液的物质的量浓度的表达式为

$$c = \frac{\dfrac{m_A\omega_A + m_B\omega_B}{M}}{\dfrac{m_A + m_B}{1000\rho}} \tag{5-14}$$

**7. 溶解度与饱和溶液中溶质的质量分数的换算关系**

$$\omega = \frac{m_{溶质}}{m_{溶剂}} \times 100\% = \frac{S}{100+S} \times 100\% \tag{5-15}$$

**8. 根据饱和溶液中溶质的质量分数计算物质的溶解度**

$$S = \frac{m_{溶质}}{m_{溶剂}} \times 100 = \frac{100 \times \omega}{100 \times (1-\omega)} \times 100 = \frac{\omega}{1-\omega} \times 100 \tag{5-16}$$

# 第6章　高温高压气井井筒流体屏障与井筒安全

井筒流体屏障是指井筒流体的液柱压力状态,其静液柱压力应超过潜在封隔区域的流体压力,确保井筒流体压力可控。这些流体包括钻井液、水泥浆、隔离液和完井液。这些流体产生的液柱压力会随着时间而改变。在钻井液或隔离液中的固相沉淀可以减小液柱对产层的压力。水泥浆在水化过程中,静态下胶凝强度的增长也会阻碍压力的传递。钻井液和隔离液中也存在静态胶凝强度,虽然比水泥浆的强度小,但也应考虑其对静液柱压力的影响。在计算流体静液柱压力时,应考虑井筒温度、压力对其性能的影响。由于井底漏失导致的流体液面降低可能会对流体屏障单元造成威胁,这需要在操作的设计阶段加以考虑。

高温高压气井井筒流体屏障失效将可能造成灾难性的事件,因此,需要关注钻井、完井、开采、弃井等过程中井筒相变动力学对井筒液柱压力的影响。受到压力和温度的影响,钻井液密度不是恒定的,钻井液随温度的升高而膨胀,密度随之减小;随压力的升高而压缩,密度随之增大,而且从井口到井底,温度场和压力场是处于不断的变化之中,因此,必须考虑温度和压力对钻井液密度、当量静态密度和当量循环密度的影响。

当体系温度在某组分的临界温度以上且压力超过其临界压力,则该组分称为超临界组分。在高温高压的酸性气藏中,二氧化碳、硫化氢等组分在地下岩层的孔隙或裂缝中储集,温度和压力均高于其临界温度和临界压力,所以它们常常以超临界组分出现。特别是我国川渝地区酸性气田超临界组分体积分数较大,当天然气中含有较多的二氧化碳和硫化氢时,二氧化碳和硫化氢超临界态的影响会导致环空带压、体积骤变等,对液柱压力平衡影响较大。

## 6.1　与井筒相变动力学相关的风险源

与井筒内流体动力学相关的风险主要体现在:

**1. 井筒液柱压力失稳风险**

烃类在油基泥浆中的溶解度远远大于在水基泥浆中的溶解度,气体在液体中的溶解度随压力的增大而增大,随温度的减小而减小。在井底高温高压环境下,特别是超深井,甲烷能够完全溶解于油基泥浆。对于甲烷在油基泥浆里的溶解性前人已做过很多研究,但对于高含二氧化碳和硫化氢的酸性气藏,超临界二氧化碳和硫化氢在水基泥浆中的溶解度与甲烷有较大差异。在井底条件下,二氧化碳和硫化氢常处于超临界态,超临界态的酸性气体在钻井液中的溶解度很大,导致泥浆所能溶解的气体量增大、危险性增加;当超临界二氧化碳和硫化氢从地层进入井筒后,特别是沿环空上升的过程中，由于超临界流体所具有的特性，超临界二氧化碳和硫化氢在井筒内快速聚集，并在极短的时间内流向井口。由于井底到井口的温度、压力变化，超临界态二氧化碳和硫化氢发生相变，由超临界态转变为气态，同时体积瞬间急剧膨胀，来不及采取相应控制措施，易发生瞬间井涌或井喷。相比之下，常规天然气井发生溢流时，以甲烷为主的天然气在井筒内的上升过程中不存在体积瞬时剧变问题，因此溢流的发生会有一个相对漫长的过程。

**2. 水合物凝结风险**

一般气井中也有水合物凝结造成的冰堵问题，高含硫化氢和二氧化碳气井水合物凝结问题尤为严重，其规律更加复杂和难以掌控。由于二氧化碳和硫化氢从超临界态变为气态的显著膨胀，且膨胀吸热，致使温度骤然降低，在油管内接头部分，内径变化部位，地面管线中的阀门或节流部位都可能形成异常低温区，导致快速形成固体水合物堵塞。上述的堵塞行为常常发生在长时间关井后重新开井，可以观察到长期关井后再开井生产产量会逐步降低直至完全停产。因此在关井前向油管注入防水合物凝结剂，避免日后开井带来的堵塞问题。此外，高含硫气井的开井和关井均需制订必要的汇报制度并采取相应的措施。

**3. 元素硫沉积风险**

元素硫沉积将会使高含硫气井生产不正常。元素硫的沉积与温度、压力、产量、流道截面形状等因素有关。硫化氢和二氧化碳的超临界态转变为常规气态时，导致温度、压力突变，影响元素硫的沉积。尚未见到硫化氢和二氧化碳的超临界态与元素硫沉积之间的相关性及规律的研究成果。

# 6.2　钻井过程液体屏障单元

钻井液是一种复杂的非均质混合物，包含不同类型的基液和化学处理剂。在钻井现场，一般按钻井液密度为常量考虑。但是如果所钻地层为孔隙压力和破裂压力相差不大的窄密度窗口地层时，就必须考虑温度、压力对钻井液密度的影响。此时，准确计算当量静态钻井液密度（ESD）和当量循环钻井液密度（ECD）就显得尤为重要，如果忽视温度和压力的影响，很可能因为欠平衡而发生井涌或井喷，或因为过平衡而发生井漏或储层伤害。

## 6.2.1　当量静态密度（ESD）

在钻井过程中，由于钻井液受到压力和温度的影响，其密度不是恒定的。为了更准确地表示钻井液密度的变化，提出了当量静态密度（equivalent static density，ESD）的概念。

当量静态密度是表示钻井液在井筒截面的任意一点所受液柱压力的当量密度值，它是钻井液密度和液柱高度的函数，用公式表示是

$$ESD = \frac{p(H, \rho)}{gH} \tag{6-1}$$

式中，$p(H, \rho)$——井深 $H$ 处静液柱压力，Pa；

    $g$ ——重力加速度，9.8m/s$^2$；

    $H$——井深，m。

由于综合考虑了温度和压力对钻井液的影响，ESD 与标准条件下的钻井液密度有所不同。

要精确计算 ESD 的数值，计算钻井液的密度就显得非常重要，钻井液随温度的升高而膨胀，密度随之减小；随压力的升高而压缩，密度随之增大，而且从井口到井底，温度场和压力场是处于不断的变化之中，因此，必须考虑温度和压力对钻井液密度的影响。

关于钻井液的密度计算，已经有很多专家提出了不同的计算模型，包括 Hoberock 等人提出的"复合模型"和其他人提出的"经验模型"，结合 Hoberock 模型，给出具体的计算钻井液密度的方法。

众所周知，水基钻井液是由液相和固相组成的，液相是水，固相是其他的泥浆材料，假设钻井液的固相有 $N$ 种材料，体积比分别为 $k_1$，$k_2$，$\cdots$，$k_N$，水的体积比为 $\lambda$，则

$$\lambda + \sum_{i=1}^{N} k_i = 1 \tag{6-2}$$

所以液相水的体积比为

$$\lambda = 1 - \sum_{i=1}^{N} k_i \tag{6-3}$$

这样，钻井液密度由两部分构成，第一部分为液相水的密度，第二部分为固相密度，在一般情况下，固相的密度几乎不变化，则钻井液密度的变化主要是液相水的变化引起的。

在钻井现场，工程技术人员一般都测定钻井液的固相质量分数和液相体积分数，液相水的体积分数就是已知数，如果没有测定液相水的体积分数，可以用固相质量分数来反算液相水的体积分数。

设常温常压下，钻井液的密度为 $\rho(p_0, T_0)$，液相水的密度为 $\rho_w(p_0, T_0)$；在压力 $p$、温度 $T$ 下的密度分别为 $\rho(p, T)$、$\rho_w(p, T)$，则：

$$\rho(p, T) = \frac{\rho(p_0, T_0)}{1 + \lambda \left( \dfrac{\rho_w(p_0, T_0)}{\rho_w(p, T)} - 1 \right)} \tag{6-4}$$

根据式（6-1）和式（6-4），得到 ESD 的计算模型：

$$\text{ESD} = \frac{\int_0^H \rho(p, T) g \, \mathrm{d}h}{gH} \tag{6-5}$$

式中，ESD——当量静态密度，g/cm$^3$；

    $\rho(p, T)$——钻井液密度，g/cm$^3$；

    $H$——井深，m。

由于钻井液的密度随温度和压力的变化而变化，因此，要准确计算 ESD，需要计算温度沿井筒的分布情况。

## 6.2.2　当量循环密度（ECD）

在钻进、起下钻和下套管等作业中，压耗和波动压力使井底压力发生波动。为了确保安全钻进，必须控制井下压力始终在破裂压力和地层孔隙压力之间，所以在钻井过程中提出了当量循环密度的概念。

当量循环密度（equivalent circulating density，ECD）是表示当量静态密度与压力损失折算密度之和，用公式表示为

$$ECD = ESD + \frac{p_H}{gH} \tag{6-6}$$

式中，$p_H$——井深 $H$ 处压力损失，MPa。

# 6.3　注水泥过程液体屏障单元

## 6.3.1　设计原则

固井前压稳；
固井过程中的压稳；
固井后的压稳；
优良的水泥环质量。

对易漏失井进行注水泥时，如何保持环空压力和地层压力平衡是成功注水泥的关键。

在注水泥期间环空压力由如下公式组成：

$$p_{a_{t0}} = \Big|_{t = t_0} \sum p_m + p_{sp} + p_{sl} + p_{af} \tag{6-7}$$

式中，$p_{a_{t0}}$——$t_0$ 时刻的环空压力；

　　　$p_m$——泥浆液柱压力；

　　　$p_{sp}$——前置液液柱压力；

　　　$p_{sl}$——水泥浆液柱压力；

　　　$p_{af}$——液体在环空的流动阻力。

要保证注水泥期间压力平衡，即

$$p_p < p_{a_{t0}} < p_f \tag{6-8}$$

式中，$p_p$——地层压力，

　　　$p_f$——地层破裂压力。

在注水泥过程中，各部分的压力是变化的，因此，在安全窗口非常小的情况下，要保证在整个注水泥过程中满足上面公式，是一项非常困难的工作。

从前面公式可知道，在环空液柱压力中，泥浆、水泥浆以及前置液静液柱压力的和要远大于环空的流动阻力，特别是在高压井，其环空流动阻力占静液压力的不到 10%。因此，控制流体在环空中的静液柱压力是平衡注水泥的关键。

## 6.3.2　环空流体结构选择

选择环空流体结构的目的是通过环空流体的合理组合，达到控制环空压力的作用，在深井和高压井中，一般的流体组合有：

常规：泥浆+前置液（冲洗液/隔离液）+水泥浆（尾浆）

常规：泥浆+前置液（冲洗液/隔离液/冲洗液）+水泥浆（领浆+尾浆）

单级双封：泥浆+前置液（冲洗液/隔离液）+水泥浆+中间液（隔离液+泥浆+隔离液）+水泥浆（尾浆）

双级：泥浆+前置液（冲洗液/隔离液）+水泥浆（尾浆）

在设计环空流体结构时应在优先考虑常规结构的基础上进行压力校核，如不能满足液体流动压力的要求，再考虑使用后两种结构。为平衡环空压力，在满足设计水泥浆封固面高度的要求下，可通过合理地调整前置液的长度达到压力平衡。

## 6.3.3　平衡压力校核

设计出基本环空流体结构后，因在注水泥期间，各流体返出套管鞋的位置不同，其环空的压力也相对不同，因此，必须校核整个注水泥过程在井底及其薄弱地层位置的压力变化。而要完成该工作，只有借助计算软件。

## 6.3.4　注水泥失重与气窜评价方法

### 6.3.4.1　环空水泥浆失重压力分布

目前，国内外常用的计算水泥浆失重的几种方法，其核心都是 Sabins 等通过古典剪切应力方程推导出的计算模型。但是 Sabins 等提出的模型具有一定的局限性。其一：在水泥浆整个凝结过程中，水泥浆失重与胶凝强度之间并不是简单的线性关系，两者并不是同步发展的，已经有研究证实二者之间是分段函数的关系。其二：水泥浆失重并不仅仅是胶凝悬挂失重，还包括有体积收缩和水泥浆桥堵引起的失重，前两者是失重的根本原因，在不同阶段起着重要作用。

**1. 胶凝悬挂引起的失重**

根据悬挂水泥浆柱的胶凝强度与压差的平衡关系可以得到水泥浆在不同时刻胶凝强度所对应的失重：

$$p_{lx} = \frac{4 \times 10^{-4} \tau_{sgx} L_c}{D_h - D_p} \qquad (6\text{-}9)$$

而此时作用在井下的液柱压力为

$$p_{lex} = 0.00981 \rho_c L_c - \frac{4 \times 10^{-4} \tau_{sgx} L_c}{D_h - D_p} \qquad (6\text{-}10)$$

由于水泥浆失重后，浆柱压力的最小值为水柱压力，所以水泥浆失重的最大值为

$$p_{\mathrm{lmax}} = 0.00981(\rho_{\mathrm{c}} - \rho_{\mathrm{w}})L_{\mathrm{c}} \qquad (6\text{-}11)$$

式中，$p_{\mathrm{lx}}$——水泥浆在不同时刻胶凝强度所对应的失重值，MPa；

　　　$p_{\mathrm{lex}}$——不同时刻作用在井下液柱压力，MPa；

　　　$p_{\mathrm{lmax}}$——水泥浆失重的最大值，MPa；

　　　$L_{\mathrm{c}}$——水泥浆的封固长度，m；

　　　$\tau_{\mathrm{sgx}}$——水泥浆某时刻的胶凝强度，MPa；

　　　$D_{\mathrm{h}}$——井眼直径，cm；

　　　$D_{\mathrm{p}}$——套管外径，cm；

　　　$\rho_{\mathrm{c}}$——水泥浆密度，g/cm$^3$；

　　　$\rho_{\mathrm{w}}$——水的密度，g/cm$^3$。

**2. 体积收缩引起的失重**

水泥浆在不同时刻的收缩大小和压缩系数是变化的，由此可以得到水泥浆在相应时刻的失重值：

$$\begin{cases} p'_{\mathrm{lx}} = \dfrac{\Delta V_{\mathrm{Hyx}} + \Delta V_{\mathrm{Flx}}}{C_{\mathrm{F}}} \\[2mm] \Delta V_{\mathrm{Hyx}} = \dfrac{\pi}{4}(D_{\mathrm{h}}^2 - D_{\mathrm{p}}^2)S_{\mathrm{hx}}L_{\mathrm{c}} \\[2mm] \Delta V_{\mathrm{Flx}} = \pi D_{\mathrm{h}} v_{\mathrm{x}} t_{\mathrm{x}} L_{\mathrm{c}} \end{cases} \qquad (6\text{-}12)$$

式中，$p'_{\mathrm{lx}}$——水泥浆在相应某时刻水化和失水引起的压力变化值，MPa；

　　　$\Delta V_{\mathrm{Hyx}}$——水泥浆某时刻水化引起的总体积收缩值，m$^3$；

　　　$\Delta V_{\mathrm{Flx}}$——水泥浆某时刻失水引起的体积收缩值，m$^3$；

　　　$S_{\mathrm{hx}}$——水泥浆某时刻水化引起的总收缩率，%；

　　　$y_{\mathrm{x}}$——按 API 标准测量有泥饼时的水泥浆平均流速，m/min；

　　　$t_{\mathrm{x}}$——水泥浆凝固所需的时间，min；

　　　$C_{\mathrm{F}}$——水泥浆的压缩系数，为 $2.6 \times 10^{-2}$ m$^3$/MPa。

**3. 水泥浆初凝阶段不同时刻的有效压力（理论计算）**

理论计算的方法是建立在水泥胶凝失重实验结果分析的基础上，把水泥浆柱失重压降规律与水泥浆初凝时间关系有机地联系起来，并运用积分的形式，计算出初凝前水泥浆柱在不同时刻的有效压力。假设如下：

（1）顶部水泥浆柱失重至水柱压力的时间为该处水泥浆条件下初凝前 1h，而底部水泥浆柱失重至水柱压力的时间为该处水泥浆条件下初凝前 0.5h。

（2）水泥浆失重按线性变化处理。

（3）同一水泥浆初凝时间，随着井深的增加而线性减少。

（4）环空几何尺寸对失重的影响忽略不计。

　　然后取微元分析，建立起关系式进行积分。最后，转换成浆柱在不同时刻的有效压力表达式，其表达式为

$$p(h,t) = p_1 + p_2 - \frac{0.01T(h_2 - h_1)(\rho_c - 1)}{(t_2 - t_1 - 30)} \ln\left(\frac{t_1 - 70}{t_2 - 100}\right) \qquad （6\text{-}13）$$

式中，$p(h,t)$——浆柱在不同时刻的有效压力，MPa；

　　　　$p_2$——作用在水泥浆柱顶部的压力，MPa；

　　　　$p_1$——水泥浆柱原始压力，MPa；

　　　　$\rho_c$——水泥浆密度，g/cm$^3$；

　　　　$h_2$、$h_1$——分别为水泥浆柱顶端和底端深度，m；

　　　　$t_2$、$t_1$——分别为水泥浆柱顶端和底端的初凝时间，min。

**4. 水泥浆初凝阶段任意井深处的压力**

　　在理论计算中考虑同一种水泥浆在顶端和底端初凝时间的差异不便于计算。因此，不考虑在注替过程中各种水泥浆在顶端和底端的初凝时间的变化，而是采用水泥浆柱降至水柱压力的时间和失重速率变化。

　　1）水泥浆柱降至水柱压力的时间 $t_w$ 的计算

$$t_w = c t_{es} \qquad （6\text{-}14）$$

　　（1）当 $t_{es} > 240\text{min}$ 时，$c = 0.6$；

　　（2）当 $180\text{min} < t_{es} \leqslant 240\text{min}$ 时，$c = 0.7$；

　　（3）当 $t_{es} \leqslant 180\text{min}$ 时，$c = 0.8$。

式中，$t_{es}$——水泥浆初凝时间，min。

　　2）各种水泥浆柱失重至水柱压力的失重速率

$$G_{pN} = 9.81 \times 10^{-3} \frac{\rho_{cN} - 1}{t_{wN}} h_{cN} \qquad （6\text{-}15）$$

式中，$G_{pN}(N = 1, 2, 3)$——分别表示领浆、中间浆、尾浆降至水柱压力的失重速率，MPa/min；

　　　　$t_{wN}(N = 1, 2, 3)$——分别表示领浆、中间浆、尾浆失重至水柱压力的时间，min；

　　　　$\rho_{cN}(N = 1, 2, 3)$——分别表示领浆、中间浆、尾浆的密度，g/cm$^3$；

　　　　$h_{cN}(N = 1, 2, 3)$——分别表示领浆、中间浆、尾浆在环空中的液柱长度，m。

　　3）关注层位的压力计算

　　假设 $t_{w1} < t_{w2} < t_{w3}$，$t_h$ 为候凝时间。

　　（1）当候 $t_h < t_{w1}$ 时，关注层位的压力为

$$p(h,t) = 0.00981[h_{c1}\rho_{c1} + h_{c2}\rho_{c2} + (h_{c3} - H + h)]\rho_{c3} - \sum_{N=1}^{3} G_{pN} t + 0.00981 \sum_{j=1}^{m} \rho_j h_j \qquad （6\text{-}16）$$

　　（2）当 $t_{w1} < t_h < t_{w2}$ 时，关注层位的压力为

$$p(h,t) = 0.00981[h_{c1}\rho_w + h_{c2}\rho_{c2} + (h_{c3} - H + h)]\rho_{c3} - \sum_{N=2}^{3} G_{pN} t + 0.00981 \sum_{j=1}^{m} \rho_j h_j \qquad （6\text{-}17）$$

（3）当 $t_{w2} < t_h < t_{w3}$ 时，关注层位的压力为

$$p(h,t) = 0.00981[h_{c1}\rho_w + h_{c2}\rho_w + (h_{c3} - H + h)]\rho_{c3} - G_{p3}t + 0.00981\sum_{j=1}^{m}\rho_j h_j \qquad （6-18）$$

（4）当 $t_h > t_{w3}$ 时，关注层位的压力为

$$p(h,t) = 0.00981\rho_w\left(h - \sum_{j=1}^{m}h_j\right) + 0.00981\sum_{j=1}^{m}\rho_j h_j \qquad （6-19）$$

式中，$\rho_j$——水泥浆柱顶部的浆柱的密度，g/cm$^3$；

$\quad h_j$——水泥浆柱顶部的高度，m；

$\quad H$——井深，m；

$\quad t$——所要求解量对应的某一时刻，min。

### 6.3.4.2 环空气窜分析及预测

**1. 环空流体压稳系数计算**

该方法引入了压稳系数（GELFL）的概念，GELFL 定义为水泥浆进入环空间隙后初始液柱压力与由于水泥浆静胶凝强度增大和失水引起的体积收缩造成的水泥液柱压力损失的差与地层压力的比值。

应用该方法时应主要考虑的几点：

（1）重点考虑静胶凝强度增大对失重的影响。

（2）只考虑水泥浆在由液态向固态转化过程中失水造成体积收缩对失重的影响，因为水泥浆在液态时失水可以得到有效补充，而当水泥浆固化后，水泥浆已不再失水。

（3）忽略水泥浆化学体积收缩对失重的影响。室内实验表明，水泥浆化学体积收缩主要发生在水泥浆初凝之后，而且，水泥浆化学体积收缩可以通过添加水泥浆膨胀剂消除。

因此，压稳系数的计算方法如下：

$$\text{GELFL} = \frac{0.00981\times(\rho_c L_c + \rho_s L_s + \rho_m L_m) - p_{gel} - p'_{lx}}{p_p} \qquad （6-20）$$

式中，$L_c$，$L_s$，$L_m$——分别为水泥浆柱长度、隔离液长度、钻井液液柱长度，m；

$\quad \rho_c$，$\rho_s$，$\rho_m$——分别为水泥浆柱密度、隔离液密度、钻井液液柱密度，g/cm$^3$；

$\quad p_{gel}$——水泥浆静胶凝强度引起的失重，MPa；

$\quad p'_{lx}$——水泥浆失水引起的失重，MPa；

$\quad p_p$——地层压力，MPa。

由水泥浆胶凝引起的失重值：

$$p_{gel} = \frac{4\times10^{-4}\tau_{sgs}L_c}{D_h - D_p} \qquad （6-21）$$

$p'_{lx}$ 的计算如下：

$$p'_{lx} = \frac{\Delta V_{fl}}{C_F} \qquad （6-22）$$

式中，$\Delta V_{fl}$——当水泥浆静胶凝强度从 48Pa 变化到 240Pa 时，失水所造成的水泥浆体积收缩量，$m^3$；

$C_F$——水泥浆的压缩系数，$2.6 \times 10^{-2} m^3/MPa$。

$\Delta V_{fl}$ 可用下式计算：

$$\Delta V_{fl} = A_j \int_{t_{48Pa}}^{t_{240Pa}} q_t \times dt \qquad (6\text{-}23)$$

式中，$t_{48Pa}$——水泥浆静胶凝强度达 48Pa 的时间，min；

$t_{240Pa}$——水泥浆静胶凝强度达 240Pa 的时间，min；

$A_j$——井眼在水泥浆中的裸眼面积，$cm^2$；

$q_t$——水泥浆在过渡阶段单位面积上的失水速率，$mL/(cm^2 \cdot min)$。

如前所述，当水泥浆静胶凝强度增长到大于 240Pa 时就可以有足够的阻力抵抗气体的运移，也就是说水泥浆柱在静胶凝强度达到 240Pa 的压力损失是可能发生的最大压力损失，为此式子变为

$$GELFL = \frac{0.01(\rho_c L_c + \rho_s L_s + \rho_m L_m) - \dfrac{0.096 L_c}{(D_h - D_p)} - \dfrac{A_j}{C_F} \int_{t_1}^{t_2} q_t \times dt}{p_p} \qquad (6\text{-}24)$$

**2. $G_{FP}$ 计算**

该方法是由哈里伯顿公司在 1984 年提出，采用了水泥浆过渡时间的概念，当水泥浆静胶凝强度达到 240Pa 时，水泥浆有足够的强度来阻止气窜，这可能造成水泥浆柱压力的最大压力损失 $\Delta p_{max}$。因此，采用 $\Delta p_{max}$ 与水泥浆顶替到位后井内浆柱的初始过平衡压力（$p_{OBP}$）来描述气窜的危险性。

$$\begin{cases} G_{FP} = \dfrac{\Delta p_{max}}{p_{OBP}} \\[2mm] \Delta p_{max} = \dfrac{4 \times 10^{-2} \tau_{cgs} L_c}{D_h - D_p} \\[2mm] p_{OBP} = p_c - p_p = 0.00981 \times (\rho_c L_c + \rho_s L_s + \rho_m L_m - \rho_p L) \end{cases} \qquad (6\text{-}25)$$

式中，$p_c$——初始水泥浆柱压力，MPa；

$p_p$——地层压力，MPa；

$\rho_m$——钻井液的密度，$g/cm^3$；

$\rho_p$——地层压力的当量密度，$g/cm^3$；

$L$——井深，m；

$L_m$——环空中钻井液长度，m；

$L_s$——环空中隔离液的长度，m。

**3. $S_{PN}$ 计算**

水泥浆防气窜性能主要取决于水泥浆在顶替到位后，液态转化为固态的过渡时间的长短以及水泥浆孔隙压力下降速率的大小。其中，水泥浆由液态转化为固态的过渡过程一方

面可以用水泥浆静胶凝强度发展速率来描述，还可以用稠化过渡时间（稠度变化速率）来描述。水泥浆孔隙压力下降的主要原因是水泥浆向地层失水，为此，水泥浆孔隙压力下降速率的大小可用水泥浆滤失速率来描述。因此，将水泥浆稠化过渡时间与水泥浆滤失速率综合考虑为水泥浆性能系数（$S_{PN}$），具体表达式为

$$\begin{cases} S_{PN} = q_{API}A \\ A = 0.1826\left[\sqrt{t_{100BC}} - \sqrt{t_{30BC}}\right] \end{cases} \tag{6-26}$$

水泥浆 API 失水量（$q_{API}$）越低，稠化时间 $t_{100BC}$ 与 $t_{30BC}$ 的差值越小，即在此稠化时间内阻力变化越大，$A$ 值越小，$S_{PN}$ 也越小，防气窜能力越强。

**4. 气窜因子（CCGM）计算**

该方法是由道威尔·斯伦贝谢公司提出来的，它通过分析世界上各地方 64 口气井的资料，统计出了影响气窜的四个因素，并编写了计算程序加以使用。这四个因素分别是地层因素（$F_F$）、液体静压系数（$F_H$）、水泥浆性能系数（$S_{PN}$）和动态的泥浆清除系数（$F_M$）。

通过剖析斯伦贝谢公司的计算程序，CCGM 的定量表达式如下：

$$\begin{aligned} CCGM = {} & 15 + \frac{1}{5.2}[-7F_F - 3F_H + 7F_M - 6S_{PN}] \\ & + \frac{1}{5.2}\left[\frac{3}{4}(F_F - 5) + \frac{3}{4}(F_H - 6) + \frac{3}{4}(F_M - 5) + 3(S_{PN} - 6)\right] \end{aligned} \tag{6-27}$$

式中，只有在 $F_F \geqslant 5$，$F_H \geqslant 6$，$F_M \geqslant 5$，$S_{PN} \geqslant 6$ 才有效，否则用零来计算。

简化 CCGM：

根据防气窜的基本条件，$F_F$、$F_H$、$S_{PN}$、$F_M$ 取值满足压力平衡关系，即 $F_F$ 计算值为 0.57 时，级别为 8.5；$F_H$ 计算值为 0.87 时，级别为 4；钻井液清除系数选用良好级别 $F_M$ 为 2 时，将有关级别代入上式中，得到了

$$CCGM = 3.99 + 1.731S_{PN} \tag{6-28}$$

所以有：

（1）$0 < S_{PN}$（级别）$< 4$，$0 < S_{PN}$（数值）$< 10$，防气窜效果极好。

（2）$4 < S_{PN}$（级别）$< 6.5$，$10 < S_{PN}$（数值）$< 21$，防气窜效果中等。

（3）$S_{PN}$（级别）$> 6.5$，$S_{PN}$（数值）$> 21$，防气窜效果差。

该方法虽然简便但是仍要考虑水泥浆的失水量与阻力变化值的影响。

**5. 气窜潜力分析**

1）环空流体压稳系数法的评价标准

（1）GELFL < 1，防气窜效果差，并且随着 GELFL 值的减小，发生气窜的可能性就越大。

（2）GELFL ≥ 1，防气窜效果好，并且随着 GELFL 值的增大，发生气窜的可能性就越小。

该方法不仅考虑到水泥浆、钻井液密度、水泥浆封固长度、气层压力对防气窜的作用，

也考虑了静胶凝强度增大和水泥浆过渡状态失水引起的压力损失对防气窜的影响,较全面地综合考虑了现场的实际因素。

2）$G_{FP}$ 法的评价标准

（1）$G_{FP}$ 为 1～3 时，发生环空气窜的潜在可能性小。

（2）$G_{FP}$ 为 3～8 时，发生环空气窜的潜在可能性为中等。

（3）$G_{FP}$ 大于 8 时，发生环空气窜的潜在可能性大。

该方法的计算参数容易从现场中得到，计算也比较简单。但是局限在于没有考虑到水泥浆失水、体积收缩等水泥浆特性对水泥浆压力损失的影响。因此，它只是一种定性的估算方法。

3）$S_{PN}$ 法的评价标准

（1）$0 < S_{PN} \leqslant 3$，防气窜效果好。

（2）$3 < S_{PN} \leqslant 6$，防气窜效果中等。

（3）$S_{PN} > 6$，防气窜效果差。

4）CCGM 的评价标准

（1）$0 \leqslant CCGM \leqslant 10$，防气窜效果很好。

（2）$10 < CCGM < 15$，防气窜效果中等。

（3）$CCGM \geqslant 15$，防气窜效果差。

对于简化 CCGM 法：

（1）$0 < S_{PN}$（级别）$< 4$，$0 < S_{PN}$（数值）$< 10$，防气窜效果极好。

（2）$4 < S_{PN}$（级别）$< 6.5$，$10 < S_{PN}$（数值）$< 21$，防气窜效果中等。

（3）$S_{PN}$（级别）$> 6.5$，$S_{PN}$（数值）$> 21$，防气窜效果差。

综上，气窜评价方法的标准列表见表 6-1。

表 6-1　气窜评价指标

| 模型 | 参数值 | 气窜评价 |
| --- | --- | --- |
| GELFL | GELFL<1 | 防气窜效果差 |
|  | GELFL≥1 | 防气窜效果好 |
| $G_{FP}$ | $1 \leqslant G_{FP} \leqslant 3$ | 气窜可能性小 |
|  | $3 < G_{FP} \leqslant 8$ | 气窜可能性中等 |
|  | $G_{FP} > 8$ | 气窜可能性大 |
| $S_{PN}$ | $0 \leqslant S_{PN} \leqslant 3$ | 防气窜效果好 |
|  | $3 < S_{PN} \leqslant 6$ | 防气窜效果中等 |
|  | $S_{PN} > 6$ | 防气窜效果差 |
| CCGM | $0 \leqslant CCGM \leqslant 10$ | 防气窜效果好 |
|  | $10 < CCGM < 15$ | 防气窜效果中等 |
|  | $CCGM \geqslant 15$ | 防气窜效果差 |

# 6.4　超临界硫化氢、二氧化碳对液体屏障单元的影响

## 6.4.1　临界现象描述

临界状态（critical state）是纯物质的气、液两相平衡共存的一个极限状态。在此状态下，饱和液体与饱和蒸汽热力学性质相同，气液分界面消失，表面张力为零，气化潜热为零。流体在高压和常压下的情况显著不同，高压不仅会提高流体的密度，还会增强分子间的相互作用，致使混合物的非理想性变得更显著，尤其是在高压区域内常有各种各样的临界现象出现。在临界点（critical point）附近，物质密度的涨落很大，加剧光的散射性，出现临界乳光现象（critical opalescence，由分子在重力场作用下分布不均和光的散射造成）。这种临界乳光现象是实验观察临界点的一个重要辅助手段。临界现象是指在临界点附近发生的现象，如乳光现象、界面消失现象、等温压缩系数和等压膨胀系数强烈发散现象，以及比热在图上出现尖峰等。

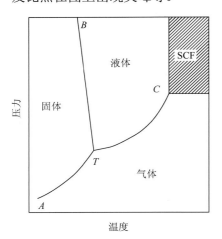

图 6-1　单组分的典型 P-T 图

任何物质，随着压力、温度的变化，都会呈现出相应的固态、液态和气态三种状态，即物质的三态。三态之间的相互转化的温度和压力点称作三相点。除三相点之外，每种分子量不太大的稳定的物质都具有一个固定的临界点，它是气液平衡线的终点，如图 6-1 所示。图中 C 点为临界点。在临界点处，气液相的密度相等，相界面消失，气液相不分，其他性质也有相同的趋势，体系即为一相。与该点对应的温度和压力分别称为临界温度（$T_c$）和临界压力（$P_c$）。临界温度和临界压力是纯物质气液两相共存的最高温度和最高压力。图 6-1 中有阴影的区域的温度和压力高于临界温度和临界压力，是超临界流体（supercritical fluid，SCF）区域。

## 6.4.2　超临界流体的定义及特殊相行为

超临界流体具有一些独特的物理化学性质。如密度、黏度、扩散系数等不同于气体和液体，它介于气体和液体之间，同时具有气体和液体的特性。超临界流体的自扩散系数、黏度接近于气体，具有近似于气体的流动行为，这将提高超临界流体的运动速度和分离过程的传质速率。而密度却和液体接近，因而具有很强的溶解能力，大多数固体有机化合物都可以溶解。因此，超临界流体具有黏度小、扩散系数大、密度大、流动性好、具有良好的溶解特性和传质特性，并且在临界点附近对温度和压力尤为敏感。

当物质进入超临界流体状态后，其物理性质如密度、黏度、扩散系数都随之进入介于该物质的液态与气态之间的状态（表 6-2）。

**表 6-2　气体、液体和超临界流体的性质比较**

| 性质 | 气体 | 超临界流体 | | 液体 |
|---|---|---|---|---|
| | 101.325kPa, 15～30℃ | $T_c$, $p_c$ | $T_c$, $4p_c$ | 15～30℃ |
| 密度/（g·cm³） | （0.6～2.0）×$10^{-3}$ | 0.2～0.5 | 0.4～0.9 | 0.6～1.6 |
| 黏度/（mPa·s） | 0.01～0.03 | 0.01～0.03 | 0.03～0.09 | 0.2～3.0 |
| 扩散系数/（cm$^{-2}$·s$^{-1}$） | 0.1～0.4 | 0.7×$10^{-3}$ | 0.2×$10^{-3}$ | （0.2～2.0）×$10^{-5}$ |

超临界流体的密度约为液体的三分之一或很接近，为气体的数百倍。这使得它具有类似液体的溶解能力，而且这种溶解能力随着温度和压力的变化而连续变化。一般说来，超临界流体的密度越大其溶解能力就越强。因此，在超临界流体状态下，可以通过调节控制压力，使超临界流体的溶解度在 100～1000 倍的范围内变化。

超临界流体的黏度仅为普通液体黏度的 1/4～1/12，比液体约小两个数量级，黏度接近于气体。因此，超临界流体可以像气体一样具有良好的流动性。

超临界流体的扩散系数介于气体与液体之间，其扩散速度为液体的 100 倍。因此，和液体相比超临界流体具有很强的自扩散能力。超临界流体的高扩散系数使得超临界流体具有很高的传质速率和很快达到萃取平衡的能力以及极强的选择性。

图 6-2 为二氧化碳超临界态转变过程。可以看出，当二氧化碳处于气液两相时，有着明显的气液分界面，随着温度、压力的逐渐升高，接近临界点时，气体与液体的差别逐渐消失，直至气液界面完全消失，发生乳光现象。当体系的温度、压力高于二氧化碳的临界温度和临界压力时，二氧化碳进入超临界态。随着温度、压力的降低，超临界二氧化碳发生相变，又回到原来的气液两相状态，出现相分界面。

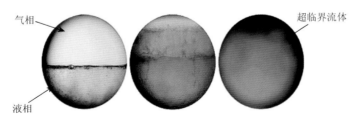

图 6-2　二氧化碳超临界态转变过程

### 6.4.3　超临界硫化氢、二氧化碳的主要物理化学性能

临界参数（$T_c$、$p_c$、$V_c$、$\rho_c$、$Z_c$）是物质最重要和最基本的物性之一。用状态方程法或对应态原理计算物质的各种热力学性质以及传递性质都离不开临界参数。在此，列举出了所涉及的物质的物性参数，见表 6-3。

表 6-3　酸性天然气主要组分的物理化学性质

| 组分 | H₂S | CO₂ | CH₄ | C₂H₆ | C₃H₈ | C₄H₁₀ | C₄H₁₀ |
|---|---|---|---|---|---|---|---|
| 摩尔质量/（kg/kmol） | 34.082 | 44.01 | 16.043 | 30.070 | 44.097 | 58.124 | 58.124 |
| 临界温度/K | 373.55 | 304.128 | 190.564 | 305.5 | 370.00 | 425.39 | 408.11 |
| 临界温度/℃ | 100.4 | 30.978 | −82.586 | 32.35 | 96.85 | 152.24 | 134.96 |
| 临界压力/MPa | 9.008 | 7.3773 | 4.5992 | 4.8835 | 4.2568 | 3.7928 | 3.6480 |
| 每 kmol 的临界体积/（m³/kmol） | 0.0982 | 0.09412 | 0.09863 | 0.148 | 0.203 | 0.255 | 0.263 |
| 临界密度/（kg/m³） | 347.057 | 467.6 | 162.66 | 203.18 | 217.23 | 227.94 | 221 |
| 临界偏差因子 $Z_c$ | 0.284 | 0.274 | 0.288 | 0.283 | 0.285 | 0.274 | 0.283 |
| 三相点温度/K | 186.65 | 216.35 | 90.7 | 89.9 | 85.5 | 134.8 | 113.6 |
| 三相点温度/℃ | −86.5 | −56.8 | −182.5 | −183.25 | −187.65 | −138.35 | −159.55 |
| 正常沸点 $T_b$/K | 212.8 | 194.75 | 111.656 | 184.54 | 231.09 | 261.43 | 273.65 |
| 正常沸点 $T_b$/℃ | −60.4 | −78.4 | −161.494 | −88.61 | −42.06 | −11.72 | −0.5 |
| 偏心因子 | 0.1012 | 0.22394 | 0.01142 | 0.0986 | 0.1524 | 0.2010 | 0.1848 |
| 偶极矩 | 0.9 | 0 | 0 | 0 | 0 | 0 | 0.1 |

对于油气藏深处的流体，是随着烷烃中碳原子个数的增加，其临界温度呈上升趋势，临界压力呈下降趋势。甲烷的临界温度为−82.586℃，临界压力为 4.5992MPa；二氧化碳的临界温度为 30.978℃，临界压力为 7.3773MPa；硫化氢的临界温度为 100.4℃，临界压力为 9.008MPa。临界点以上的区域为超临界流体区域。

采用气体状态方程描述超临界流体相态特征，常见的状态方程较多，有 SRK（Soave-Redlich-Kwong）方程、PR（Peng-Robinson）方程、PT 方程以及 Peneloux、Mathias 体积校正法等，本书选用酸性天然气 pVT 计算模型 PR-EOS。

$$p = \frac{RT}{V-b} - \frac{a}{V(V+b)+b(V-b)} \tag{6-29}$$

$$Z^3 - (1-B)Z^2 + (A-2B-3B^2)Z - (AB-B^2-B^3) = 0 \tag{6-30}$$

$$A = \frac{ap}{R^2T^2} \tag{6-31}$$

$$B = \frac{bp}{RT} \tag{6-32}$$

$$a_{ci} = 0.457235 \frac{(RT_{ci})^2}{p_{ci}} \tag{6-33}$$

$$a_i = a_{ci}\alpha_i \tag{6-34}$$

$$\alpha_i = [1 + m_i(1 - T_{ri}^{0.5})]^2 \tag{6-35}$$

当 $0 < \omega_i < 0.5$ 时，

$$m_i = 0.3746 + 1.5423\omega_i - 0.2699\omega_i^2 \tag{6-36}$$

当 $0.2 < \omega_i < 2.0$ 时，

$$m_i = 0.3796 + 1.4850\omega_i - 0.1644\omega_i^2 + 0.01667\omega_i^3 \tag{6-37}$$

当 $0.2 < \omega_i < 0.5$ 时，上两式等价。

$$a = \sum_i^N \sum_j^N x_i x_j (a_i a_j)^{0.5}(1 - k_{ij}) \tag{6-38}$$

$$b = \sum_i^N x_i b_i \tag{6-39}$$

$$b_i = 0.077796 \frac{RT_{ci}}{p_{ci}} \tag{6-40}$$

式中，$p_{ci}$——组分 $i$ 的临界压力，MPa；

　　　$T_{ci}$——组分 $i$ 的临界温度，K；

　　　$R$——普适气体常数，0.0083144MPa·m$^3$/（kmol·K）；

　　　$\omega_i$——组分 $i$ 的偏心因子；

　　　$k_{ij}$——相互作用系数（表 6-4）；

　　　$T_{ri}$——组分 $i$ 的对比温度，$T_{ri}=T/T_{ci}$；

　　　$p_{ri}$——组分 $i$ 的对比压力，$p_{ri}=p/p_{ci}$；

　　　$V$——摩尔体积，m$^3$/kmol；

　　　$Z$——偏差因子；

　　　$p$——体系压力，MPa；

　　　$T$——体系温度，K。

表 6-4　**CH$_4$-CO$_2$-H$_2$S 相互作用系数 $k_{ij}$**

| $k_{ij}$ | PR-EOS | SRK-EOS |
|---|---|---|
| CH$_4$-CO$_2$ | $1.0013 \times 10^{-1}$ | $1.0323 \times 10^{-1}$ |
| CO$_2$-H$_2$S | $9.8943 \times 10^{-2}$ | $9.96831 \times 10^{-2}$ |
| CH$_4$-H$_2$S | $8.6723 \times 10^{-2}$ | $8.26131 \times 10^{-2}$ |

甲烷、二氧化碳和硫化氢的偏差因子、密度、黏度和等温压缩系数等在超临界区域的变化行为以及二氧化碳、硫化氢与甲烷的相行为特征对比情况如下。

**1. 偏差因子变化特征**

二氧化碳、甲烷的偏差因子与温度、压力的关系如图 6-3 所示。从图中可以看出，二氧化碳在中低压（$p = 3 \sim 15$MPa）时，随着温度的增高，$Z$ 值增长的幅度较大；在高压（$p > 15$MPa）时，随着温度的增高，$Z$ 值增大的幅度较小。随着温度的增加，二氧化碳偏差因子的最小值点向右移动，$Z$ 值逐渐增大。甲烷的偏差因子随温度、压力的变化幅度较小，而二氧化碳的偏差因子在临界点附近随温度、压力的变化幅度很大。二氧化碳的偏差因子小于甲烷的偏差因子，说明二氧化碳偏离理想气体的程度大，具有高度可压缩性。因为甲烷的临界温度很低，$T_c = -82.59$℃，随着体系温度的增加，其对比温度 $T_r$ 的值也增加。当体系温度为 60℃时，其对比温度 $T_r=1.75$，随着对比温度的增大，甲烷的偏差因子接近于 1，其性质也就趋于理想气体。因此，由于二氧化碳与甲烷的临界性质不同而导致在油气藏勘探开发过程中，超临界态二氧化碳呈现出与甲烷显著不同的特性。

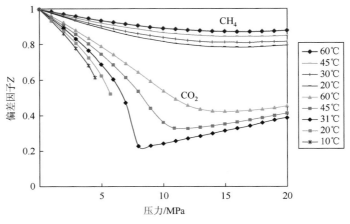

图 6-3　$CO_2$、$CH_4$ 偏差因子比较

硫化氢、甲烷的偏差因子与温度、压力的关系如图 6-4 所示，可以看出硫化氢在临界点附近具有和二氧化碳一样的特性，偏差因子的变化趋势与二氧化碳相同。结合图 6-3 和图 6-4，硫化氢的偏差因子与二氧化碳的偏差因子相比，硫化氢的偏差因子最小值向右移动，这是由于硫化氢的临界压力比二氧化碳的临界压力大的缘故。甲烷的偏差因子随温度、压力的变化幅度较小，而硫化氢的偏差因子在临界点附近随温度、压力的变化幅度很大。硫化氢的偏差因子小于甲烷的偏差因子，说明硫化氢偏离理想气体的程度大，具有高度可压缩性。当体系温度低于硫化氢的临界温度 $T_c = 100.4℃$ 时，随着压力逐渐增大，处于气态的硫化氢液化，所以硫化氢的偏差因子曲线中断，中断点相应温度所对应的压力即为硫化氢的饱和蒸汽压。

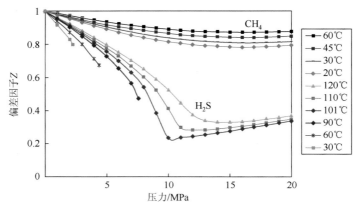

图 6-4　$H_2S$、$CH_4$ 偏差因子比较

## 2. 密度变化特征

二氧化碳的密度在一定温度下随压力的变化情况如图 6-5 所示。当体系温度低于二氧化

碳的临界温度 $T_c$＝30.978℃时，二氧化碳可能处于气态、液态、固态或气液两相。当二氧化碳处于体系温度所对应的饱和压力时，二氧化碳处于气液两相，图 6-5 中分别表示出了二氧化碳气、液相的密度。随着体系温度、压力的升高，气、液平衡中的液相由于热膨胀密度逐渐减小，而气相由于压力的增大，密度不断增大。当达到临界点时，气、液的分界面消失，体系的性质变为均一，气、液相的密度相等，不再分为气体或液体。当体系温度、压力分别高于二氧化碳的临界温度和临界压力时，二氧化碳则处于超临界态，密度较大，近似于液体，而自扩散系数、黏度则接近于气体，具有近似于气体的流动行为，具有超临界流体的特性。

在体系温度不变的情况下，随着压力的增加，二氧化碳的密度增加。当体系温度接近于二氧化碳的临界温度时，二氧化碳的密度随压力变化很大。特别是二氧化碳处于超临界态时，在临界点附近二氧化碳的密度对温度和压力尤为敏感，压力和温度的微小变化，都会导致超临界二氧化碳密度的突变。例如，从图 6-5 可以看出，当体系温度 $T$＝31℃，压力 $p$＝8MPa 时，二氧化碳的密度为 601kg/m³，当压力降到 7MPa 时，密度减小到 258kg/m³。

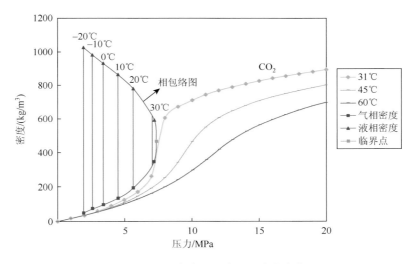

图 6-5　$CO_2$ 密度随温度、压力的变化

甲烷的密度在一定温度下，随压力的变化近似于线性变化，且变化幅度不大，如图 6-6 所示。这是因为甲烷的临界温度 $T_c$＝−82.586℃，相对于二氧化碳来说很低。在气层中，地层温度远高于甲烷的临界温度，甲烷处于气态，无论多高的压力甲烷都不会液化，即甲烷不会发生相变。从图 6-6 可以看出，当体系温度 $T$＝30℃，压力 $p$＝8MPa 时，甲烷的密度为 56.082kg/m³，当压力下降到 7MPa 时，密度仅减小到 48.66kg/m³。

从二氧化碳、甲烷的压力-密度关系曲线（图 6-7）可以明显看出，二氧化碳在临界点附近密度发生突变，呈现出非线性变化，而甲烷密度变化不大，接近于线性变化。这主要是由于甲烷的临界温度很低，一般在油气藏环境中不可能处于甲烷的临界温度点附近，甲烷的对比温度很大，所以在整个油气藏勘探开发范围内，甲烷的物性近似于理想气体。而二氧化碳的临界温度相对于甲烷来说高得多，在油气藏勘探开发中，可能处于其临界点附近，密度随温度、压力的变化较大，且二氧化碳的压缩性比甲烷高得多。

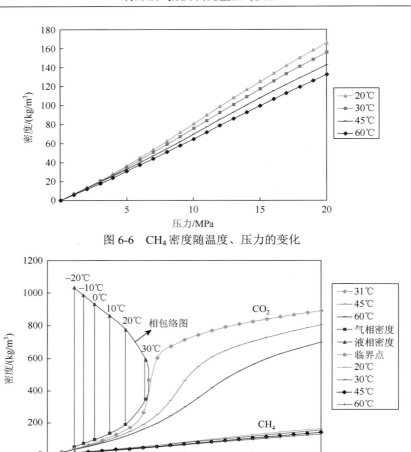

图 6-6　$CH_4$ 密度随温度、压力的变化

图 6-7　$CO_2$、$CH_4$ 密度随温度、压力的变化

从图 6-8 中，可以看出二氧化碳与甲烷混合物的密度随着甲烷摩尔分数的增加而大幅度降低。例如，在体系温度 $T = 31℃$，体系压力 $p = 8MPa$ 下，当混合物中含有 4% 的甲烷时，二氧化碳与甲烷混合物的密度从 $601kg/m^3$ 降低到 $380kg/m^3$。

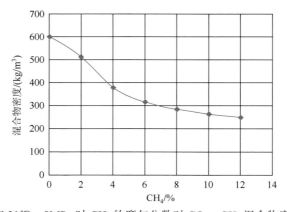

图 6-8　在 31℃，8MPa 时 $CH_4$ 的摩尔分数对 $CO_2$、$CH_4$ 混合物密度的影响

### 3. 黏度变化特征

当二氧化碳处于气态时，黏度随着温度的升高而增加，如图 6-9 所示。二氧化碳在高压下的黏度不同于低压下的黏度，它随压力的增加而增加，随温度的增加而降低，具有类似于液体黏度的特性。临界点附近黏度变化很大，处于超临界态的二氧化碳，其黏度比气态二氧化碳的黏度大。

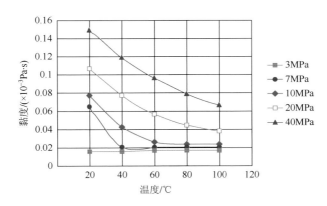

图 6-9　$CO_2$ 的黏度随温度、压力的变化

当温度一定时，黏度随压力的减小而降低（图 6-10）。当 $T=32℃$时，在同一压力下，二氧化碳的黏度比甲烷大。甲烷的黏度变化行为近似于线性变化，而二氧化碳在其临界压力附近变化很大。

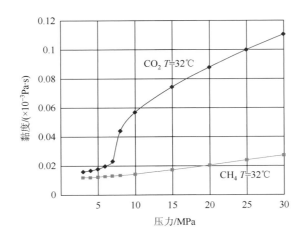

图 6-10　$CO_2$、$CH_4$ 的 $p$-$\mu$ 关系曲线

### 4. 等温压缩系数变化特征

对于理想气体来说，其等温压缩系数与压力成反比，即随压力的增加而单调减小。二氧化碳的等温压缩系数不再随着压力的增加而单调减小，处于超临界态的二氧化碳在远离

其临界压力时，体积随压力的变化幅度较小，而在临界点附近二氧化碳的等温压缩系数随压力的变化曲线出现异常突起的变化，压力的微小变化导致二氧化碳的等温压缩系数突变，如图 6-11 所示。根据文献，二氧化碳在其临界点（$T=30.978℃$，$p=7.3773MPa$）时，二氧化碳的等温压缩系数趋于无穷大。从图 6-11 可以看出，当体系温度 $T=32℃$，压力从 10MPa 降低到 7.5MPa 时，体积随压力变化异常剧烈，等温压缩系数增加 3715%，而在相同条件下，甲烷的等温压缩系数增加值仅为 33.5%，二氧化碳比甲烷的体积膨胀能力约大 120 倍。

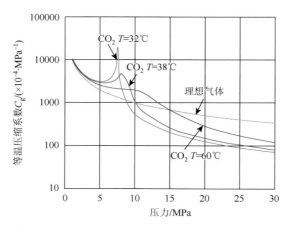

图 6-11　$CO_2$ 的等温压缩系数随温度、压力的变化

### 6.4.4　超临界硫化氢、二氧化碳的溶解特性

地层流体侵入泥浆后，总的溶解度可以近似认为侵入流体在泥浆中每一相中的溶解度之和，如式（6-41）所示。在此，不考虑气体在泥浆固相中的溶解。由于硫化氢在泥浆中的溶解度很大，可以近似地按硫化氢的分压来考虑。

$$R_{\mathrm{m}} = \sum_{i=1}^{N} y_i \left( R_{i(\mathrm{o})} + R_{i(\mathrm{w})} + R_{i(\mathrm{e})} \right) \tag{6-41}$$

式中，$R_{i(\mathrm{o})}$、$R_{i(\mathrm{w})}$、$R_{i(\mathrm{e})}$——气体在油、水和处理剂中的溶解度。

溶解度可以由亨利定律表示：

$$R_{\mathrm{SO}} = \left( \frac{p}{aT^b} \right)^c \tag{6-42}$$

式中，$R_{\mathrm{so}}$——特定压力、温度下的溶解度。

对于 $CO_2$，$c=1$；对于烃类组分，$c$ 根据烃类混合物的相对密度 $\gamma_{\mathrm{g}}$ 计算。

$$c_{\mathrm{HC}} = 0.3576 + 1.168\gamma_{\mathrm{g}} + (0.0027 - 0.00492\gamma_{\mathrm{g}})T - (4.51 \times 10^{-6} - 8.198 \times 10^{-6}\gamma_{\mathrm{g}})T^2 \tag{6-43}$$

$a$、$b$、$c$ 分别为常数，其中 $a$、$b$ 值见表 6-5。

表 6-5　$a$、$b$ 的值

| 气体种类 | 泥浆组成 | $a$ | $b$ |
|---|---|---|---|
| 烃类（HC） | 油 | 1.922 | 0.2552 |
| $CO_2$ | 油 | 0.059 | 0.7134 |
| 烃类（HC） | 乳化剂 | 4.162 | 0.1770 |
| $CO_2$ | 乳化剂 | 0.135 | 0.8217 |

气体溶于泥浆中的总的体积变化，如图 6-12 所示。气体溶于泥浆中的总的体积小于气体与泥浆不能互溶情况下的总的体积。

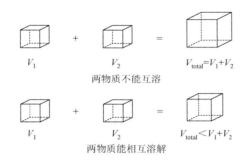

图 6-12　两物质在溶解与不能溶解的情况下总的体积变化

钻开气层所产生的体积流量：

$$Q_g = \frac{\pi}{4} d_b^2 \mathrm{ROP} \tag{6-44}$$

式中，ROP——钻进速率，m/s；
$d_b$——钻头尺寸，m；
$Q_g$——气体体积流量，$m^3/s$。

气体进入井筒的体积流量：

$$Q_{gsc} = Q_g \varphi_g S_g E_g \tag{6-45}$$

$$E_g = \frac{V}{V_{sc}} = \frac{ZTp_{sc}}{T_{sc}p} \tag{6-46}$$

式中，$S_g$——气层气体饱和度；
$E_g$——气体膨胀系数；
$\varphi_g$——气层含气空隙率。

$$r_{\mathrm{m}} = \frac{Q_{\mathrm{gsc}}}{q_{\mathrm{m}}} \qquad\qquad (6\text{-}47)$$

式中，$q_{\mathrm{m}}$——泥浆泵体积流量，$\mathrm{m}^3/\mathrm{s}$；

　　　　$r_{\mathrm{m}}$——地面气体与泥浆体积比率，$\mathrm{m}^3/\mathrm{m}^3$。

　　如果气体溶解在泥浆中，则为单相流；当溶解气体从泥浆里逃逸，在环空就会形成气液两相流。

　　当超临界流体进入井筒底部时，因为超临界二氧化碳和硫化氢与钻井液互溶，所以考虑为单相流。当超临界流体和钻井液的混合物沿井筒上升的过程中，随着压力的降低，超临界流体在泥浆中的溶解度降低，导致溶于泥浆中的气体从泥浆中逸出，在环空中形成气液两相流。根据侵入流体在泥浆中的溶解度，可知在井筒底部是否存在自由气相以及井筒环空内任一截面处的含气量。气体在钻井液中的流速与气体泥浆之间的密度差、井身结构、泥浆的黏度、泵速、井筒倾斜角度等有关。

　　甲烷在纯水中的溶解度与温度、压力的关系，如图 6-13 所示。从酸性天然气主要组分：$CH_4$、$CO_2$ 和 $H_2S$ 分别在纯水和地层水中的溶解度分析可知，在其他条件相同的情况下，甲烷的溶解度最小，二氧化碳次之，硫化氢最大。在井底高温高压的条件下，泥浆溶解的气量增大，那么对井控造成的影响也随之增大。甲烷在水中的溶解度很小，在 69MPa 的高压下，温度为 60℃时，甲烷在纯水中的溶解度仅为 $5.68\mathrm{m}^3/\mathrm{m}^3$，即 $1\mathrm{m}^3$ 的水只能溶解标准状态下的甲烷 $5.68\mathrm{m}^3$。甲烷在水中的溶解度随温度、压力的变化幅度不大。所以，在通常的井控动态模拟中，往往忽略甲烷在水中的溶解度。甲烷在地层水中的溶解度等于甲烷在纯水中的溶解度乘以一个甲烷在地层水中溶解度修正系数。甲烷在地层水中溶解度修正系数如图 6-14 所示，地层水矿化度越大，甲烷在地层水中的溶解度就越小，即地层水的高矿化度降低了甲烷的溶解度。

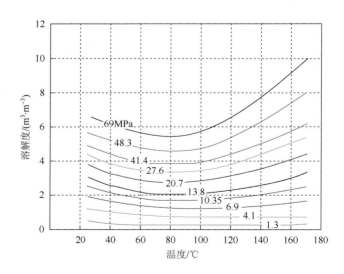

图 6-13　甲烷在纯水中的溶解度与温度、压力的关系

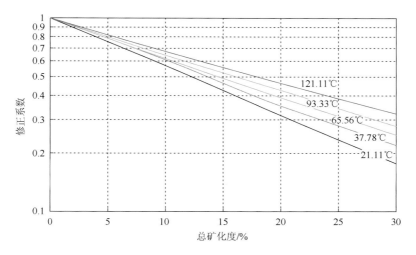

图 6-14　甲烷在地层水中溶解度修正系数

二氧化碳在纯水中的溶解度与温度、压力的关系（图 6-15），从图中可以看出二氧化碳在纯水中的溶解度比甲烷大，同样在压力为 69MPa，温度为 60℃时，二氧化碳在纯水中的溶解度为 40m³/m³，即 1m³ 的水中能溶解在标准状态下 40m³ 的二氧化碳，是相同条件下甲烷溶解度的近 8 倍。

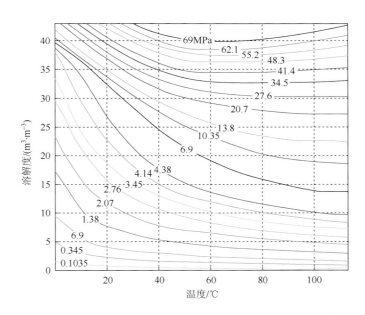

图 6-15　二氧化碳在纯水中的溶解度与温度、压力的关系

二氧化碳在地层水中的溶解度同样需要乘以一个修正系数，修正系数与矿化度有关，见图 6-16。在其他条件相同的情况下，二氧化碳在地层水中的溶解度修正系数随着地层水矿化度的增大而减小。

　　硫化氢在水中的溶解度与分压和温度有关，温度在 50℃附近，溶解度随硫化氢的分压变化很大，见图 6-17。

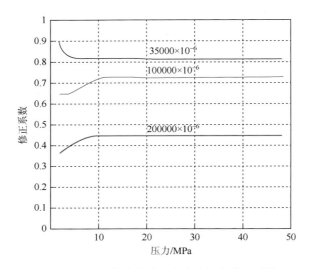

图 6-16　二氧化碳在地层水中溶解度修正系数

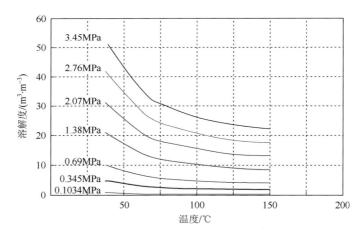

图 6-17　硫化氢在水中的溶解度

# 第7章 水泥环的密封完整性

注水泥及水泥环密封性是井筒完整性的薄弱环节，影响因素太多，目前还不能完全掌控其质量及可靠性。国内外均对注水泥及水泥环密封性高度重视，在许多标准中均包含了注水泥及水泥环密封性的条款。本书第 2 章中已讨论了"深井小间隙一次固井与尾管固井回接的水泥屏障及风险"和"套管-水泥环-地层封闭域屏障风险"，同时在第 6 章详细讨论了水泥浆从注替到初凝期的流体屏障作用及风险。

本章只重点讨论注水泥及水泥环密封完整性相关标准，提高水泥环密封完整性的设计和施工技术，后期水泥环腐蚀损伤及力学损伤机理。

## 7.1 注水泥及水泥环密封完整性相关标准

### 7.1.1 中国石油天然气行业固井技术标准

中国石油天然气行业固井技术习惯性包括套管和注水泥，本节只列出与注水泥和水泥环相关的标准。由于标准的制定或修订滞后于生产需要，中国石油、中国石化和中海油均制定有企业内部的标准。各企业内部的标准均对原国家标准（GB）和行业标准（SY/T）作了某些提升，原则上各企业标准均高于原国家标准和行业标准。

一些重要的固井技术标准包括：

（1）GB/T 19139—2012《油井水泥试验方法》。

（2）SY/T 6592—2016《固井质量评价方法》。

（3）SY/T 5480—2016《固井设计规范》。

（4）SY/T 6544—2017《油井水泥浆性能要求》。

（5）SY/T 5374.1—2016《固井作业规程第 1 部分：常规固井》。

（6）SY/T 5374.2—2006《固井作业规程第 2 部分：特殊固井》。

（7）中国石油天然气集团公司《固井技术规范（试行）》集合了各分散的固井标准，集成了众多技术专家近年来的经验，是一个可资引用的重要技术规范。

### 7.1.2 API/ISO 固井技术标准

**水泥试验类标准：**

（1）ISO 10426-6—2008《石油和天然气工业 油井固井用水泥和材料第 6 部分：水泥配方设计的静态胶凝强度的测定方法（第 1 版）》。

（2）ISO 10426-3-2003《石油和天然气工业 油井固井用水泥和材料第 3 部分：深水油井水泥成分的测试（第 1 版）》。

（3）ISO 10426-4-2004《石油和天然气工业 油井固井用水泥和材料第 4 部分：在大气压力下泡沫水泥浆的制备和检验第 1 版》。

（4）ISO 10426-5-2007《石油和天然气工业 油井固井用水泥和材料第 5 部分：大气压下油井水泥胀缩率的测定第 1 版》。

（5）API 10TR3《API 水泥稠化时间试验温度的技术报告》。

**包含有水泥和固井质量的井筒完整性标准：**

（1）API 65-2《建井中的潜在地层流入封隔》。

（2）NORSOK D-010《钻井和井下作业中的井筒完整性》。

（3）API 96《深水井筒设计与建井》。

（4）ISO/TS 16530-2《开采期的井筒完整性》。

（5）API RP90-2《陆地井环空带压管理》。

（6）API RP90-1《海洋井环空带压管理》。

### 7.1.3　固井注水泥功能

本书第 2 章已讨论了油气井注水泥固井的作用，API 65-2 定义的固井注水泥功能是：

（1）在套管外裸眼地层段或两层套管间建造一个连续、永久性、不渗透的流体密封屏障。

（2）防止地层间流体窜流。

（3）封隔来自水泥环之下或水泥环之上的压力。

（4）结构上支撑套管或尾管。

上述固井注水泥功能的描述隐含了水泥环不应被地层流体腐蚀或存在高温导致的性能退化，有足够强度而不被地层岩石挤压或套管内压力挤压碎裂，水泥环与套管和地层间不应有周向和轴向环隙。

事实上水泥环很难全面实现上述功能，许多因素还不在当前技术水平的控制范围内，因此水泥环不能视作一个独立的屏障。井口必须有套管头密封，对相邻两层间高低压差大或其中一层含有硫化氢的复杂井眼，最好设计用套管外封隔器隔离。

对于高温或高产量气井，采气过程中井口抬升时有发生。主要原因是表层套管水泥环不能支撑表层套管，因此表层套管应有足够的深度，且充分重视固井质量。

### 7.1.4　中国与 API/ISO 固井水泥返深技术标准的差异

#### 7.1.4.1　中国固井技术标准水泥返深的规定

中国 AQ2012 标准《石油天然气安全工程》对水泥返深有下述规定：有特殊要求的天然气井各层套管水泥应返至地面，未返至地面时应采取补救措施；对有高压油气层或需要高压裂增产措施井，应回接套管至井口，固井水泥返至地面，然后进行下步作业。

前述《固井技术规范（试行）》水泥返深要求：

（1）表层套管固井的设计水泥浆应返到地面。

（2）技术套管固井的设计水泥浆返深应至少返至中性（和）点以上 300m，遇到油气层（或先期完成井）时设计水泥浆返深要求与生产套管相同。

（3）生产套管固井的设计水泥浆返深一般应进入上一层技术套管内或超过油气层顶界 300m。

（4）对于高危地区的油气井，生产套管固井的设计水泥浆返深应返至上一层技术套管内，且形成的水泥环面应高出已经被技术套管封固的喷、漏、塌、卡、碎地层以及全角变化率超出设计要求的井段 100m。

（5）对于热采井和高压、高含酸性气体的油气井，各层套管固井的设计水泥浆返深均应返至地面。

### 7.1.4.2　API/ISO 标准水泥返深的规定

API 65-2《建井中的潜在地层流入封隔》、ISO/TS 16530-2《开采期的井筒完整性》、NORSOK D-010《钻井和井下作业中的井筒完整性》等标准对水泥返深都有相关的规定。

生产套管的水泥返深应考虑后续修井、再完井和安全封井弃井的可行性。即可把未注水泥段套管切割后取出，便于修井、侧钻或注水泥塞封井弃井。一些生产套管水泥返到井口，B 环空气窜导致环空带压的井在封井弃井时会遇到困难。

对于陆地或采油树在海洋平台上的井，环空压力可监测和泄压，水泥环应返到上层套管内至少 100~200m。

对于高温高压、海底井口和采油树的油气井，水泥返到上层套管鞋会导致封闭套管环空热膨胀压力过大的风险井，水泥不宜返到上层套管内，应留下一段裸眼地层以便释放环空热膨胀压力。水泥环应封过最浅的一个潜在油气水层，特别是含腐蚀性组分的气层或水层。

### 7.1.4.3　生产套管水泥返深的风险及讨论

本节重点讨论国内外生产套管水泥返深的规定和潜在的风险。至于技术套管，水泥返到上层套管内或井口都有其必要性。技术套管要经受后续钻井过程钻具对套管的碰撞、磨损，抗内压强度降低值带有不确定性。技术套管水泥返到井口对钻开高压层潜在的溢流和井喷控制有利。

对于高温高压气井或含硫化氢气井，生产套管环空水泥返到井口的弊大于利。应综合评价生产套管水泥返到井口的潜在风险：

（1）大量环空带压井资料表明，对于水泥返到井口的高压气井，一旦出现 B 环空带压，压力值往往极高。而水泥未返到井口的井，环空带压值低。这是因为自由段套管外液柱压力可部分平衡不论是来自环空水泥环隙的泄漏压力，还是自由套管的泄漏压力。

（2）对生产套管要求水泥返到井口的某些深井，环空间隙小，长封固段注水泥可能会有某些风险，例如：①注水泥井漏风险，被迫采用低密度水泥或泡沫水泥，或水泥浆带堵漏材料，使固井质量测井判别呈现不确定性。一旦发生注水泥井漏，还可能伴随溢流或井喷。②大温差固井，水泥浆稠化时间、流变性调节十分困难，防气窜难度加大。

（3）加大生产套管内难以预测或难以避免的井口压力变化或高压力对重叠段套管水泥环破坏的影响。完井压裂时环空整压平衡油管内压力属难以避免的井口压力变化。生产套管内井口环空带压属难以预测的压力，反复升压和放压引起套管径向或轴向的应变会加剧水泥环与套管间的微环隙或驱动该部位流体流动。严重时水泥环压碎或在不连续的水泥环边界反作用力对套管产生点载荷或局部载荷。非标准的 V150 材质生产套管潜在的上述损伤会多于 API 标准的 Q125 或 P110。

（4）API/ISO 标准提出了生产套管的水泥返深应考虑后续修井、再完井和安全封井弃井的可行性。有的深井底部尾管或套管损坏，尾管由油管或修井工具落井无法打捞，这时可能需要切割自由段套管以便侧钻。对于生产套管外气窜造成严重环空带压的风险井封井弃井仅在套管内注水泥塞或机械桥塞是不允许的，如果能取出自由段套管再注水泥封井弃井则可阻断环空气窜。

考虑到上述生产套管环空水泥返到井口的潜在风险，API/ISO 标准和国外油公司设计水泥环应返到上层套管内至少 100～200m 是合理的。为了提高生产套管未注水泥自由段的强度和长期服役寿命及可靠性，可以采用 P110、C110 或 Q125 外径加大的非 API 标准厚壁套管。降低应力水平可以显著提高可靠性。

尾管回接的生产套管水泥返到井口与前述生产套管相比有其特殊性，水泥返到井口带来的弊端更多。回接套管外水泥环有一层到三层套管，有多层套管重叠段的中上部井段中回接套管水泥环处于近乎刚性支撑，水泥厚度不均，甚至在某一方位内外层套管接触无水泥环。在井口 A 环空压力作用下水泥环受力环境更为严峻。回接套管注水泥更应强调水泥浆失水和吸水性能，过多的自由水没有裸眼地层吸收，环空可能形成连续水带。对于高温高压或含硫化氢气井，推荐使用能满足安全系数设计的低强度钢级套管，钢级最大用到 Q125。用外径加大的非 API 标准厚壁套管作回接套管以降低应力水平比水泥返到井口更为可靠。

水泥返深未封隔潜在的地下流体层，或未返到上层套管内可能留下隐患。特别是只有一层表层套管和一层生产套管的井，存在环空井喷的风险。未注水泥段套管来自产层流体的腐蚀，或来自裸眼段地层流体腐蚀，意外的套管破损可能导致沿表层套管外环空井喷，或压破地层后产层流体沿井周地面溢出。

## 7.2　注水泥对井筒完整性的影响

注水泥应包括两个阶段，注替水泥的动态阶段和水泥候凝的静态阶段。注替阶段的关键是保证环空压力平衡和顶替效率，候凝阶段则是防止水泥失重与气窜，这两个阶段的结果直接影响水泥环后期的完整性。

根据注水泥封隔油、气、水层，保护生产层和加固井壁的要求，注水泥质量的基本要求如下：

（1）水泥返高和套管内水泥塞高度必须符合地质和工程设计要求。

（2）注水泥段环空的钻井液应全部被水泥浆顶替，即在封固井段无钻井液窜槽存在。

（3）水泥环与套管和井壁间有足够的胶结强度，能经受住酸化压裂等增产措施。

（4）水泥石应具有良好的密封性和低渗透性，能较好地防止油、气、水窜及油气水的长期侵蚀和破坏。

如果注水泥质量不好，则可能造成环空压力平衡被破坏，从而影响到井筒的完整性与安全性，常出现以下问题：

（1）井口有冒油气水现象。

（2）开采时，高压油气层向低压油气层或非生产高渗透层窜流；上部气层或下部底水向油层侵入。

（3）不能完全满足酸化、压裂等增产措施的要求。

（4）水泥浆候凝过程中，油气水的窜入破坏水泥环的封隔作用。

（5）套管挤扁、破裂或腐蚀。

因此，要求固井作业精心设计、准备及施工，并有完备的固井复杂情况预处理方案，确保优质、高效地完成固井作业。

## 7.2.1 注水泥过程环空压力平衡破坏的影响

注水泥作业的关键环节是下套管与注替水泥，这期间造成的复杂问题与事故可能直接导致固井的失败，而这其中主要的影响就是环空或井眼压力平衡系统的破坏，主要体现为：

第一类：套管及下套管复杂情况，包括下套管阻卡、套管断裂、套管泄漏、套管挤毁、套管附件和工具失效、下套管后漏失或循环遇阻等。

第二类：水泥浆浆体性能事故，包括水泥浆闪凝、水泥浆触变性差、水泥浆过度缓凝等。

第三类：注水泥现场施工复杂情况，包括水泥漏失、环空堵塞、注水泥替空等复杂情况和事故。

**1. 下套管过程环空压力平衡破坏的主要因素**

（1）下套管时，漏失层没有很好地封堵、下套管速度过快均易压漏地层，造成井塌，引起卡套管事故。

（2）下套管过程中高压层没有压稳，从而发生溢流，引发环空液柱压力下降，导致井塌。

**2. 注水泥施工过程环空压力平衡破坏的主要因素**

注水泥施工复杂情况是指在注水泥施工中，由于水泥浆性能、井下复杂地层或施工工艺等方面的原因，造成注水泥作业情况变得复杂，严重时，甚至导致固井作业的失败。主要包括注水泥漏失、"灌香肠"、注水泥替空等复杂情况和事故。

注水泥漏失是指在注水泥或替浆过程中，由于环空液柱压力和环空摩阻之和超过地层破裂压力，水泥浆漏失到地层，造成水泥浆返高不够、油气水层漏封和水泥胶结质量差。注水泥"灌香肠"是指在注水泥过程中，由于水泥浆闪凝、套管内堵塞或环空桥堵等造成水泥浆返不到设计井深，套管内水泥塞过长等。注水泥替空是指在注水泥替浆过程中，替钻井液量超过设计量（一般为套管内容积），造成套管下部环空没有水泥浆。

### 7.2.2　注水泥候凝期间环空压力平衡破坏的影响

固井后环空油气水窜是指在注水泥结束后，由于水泥浆胶凝，在液态转化为固态过程中，水泥浆难以保持对气层的压力或由于水泥浆窜槽等原因造成水泥胶结质量不好，气层气体窜入水泥石基体或沿水泥与套管或水泥与井壁之间的间隙流动造成层间互窜甚至窜入井口，甚至发生固井后井喷。固井后出现油气水窜也是环空压力平衡破坏造成的结果，其主要原因有：

（1）因为顶替效率不高而造成水泥浆窜槽，随着泥浆胶凝、脱水和收缩，形成气窜通道。

（2）由于水泥浆凝固时化学收缩或水泥浆自由水析出以及温度压力变化，水泥石与地层之间形成微环隙，造成环空油气水窜。

（3）水泥浆失重引起环空油气水窜。在水泥浆进入环空初期，由于水泥浆的静胶凝强度小于 48Pa，水泥浆仍保持液态性质，能够顺利传递液柱压力，进而压稳气层，此时不会发生环空气窜；当水泥浆的静胶凝强度大于 240Pa 时，已具有足够的强度阻止环空油气水窜的发生；而在水泥浆静胶凝强度为 48~240Pa 时，水泥浆属于由液态向固态转化期，水泥浆逐步失去传递液柱压力的能力，也是油气水窜易发生时期。

### 7.2.3　环空水泥环胶结密封失效

水泥胶结质量的复杂情况是指在注水泥施工结束后，由于水泥浆性能、施工质量或其他原因造成油气水层漏封、水泥胶结质量差、环空气（水）窜等影响胶结和封固质量的问题。

**1. 油气水层漏封**

固井后油气水层漏封的主要原因：

（1）油气水层本身或以下为漏失层，注水泥过程或候凝过程中发生了漏失，造成油气水层漏封。

（2）发生了注水泥替空事故，造成下部油气水层漏封。

（3）发生了注水泥"灌香肠"事故，造成水泥浆不能顶替到环空中。

（4）发生了环空桥堵。

（5）水泥浆性能控制不好，如失水大、抗压强度低、水泥石强度衰退等原因造成油气水层漏封。

**2. 油气水层水泥胶结质量差**

1）固井后油气水层水泥胶结质量差的主要原因

（1）水泥浆性能方面的原因。如在高渗透地层使用 API 失水的水泥浆体系造成水泥浆向地层的滤失，水泥浆水化后质量差；水泥浆早期强度发展慢，地层油气水窜；水泥石高温强度发生强度衰退等。

（2）水泥浆顶替方面的原因。如井身质量差，井眼不规则，水泥浆顶替效率低；钻井液流变性能、水泥浆流变性能或前置液流变性能差，且没有设计合理的密度差，顶替排量设计不合理，水泥浆顶替效率低，套管偏心，水泥浆窜槽等。

（3）水泥浆油气水窜。注水泥或固井后，由于没有很好的压稳油气水层，地层流体侵入水泥浆中，引起水泥胶结质量差。

（4）注水泥漏失。在注水泥或候凝过程中，水泥浆发生漏失，造成水泥胶结质量差。

（5）环空间隙小，水泥环薄，易发生替浆过程中窜槽，造成水泥胶结质量差。

（6）在封固可溶解性地层时，水泥浆性能控制不当，地层被水泥浆部分溶解，破坏水泥浆性能且易形成微间隙。

（7）注水泥施工质量差，影响入井水泥浆性能。如入井水泥浆密度不均匀、水泥车混合能低等。

（8）下步井下作业对水泥胶结质量的影响。如钻水泥塞、试压、射孔等。

（9）钻井液滤饼与水泥浆相溶性差，水泥胶结后与滤饼形成三明治结构。

2）水泥浆过度缓凝

水泥浆过度缓凝是指由于水泥浆稠化时间过长，致使水泥石强度发展缓慢甚至不凝固，造成无法有效封固油气水层。

3）水泥石强度衰减

水泥石强度衰减是指在井下条件下，水泥石发生强度退化，封隔能力降低的现象。在高温下，常规的油井水泥在大于 110℃ 条件下一般会发生强度衰减。

## 7.3 保证注水泥质量的关键技术

良好的固井设计应该充分考虑影响固井质量的各种因素：如通过实验室测试完成的水泥浆优化设计、确定孔隙压力与破裂压力梯度的安全窗口、使用隔离液与冲洗液、选用适当的流体密度和流变性的层次结构、合理的流体相容性和套管居中度。

下面总结了影响固井作业质量的关键问题，及钻井作业和成功固井之间的相互关系。（讨论的所有主题在不同的 API、ISO 等行业刊物中均有详细介绍。）

### 7.3.1 井眼质量

井眼质量影响固井作业的许多方面。实践表明，通过控制井眼质量，可以避免对固井质量造成严重影响。如：避免严重狗腿、井眼的扩大和螺旋形井筒将改善固井过程中钻井液顶替效率。使用定向数据（包括方位）建立模型模拟套管居中和钻井液顶替效果，综合评价井眼质量的影响。

井径测井可以用于确定设计水泥返深（TOC）所需的环空水泥浆体积。实际的井眼大小数据可用于注水泥和下套管时的摩阻压力计算、扶正计算、确定有效流体顶替流动状态和速率。

### 7.3.2 钻井液性能

#### 1. 钻井液体系选择

钻井液（泥浆）体系的选择和维护是影响固井质量的关键。钻井液性能会影响井眼状态（扩大等）、滤饼厚度和胶凝强度（可根据 API RP13B-1/ISO 10414-1 或 API RP13B-2/ISO 10414-2 标准测定）、流体流动性。流体和地层的相容性也会影响钻井液顶替和水泥与地层的胶结效果。

钻井液的性能受多种因素影响。具有低渗透性、薄滤饼和低非渐进胶凝强度的钻井液能满足携带钻屑和重晶石需求，在注水泥时可以更有效地被顶替。有效的钻井液顶替有助于提高固井质量，通过计算机模拟水泥和钻井液顶替过程，可以确定满足顶替需要的水泥、钻井液流体性能与排量计划。

**2. 钻井液流变性能**

钻井液流变性对水泥顶替有显著的影响，固井前应对钻井液样品进行流变性与相容性的测试，其数据还被应用到顶替模拟分析软件中。

### 7.3.3　套管附件的使用

套管附件和辅助井下设备有利于固井操作。包括：扶正器、浮动设备、分级箍、套管管外封隔器、尾管悬挂器、尾管顶部封隔器以及可膨胀套管。

扶正器的合理使用是保证固井质量的关键，合理的套管居中是水泥顶替和封隔成功的重要因素。扶正器有很多类型，一般归类为刚性或弹性。扶正器还可提供一些辅助功能，如分流和减小机械摩擦等。对小井眼或非常大的环空间隙可能需要定做更可靠的扶正器。可按 API Spec 10D/ISO 10427-1 标准来计算弓形弹簧扶正器的居中性能。另外，扶正器参数可参阅 API RP 10D-2/ISO 10427-2，API 10TR4 和 API 10TR5 等标准。

除了使用扶正器以外，浮箍浮鞋、中空胶塞、水泥头等工具在使用中应考虑环空窄间隙对流动限制的影响。环空窄间隙通常会在上层套管环空、尾管顶部、可膨胀套管、尾管悬挂器与封隔器等位置出现，这会限制钻井液和水泥浆正常循环流动，并导致漏失。外层套管的内径和某些工具之间也容易形成环空窄间隙，如尾管封隔器、PBR、套管外部封隔器和膨胀管。常规类型的悬挂器与卡瓦形成的"旁路区域"减小了流动横截面面积。因此必须计算这些流动限制引起的等效循环密度的变化。压力计算应包括任意限制的流动，特别是那些长而小的横截面，诸如衬管重叠、衬顶封隔器、衬管悬挂、回接套管、套管连接和钻杆接头。

### 7.3.4　注水泥工程设计

建井的目标和地方法规规定了每个井段水泥覆盖范围和水泥的性能要求。水泥的性能要求包括（但不限于）防气窜能力、水泥浆静胶凝强度、失水、浆体稳定性、稠化时间、抗压强度、力学参数（如抗拉强度、杨氏模量和泊松比等）。

**1. 确定封隔地层**

为封隔渗透性地层，评估潜在渗透性地层，设计合理的水泥返高十分重要。潜在渗透性地层应被水泥浆覆盖，以防止注水泥后流体流动，并且水泥浆应能够最大化顶替钻井液。如果孔隙压力与钻井液静水压力平衡，地层内未封固段可能在短期不会流动。然而，重晶石沉淀和钻井液失水等会导致环空带压。高密度的尾浆比低密度领浆更容易导致气侵。然而，基于固液质量分数的水泥浆设计更简便。

### 2. 孔隙压力与破裂压力梯度

准确地了解孔隙压力和破裂压力梯度分布对固井十分必要，这有助于降低循环压耗和环空流动。孔隙压力是评估潜在流动的关键信息。孔隙压力和破裂压力梯度分布是评估静态和动态安全性的两个重要计算参数。

### 3. 温度

温度对水泥浆性能的影响最大。准确预测水泥浆的温度（静态和循环）对固井非常重要。可以通过邻井数据采用热力学模型或测量得到水泥环的温度。对大多数井而言，API温度表可以提供足够的循环预测温度。然而，这些数据是基于大多数井的收集数据，这些井位于带有小偏差温度梯度的浅水中（参见 API TR 10TR3 固井温度表）。上述温度表不适用于深水井或大位移井。稠化时间测试的升温速率对实验结果有较大影响。应用的稠化时间升温速率应基于 API RP10B-2/ISO 10426-2 标准所描述的井底水泥的预测时间。

基于计算机程序的热力学模型可用于固井温度预测，程序需要输入以下信息：静态温度、地层和井内流体的热力学参数、流变性能、预测水泥用量、设计泵入速率和井身结构。由热力学模型得到的结果可能存在较大的差异，运营商应考虑采用多个热力学模型形成水泥预测温度表。在大多数情况下，固井作业过程中最高的环空温度出现在套管/尾管鞋上方的某一位置。

温度信息可从随钻测量（MWD）或随钻测井（LWD）工具获得。MWD 或 LWD 设备测量的温度往往略高于模型或传感器，因此在水泥测试时，应谨慎使用由测量得到的温度。如一些钻具组合和地层类型会使 MWD 及 LWD 的测量数据偏高。

总之，应考虑所有的温度信息及其来源，且水泥浆的设计应选定合适的温度范围。

## 7.3.4.1　钻井液驱替

### 1. 设计

合理的泥浆设计是成功固井的一部分。另一部分是有效地顶替井筒中的钻井液。基于计算机的顶替模拟有助于工程师针对复杂井的工况定制合理的固井工艺，而不是仅仅依靠规定内容。

### 2. 环空流速

高速流体提供顶替胶凝钻井液的能量。然而，一些小井眼环空限制了不引起环空失返的泵入速度。根据流体流变性能的差异以及顶替液和被顶替液之间的密度差异、套管的居中程度以及井斜角，特定的泵速可促进环空宽窄两侧间隙之间的不均匀流动。流体仿真模型把井筒和地面设备的流体参数及水力限制纳入考虑范围，从而确定最佳环空流速。

### 3. 流变性和密度

总的来说，除了钻井液的化学作用和湍流的稀释效应外，当被顶替流体密度及顶替液摩擦压降较高时，钻井液被顶替的效率高。在顶替设计中，有多种用于确定顶替流体密度和流变性层次结构的准则。某些井的低孔隙压力和破裂压力梯度也会限制顶替流体密度和流变性层次结构的使用。

#### 4. 钻井液压缩系数

可压缩流体的密度和流变性随着井下温度和压力的变化而变化。井下压力测量工具提供了可用于模拟钻井液顶替的静态密度和当量循环密度的信息。

#### 5. 水泥前置液和隔离液设计

前置液和隔离液的目的是通过隔离不兼容的水泥浆与钻井液,实现大部分钻井液的顶替。当使用油基钻井液时,前置液和隔离液用于去除油基钻井液膜并润湿井下岩石。在 API RP 10B-2/ISO 10426-2 标准中可以找到测试隔离液配伍性的规程。如果井下条件允许,也要求测试水泥浆和隔离液或者水泥浆、隔离液和钻井液混合物之间的配伍性。也可以用一些软件确定驱替钻井液时需要泵入的隔离液的类型和体积并预测流体(水泥浆、隔离液和钻井液)在驱替期间混合的程度。使用未加重前置液或者原油在某些情况下可能会使通道恶化,计算机模拟软件可以预测这种情况。

#### 6. 活动套管

活动套管是实现钻井液高效顶替的最佳方法之一。活动套管增加了环空各个断面流动的可能性。然而,往复活动套管除了能帮助顶替钻井液外,也会影响井内的抽汲和激动压力,这会导致流体的侵入或滤失。软件模拟可以用来预测抽汲压力和激动压力,计算结果可以为确定套管最大往复运动速度提供参考,从而避免地层流体的侵入或钻井液的滤失。

研究表明:旋转套管比往复运动套管可以提供更高的流体顶替效率。根据井眼实际工况,旋转套管速率为 $10\sim40r/min$ 顶替效率较高。往复运动和旋转套管都会给现场操作带来困难。当使用往复运动套管时,应保证套管不能在某一位置卡住,以确保套管能够准确地挂在井口。在海上钻井平台一般不能往复运动套管,旋转套管的能力也受到可用扭矩的限制。套管接头、套管工具或钻井设备都是限制扭矩的因素。完整的套管柱必须包含旋转水泥头。如果使用了旋转尾管悬挂器,通常也要选用尾管。

#### 7. 套管居中

套管一旦不居中,就会出现一边紧贴井壁一边远离井壁的情况。钻井液、清洗液、隔离液和水泥浆都倾向于在宽间隙、受阻碍小的环空一侧流动。套管居中有助于水泥浆的流动并顶替钻井液。如果套管没有居中,那么在环空窄间隙顶替钻井液效率将会降低,且导致水泥浆绕过泥浆通道、受污染流体,从而无法实现隔离地层。环空中的其他设备,如尾管悬挂器总成、PBR 等也会由于偏心影响流体流动。

计算机软件可以计算钻井液顶替的最佳扶正器位置。很多因素可能影响套管居中度,包括井眼尺寸和井斜角、套管尺寸和重量、已下入套管或尾管的内径、流体密度以及扶正器位置。在计算偏矩时应考虑扶正器的参数,包括扶正器类型(如刚性、弹簧)、最小和最大外径、回复力、启动力和运行力。在这些计算中可以使用制造商提供的实际偏矩。为正确计算偏矩,必须使用井眼直径记录图(最好是给出两个或两个以上的直径)和定向测量数据。

### 7.3.4.2 工程软件

工程软件允许用户修正固井过程中单独考虑一口井的特殊工况。工程软件避免了用户刻板遵循的"经验法则"。尽管可以使用许多软件,但在当前的工程软件中仍存在计算复杂和性能不稳定的问题。这些软件都是工程计算的工具，用户应该发现软件的功能和限制，并且在应用程序中保持良好的判断能力。典型的软件功能主要包括如下：

（1）确定抽汲和激动压力。

（2）模拟当量循环密度来预测固井时井筒液柱压力是否在孔隙压力和破裂压力梯度窗口内。

（3）居中和偏矩的计算。

（4）顶替效率的计算。

（5）确定循环和固井后的温度剖面。

（6）地面压力的预测。

（7）泡沫水泥浆的计算。

对任何工程软件，输出结果取决于输入变量的已知的程度。仅凭一个工程软件不能得到正确的结果。然而，工程师通过把变量进行综合考虑就可以对项目有深入理解，从而有助于实现隔离地层。

为了能够最好地设置水泥屏障单元，应该对扶正器的位置、当量循环密度和流体的顶替效率进行模拟。在固井设计和固井作业中，应该考虑水力参数、操作工况、后勤条件和井身结构的局限性所带来的种种限制。

计算机软件的输入信息应该尽可能地准确。此类信息应包括钻井液、隔离液和水泥浆的流变性能、预计的泵速、温度、井径测井信息（如果有）、调查数据（如果有）、井身结构、破裂压力和孔隙压力以及硬件配置情况。

## 7.3.5　水泥浆体系设计与测试

固井的首要目的就是要确保井在整个生产周期的水力封隔，包括在管柱、井壁以及管柱和管柱之间充填高质量水泥。水泥浆还用来保护套管免受腐蚀性流体的腐蚀并提供机械支撑。在建井过程中，水泥浆的设计应满足预期的井下工况，并在运行设计过程中考虑以下各种性能参数：

（1）流变参数。

（2）静水压力控制。

（3）流体滤失控制。

（4）自由流体与沉降控制。

（5）静态胶凝强度。

（6）抵抗气侵或流体侵入的能力。

（7）压缩或声波效应。

（8）收缩或膨胀效应。

（9）水泥环的长期完整性。

以上这些因素在井的整个生命周期，对水泥性能的影响非常重要。对于特殊井况的固井设计，要重点考虑其他因素。虽然计算机建模可以帮助设计师在一系列可能的设计中进行灵敏度的分析，但仍需要在特殊情况下进行判断和选择。

封隔渗流区要求特定的水泥浆性能，而水泥浆性能受潜在渗流区地层流体质量分数以及流体类型的影响。

API RP 10B-2/ISO 10426-2、API RP 10B-3/ISO 10426-3、API RP 10B-4/ISO 10426-4、API RP 10B-5/ISO 10426-5 和 API RP 10B-6/ISO 10426-6 标准规定了水泥性能测试的方法。使用这些方法可以模拟水泥浆在顶替过程中暴露在需要隔离的潜在渗流区的工况。水泥浆的测试条件通常反映了渗流区的温度和压力。

控制环空气体流动的水泥浆技术：目前已开发了一系列的水泥浆体系来控制环空气体流动。这些方法在控制机理上完全不同，因此需要由设计者选择特定应用中表现良好的方法。这些方法包括可压缩水泥浆、泡沫水泥、具有自生气体材料的水泥、某些类型的乳胶、含有硅粉、表面活性剂或聚合物分散体系和静态胶凝强度水泥浆体系。而确定这些材料需要使用特定的实验室检测技术。

服务公司设计标准时应考虑这些受专利保护的水泥浆和技术。有时可用简单的数学表达式来衡量水泥环内潜在气体流动。在使用这种类型的一般数学表达式时，应注意评估潜在的气体流量。井眼直径的变化、绕流钻井液对流体的静力学影响的未知性、尾管上部封隔器坐封和环空井口密封所带来的水泥返深的不确定性、未知程度的环空静液柱压力的降低都会造成气体流动潜力的错误估计。

### 7.3.6 井眼准备

#### 7.3.6.1 综述

通过井眼准备，在井筒中循环和调节钻井液可提高固井的成功率。固井失败很多是流体难以被顶替或者井筒条件不足造成的。具有良好的流变性能、失水量小（薄和坚韧的滤饼）的钻井液可以提供低而均匀的胶凝强度，更有利于钻井液顶替。

即使有充分的准备，也应该做好应急预案以防止注水泥时可能发生的突发事件。井眼准备应包括以下内容：

（1）在固井时调整钻井液的流变性能以利于钻井液的顶替。

（2）确保井筒处于静态。

（3）控制滤失量。

（4）在固井前调整流体性能，破坏钻井液的静态胶凝强度，钻屑和气体已被携带出并且井筒已冷却。

固井前应参考优质固井的实践经验，以提高固井成功的概率。初次固井失败主要是由于顶替过程出现故障而导致水泥通过钻井液窜流。这些准则与软件模拟程序结合使用将提高顶替效率，从而增加初次固井成功的概率。在复杂井筒中不可能准确预测流体的具体性能，但是可以通过模拟软件定性地认识并进行相关方面的设计。

#### 7.3.6.2 防漏

如果已经发生或预计将会发生漏失，那么应评估漏失对井的影响。在某些情况下没有必要控制漏失，比如漏层位置比被覆盖的渗流区浅，这种情况就可以不予考虑。当必须控制漏失时，有多种措施可以选择，包括：通过降低水泥浆密度以保持井底循环压力低于漏失层的压力、将水泥浆液柱高度尽可能降低或在固井时控制摩阻压耗、使用防漏材料、下入尾管、使用阶段工具或转向工具等。

### 7.3.6.3　调节钻井液

钻井液的工艺性能是固井时实现高效顶替的重要因素之一。在准备固井过程中，钻井液应该具有良好的流变性。具有低胶凝强度、低流变性和低失水量的钻井液更容易被顶替。一般来说，钻井口袋内的胶凝钻井液会对顶替造成影响。调整钻井液的性能有利于固井过程中钻井液的顶替。为了准备固井作业，钻井液应具有以下性能：

（1）钻井液的屈服强度和胶凝强度的降低有利于钻井液的顶替。然而其他重要的因素也会阻碍钻井液性能的调整，比如对井眼清洁度的要求、岩屑运输的方式以及理想的流变特性。水力和井眼净化软件可用于敏感性分析，以优化井眼净化和水泥驱替过程中的流变设计。

（2）钻井液的胶凝强度剖面应根据下列标准确定：①水基钻井液使用 API RP 13B-1/ISO 10414-1 标准；②油基钻井液使用 API RP 13B-2/ISO 10414-2 标准。

根据岩屑运移的限制条件，钻井液的胶凝强度应尽可能低。胶凝强度剖面应采用非渐进式。API 标准规定的测量胶凝强度时间分别为 10 秒和 10 分钟，同时也规定了更长时间的测试，如 30 分钟或更长时间。为了调整固井前的钻井液，建议至少进行三次测量（10秒，10 分钟和 30 分钟），绘制出胶凝强度曲线，验证是否存在一个平滑区。

（3）控制滤失量。泥浆滤液进入到渗透层有助于加快泥饼的形成。在固井前或固井期间，大量失水会形成厚而高黏的泥饼，使得靠近储层附近的钻井液很难被顶替。失水量的大小取决于所钻的井段性质。在钻进、下套管和固井的时候应控制失水量。通过降低钻井液的失水量以形成厚而胶凝强度高的滤饼。

### 7.3.6.4　鼠洞

套管鞋下的鼠洞会使固井过程中水泥浆受到污染，或使固井后钻井液置换水泥浆。这会导致水泥环的强度降低、钻井液口袋或套管鞋泄漏。因此，鼠洞的长度应尽可能缩短或者充填增稠钻井液。

### 7.3.6.5　下放套管所引起的激动压力

如果压力超过地层承压能力或在某些情况下井控失效，那么下套管所引起的激动压力就会导致井漏。下套管时，钻井液流速（和摩擦力）与套管下入速度成正比。下套管时采用传统的浮动设备会加速钻井液流入环空。当钻井液停止循环较长时间后将会胶凝，这也会造成激动压力增加。通过减小套管入井速度、使用自动漂浮设备、降低钻井液的流变性和胶凝强度、分段下套管及下套管时打破循环均能够降低激动压力。

激动压力预测软件通过预测套管下入速度，使得井筒压力低于地层压力。然而，裸眼段完整性的最低限制条件通常无法获取，并且激动压力的计算受到许多未知因素的影响。如果按照设计的下放速度仍然会引起钻井液漏失，那么就应当降低套管下放速度以保持钻井液正常循环。

#### 7.3.6.6 扶正器设计

保持良好的套管居中度有助于提高钻井液顶替效率。在套管偏心严重的井段，水泥浆会沿着阻力最小的路径流动，造成水泥浆只在环空间隙宽的一侧流动，而间隙窄的一侧仍然是钻井液。在斜井段，偏心度对阻止岩屑在环空间隙窄的一边堆积十分重要。可以采用计算机程序评估扶正器位置以及其他工况对钻井液顶替效率的影响。

扶正器可以安装在套管接箍之间允许滑动的位置，或者固定在带有止动环或固定螺纹的位置。但这样的夹持装置在下套管和在固井阶段的移动套管阶段都会承受较大的载荷，所以不能将扶正器安放在该位置。在安装平式接头套管时止动环对于安装扶正器是必要的。安装扶正器时利用固定螺纹可以防止套管旋转。

安装弓形扶正器的首选方法是将扶正器拉入井眼而不是"推入"井眼。当扶正器被安放在套管或止动环附近时，扶正器是被拉入井眼的；当扶正器安放在止动环和套管接箍之间时，扶正器则是被"推入"井眼的。

#### 7.3.6.7 套管下放后钻井液的循环和调整

在套管已下入井底之前，循环钻井液会破坏其胶凝结构，降低其黏度并增加其流动性。井眼的容积可以通过流径测定仪测量。返至地面的流体优良性能并不能充分说明环空中流体的流动性能。

流径测定仪出现在振动筛或随钻井液循环到泥浆池后很容易识别。知道注入和流出的时间间隔、泵速，就可以计算流入井内流体的体积。通过整个井眼或一段循环体积的流径测定仪有助于实现以下几种功能：

（1）通过从起下钻循环钻井液体积减去套管体积和环空体积可以测得裸眼段循环体积。

（2）从下面提到的多种方法或材料中衡量井眼的清洁能力（胶凝钻井液、泥饼、岩屑的清除）。

（3）由电缆井径测井记录水泥体积。

（4）井眼净化的方法包括提高循环速率、活动管柱、采用高或低黏度的添加剂来清除部分脱水的"胶凝"钻井液、泥饼以及固井阶段降低钻井液顶替效率的岩屑。

一旦钻井液已完成调整（即钻井液性能在管线出口处保持不变），停止循环钻井液可能使胶凝强度得以恢复。应该在注水泥循环前安装水泥头和压力测试管线，使循环和固井期间的关井时间尽可能地缩短。通过合适的设计使下放水泥塞的时间最少。最好把套管尽可能地下到井底，从而可以轻松地在水泥头上安装插销和阀门。因此，下放水泥塞（和尽量减少危害）是必要的。

### 7.3.7 注水泥作业

#### 1. 油库质量保证/质量控制

对于任何固井作业来说，水泥的精确配置是固井成功的重中之重。水泥浆的配置应与服务公司提供的配方保持一致。此外，对于从事水泥配置和注水泥的工作人员也应该进行培训。为了防止加入不适当的添加剂、配制错误的水泥浆浓度以及造成可能的污染，应定期对水泥搅拌机和所有相关设备进行维护和检查，以确保没有阀门泄漏或其他设备故障。

在油库方面，应准确设计油库的规模，制定合理的工作制度，并定期校核，证书的副本应保留在油库。校核应由通过认证的校准技术人员执行。油库应配备适当的采样装置以确保通过每种混合物可以获得多种具有代表性的样品。采样装置应该安装在一个区域排出管线上，确保多余的水分不能进入样品容器。

**2. 注水泥后操作**

（1）保持井眼压力。为了保持最大过平衡压力，应保持环空液面位置不变。如果有井涌发生，除了保持过平衡压力，还应保证井眼的完整性预警。

（2）候凝。固井后的作业应避免污染水泥、破坏水泥环的强度及其密封完整性。

（3）固井质量分析与评价。

**3. 库存原材料**

固井结束后的重要工作之一就是查验库存的原材料，完成对剩余库存原材料的查验并与固井前的库存原材料进行比对。将作业计划与实际的最终库存进行比较从而确定是否满足物料平衡，以确定在作业过程中是否使用了正确数量的水泥和添加剂。

**4. 作业数据**

为了进一步评估固井作业，可以按照最初的设计来确认流体体积、密度和速率的实时数据。使用计算机软件获得预测的数据，将两者对比得到匹配压力、等效循环密度，以确认油井安全情况。

预测和实际作业数据的比较可能会确定事故的位置，或看出其他问题。在固井作业之前，应做好对作业设计至执行的一系列准备，并记录所有重要的工作信息，如流体速度、体积、密度、压力、流体的流变性能等。收集的作业数据可为以后在相同或类似的区域钻井做参考。这些资料也可以与其他公司共享，以更好地了解固井后井筒内流动效应。

**5. 水泥的评估**

井眼的稳定性与水泥的位置、强度是在钻下一个井段之前要评估的重要参数。有时，由于在水泥环或套管鞋附近薄弱地层的水泥环密封不足，可能造成这些测试无法完成。当漏失试验和 FIT 结果不充分时，实验者可以进行水泥挤压或其他处理，以提高地层压力密封的完整性或密封水泥环空内的泄漏。重复的漏失试验或 FIT 可以确定邻井压力降低的挤压或处理结果。

为了有效地评估固井作业，应确定是否已经实现了操作目标。该目标取决于注水泥作业。正确作业的现场数据可能包括流变参数的记录、泥浆密度控制、泵速、泵压和符合固井设计的返排。根据作业目标，应用多项技术包括：温度、声学和超声波水泥测井。

当使用水泥评价测井作为评价水泥屏障液压能力的主要手段时，应格外谨慎。固井质量测井解释结果基于井底测试结果，因此，水泥评价测井解释可能是高度主观的。参照 API TR-10TR1 标准，其包括不同类型水泥评价测井的衰减物理、特征及局限性的综述。

## 7.4　水泥环失效对井筒完整性的影响

注水泥作业完成后，环空水泥浆通过凝结与硬化作用将套管和地层胶结在一起，形成了套管-水泥环-地层固结体，水泥环对套管及地层产生支撑与封隔作用。如果由于注水泥质量不好或后期开发过程造成环空水泥环失效，就可能导致气体泄漏，增加井口放压成本，并危害环境、影响安全生产作业、造成油气资源的浪费、严重时，甚至可能造成整口井报废。

### 7.4.1　影响水泥环完整性的主要因素

在注水泥施工过程中，由于顶替效率低、地层流体窜流及水泥浆体系的原因，均会出现水泥环的不完整；在油气井生产过程中，施工载荷、地应力等多种因素均会对套管及水泥环产生影响，导致套管与水泥环出现相应的应力响应，过高的载荷作用会造成套管与水泥环胶结界面脱开、水泥环出现裂纹等结构破坏。归结起来，造成水泥环完整性破坏的主要因素可以分为如下几个方面。

**1. 地质、油藏因素**

高温高压地层是环空水泥环完整性破坏的主要地质因素，在高温影响下，可能造成水泥环在后期发生强度衰减，应力损伤；同时地层的高压和蠕变以及非均布应力特性的影响，更会造成水泥环及套管的应力挤毁破坏。

对于存在高孔、高渗及裂缝性地层的井眼，在钻井及注水泥过程中出现的漏失可能造成最终的水泥与地层之间胶结不良。

酸性气体的存在也是造成水泥环完整性破坏的主要因素。酸性气体会腐蚀水泥环，$CO_2$和$H_2S$在湿环境下与碱性水泥环发生酸碱反应，使腐蚀后的水泥石强度严重下降，渗透率急剧升高。水泥环腐蚀破坏后，井内管柱失去保护屏障，腐蚀形成窜流通道，造成气体泄漏。

腐蚀后水泥石的抗压强度衰减率随着腐蚀气体分压增加而增加，混合气体的腐蚀强度损失大于单一气体，在单一气体中，硫化氢气体腐蚀强度损失大于二氧化碳气体腐蚀强度损失，混合气体具有腐蚀协同作用，强度衰退率均达到50%以上。

腐蚀后水泥石孔隙度和渗透率明显降低，原因在于水泥石表面的腐蚀产物形成了致密层，使得在测试渗透率的时候试样两端的压差没有真实地表现出来，造成了腐蚀后的渗透率和孔隙度减小。

国内外的研究已经认识到了甲烷、$H_2S$、$CO_2$和地层水共存或某几项组合对水泥环的腐蚀问题，但是缺乏在高温高压下甲烷、$H_2S$、$CO_2$和地层水共存对水泥石长期寿命影响的研究及标准。高温高压下$H_2S$、$CO_2$腐蚀水泥环，进而腐蚀套管，因此需要采用抗$H_2S$、$CO_2$的水泥体系或处理剂，同时应特别注意高温高压下超临界态$CO_2$对水泥石的侵蚀，国外测井资料发现$CO_2$腐蚀水泥，产生微环隙。实验室评价发现普通油井水泥石在28MPa、90℃的超临界态$CO_2$环境中，不到一个月便发生严重碳化和开裂。采用胶乳水泥体系可显著降低水泥石渗透性，从而有利于防止或减轻腐蚀。油气井套管外水泥环的作用是保护套管，作为主要屏障实现层间封隔作用。在地层环境中，如图7-1所示，气体有很多可能的流动通道，$CO_2$、$H_2S$ 等酸性气体的存在对水泥石造成腐蚀，最终会使水泥环失去保护套管和层间封隔的作用，进而引发套管腐蚀，层间窜流或地下井喷。

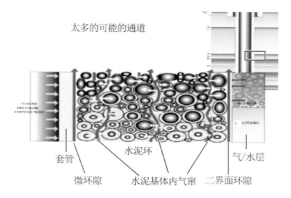

图 7-1　气体流动通道（引自 Schlumberger）

图 7-2 展示的是井下水泥环和套管被 $CO_2$ 腐蚀的情形，从左至右依次是钻井液窜槽到水泥、套管胶结破坏产生微环隙最后到套管外壁腐蚀。

图 7-2　$CO_2$ 对水泥环和套管外壁的腐蚀（引自 Schlumberger）

图 7-3 为某次试压后水泥环发生腐蚀破坏出现断裂、与套管分离的情形严重时，若发生井口环空冒气或地面冒气的情况，会危及井场安全，很难采取补救措施，这是井眼安全因素中最主要的薄弱环节。因此，预防和解决酸性气体腐蚀危害是目前国内酸性气田开发急需研究攻关的关键问题之一。

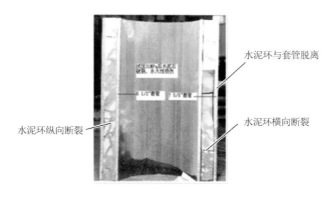

图 7-3　水泥环腐蚀破坏（引自 Schlumberger）

　　在 $CO_2$ 环境中水泥石腐蚀程度较低，但若含有 $H_2S$ 腐蚀气体，水泥石最终均会发生腐蚀击穿，图 7-4、图 7-5 分别为水泥石于 $H_2S/CO_2$ 共存环境中腐蚀前后宏观形貌及微观形貌对比。

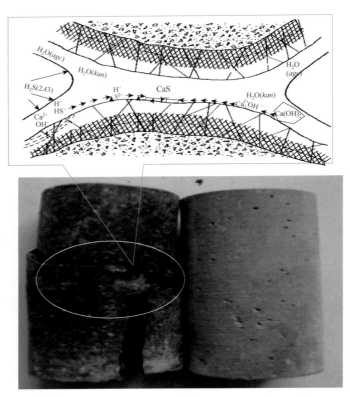

图 7-4　$CO_2$、$H_2S$ 环境中水泥石腐蚀后/前宏观形貌

水泥石腐蚀前　　　　　　　　水泥石经$CO_2$、$H_2S$混合气腐蚀后

图 7-5　水泥石腐蚀前/后微观形貌特征

总之，腐蚀介质消耗了水泥石中的胶结相，生成了无胶结相、体积增大的腐蚀产物，使水泥石内部出现裂纹，并因淋滤、溶蚀等作用使水泥石局部出现了较大的孔隙，导致水泥石抗压强度下降，渗透率升高，破坏了水泥环完整性。

**2. 钻井因素**

钻井过程形成的井眼条件和钻井液性能对水泥环完整性的影响较大,较差的井眼几何条件和钻井液性能，会造成注水泥顶替效率过低、从而使得地层与水泥环的胶结质量差，或者直接形成钻井液窜槽，形成油气窜流通道。

**3. 固井因素**

固井注水泥过程是造成水泥环后期失效的一个关键环节,不合适的水泥浆体系难以保障形成的水泥环具备合理的力学性能,同时注水泥作业过程可能形成环空钻井液顶替效率不高、环空水泥浆在候凝期间出现窜流等问题。

1）水泥浆体系带来的影响

高渗透性的水泥浆基体会成为窜流通道。水泥浆候凝过程中气体可能通过高渗透水泥浆基体窜流，而且气窜是一个破坏性渗流的物理过程，气体侵入后留下难以修复的气窜通道。

对于水泥浆体系的设计使用，水泥浆失水、稳定性等性能不良会造成环空水泥环短期气窜，水泥浆密度不均匀，混合能不足会引起水泥石强度发展不良，水泥石应力损伤。

2）固井一二界面封固失效

注水泥过程中，如果顶替流体性能、顶替排量等施工参数选择设计不合理，会造成钻井液顶替效率低，钻井液与水泥浆接触污染，形成难以置换、无法固化的絮凝物质，残留"死泥浆"情况，钻井液滤饼无法固化，从而影响界面胶结。同时水泥石体积收缩也会形成一定微环隙，造成固井一二界面封固失效导致气窜。

**4. 开发因素**

在井眼后期生产开发过程中，其作业压力、温度的变化会引起环空水力密封失效，具体见图 7-6。

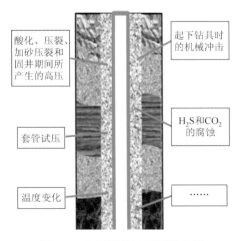

酸化、压裂、加砂压裂和固井期间所产生的高压

起下钻具时的机械冲击

套管试压

$H_2S$ 和 $CO_2$ 的腐蚀

温度变化

……

图 7-6　水泥环破坏原因示意图

1）井内压力变化造成水泥环完整性破坏

井内钻井液密度变化、试压、酸压、采气引起井内压力变化，造成水泥环在高应力作用下可能发生塑性变形。当井内压力降低时，水泥石与套管壁变形不协调，形成微环隙；当井内持续高压时，水泥石塑性变形超过极限变形，水泥石力学完整性遭到破坏。

2）射孔造成水泥环完整性破坏

射孔所产生的冲击作用导致水泥环震裂破坏，形成扩散微裂纹。图 7-7 为非增韧性水泥射孔段形成的裂缝。

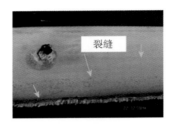

图 7-7　非增韧水泥射孔段裂缝

3）高温下水泥石强度衰退

图 7-8 为常规加砂水泥浆体系模拟多轮次蒸汽吞吐后性能图。常规加砂水泥浆体系在一个轮次蒸汽吞吐后，强度下降 80%以上，渗透率也急剧上升，一个轮次后强度和渗透率基本趋于恒定。

从养护后水泥石微观形貌（图 7-9）可以看出，高温作用后水泥石基质的完整性、均质性遭到破坏。

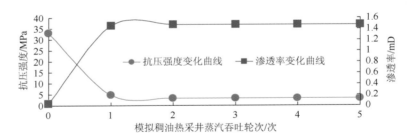

图 7-8　常规加砂水泥浆体系模拟多轮次蒸汽吞吐后性能图

图 7-9　加砂水泥石经模拟高温蒸汽吞吐后 SEM 形貌图

### 7.4.2　强化与提高水泥环完整性的技术措施

提高水泥环完整性应从油井设计整体考虑,以地质力学和油藏工程分析作为固井设计的依据;通过对水泥环完整性分析和模拟,建立地层、套管、水泥石力学性能指标,在这些性能指标要求下,合理选择水泥外加剂或特种水泥,完成水泥浆体系设计,保证基体完整性与防窜需求。同时合理的设计注水泥施工工艺技术措施及采用合理的工具附件能辅助保障水泥环完整性。

**1. 加强对水泥环完整性的预判与评价**

目前国内外对水泥环完整性的研究越来越重视,但还没有建立起规范的评价方法与标准。目前对水泥环完整性的研究主要建立在对套管、水泥环、地层组合体进行力学分析的基础上进行,根据不同施工工况及加载状态建立不同形式的组合体力学模型,并且分析水泥环变形能力对于水泥环本体抗载能力及套管保护等方面具有重要的影响。

这些研究同时还需借助套管与水泥环组合体力学实验装置进行,通过理论与试验的分析,对特定条件下套管与水泥环结构完整性进行预判与评价,并提出要保障套管与水泥环组合体完整性应该采用的水泥浆体系与注水泥等方案。图 7-10 为套管与水泥环组合体力学实验装置。

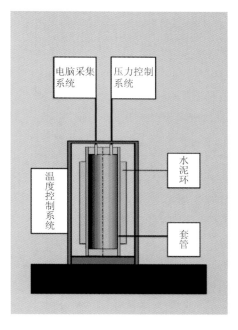

图 7-10　套管与水泥环组合体力学实验装置

通过理论计算与室内实验研究相结合,结果发现要保证套管水泥环完整性作用,水泥石应具备以下特点:提高水泥石抗拉强度,降低水泥石的弹性模量,增大水泥石的可形变能力。

除了试验测试评价水泥环力学特性外，目前有关水泥环特性分析的应用软件也被各专业服务公司用作设计水泥浆的评价工具，如：哈里伯顿 WellLife® III Cementing Service、斯伦贝谢 Cement Sheath Integrity Suite。

**2. 水泥石防腐设计**

水泥材料的矿物与化学组分不同，必然使其水化产物的结构、性能以及水泥石的结晶组织结构发生变化，这些将直接影响高浓度 $H_2S/CO_2$ 对水泥石的腐蚀速度。硅酸盐水泥、铝酸盐水泥、磷酸盐水泥在耐酸性气体腐蚀能力方面存在较大差异。

提高水泥石防腐性能主要应从如下方面进行：

（1）降低水泥石渗透率。通过制备高致密性的水泥石，减少水泥浆水化过程中的水化孔隙，进而降低水泥石的渗透率，能在一定程度上抑制高浓度 $H_2S/CO_2$ 的腐蚀速率。如使用 SBR 胶乳水泥浆体系，该水泥浆体系由于胶乳在水泥石中成膜并封堵水泥石中的孔隙，进而降低水泥石的渗透率，同时也阻隔了腐蚀介质与水泥石中易腐蚀物质的接触。

（2）控制游离 $Ca(OH)_2$ 含量：腐蚀程度和 $Ca(OH)_2$ 的含量直接相关。

（3）在水泥浆中加入活性物质，如 $SiO_2$，$Al_2O_3$。发生火山灰反应生成水化硅酸钙（C-S-H），结果使固井水泥石渗透率降低的同时，还能削弱和消除溶蚀离子的交换源，增大固井水泥石中胶结性组分的含量，故也能够能大大改善固井水泥石的抗腐蚀能力。常用的活性物质为火山灰、高炉矿渣、粉煤灰、硅粉、膨润土。

**3. 水泥浆防窜性能设计**

提高水泥浆防窜性能主要需从降低水泥石渗透率、减小胶凝过渡时间、控制水泥石体积收缩方面进行。

（1）降低水泥石渗透率，降低水泥浆气侵危险时间内渗透率，延缓气侵速率。渗透率指水泥浆处于气侵危险时间时（液塑状态）允许气体通过的能力，反映了水泥浆的抗窜能力，揭示了气窜是破坏性渗流的物理过程。

气侵危险时间内渗透率越低，气体置换孔隙水越困难，气窜速率就越低，气窜破坏性就越小。

（2）缩短静胶凝强度发展过渡时间，减小气窜发生概率，缩短气体在水泥浆基体中的运移时间。静胶凝强度过渡时间是指 SGS 从 48Pa 发展到 240Pa 的时间，过渡时间越短，气窜可能性越小，气体在水泥浆基体内运移时间越短，危害性越小。Sabins 认为防止气窜应将 SGS 过渡时间控制在 40min 内，国外学者认为防止浅层气窜临界 SGS 过渡时间应不超过 45min。

（3）降低水泥石体积收缩率，防止微环隙形成。水泥浆初凝前体积收缩主要表现为外观体积收缩，可能形成微环隙。初凝后水泥石具备一定强度，外观体积收缩受限，表现为微观体积收缩。初凝前体积收缩大小决定了形成微环隙的可能性。

（4）提高水泥石韧性。降低弹性模量，提高塑性极限应变率，增强水泥石抗冲击能力，防止微裂纹形成。

胶乳、纤维及弹性颗粒材料橡胶粉的改性，均会降低水泥石抗压强度，但有助于提高其低应力水平下的形变能力，其中，三元复合改性水泥石的强度最低，但力学形变能力最好。

图 7-11 为不同水泥石破坏的情况。原浆水泥石碎裂，但胶乳、纤维及弹性颗粒改性后的水泥石塑性破坏，具有较大的力学形变能力。

图 7-11　水泥石抗冲击能力

### 4. 二界面整体固化胶结技术

采用非 MTC 法泥饼固化技术，通过激活泥饼中潜在活性成分，实现二界面整体固化，提高界面胶结质量，消除窜流通道，为油气开采提供一个封隔良好的井筒。

研发二界面整体固化胶结技术，固化工作液与泥饼之间形成有效胶结，无明显界面，泥饼基本被固化。图 7-12 为二界面整体固化胶结后的微观形貌特征。

图 7-12　二界面整体固化胶结后的微观特征

### 5. 新型水泥材料解决高温强度衰退等问题

通过新型水泥材料体系的研究与开发应用，可以更好地改善水泥环的力学特性，使其具备早强、耐高温、消除温度敏感区间等优点。

目前国内外研究应用的水泥浆体系主要体现在如下方面：

（1）新型抗盐降失水剂。

（2）耐盐胶乳水泥浆体系。

（3）高温大温差固井水泥浆体系。

（4）防漏外加剂体系。

（5）抗 $CO_2$ 腐蚀水泥浆体系。

（6）稠油热采水泥浆体系。

（7）自修复水泥浆技术。

（8）前置液技术。

**6. 注水泥新装备与工具的有效利用**

要想获得一个好的水泥环密封，注水泥作业过程采用的新装备与工具可以起到一定的作用。

（1）机械除泡器的使用。可以使固井注水泥过程不使用化学消泡剂，适用于环保敏感区域，提高混配效率，改善水泥浆质量和流变性。

（2）SFM-C 过程控制系统，通过确定和控制体系固/液比来实时控制水泥浆的密度，尤其适用低密度/超低密度水泥浆体系。

（3）管外封隔器系统，如 Cement Assurance® Tool 系统，该系统遇油气或水，吸收液体自身体积膨胀，对环空进行密封。

# 7.5　井下作业与水泥环密封完整性

## 7.5.1　井下作业对水泥环的载荷

传统的水泥环设计中，主要考虑水泥环的抗压强度是否满足要求。认为水泥环的载荷在正常情况下主要来自地层孔隙压力引起的水平应力和套管自重引起的轴向应力。从工程角度考虑，水泥环抗压强度要求主要满足三种载荷：支撑套管的轴向载荷、钻井和射孔产生的震击载荷以及压裂载荷。支撑套管的轴向载荷是用来提供套管和水泥环足够的胶结强度以传递必要的抗拉强度，水泥石的抗拉强度一般为其抗压强度的 1/12，因此水泥石抗压强度为 0.069～3.450MPa 时已完全满足要求。若要满足胶结试验及射孔要求，水泥石的抗压强度则应达到 13.5MPa。

从传统水泥环设计考虑的载荷分析来看，其考虑的因素还不全面，同时对水泥环的强度要求也太笼统，而实际油气井固井完井过程以及后期生产过程中，不同的井下作业会产生不同种类和形式的载荷，这些载荷将直接作用于套管-水泥环-地层系统并对水泥环的完整性构成威胁。本章将综合考虑温度、压力共同作用下水泥环的力学完整性问题，其最终目的是找出适用于一口具体油气井的套管-水泥环-地层模型相关参数的最佳组合，进而实现水泥环对套管和井筒的保护作用，而不是单凭抗压强度指导水泥环的设计。下面首先分析不同井下作业时水泥环的载荷情况。

**1. 支撑套管的轴向载荷、钻井与射孔产生的震击载荷**

对于这两种载荷，在传统设计时要求水泥环满足一定的抗压强度，本章不做研究。

**2. 套管试压**

套管试压的目的是检验套管连接处的密封性、套管串整体密封性以及套管鞋处环空封隔性能，它是固井作业质量检验的必经环节。根据现行套管试压标准 SY5467-92 中对套管试压的时间规定可知，目前套管试压都是在固井水泥浆凝固后进行。由于水泥石为典型的脆性材料，其抗拉强度一般为抗压强度的 1/2 左右，加之水泥石先天带有初始缺陷，因此水泥环抗压不抗拉。而在现行的套管试压过程中，高内压会导致套管和水泥环的径向膨胀，从而在套管和水泥环的内部和胶结面上产生较大的应力，当试压时内压力升高产生的周向应力达到水泥环的抗拉强度极限时，水泥环发生破坏。因此套管试压时的高内压力载荷是水泥环破坏的重要因素。

**3. 试油**

对潜在的油气产层，通过降低井筒内液柱压力来诱导油气进入井筒，从而测试油气水产量、地层压力以及油气各种物理化学性质的作业称为试油。试油后井筒压力将下降，导致套管和水泥环外有效外挤压力升高，由于外挤压力主要来自于地层盐水柱压力，因此降低井内压力一般还有助于水泥环更加均衡地受力。现场关于试油导致的水泥环破坏报道极少，只对低内压力下水泥环是否破坏做一个验证分析。

**4. 注水**

注水的目的是为保持油层压力，以提高油藏采油速度和采收率。注水可在生产井中进行，也可以从专门的注水井中注入，注水可以在油田开发初期进行，也可以在油层压力下降到一定值时进行。当注入水进入泥页岩等强塑性岩层中时将改变岩石的应力状态和力学性质，从而使泥页岩产生较大的形变。加之岩层中非均匀应力的存在使得在套管-水泥环周围形成随时间而增大的类似椭圆形的径向分布非均匀外载，从而挤压套管和水泥环并导致水泥环破坏。因此，注水对井筒产生的载荷主要来自非均匀应力。

**5. 酸化和压裂**

酸化会在油层井筒周围产生小洞和溶洞，压裂会在油井附近压出裂缝，这两种作用都会使套管-水泥环因受力不均而产生破坏。同时，压裂作用会产生新的定向裂缝，使得注入岩层中的水进入其他易发生塑性变形的泥页岩层中，从而加重地层应力的非均匀性，进而加快套管-水泥环破坏。因此酸化和压裂对套管-水泥环的损伤机理与注水开发类似，其失效主要是由于地层中存在较高的非均匀外挤压力。当然，压裂时产生的高内压力也是导致水泥环破坏的重要因素。

**6. 热力增产**

热力增产是通过热力增产措施来降低地层中原油流动阻力从而提高稠油油藏采油速度和采收率的一种油藏增产方式。热力增产措施包括井筒加热、蒸汽吞吐、火烧油层，它们都会对套管-水泥环产生较大的温度载荷，而蒸汽吞吐则会产生高温高压的循环载荷，从而引起套管-水泥环系统的疲劳破坏，对水泥环完整性构成威胁。因此，热力增产时应充分考虑温度载荷以及高温高压循环载荷对水泥环破坏的影响。当然，对于高温高压气井而言，是不存在这种热载荷的。

综上所述，水泥环在钻井、完井以及后期油气井生产过程中承受的主要载荷包括如下几种：套管试压、注水、压裂等带来的高内压力载荷；试油带来的较低内压力载荷；注水、酸化压裂等带来的非均匀应力载荷；热力增产等带来的温度载荷和压力载荷，包括静态载荷和循环周期载荷。以上各种载荷单独作用或者组合作用，当水泥环在各种载荷作用下产生破坏时，水泥环的完整性就会遭受破坏，进而影响套管和井筒的完整性。

## 7.5.2　三轴应力状态下水泥石力学性能

水泥浆凝固后，套管、水泥环和地层岩石可视为一个复合圆柱体。由于套管、水泥环和地层的物性参数差异较大以及套管内压、地层压力（外压）作用和复合圆柱体温度的变化，在套管与水泥环之间胶结面及水泥环和地层之间胶结面会产生接触压力或拉应力，具体受力情况见图 7-13。考虑两界面完全胶结，则可根据界面处的位移连续条件计算水泥环界面接触压力，最终计算出水泥环径向和切向的应力场。

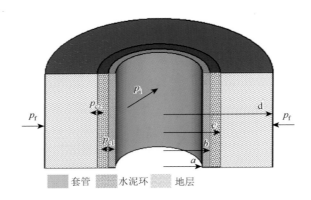

套管　　水泥环　　地层

图 7-13　套管-水泥环-地层岩石复合圆柱体模型受力示意图

水泥环力学模型基本假设：套管无几何缺陷；水泥环结构完整；水泥环第一、第二胶结面胶结良好，三者均视为厚壁圆柱体；套管、水泥环、地层岩石为均质各向同性材料，且水泥环无残余内应力；将复合圆柱体受力简化为平面应变问题。

考虑温度效应时，圆柱体切向应变为

$$\varepsilon_\theta = \frac{1}{E}\left[\sigma_\theta - \nu(\sigma_z + \sigma_r)\right] + \alpha\Delta T \qquad (7\text{-}1)$$

式中，$\varepsilon_\theta$——切向应变，无因次；

　　　$E$——弹性模量，MPa；

　　　$\sigma_r$，$\sigma_\theta$，$\sigma_z$——分别为径向应力、切向应力和轴向应力，MPa；

　　　$\nu$——材料泊松比，无因次；

　　　$\alpha$——材料线膨胀系数，1/℃；

　　　$\Delta T$——温度变化值，℃。

圆柱体轴向应变为

$$\varepsilon_z = \frac{1}{E}\left[\sigma_z - \nu(\sigma_\theta + \sigma_r)\right] + \alpha \Delta T \tag{7-2}$$

式中，$\varepsilon_z$——切向应变，无因次。

根据复合圆柱体平面应变假设，满足 $\varepsilon_z \approx 0$，从而可得

$$\sigma_z = \nu(\sigma_\theta + \sigma_r) - \alpha E \Delta T \tag{7-3}$$

可得

$$\varepsilon_\theta = \frac{1}{E}\left[(1-\nu^2)\sigma_\theta - (\nu+\nu^2)\sigma_r + (1-\nu)\alpha E \Delta T\right] \tag{7-4}$$

从而得到圆柱体的径向变形量为

$$\delta_r = \frac{r}{E}\left[(1-\nu^2)\sigma_\theta - (\nu+\nu^2)\sigma_r + (1-\nu)\alpha E \Delta T\right] \tag{7-5}$$

式中，$\delta_r$——圆柱体的径向变形量，mm；

　　　$r$——圆柱体的半径，mm。

对于套管，受内压力（$p_i$）、外挤压力（$p_{c1}$）作用，由拉梅公式可得套管径向和切向应力分布：

$$\sigma_{rs} = \frac{p_i a^2 - p_{c1} b^2}{b^2 - a^2} - \frac{(p_i - p_{c1})a^2 b^2}{b^2 - a^2}\frac{1}{r^2} \tag{7-6}$$

$$\sigma_{\theta s} = \frac{p_i a^2 - p_{c1} b^2}{b^2 - a^2} + \frac{(p_i - p_{c1})a^2 b^2}{b^2 - a^2}\frac{1}{r^2} \tag{7-7}$$

式中，$\sigma_{rs}$——套管径向应力，MPa；

　　　$p_i$——套管内压力，MPa；

　　　$p_{c1}$——套管外挤压力（即水泥环第一胶结面接触压力），MPa；

　　　$a$——套管内半径，mm；

　　　$b$——套管外半径（即水泥环内半径）。

　　　$\sigma_{\theta s}$——套管切向应力，MPa。

根据假设，套管中 $\partial(\Delta T)/\partial r = 0$，则可得套管外壁（$r=b$）处径向变形量为

$$\delta_{rso} = \frac{b}{E_s}\left\{(1-\nu_s^2)\left[\frac{2a^2 p_i - p_{c1}(a^2 + b^2)}{b^2 - a^2}\right] + (\nu_s + \nu_s^2)p_{c1} + (1-\nu_s)\alpha_s E_s \Delta T\right\} \tag{7-8}$$

式中，$\delta_{rso}$——套管外壁径向变形量，mm；

　　　$E_s$——套管弹性模量，MPa；

　　　$\nu_s$——套管泊松比，无因次；

　　　$\alpha_s$——套管线膨胀系数，1/℃。

对于水泥环，其内外壁分别受接触压力 $p_{c1}$、$p_{c2}$ 作用，水泥环中径向和切向应力为

$$\sigma_{rc} = \frac{p_{c1}b^2 - p_{c2}c^2}{c^2 - b^2} - \frac{(p_{c1} - p_{c2})b^2 c^2}{c^2 - b^2}\frac{1}{r^2} \tag{7-9}$$

式中，$\sigma_{rc}$——水泥环径向应力，MPa；

　　　　$p_{c2}$——水泥环第二胶结面接触压力，MPa；

　　　　$c$——水泥环外半径，mm。

$$\sigma_{\theta c} = \frac{p_{c1}b^2 - p_{c2}c^2}{c^2 - b^2} + \frac{(p_{c1} - p_{c2})b^2 c^2}{c^2 - b^2}\frac{1}{r^2} \tag{7-10}$$

式中，$\sigma_{\theta c}$——水泥环切向应力，MPa。

根据假设，水泥环中 $\partial(\Delta T)/\partial r = 0$，则可得水泥环内壁（$r = b$）处径向变形量为

$$\delta_{rci} = \frac{b}{E_c}\left\{(1 - v_c^2)\left[\frac{p_{c1}(b^2 + c^2) - 2c^2 p_{c2}}{c^2 - b^2}\right] + (v_c + v_c^2)p_{c1} + (1 - v_c)\alpha_c E_c \Delta T\right\} \tag{7-11}$$

式中，$\delta_{rci}$——水泥环内壁径向变形量，mm；

　　　　$E_c$——水泥环弹性模量，MPa；

　　　　$v_c$——水泥环泊松比，无因次；

　　　　$\alpha_c$——水泥环线膨胀系数，1/℃。

由套管外壁和水泥环内壁连续条件可得

$$A p_i + B p_{c1} + C p_{c2} = E_c E_s \Delta T\left[(1 - v_c)\alpha_c - (1 - v_s)\alpha_s\right] \tag{7-12}$$

式中，$A = \dfrac{2a^2}{b^2 - a^2}E_c(1 - v_s^2)$；

　　　　$B = \dfrac{2b^2 v_s^2 + (b^2 - a^2)v_s - (b^2 + a^2)}{b^2 - a^2}E_c - \dfrac{(b^2 + c^2) - 2b^2 v_c^2 + (c^2 - b^2)v_c}{c^2 - b^2}E_s$；

　　　　$C = \dfrac{2c^2}{c^2 - b^2}E_s(1 - v_c^2)$。

水泥环第二胶结面（$r = c$）处的径向变形量为

$$\delta_{rco} = \frac{c}{E_c}\left\{(1 - v_c^2)\left[\frac{2b^2 p_{c1} - p_{c2}(b^2 + c^2)}{c^2 - b^2}\right] + (v_c + v_c^2)p_{c2} + (1 - v_c)\alpha_c E_c \Delta T\right\} \tag{7-13}$$

式中，$\delta_{rco}$——水泥环外壁径向变形量，mm。

对于地层岩石，其内外壁分别受接触压力 $p_{c2}$ 和地层压力 $p_f$ 作用，地层岩石中径向和切向应力为

$$\sigma_{rf} = \frac{p_{c2}c^2 - p_f d^2}{d^2 - c^2} - \frac{(p_{c2} - p_f)b^2 c^2}{d^2 - c^2}\frac{1}{r^2} \tag{7-14}$$

式中，$\sigma_{rf}$——地层径向应力，MPa；

　　　　$p_f$——地层压力，MPa；

　　　　$d$——地层外半径，mm。

$$\sigma_{\theta f} = \frac{p_{c2}c^2 - p_f d^2}{d^2 - c^2} + \frac{(p_{c2} - p_f)c^2 d^2}{d^2 - c^2}\frac{1}{r^2} \qquad (7\text{-}15)$$

式中，$\sigma_{\theta f}$——地层切向应力，MPa。

根据假设，地层中 $\partial(\Delta T)/\partial r = 0$，水泥环第二胶结面（$r = c$）处径向变形量为

$$\delta_{rfi} = \frac{c}{E_f}\left\{(1 - \nu_f^2)\left[\frac{p_{c2}(c^2 + d^2) - 2d^2 p_f}{d^2 - c^2}\right] + (\nu_f + \nu_f^2)p_{c2} + (1 - \nu_f)\alpha_f E_f \Delta T\right\} \qquad (7\text{-}16)$$

式中，$\delta_{rfi}$——水泥环第二胶结面径向变形量，mm；

　　　$E_f$——地层岩石弹性模量，MPa；

　　　$\alpha_f$——地层岩石线膨胀系数，1/℃；

　　　$\nu_f$——地层岩石泊松比，无因次。

同样地，由水泥环外壁和地层岩石内壁连续条件可得

$$U p_{c1} + V p_{c2} + W p_f = E_c E_f \Delta T\left[(1 - \nu_f)\alpha_f - (1 - \nu_c)\alpha_c\right] \qquad (7\text{-}17)$$

式中，$U = \dfrac{2b^2}{c^2 - b^2}E_f(1 - \nu_c^2)$；

　　　$V = \dfrac{2c^2\nu_c^2 + (c^2 - b^2)\nu_c - (c^2 + b^2)}{c^2 - b^2}E_f - \dfrac{(d^2 + c^2) - 2c^2\nu_f^2 + (d^2 - c^2)\nu_f}{d^2 - c^2}E_c$；

　　　$W = \dfrac{2d^2}{d^2 - c^2}E_c(1 - \nu_f^2)$。

### 7.5.3　水泥环失效准则

水泥环失效主要有胶结面受拉失效和水泥环本体受压失效，当水泥环在拉应力和压应力共同作用下也会发生剪切失效。水泥环受单一拉伸载荷时，可采用最大主应力准则来判断失效，但水泥环的失效有时主要受压缩载荷而非拉伸载荷控制，这时可采用莫尔-库仑失效准则来预测不同应力状态下水泥环的失效，脆性材料莫尔-库仑失效准则见表 7-1。

表 7-1　脆性材料莫尔-库仑失效准则表

| 应力区间 | 区间描述 | 主应力关系 | 失效标准 |
|---|---|---|---|
| 1 | 拉伸-拉伸-拉伸 | $\sigma_1 \geqslant \sigma_3 \geqslant 0$ | $\sigma_1 \geqslant \sigma_t$ |
| 2 | 压缩-压缩-压缩 | $0 \geqslant \sigma_1 \geqslant \sigma_3$ | $-\sigma_3 \geqslant \sigma_c$ |
| 3 | 拉伸-压缩-压缩<br>拉伸-拉伸-压缩 | $\sigma_1 \geqslant 0 \geqslant \sigma_3$ | $\sigma_1/\sigma_t - \sigma_3/\sigma_c \geqslant 1$ |

注：$\sigma_1$，$\sigma_3$ 分别为水泥环中的最大、最小主应力，MPa。$\sigma_t$ 为水泥环抗拉强度，MPa。$\sigma_c$ 为水泥环抗压强度，MPa。

### 7.5.4　现场应用

对于高温高压井，由于作业试压、压裂酸化（需环空加压）等井下工况会使环空带压升高，同时受温度、压力变化使环空流体膨胀以及由于油气从地层经水泥隔离层和环空液柱向上窜流也会引起环空压力的升高。为了讨论环空带压、温度变化对水泥环应力和失效的影响，假设：①$\Phi$215.9mm 井眼下入 $\Phi$177.8mm（壁厚 10.36mm）P110 套管；②水泥环厚度为 21.34mm；③P110 套管弹性模量为 200GPa、泊松比为 0.23、线膨胀系数为 $1.5\times10^{-5}$ 1/℃；④水泥环弹性模量为 5.6GPa、泊松比为 0.18、线膨胀系数为 $1.05\times10^{-5}$ 1/℃、抗拉强度为 4.2MPa、抗压强度为 41MPa；⑤地层岩石弹性模量为 17GPa、泊松比为 0.2、线膨胀系数为 $1.05\times10^{-5}$ 1/℃。

**1. 环空带压对水泥环应力的影响**

为了讨论环空压力、井筒温度对水泥环密封失效的影响，计算了环空带压 0～50MPa、开采过程井筒温度升高 0～50℃等工况下水泥环径向应力和切向应力的变化情况。不考虑井筒温度变化时，不同环空带压下水泥环所受径向应力和切向应力分布情况如图 7-14 和图 7-15。从图中可以看出：水泥环沿径向受压，沿切向受拉，且最大压应力和拉应力均出现在第一胶结面，表明水泥环将最先在此处失效。当环空带压为 50MPa，水泥环与套管界面处最大径向压应力为 12.74MPa，表明水泥环不会发生压缩失效；但当环空带压为 45MPa 时，水泥环与套管界面处切向拉应力已达 4.28MPa，该值已超过水泥环的抗拉强度 4.2MPa，此时水泥环将出现微裂纹。

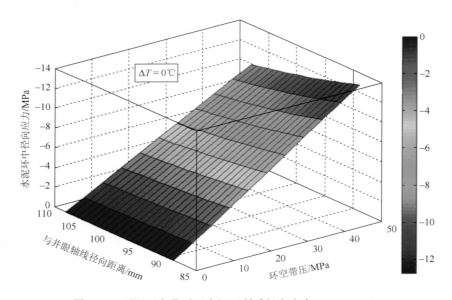

图 7-14　不同环空带压下水泥环所受径向应力（$\Delta T = 0$℃）

不同环空带压及温度变化下水泥环第一、第二胶结面径向应力分布情况如图 7-16、

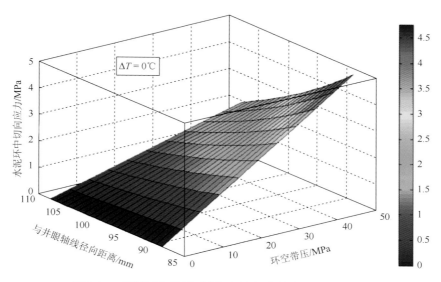

图 7-15　不同环空带压下水泥环中切向应力（$\Delta T = 0℃$）

图 7-17 所示。可以看出：水泥环沿径向受压，且最大压应力出现在水泥环与套管界面，表明水泥环将最先在此处失效；环空带压越大、温度变化越大，水泥环胶结面径向压应力越大。当环空带压为 50MPa、温度变化 50℃时，水泥环与套管界面处最大径向压应力为 14.08MPa，表明水泥环不会发生压缩失效。

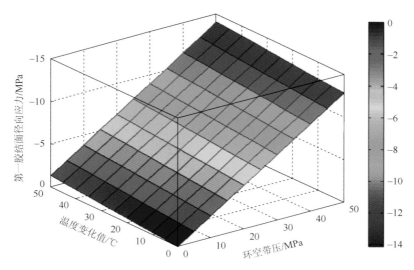

图 7-16　不同环空带压及不同温度变化下第一胶结面径向应力

　　不同环空带压及不同温度变化下水泥环第一、第二胶结面切向应力分布情况如图 7-18、图 7-19 所示。可以看出：水泥环沿切向受拉，且最大拉应力均出现在水泥环与套管界面，表明水泥环将最先在此处失效；环空带压越大、温度变化越大，水泥环胶结面切向拉应力越大。当环空带压为 40MPa、温度变化 35℃时，水泥环与套管界面

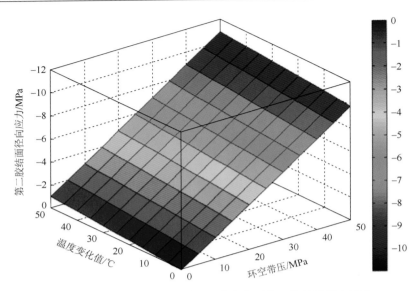

图 7-17　不同环空带压及不同温度变化下第二胶结面径向应力

处切向拉应力已达 4.21MPa，该值已超过水泥环的抗拉强度 4.2MPa，此时水泥环将发生破坏。

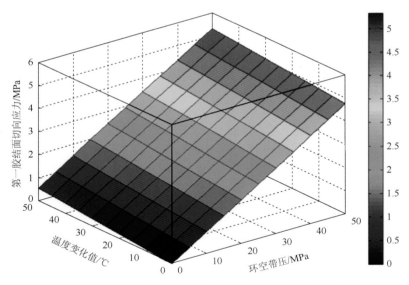

图 7-18　不同环空带压及不同温度变化下第一胶结面切向应力

### 2. 环空带压对水泥环失效的影响

在环空带压作用下，水泥环将最先在套管与水泥环界面处发生失效，为分析高温高压井环空带压对水泥环失效的影响，根据表 7-1 中水泥环失效准则计算了井筒温度变化值为 0～50℃、环空带压为 0～50MPa 时自由套管段底部水泥环安全系数（图 7-20，图中粉色平面的安全系数等于 1.0）。图中可以看出：环空带压越大，自由套管段底部水泥环安全系

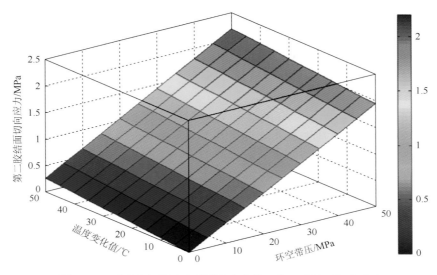

图 7-19　不同环空带压及不同温度变化下第二胶结面切向应力

数越低，且温度效应对安全系数的影响较小。环空带压小于 35MPa 时，井筒温度变化对水泥环安全系数影响较明显，随井筒温度升高，水泥环安全系数减小；当环空带压大于 35MPa 时，井筒温度变化对水泥环安全系数影响很小，但总体上井筒温度升高时水泥环更易失效。对具体一口井，可根据井身结构（地层-水泥环-套管）参数建立水泥环安全系数图版，然后根据井筒温度场、环空带压值判断水泥环是否发生失效，并以此确定合理的环空带压控制值，这对提高高温高压气井环空压力管理水平，保证井筒安全、延长气井开采寿命具有重要指导意义。

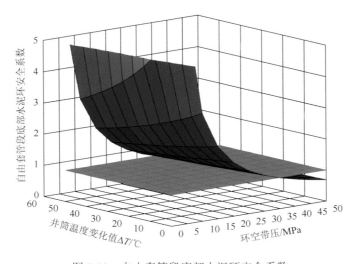

图 7-20　自由套管段底部水泥环安全系数

# 第8章　井口及采油树、油管柱附件的完整性

井口及采油树、油管柱工具或附件是一个串联系统，一个节点失效就会影响井筒完整性。此外，各种橡胶密封件也被列入井筒完整性关键节点。本章将以介绍和引用已有的标准为准，重点讨论井口和采油树，因为在开采期间井口和采油树是井筒一级屏障。

## 8.1　井口及采油树

### 8.1.1　井口范畴及功能

井口是连接各层套管、油管与采油树之间的过渡结构，又常称为井口装置、套管四通、油管头四通、套管头等，见图 8-1API 6A 中的井口示意图。

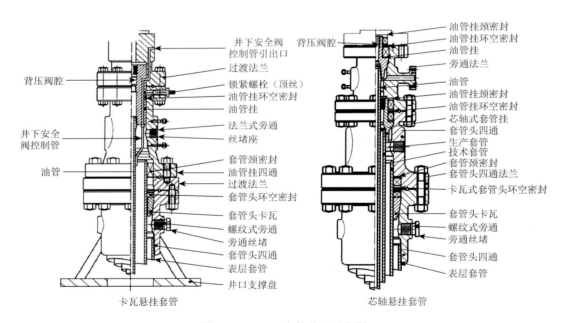

图 8-1　API 6A 中的井口示意图

套管头：悬挂套管，提供各层套管环空的密封。提供旁通以连接套管阀，提供法兰以连接另一套管头或油管头。生产套管或高温高压深井技术套管推荐用芯轴式悬挂器悬挂套管，表层套管或第一层技术套管可用卡瓦悬挂。

油管头：油管头通常是一个两端带法兰的大四通，它安装在套管头的上法兰上，用以悬挂油管柱，并密封油管柱和油层套管之间的环形空间。它由油管头四通及油管悬挂器组成。油管头最小工作压力等于井口关井压力。

油管挂：油管挂的功能是悬挂油管串，提供油套环空的密封。油管挂主要包括本体、密封、井下安全阀控制管或线穿越和密封结构、带有能安放背压阀的内腔结构等。油管挂功能设计应满足以下要求：①油管挂和四通之间环空应为金属对金属密封，油管挂安装后应对所有密封分段试压。密封失效是环空带压的泄漏通道之一；②油管挂的金属材料应适用于所处环境条件，主要包括强度，生产流体腐蚀与硫化物应力开裂，环空保护液的腐蚀与应力腐蚀开裂等；③油管挂需要有向上的锁定机构，如顶丝。

## 8.1.2　采油树

采油树是安装在油管挂四通之上的一套闸板阀、节流阀、四通或三通、法兰、输出管汇（立管）等的油气流控制设备。采油树阀门有多种组合形式，以满足任何特定用途的需要。同时根据生产需求，也有专门用途的采油树，例如有自喷井采油树、气举开采采油树、有杆泵采油树、电动潜油泵井采油树、压裂酸化采油树、海底水平采油树。

图 8-2 是一种现场安装且正在使用中的"Y"型采油树，可以看出它的主体部分是整体式的，适用于高温高压高产气井，降低了气流 90°转弯的腐蚀/冲蚀风险。整体式采油树减少了法兰连接和密封，相应地减小了泄漏点。但是如果有阀门泄漏，更换和修理困难或代价

图 8-2　一种现场安装且正在使用中的"Y"型采油树

1. 手动总闸阀；2. 液控安全阀；3. 手动生产翼阀；4. 液控翼阀；5. 液控节流阀；6. 立管；7. 清蜡阀；8. 手动压井翼阀；
9. 手动压井翼阀；10. 手动节流阀

大。为了克服此缺陷，也有"Y"型分体式采油树。产量（80～100）×10⁴m³/d 以下的气井，也常会采用常规的"T"型采油树。

### 8.1.3　井口及采油树系统选型

#### 8.1.3.1　井口及采油树标准体系

井口及采油树适用于同一标准 API 6A《井口和采油树设备规范》，当前为 2011 年更新的第 20 版。等同引用标准有 ISO 10423—2010《石油和天然气工业-钻井和采油设备-井口和采油树设备规范》和 SY/T 5127《井口装置和采油树规范》。API 6A 是买方、供方和厂方可直接引用、遵行的技术标准。

买方、供方和厂方应遵行的技术标准还有 API 6ACRA《用于石油和天然气钻井和生产设备的沉淀硬化镍基合金》，2015 年第一版。如果油管挂、芯轴式套管悬挂器、阀杆、阀板、阀座等零部件用 718、725、925 镍基合金应遵行 API 6ACRA 技术标准。标准提出详细的材料制造工艺控制及其性能测试要求。这些附加要求的目的是确保使用的是沉淀硬化镍基合金制造的符合 API 6A 的压力和压力控制部件不会因存在过量的有害的析出相而脆裂，并满足最低的冶金质量要求。

此外，以下技术标准是 API 6A 的支撑和背景，详细了解这些标准对理解和开发相关技术，提高产品性能水平有重要价值。这些标准有：

（1）API 6X（2014）：API/ASME《设计计算》，规定了井口和采油树四通及法兰连接的载荷、应力分析、安全系数、弹塑性分析、极限载荷设计。

（2）API 6AF2：《整体法兰在复合载荷下的强度技术报告，第 II 阶段》，2013 年第 5 版。基于有限元评价了 API 6A 整体法兰承载能力，施加载荷包括拉力、法兰弯矩、内压、螺栓上紧扭矩、温度及温差应力等。上述载荷作用于密封钢圈，提供密封接触压力，同时提出了密封准则和密封计算方法。

针对高温高压气井井口及采油树，API 提出了以下两个标准：

（1）API 17TR8，《高温高压设计指南》（2016 年第 2 版）提出了压力大于 103.43 MPa 或温度大于 177°C高温高压设备的设计要求。

（2）API PER15K-1（2013）《高温高压设备检验与认证方案》补充了上述 API 17TR8《高温高压设计指南》的具体实施方法，包括：检验分析、设计认证、材料选择和确保适用于高温高压环境的制造流程控制。

#### 8.1.3.2　井口及采油树选用的腐蚀环境分级

**1. API 6A 的腐蚀环境划分**

腐蚀、冲蚀/腐蚀会造成井口及采油树泄漏或壁厚减薄，油管头或套管头密封泄漏造成环空带压，严重时还会有应力腐蚀断裂，威胁到油气井安全，并有可能造成环境问题。井口及采油树过早腐蚀或严重腐蚀现象时有发生，主要问题都出在选型不当，没有清楚了解含腐蚀性产出流体对井口和采油树选用的影响。

API 6A 将井口及采油树服役环境简单地分为一般腐蚀环境和酸性环境，见表 8-1。一般腐蚀环境指二氧化碳起控制作用的腐蚀和局部腐蚀，腐蚀速率较高；酸性环境指产出流体含硫化氢，井口及采油树选材应符合 NACE MR0175/ISO 15156《石油天然气工业-油气开采中用于含硫化氢环境的材料》。但是，上述标准只涉及选用的材料不发生硫化物应力开裂 SSC 和应力腐蚀开裂 SCC，不涉及腐蚀问题。由于井口及采油树结构中有节流、流道直径变化或流线方向变化，冲蚀腐蚀对选型会有更大影响。

$CO_2$ 分压作为腐蚀严重度分级的重要依据，这是因为含 $CO_2$ 时，腐蚀和冲刷腐蚀加剧了电化学腐蚀。$H_2S$ 的主要危害是应力开裂问题，选用了抗开裂的材料后，流动诱导腐蚀、冲刷腐蚀和电化学腐蚀就成了腐蚀和材料选用的控制因素。

如果井口温度刚好处在 $CO_2$ 腐蚀严重温度段（60～80℃）或氯离子浓度高，那么腐蚀会更严重。

实际上井口、采油树材料局部结构的选用还与许多其他因素有关，例如：

（1）温度。

（2）$H_2S$ 分压。

（3）pH。

（4）氯离子浓度。

（5）产层出砂。

（6）产出水及组分。

（7）油气组分。

（8）在开采过程中未预见到的硫化氢含量或分压变化。

（9）在开采过程中未预见到的含水量变化。

（10）酸化作业影响。

（11）井筒阴极保护。

**表 8-1　井口及采油树材料腐蚀等级划分**

| 服役环境 | 腐蚀严重度 | $p_{CO_2}$ / MPa | $p_{H_2S}$ / MPa |
|---|---|---|---|
| AA—一般环境 | 无腐蚀性 | <0.05 | |
| BB—一般环境 | 轻微腐蚀 | 0.05～0.21 | <0.00034 |
| CC—一般环境 | 中等程度到高程度腐蚀 | >0.21 | |
| DD—酸性环境 | 无腐蚀性 | <0.05 | <0.00034 |
| EE—酸性环境 | 轻微腐蚀 | 0.05～0.21 | |
| FF—酸性环境 | 中等程度到严重程度腐蚀 | >0.21 | ≥0.00034 |
| HH—酸性环境 | 严重腐蚀 | | |

**2. 基于经验的腐蚀环境划分**

表 8-2 中硫化氢分压 $p_{H_2S}$ 0.000345MPa 是 ISO 15156 定义的最低酸性环境值，但是否会产生 SSC 或 SCC 还与 pH 有关。此外，对于一般环境，二氧化碳分压小于 0.21MPa，而二氧化碳分压大于 1MPa 的腐蚀与 0.21MPa 的腐蚀完全不是一个量级。划分腐蚀严重度时还应考虑 $H_2S$ 分压、温度、pH、氯离子浓度等其他因素。

对于 DD、EE、FF、HH 材料级别，制造商应在材料性能和材料处理上满足 ISO 15156 的标准要求，包括最大许用 $H_2S$ 分压。API 6A 规定腐蚀环境等级 DD、EE、FF 和 HH 字母后应加后缀表明其允许的 $H_2S$ 最大分压值，以 psi 为单位。例如设备标牌号或标记 FF-10 表示腐蚀级别 FF，在 FF 级使用温度范围内 $H_2S$ 最大许用分压力为 10kPa。HH-NL 表示无 $H_2S$ 许用分压限制（No Limit）。

表 8-2 为美国 Cactus 公司对井口及采油树工作环境的定义。从表中可以看出，当 $CO_2$ 含量较大时，推荐选择 CC、HH 级采油树。当 $CO_2$ 含量较大，井口温度大于 80℃，同时又有出砂冲蚀/腐蚀时推荐 HH 级井口及采油树。

**表 8-2　Cactus 公司对井口及采油树工作环境的定义**

| $CO_2$ 分压/MPa | $H_2S$ 分压/kPa | | | |
| --- | --- | --- | --- | --- |
| | <0.345 | 0.345~3.45 | 3.45~10 | >10 |
| <0.048 | AA 非酸性不腐蚀 | EE-0.345、DD-0.345 酸性不腐蚀 | DD-3.45、EE-10 酸性不腐蚀 | DD-NL、EE-NL 酸性不腐蚀 |
| 0.048~0.21 | BB 非酸性轻微腐蚀 | EE-0.345 酸性轻微腐蚀 | EE-10 酸性轻微腐蚀 | EE-NL 酸性轻微腐蚀 |
| 0.21~1.38 | CC 非酸性中等到严重腐蚀 | FF-0.345 酸性中等到严重腐蚀 | FF-10 酸性中等到严重腐蚀 | FF-NL 酸性中等到严重腐蚀 |
| >1.38 | CC、HH 非酸性严重腐蚀 | FF-0.345、HH-0345 酸性严重腐蚀 | FF-10、HH-10 酸性严重腐蚀 | FF-NL、HH-NL 酸性严重腐蚀 |

### 8.1.3.3　井口及采油树腐蚀环境及相应材料

**1. API 6A 规定了井口及采油树材料**

根据表 8-3 的使用环境情况，API 6A 规定了井口及采油树主要零部件材料选择，见表 8-3。

**表 8-3　井口及采油树主要零件材料选择（API 6A）**

| 服役环境 | 最低标准的材料选用要求 | |
| --- | --- | --- |
| | 本体、盖端、进口和出口连接件 | 控压件，阀杆和芯轴悬挂器 |
| AA–一般环境 | 碳钢或低合金钢 | 碳钢芯或低合金钢 |
| BB–一般环境 | 碳钢或低合金钢 | 不锈钢 |
| CC–一般环境 | 不锈钢 | 不锈钢 |
| DD–酸性环境[a] | 碳钢或低合金钢[b] | 碳钢或低合金钢[b] |
| EE–酸性环境[a] | 碳钢或低合金钢[b] | 碳钢或低合金钢[b] |
| FF–酸性环境[a] | 不锈钢[b] | 不锈钢[b] |
| HH–酸性环境[a] | 耐蚀合金[bcd] | 耐蚀合金[bcd] |

a. 所有酸性环境的零部件按 ISO 15156-2 规定；

b. 所有零部件符合 ISO 15156-2 要求；

c. 与湿流体接触的材料只可用耐蚀合金，但允许在与湿流体接触低合金钢或不锈钢表面熔覆耐蚀合金；

d. ISO 15156-3 规定的耐蚀合金。

表 8-3 按腐蚀严重度规定了最低可选用的材料,对于酸性环境要分别执行 ISO 15156-2 和 ISO 15156-3。只要强度允许,表中腐蚀环境代号靠后的材料可取代字母代号靠前的材料。例如,不锈钢可取代碳钢或低合金钢,耐蚀合金可取代碳钢或低合金钢、不锈钢。

对于 DD,EE,FF 和 HH 材料类,制造商负责的所有部件材料制造性能(如硬度)需符合 ISO 15156-2 标准。有的材料可能是制造商从第三方外购的,但其性能应由制造商承担全部责任;针对特殊使用环境选择的材料类别和特定的材料性能由购买者承担责任。

表 8-3 中 HH 级标注 bcd,它说明表面熔覆耐蚀合金的低合金钢或不锈钢基材同时也应符合 ISO 15156-2 要求。

某些油田开发环境可能会超过 ISO 15156 规定的酸性恶劣程度,或者需要使用 ISO 15156 中没有列入的材料,为此 API 6A 提出了标记为 ZZ 级的井口及采油树。买方承担使用 ZZ 级井口及采油树的适用性责任,制造方按买方规定的技术条件生产,并确保符合要求的 PSL 产品性能水平级别,产品制造应具有可追溯性。

**2. 井口及采油树具体的材料类别**

1)碳钢、低合金钢类材料

表 8-3 中 AA、BB、DD、EE 级井口及采油树中某些零部件可采用碳钢、低合金钢。HH 级井口及采油树的油管四通、采油树阀体等用低合金钢 4130(UNS G41300)。用作 AA 级油管挂或芯轴式套管悬挂器时名义屈服强度应不超过 110ksi(758MPa)。在 HH 级井口及采油树中四通、阀体用低合金钢 4130 制造,在与湿流体接触的表面熔覆了耐蚀合金 625,标记为 4130/625。

API 6A 虽然规定了几个部件可用碳钢、低合金钢 4130、4140,但是制造商应特别注意用于 DD、EE 级井口及采油树碳钢、低合金钢的性能必须符合 ISO 15156-2 性能要求,以避免发生硫化物应力开裂。

用低合金钢 4130 制造四通、阀体难免发生冲蚀腐蚀,这是因为除了二氧化碳因素外,温度、氯离子含量、流速、酸化作业等影响冲蚀。

2)马氏体不锈钢类

410(UNS41000)、F6NM(S41500)马氏体不锈钢广泛用于井口及采油树中四通、阀体等壳体件。上述两种不锈钢化学成分见表 8-4。

表 8-4　两种不锈钢化学成分

| UNS | 通用名称 | $w(C)$/% | $w(Cr)$/% | $w(Ni)$/% | $w(Mo)$/% | $w(Si)$/% | $w(P)$/% | $w(S)$/% | $w(Mn)$/% |
|---|---|---|---|---|---|---|---|---|---|
| S41000 | 410 | 0.15 | 11.5～13.5 | — | — | 1 | 0.04 | 0.03 | 1 |
| S41500 | F6NM | 0.05 | 11.5～14.0 | 3.5～5.5 | 0.5～1.0 | 0.6 | 0.03 | 0.03 | 0.5～1.0 |

410(UNS41000)最大抗硫化氢分压 10kPa(0.01MPa),用在酸性环境最大硬度 22HRC,最大屈服强度 75ksi(517MPa)。410 用作油管挂或芯轴式套管悬挂器需考虑强度是否满足要求,这是因为多数油管和套管材料强度高于 75ksi(517MPa)。油管挂或芯轴式套管悬挂器下端加工成内螺纹,可弥补 410 强度低的问题,其下用双公短节与油管或套管连接。双公短节应按井口设备要求来设计和管理。

对高温高压、含二氧化碳深井气井以及寒冷地区、海洋等环境敏感地区，推荐 BB、CC、DD、EE 级井口及采油树用 F6NM（S41500）马氏体不锈钢。从表 8-4 中 F6NM 与 410 相比，显著降低了碳的质量分数，增加了镍、钼的质量分数，这就使 F6NM 比 410 具有更高的抗低温冷脆性和抗腐蚀性。用于 DD、EE 级井口及采油树最大硬度 23HRC，最大屈服强度 75ksi（517MPa）。

在 API 6A 第 18 版及之前的版本中允许使用 UNS S17400（17-4PH）作悬挂器之类的承载件。由于在微量硫化氢（$H_2S$ 分压 0.0034MPa）酸性环境中拉伸存在潜在的开裂风险，在 API 6A 第 19 之后的版本及 2015 年 ISO 15156-3 版本中规定 17-4PH 仅可用作非承载件。

3）奥氏体不锈钢类

奥氏体不锈钢 S31600（316）、S31603（316L）可用于 EE 和 FF 级的针阀、压力控制管、阀杆、阀座、密封圈等，但需要谨慎使用，当井口温度高于 60℃ 且氯离子含量高时有腐蚀和开裂倾向。

4）镍基合金类

镍基合金可用于井口及采油树任何零部件，具有高可靠性。为了更好地控制成本，将不同镍基合金用在不同零部件上。沉淀硬化镍基合金 718、725、925 广泛用作油管挂、芯轴式套管悬挂器、阀板、阀座、阀杆；625 用作 HH 级四通、阀体熔覆堆焊；825 用作密封圈和密封圈槽堆焊。

## 8.1.4　井口及采油树温度分级

井口及采油树设备应在规定的最低温度和最高温度区间内运行；或在买方和制造商之间商定的最低和最高工作温度区间运行。最低温度是设备可能会经历的最低环境温度；最高温度是生产流体到达井口时接触设备的最高温度。选择井口及采油树温度级别是买方的第一重要责任。井口及采油树温度分级见表 8-5。

表 8-5　井口及采油树温度分级

| 温度级别 | 最低/℃ | 最高/℃ | 最低/℉ | 最高/℉ |
|---|---|---|---|---|
| K | −60 | 82 | −75 | 180 |
| L | −46 | 82 | −50 | 180 |
| P | −29 | 82 | −20 | 180 |
| S | −18 | 66 | 0 | 150 |
| T | −18 | 82 | 0 | 180 |
| U | −18 | 121 | 0 | 250 |
| V | 2 | 121 | 35 | 250 |

井口及采油树设计时应考虑服役期间可能经历的温度变化及由此产生的热膨胀应力

变化，同时应考虑高温下材料强度降低。表 8-5 井口及采油树温度分级最高温度 121℃，在 API 6A 附录 G 中规定了特殊温度级别 X 级：最低-18℃、最高 180℃。

温度对材料强度的影响用折减系数表示，它是在某一高温下材料屈服强度与室温下屈服强度的比值。149℃下，井口及采油树材料强度折减系数为：25Cr 为 0.81，4130 为 0.91，410 为 0.91，F6NM 为 0.92，718 为 0.94，725/625 为 0.93，925 为 0.92。

在温度低于一定值后材料韧性会降低，潜在的裂纹会失稳。失稳指裂纹扩展到外表面之前发生爆裂，导致丧失处置的机会。井口及采油树材料应在表 8-4 中相应级别最低温度或更低温度下检测冲击韧性。在内压下横向冲击功影响爆裂，而且四通或阀体的横向冲击功会低于纵向，因此，应检测表 8-5 中相应级别最低温度下的横向冲击功。具体要求见 API 6A 中表 7。

## 8.1.5　井口及采油树产品规范级别

### 8.1.5.1　井口及采油树产品规范级别概念

在石油天然气开发的机械产品中，如油套管及管串工具，API 标准习惯于对产品技术性能进行分级，称为 PSL，它是 product specification levels（产品规范级别）的缩写。它是基于安全评估的实用性分级，即产品制造不可能没有隐蔽缺陷，或检测试验方法在技术上或成本上有局限性。另外生产安全也会有不同的要求，高风险的生产环境要求用高技术性能产品，自然也涉及较高的设计制造成本。

API 6A 将井口和采油树部件分为一级部件和二级部件。一级部件指直接与生产流体接触，承受生产流体腐蚀、压力载荷；二级部件指在正常生产情况下不直接与生产流体接触，不承受生产流体腐蚀、压力载荷。

API 6A 提出的一级部件有：①油管头（油管挂四通）。②油管悬挂器。③油管头异径接头。④采油树下部主阀（一号总阀）。

API 6A 提出的二级部件有：生产套管的套管头及套管悬挂装置，依次还有技套套管头等。

一级部件应选用高 PSL，二级部件可以用与一级部件相同的 PSL，也可以低于一级部件级别。对高温高压气井、含硫化氢气井、海洋油气井，推荐生产套管头应与一级部件至少具有相同的 PSL。这是考虑到一旦一级部件泄漏，二级部件应能短时承受井口生产流体的压力和腐蚀环境，有机会等待处理或修井。

### 8.1.5.2　井口及采油树规范级别选用分级及流程

图 8-3 为井口和采油树一级部件的推荐最低 PSL。可以看出根据预计的井口压力高低、是气井还是油井、是否含硫化氢，将一级部件分为五个级别：PSL1～PSL3、PSL3G、PSL4。PSL4 的要求与 PSL3 基本相同，但 PSL4 要求更严谨的可追溯性记录或不允许有除表面熔覆之外的焊接等细节要求，PSL4 一段只用于前述一级部件。PSL3G 在 PSL3 基础上增加气密封检测。API 6A 对井口和采气树各主要部件的金属材料、非金属材料、焊接、检测等分别规定了 PSL，有需要的读者可参考 API 6A 标准。

（1）井的 PSL 分级：

压力小于 34.5MP，最低一级为 PSL1。

压力大于 34.5MP，但小于 103.5MPa，PSL2 级；

压力大于 103.5MPa，PSL3 级。

（2）不含硫化氢气井：

压力小于 34.5MP，PSL2 级。

压力大于 34.5MP，但小于 103.5MPa，PSL3 级。

压力大于 103.5MPa，PSL3G 级。

（3）含硫化氢气井：

压力小于 34.5MP，PSL2 级。

压力大于 34.5MP，但小于 103.5MPa，PSL3G 级。

压力大于 103.5MPa，PSL3G 级。

上述分级逻辑判别见图 8-3。

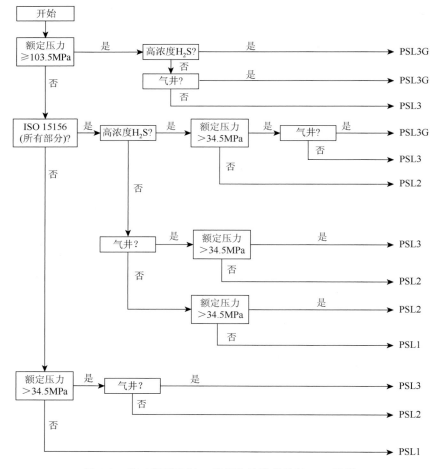

图 8-3　井口和采油树一级部件的推荐最低 PSL 流程

### 8.1.5.3　井口及采油树规范级别温度分级

在表 8-6 井口及采油树温度分级中材料最高温度范围内，考虑了高温下材料屈服强度折减，从 K 到 V 的温度分级都可满足从 34.5MPa 到 138MPa 额定压力级别。但是在低温下材料的冷脆性对安全或承载能力的影响是不能用安全系数或增加壁厚来补偿的，因此井口及采油树规范级别（PSL）应高度关注材料最低温度下的韧性，即只能通过选用合适的材料及相应的热处理技术。例如前述 F6NM 比 410 具有更高的抗低温冷脆性。

表 8-6 为井口及采油树温度分级下 PSL 的，压力容器壁的横向冲击功控制裂纹失稳。制造方应注意表 8-6 中 PSL 的横向最小冲击功均为 20J，但仅仅满足于这个 20J 存在风险，实际产品在指定最低温度下应显著高于 20J。如果选用广泛使用的马氏体不锈钢 410 在指定最低温度下横向最小冲击功不能显著高于 20J，那就应更换为 F6NM 材料，F6NM 比 410 具有更高的抗低温冷脆性。

套管头内悬挂套管的倒卡瓦在安装时需抱紧套管，因套管不圆装配时存在弯曲应力。且卡瓦零件几何或截面应力集中严重，如果环境气温低或材料韧性不足，可能在套管重力作用下断裂，也可能在钻具碰撞振动时断裂。仅仅执行横向最小冲击功为 20J 会有风险，需要有更高的低温冲击功。

**表 8-6　井口及采油树温度分级下 PSL 的横向最小冲击功**

| 级别 | 最低温度 | 10mm×10mm 尺寸标准试样横向最小冲击功/J(ft·lbt) | | |
| --- | --- | --- | --- | --- |
| | | PSL1 | PSL2 | PSL3 和 PSL4 |
| K | 60℃（75℉） | 20J（15ft·lbt） | 20J（15ft·lbt） | 20J（15ft·lbt） |
| L | 46℃（50℉） | 20J（15ft·lbt） | 20J（15ft·lbt） | 20J（15ft·lbt） |
| N | 46℃（50℉） | 20J（15ft·lbt） | 20J（15ft·lbt） | 20J（15ft·lbt） |
| P | 29℃（20℉） | | 20J（15ft·lbt） | 20J（15ft·lbt） |
| S | −18℃（0） | | | 20J（15ft·lbt） |
| T | −18℃（0） | | | 20J（15ft·lbt） |
| U | −18℃（0） | | | 20J（15ft·lbt） |
| V | −18℃（0） | | | 20J（15ft·lbt） |

注：1ft·1bt = 1.35582J。

## 8.2　井下安全阀

井下安全阀与采油树上的液控安全阀共同组成一个冗余的故障安全"井安系统"。采油树及井场设备紧急事件，如火警、硫化氢气体泄漏，应首先启动地面井安系统，即遥控关闭液控安全阀或液控翼阀。井下安全阀是用来紧急关井，隔离油管柱内的压力和流体的安全屏障。前述"紧急关井"通常指井口泄漏，发生突发性井口环空带压且压力异常高时被迫关井事件。在生产过程中不宜将井下安全阀当闸门来使用。正常生产时，安全阀由液压压力使阀处于常开状态，紧急情况压力被释放，阀随之关闭。

在海洋油气井中设计安装井下安全阀是强制性安全标准，在陆地的井是否安装由地区要求或业主自行决定。推荐高温高压气井或高压含硫化氢气井，环境敏感地区设计安装井下安全阀。安装有井下安全阀的井在压井后更换或移开采油树，可关闭井下安全阀作为安全冗余措施。

目前在用的有两种井下安全阀，一种是油管取出的井下安全阀，广泛使用，以下将重点讨论；另一种是钢丝绳取出的井下安全阀。后者会有较多使用限制，限制了流体的流动，本书将不讨论。

井下安全阀的生产厂家都是根据美国石油学会颁布的 API l4A《井下安全阀设备规范》制造，并通过该学会的认证。国内对国外部分相关标准进行了转化和等同使用。相关标准有：

API SPEC 14A《井下安全阀设备规范》（ISO 10432）。

API RP 14B《井下安全阀系统的设计、安装、修理和操作》。

API RP 14C《海上生产平台地面安全系统的分析、设计、安装和测试》。

API SPEC 6AV1《近海作业用地面和水下安全阀的验证试验规范》。

API RP 14H《海上安装、维护和修理水面安全阀和水下安全阀》。

SY/T 10006《海上井口地面安全阀和水下安全阀规范》。

SY/T 10024《井下安全阀系统的设计、安装、修理和操作的推荐作法》。

井下安全阀直径较大，通常需要较大直径的生产套管。

井下安全阀应设置在井口以下 50～100m 处，在海洋油气井中安装在泥线以下 30m 或更深位置。安放深度应超过可能形成水合物、结蜡、结垢的深度，否则在阀开关处水合物、结蜡、结垢会影响阀瓣开关。另外，应咨询厂家确认允许的最大安装深度。

井下安全阀应与油管相匹配，不能成为完井管柱中的薄弱环节。井下安全阀阀瓣应优先选用金属对金属密封结构。井下安全阀上下应安放流动短节，防止流体的腐蚀和冲蚀。

井下安全阀结构设计应考虑有利于防泥砂沉淀妨碍开关，具有旁通结构减小上下压差对打开阀瓣的阻力。

生产阶段的井下安全阀，应定期进行功能测试，可以和采油（气）井口装置试压同时进行，测试要求如下：功能测试频率：正常情况下每 6 个月进行一次功能测试；在绳缆或连续油管作业前后都应进行功能测试；在进行酸化或压裂排液后应进行功能测试；当暴露于高速流体或冲蚀性流体中时，应考虑增加功能测试频率。

功能测试要求：井下安全阀在安装完毕后投入生产之前，需按照流动方向进行高低压测试和功能测试；如果井下安全阀不能关闭或者有泄漏，应对井屏障的完整性状况进行风险评估，确定是否进行维护或维修。

# 8.3 封 隔 器

## 8.3.1 生产封隔器

生产封隔器是用来封隔油套环空和地层流体的井屏障部件。对高温高压深井，推荐生产封隔器选择永久式封隔器。如果使用能够机械解封的永久式生产封隔器，下入的工具应不会损害其密封性能，也不会使其意外解封。封隔器选用设计应满足以下要求：

**1. 选用合适的实验等级**

生产封隔器制造、设计选用和操作参考 ISO 14310/API 11D1 和 GB/T 20970《石油天然气工业　井下工具　封隔器和桥塞》标准。标准中提供了以下七个封隔器实验等级，油气井井筒完整性设计应选用合适的实验等级，高温高压气井应通过 V1 或 V0 级试验。

V6：制造商自定。

V5：水平密封。

V4：水平密封+轴向拉压。

V3：水平密封+轴向拉压+温度循环。

V2：气密封+轴向拉压。

V1：气密封+轴向拉压+温度循环。

V0：气密封+轴向拉压+温度循环+零鼓气泡。

**2. 符合井底温度和腐蚀环境的金属材料、胶筒和密封圈材料**

生产封隔器金属材料耐腐蚀性应高于油管材料，如果试验等级应通过 V1 或 V0 级，不管油管是低合金碳钢、不锈钢或镍基合金，生产封隔器金属材料均应为沉淀硬化镍基合金。沉淀硬化镍基合金与低合金碳钢或不锈钢之间的电偶腐蚀严重度均可接受。

应咨询厂家选用合适的胶筒和密封圈橡胶材料，高温高压气井通常会选用具有抗硫化氢和二氧化碳的 Aflas 胶筒材料。但是，高温高压下硫化氢和二氧化碳渗入几乎不可避免，由高压降到低压，渗入橡胶材料的硫化氢和二氧化碳会溢出，导致材料损伤和丧失密封。生产中可供选择的手段就只有减小环空压力波动，降低油管载荷变化和防止卡瓦移位。纯聚四氟乙烯具有优良抗高温高压下硫化氢和二氧化碳渗入性能，但不易变形。

**3. 控制工作载荷和压力处于封隔器的极限包络线内**

封隔器厂家会提供封隔器的载荷和压力极限包络线，极限包络线由四个象限的压力和对封隔器的轴向拉伸、压缩力组成。油气井管理和井下作业从业人员应充分计算封隔器的井筒热力学、油管柱变形施加于封隔器的载荷，确保工作载荷在封隔器的极限包络线内。

对于双封隔器或多级封隔器压裂时，环空补压不能传到封隔器之间的环空。压裂压力可能会使封隔器间轴向拉力超过极限包络线，拉断芯轴或油管。将双封隔器或多级封隔器间油管换成钛合金材料，可把压裂时对双封隔器或多级封隔器的轴向拉力降低到极限包络线内。

**4. 防范意外事故**

封隔器下入过程或不到位后的循环可能导致提前坐封，影响井的安全和后续作业，属严重意外事故，应从选型和操作两方面防止事故发生。

坐封后可进行的密封检测十分有限，通过封隔器从上向下或从下向上的泄漏都可能发生，唯一的措施就只有合理进行环空带压管理。

## 8.3.2　尾管管外封隔器

尾管管外封隔器的本体带有坐封时可激活的环空密封部件，它的主要作用是密封套管和尾管之间的环空，并能承受来自上部和下部的压力。尾管管外封隔器如果作为井屏障部件，也应符合以下设计、测试和监控要求。必须满足以下设计要求：

如果尾管管外封隔器的坐封位置下部有含气地层，则必须依据 GB/T 20970《石油天然气工业 井下工具 封隔器和桥塞》标准 V3～V0 气密封等级进行试压和验证。

尾管管外封隔器必须按照整个服役过程中所需承受的最大压差和最高井底温度进行设计。除此之外在封隔器使用寿命设计中应考虑地层流体、$H_2S$ 和 $CO_2$ 含量等其他因素的影响。

由于井下温度变化、交变载荷导致的封隔器密封失效风险必须予以评估。

尾管管外封隔器坐封位置应避开套管接箍。

选用的尾管管外封隔器应具有避免提前坐封的功能，并且在坐封前能进行旋转。

尾管管外封隔器坐封后，需从上部对其进行试压。试压值应取以下较小值：

（1）外层套管鞋处或潜在泄漏位置下部的地破压力+7MPa。

（2）套管的试压值。

试油作业中，如果替液液体密度低于原钻井液密度，则在替液之前需要对尾管和尾管管外封隔器进行负压引流验窜，负压引流验窜应考虑以下问题：

（1）负压引流验窜应有一定的安全裕量。一般引流的压力应比后期所替测试液静压低 3～20MPa，但应考虑套管和尾管外水泥环的承压能力。

（2）负压引流验窜时间至少 300 分钟。

（3）负压引流验窜管柱推荐带井下压力计及井下测试阀精确测量压力的实时变化。

（4）负压引流验窜合格标准需要考虑温度效应。

当尾管管外封隔器安装在试油封隔器的上部时，其密封性能可以通过井口 A 环空压力来实时监控。

# 8.4　橡胶材料性能评价实验

石油钻采工程中常用到的橡胶制品有密封橡胶制品、扶正器、固井胶塞、封隔器胶筒等。其常用材料有丁腈橡胶、氟橡胶、硅橡胶、天然橡胶等。橡胶密封材料是石油工业所用的一种主要的工程材料，特别是作为密封制品，是其他材料无法代替的。然而，随着石油工业的发展，石油和天然气井开采深度的提高，井下条件日益恶劣，高温、高压、高含 $CO_2$ 和 $H_2S$ 等腐蚀性组分的油气田不断投入开发，因此，对橡胶密封材料的性能和使用范围提出了更高的要求。

橡胶制品是以橡胶为主要原料经过一系列加工制得成品的总称，以其特有的高弹性、优异的耐磨、减震、绝缘和密封等性能，在各个行业得到了广泛的应用。

选择合适的橡胶密封材料应参考 ISO 23936—2009《石油、石化和天然气工业 与油料和气体生产相关的介质接触的非金属材料 第 2 部分：人造橡胶》标准。

## 8.4.1　橡胶材料拉伸性能测试

橡胶性能中最为明显的是拉伸性能，进行成品质量检查、设计胶料配方、确定工艺条件、比较橡胶耐老化和耐介质性能时，一般均需通过拉伸性能予以鉴定，因此，拉伸性能则为橡胶测试重要常规项目之一。橡胶材料的拉伸性能常用指标为拉伸强度和拉断伸长率，此外还有定伸应力和定应力伸长率等。拉伸强度是指试样拉伸至断裂过程中的最大拉伸应力，常用单位为 MPa，拉断伸长率是指试样在连续的拉伸过程中发生断裂时的百分比伸长率。橡胶材料的拉伸性能按照 GB/T528—2009《硫化橡胶或热塑性橡胶拉伸应力应变性能的测定》测试。用于拉伸性能测试的拉力实验机应符合 ISO 5893 的规定。

　　试样的选择经常受到可选材料尺寸和形状的限制。试样的几何形状、横截面积和取样方向等都会影响实验结果，因此，必须记录试样的几何形状、横截面积和取样方向等情况。试样的形状可根据测试需要拟定。图 8-4 为用于橡胶拉伸性能测试的哑铃状试样和环状试样。

图 8-4　拉伸性能测试的哑铃状试样和环状试样

　　拉伸性能测试原理即是在动夹持器或滑轮恒速移动的拉力实验机上，将哑铃状或环状标准试样进行拉伸，按要求记录试样在不断拉伸过程中和当其断裂时所需的力和伸长率的值。哑铃状试样和环状试样未必得出相同的测试结果，这主要是由于在拉伸环状试样时其横截面上的应力是不均匀的，另一个原因是"压延效应"的存在，压延效应是指在高分子材料成型加工过程中，若进行压延成型，则物料在压延过程中，在通过压延辊筒间隙时会受到很大的剪切力和一些拉伸应力，因此高聚物大分子会沿着压延方向做定向排列，以致制品在物理机械性能上出现各向异性的现象，它可使哑铃状试样因其长度方向是平行或垂直于压延方向而得出不同的值。测定拉伸强度宜选用哑铃状试样，环状试样得出的值常低于哑铃状试样值。测定拉断伸长率时，当环状试样的伸长率以初始内圆周长的百分比计算或者"压延效应"明显存在，哑铃状试样长度方向垂直于压延方向裁切时，环状试样和哑铃状试样的测试结果相近。若研究压延效应对橡胶材料在腐蚀环境中影响，则应选用哑铃状试样。所以，对于一种材料，不同试样类型的测试结果可能不同，对于不同材料进行对比，必须使用相同类型的试样，否则结果无可比性。

### 8.4.2　橡胶材料抗压缩性能测试

　　有些橡胶制品（如密封制品）是在压缩状态下使用的，其耐压缩性能是影响产品质量的主要性能之一，橡胶耐压缩性一般用压缩永久变形来衡量。橡胶在压缩状态时，必然会发生物理和化学变化，当压缩力消失后，这些变化阻止橡胶恢复到原来的状态，于是就产生了压缩永久变形。压缩永久变形的大小，取决于压缩状态的温度和时间，以及恢复高度时的温度和时间。在高温下，化学变化是导致橡胶发生压缩永久变形的主要原因。压缩永久变形是去除施加给试样的压缩力，在标准温度下恢复高度后测得。我国目前测定橡胶压缩永久变形有两个国家标准，分别为 GB/T 7759.1—2015《硫化橡胶或塑性橡胶压缩永久变形的测定》和 GB/T 1683—2018《硫化橡胶 恒定形变压缩永久变形的测定方法》。

　　压缩永久变形测试的试样尺寸有 A 型和 B 型两种，A 型试样是直径为（29±0.5）mm，高（12.5±0.5）mm 的圆柱体，B 型试样是直径为（13±0.5）mm，高为（6.3±0.3）mm 的圆柱体，这两类试样实验结果不一定相同，可得的测试结果不能比较，测量橡胶压缩永久变形最好使用 A 型试样，因为使用大尺寸的试样可以获得精度较高的数据。图 8-5 为压缩永久变形测试的圆柱形试样。

图 8-5　压缩永久变形测试的圆柱形试样

图 8-6 为常用的压缩装置，压缩装置包括压缩板、限制器和紧固件，压缩板是二块或二块以上不锈钢板或镀铬的钢板组成。测试时的限制器高度要根据橡胶材料的硬度设定，具体查看国家标准。压缩永久变形按下式计算：

$$C_1 = \frac{d_1 - d_2}{d_1 - h_s} \times 100\%$$

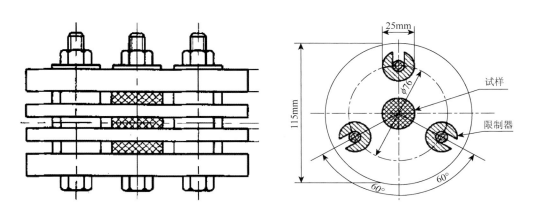

图 8-6　压缩永久变形压缩装置

式中，$C_1$ ——腐蚀后试样的压缩永久变形率，%；

　　$d_1$ ——试样初始轴向截面直径，mm；

　　$d_2$ ——试样恢复后的轴向截面直径，mm；

　　$h_s$ ——限制器高度，mm。

### 8.4.3　橡胶材料硬度测试

橡胶的硬度是指硫化橡胶在给定的条件下抵抗刚性探头压入的性能，常用到的是邵氏硬度和橡胶国际硬度。邵氏硬度是试样受测量器具钝针压入时，钝针陷入试样表面凹陷深浅的程度，并由测量器具指针所表示的度数（或读数）来表示。橡胶国际硬度是在一定条件下，使用特定的压入器（测量钢球）在一个小的接触压力和一个大的总压力的作用下，压入橡胶的深度差值。邵氏测量是使用历史最为悠久、应用最广泛和最方便的橡胶硬度测量手段，邵氏硬度常用 A 和 D 两种描述方法，A 型应用于高弹性橡胶材料，D 型应用于硬质橡胶材料，我国所使用的橡胶硬度计绝大多数是 A 型邵氏硬度计。橡胶硬度测试方法可参照 ASTM D2240—2004《用硬度计测定橡胶硬度的试验方法》，GB/T 6031—2017《硫化橡胶或热塑性橡胶　硬度的测定（10～100IRHD）》测定，邵氏硬度计法也有相应的测试标准。硬度测试的试样具体参照 GB/T 6031—2017，不同的测试方法对试样厚度的要求，对试样形状无定型要求。图 8-7 为常见的一种橡胶硬度计。

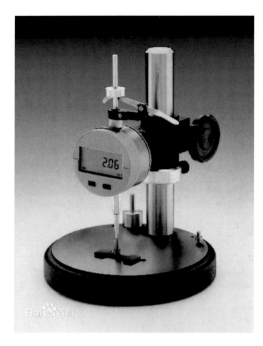

图 8-7　橡胶硬度测试计

### 8.4.4　橡胶材料腐蚀测试

应采用高温高压釜完成对橡胶件耐腐蚀性能的室内实验评价，高温高压腐蚀实验是通过模拟温度、压力、介质等井下工况，以评价橡胶件耐腐蚀性能。腐蚀实验前，观测橡胶件的初始形貌，测量橡胶件初始状态下的质量和体积、拉伸性能（包括拉伸强度和拉断伸长率）、硬度和压缩永久变形等性能。然后，对橡胶件试样进行高温高压腐蚀实验。腐蚀实验结束后，观测腐蚀后橡胶件试样的形貌并与初始形貌进行对比，测量腐蚀后试样的质量和体积、拉伸性能、硬度和压缩永久变形等性能，对橡胶材料的腐蚀性能做出评价。NACE TM 0187—2003 实验方法标准中规定，在酸性气体环境中进行弹性体材料评价要满足以下条件：实验所用到的 $H_2S$、$CO_2$、$CH_4$ 气体为试剂纯或化学纯。釜内要进行赶氧，实验处于无氧环境（少于 $5\times10^{-6}O_2$），用来赶氧的 $N_2$ 或其他气体为高纯度。实验所用水为去离子水，不能使用自来水。实验用到的碳水化合物溶液（己烷、辛烷、癸烷、甲苯）要求是试剂纯。碳水化合物液体环境组成如表 8-7。

表 8-7　碳水化合物液体环境组成

| 碳氢化合物 | 体积分数/% |
| --- | --- |
| 己烷 | 25±1 |
| 辛烷 | 20±1 |
| 癸烷 | 50±1 |
| 甲苯 | 5±0.5 |

ISO 23936-2（2011 版）给出了典型的腐蚀实验环境，腐蚀环境为以下之一：

（1）3%[①]$CO_2$、2%[①]$H_2S$、95%[①]$CH_4$；

（2）5%[①]$CO_2$、10%[①]$H_2S$、85%[①]$CH_4$；

（3）厂家与用户协商的腐蚀环境。

实验温度为（100±3）℃或（175±3）℃，实验压力为加热到测试温度后保持在（6.9±0.7）MPa。实验周期定义为观测周期，即从达到设定的实验温度和实验压力的时刻起，直到实验压力中断的时间段，为（100±2）h。实际研究时可根据实验期望目标和现场工况确定最适合橡胶测试的实验条件。

实验温度应该高于使用温度，并且至少需要测试 3 个温度点（高于使用温度），具体方法可以见表 8-8。

表 8-8　橡胶测试温度选择［ISO 23936-2（2011 版）］

| 温度等级 | 最小使用温度/℃ | 最大使用温度/℃ | 测试所需的温度点/℃ |
| --- | --- | --- | --- |
| K | −60 | 82 | 97，112，127 |
| L | −46 | 82 | 97，112，127 |
| P | −29 | 82 | 97，112，127 |
| R | 室温 | 室温 | 36，51，66 |
| S | −18 | 66 | 81，96，111 |
| T | −18 | 82 | 97，112，127 |
| U | −18 | 121 | 136，151，166 |
| V | 2 | 121 | 136，151，166 |
| X | −18 | 180 | 195，210，225 |
| Y | −18 | 345 | — |
| 非 ISO/API 样品 | 0 | 150 | 165，180，195 |

试样的选择经常受到可选材料尺寸和形状的限制。试样的几何形状、横截面积和排列方向等都会影响实验结果，因此，必须记录试样的几何形状、横截面积和排列方向等情况。试样的形状可根据测试需要拟定。

NACE TM 0187—2011 中规定用于测量质量和体积的单个试样的范围应控制在 25mm×51mm×（2.0±0.2mm），用于测量拉伸性能、硬度和压缩永久变形等物理性能的单个试样的差异范围应控制在（2.0±0.2）mm。图 8-8 某橡胶材料哑铃状试样和圆环状试样在一定实验条件下经过高温高压腐蚀后的形貌。

橡胶材料腐蚀后外形和内部结构会发生变化，在一定程度上会影响到橡胶材料的质量和体积，所以对橡胶进行腐蚀前后的质量和体积测量可帮助分析橡胶材料的腐蚀情况。NACE TM 0187—2003 中规定，用于质量和体积变化测量的平行试样至少三组，腐蚀实验前每个试样必须在空气、蒸馏水或去离子水中称重，直到两次相差 1mg。腐蚀实验后，同样每个

---

① 此处表示摩尔分数，余同。

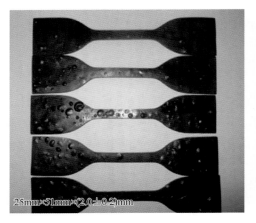

图 8-8　某橡胶材料高温高压腐蚀实验后形貌

试样必须在空气、蒸馏水或去离子水中称重，直到两次相差 1mg。质量变化百分率（$\Delta M$）用下式计算：

$$\Delta M = \frac{M_2 - M_1}{M_0} \times 100\%$$

式中：$\Delta M$ ——质量变化百分率，%；

　　　$M_1$ ——浸泡前试样在空气中的质量，g；

　　　$M_3$ ——浸泡后试样在空气中的质量，g。

　　体积变化百分率（$\Delta V$）用下式计算：

$$\Delta V = \frac{(M_3 - M_4) - (M_1 - M_2)}{(M_1 - M_2)} \times 100\%$$

式中：$\Delta V$ ——体积变化百分率，%；

　　　$M_2$ ——浸泡前试样在水中的质量，g；

　　　$M_4$ ——浸泡后试样在水中的质量，g。

　　如果水置换法测量体积变化不符合要求，则可以选择其他合适的方法测量实验前后的体积变化。

# 第 9 章　环空带压诊断与环空腐蚀管理

## 9.1　完整性测试方案

### 9.1.1　概述

需要进行压力测试的情况：

（1）将要进入的压力体系不同于当前作业阶段的压力体系时，需要对油气井筒屏障进行压力测试。

（2）油气井筒屏障组件更换后，需要对油气井筒屏障进行压力测试。

（3）出现泄漏的迹象时，需要对油气井筒屏障进行压力测试。

（4）当屏障单元处在一个不同于其初始测试下的压力或载荷环境时，需要对油气井筒屏障进行压力测试。

（5）如果屏障单元处在比初始设计值高的压力或载荷下工作，需要对油气井筒屏障进行压力测试。

（6）定期对油气井筒屏障进行压力测试，如果可行，有必要评估屏障单元的安全裕量。

### 9.1.2　可接受的泄漏速度

除非井筒屏障单元中已经定义过，否则可接受的漏失速度必须为 0。为了达到实用的目的，检验时应该考虑体积和温度效应以及内部气泡和介质的压缩性的影响。对于漏失速度不能被监测到的情况，需要给出最大允许的漏失速度。

### 9.1.3　泄漏途径测试

泄漏途径测试是指井筒内流体流出的方向。如果这种测量无法实现或者有其他的风险，在屏障单元可以双向密封的情况下，可以反向测量。

### 9.1.4　测压力值和稳压时间读取

对于 1.5～2.0MPa 这种低压的测量，至少在压力稳定 5 分钟后开始读取压力。在生产或注入阶段，对低压的监测不是必需的。

对于高压的测量，读取的压力值必须大于或等于油气井筒屏障（封隔器）可能面临的最大压差。静态测压必须是在压力稳定 10 分钟后开始记录相应的压力值。

在生产和注入阶段，对于所有的屏障，允许 7MPa 测试压差，此时的漏失速度可以作为允许的压力漏失速度。如果油气井压力较低，当允许的压力漏失速度按比例改变，可以采用较低的压力差。

注入测试读取的压力值应该是稳定了 30 分钟后的压力值。（之所以选择更长的稳压时间进行压力的读取是由于流体的体积大、压缩性大以及温度的影响。）

测试压力的值不能超过井设计压力或屏障单元的额定工作压力。

应用下列措施提高压力测试的效果：

（1）根据所检测的体积设置合适的检验标准。

（2）设置最大合适的误差（误差为多少 MPa，例如，34.5MPa 压力检测级别的误差设置为 0.5MPa）。

（3）在定义的时间间隔内设置最大允许的压力变化值（例如给 34.5MPa 的压力在 10 分钟内的压力变化为设置 1%或者 0.345MPa）。

（4）上面（2）和（3）适用于（$\Delta p/\Delta t$）减小的情况。

## 9.1.5　钻完井作业中的注入测试

注入测试是验证油气井筒屏障的承压能力。例如为完井、测试、深水井断开立管、在具有渗透性的高压区块下进行裸眼钻进等一系列作业设置的欠平衡方案都需要做注入测试。

注入测试程序如下：

（1）标示油气井筒屏障进行测试。

（2）识别泄漏的后果。

（3）评价体积、温度效应等对结果带来的不确定风险。

（4）一旦发生泄漏或者测试不可靠时设计相应的预案。

（5）配备管线配置和阀门位置的示意图。

（6）选择合适的测试标准。

（7）完成所有操作步骤和评价点。

在下列注入测试操作的注意事项：

（1）分析并评估注入测试失败的原因。

（2）可行的情况下，在注入测试作业中对屏障进行压力测试。

（3）测试二级屏障确保屏障能够承受注入测试失败后的压差。

（4）在驱替和测试中控制体积和压力。

（5）注入测试过程中，井筒内流体可能会使井筒回到过平衡状态，造成结果的不准确。

（6）作业中，非剪断的部件不可放置在防喷器剪切闸板位置。

（7）关闭防喷器后，在井底压力恒定不变的情况下，通过循环流体的方式使井筒形成欠平衡环境。

（8）完成作业后，在不降低井底压力的条件下关井。

（9）重新定义压差时，需要降低井底压力。

（10）在规定的时间内监控每个操作的压力变化值。

### 9.1.6　油气井筒屏障的性能测试

在下列情况下需要定期对屏障做性能测试：
（1）水下或井下设备安装前。
（2）水下或井下设备安装后。
（3）受到异常载荷时。
（4）维修之后。

### 9.1.7　地层测试

系统地获得岩石力学数据，以便在钻井、生产、注入和弃井阶段保证井筒完整性。根据测试目标选择地层完整性测试方法，最常用的方法如下表 9-1 所示。

表 9-1　测定地层完整性的方法

| 方法 | 目标 | 内容 |
|---|---|---|
| 压力/地层完整性测试 | 确认地层/固井水泥环能够承受预定的压力 | 对地层施加预定的压力然后观察压力的稳定情况 |
| 地漏实验 | 验测出井壁/固井水泥环实际所能承受的压力 | 一旦压力对泵入流体的体积线性关系发生改变，停止测试 |
| 延长漏失实验 | 确定最小的原位地层应力 | 测试压力在地层中的传播和确定地层裂缝闭合压力 |

验证全面的地层信息并整理成册，使之成为井筒屏障系统的组成部分（表 9-2）。

表 9-2　地层完整性要求

| 井别/作业状态 | 地层完整性的内容 | |
|---|---|---|
| | 新井 | 已有的井 |
| 开发井（所有的状态，包括永久弃井） | 可以通过压力/地层完整性测试或者地漏实验得到地层完整性，考虑到静水压力，测量值会超过设计深度处的实际压力 | |
| 生产井（钻井作业） | | |
| 生产井（无固相完井、生产/注入、弃井） | 最小的地层应力/闭合压力超过最大井筒压力。对于生产井的生产作业时，基于油藏压力预测的井筒压力（油藏压力减去静水压力）将作为最小的注入压力，对于生产井注入测试时，所预测的井筒压力（油藏压力加深静水压力）作为最大的注入压力 | 在初始设计中用过的地层破裂压力可以用作保持地层完整性的最大压力。而对于永久弃井作业，对初始设计所采用的压力值需要重新评估 |

### 9.1.8　油气井筒屏障的压力和性能测试的归纳

油气井筒完整性测试结果必须归纳成册，以便相关作业人员运用。

## 9.2 环空带压管控

### 9.2.1 环空带压的基本概念

一般的生产井都是由很多层套管组成的,因而也存在好几个环形空间。根据环空所处位置不同,可以将环空依次表示为"A"环空、"B"环空、"C 环空"……。"A"环空表示油管和生产套管之间的环空,"B"环空表示生产套管和与之相邻的上一层套管之间的环空。之后往上按字母顺序依次表示每层套管和与之相邻的上一层套管之间的环空。

根据水泥的填充情况又可以将环空分为以下几种:完全自由套管段,即套管内外环空内水泥完全被其他液体所取代,没有被水泥固化(图 9-1 的 II 和 III 之间的上部的套管段就是这种情况);不完全自由套管段,即内外环空部分水泥被其他液体所替代,如水泥之上有环空液柱;完全封固的套管段,即环空水泥封固到井口的情况。

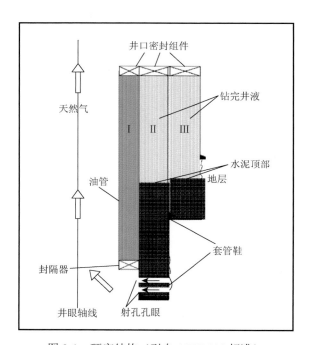

图 9-1 环空结构(引自 API RP90 标准)

环空带压是指井口环空压力表非正常启压,而在正常情况下环空压力表示数应该为零或者接近零。通过井口放喷阀门放喷后,再关闭套管环空放喷阀门,压力又重新上升到一定的程度,这种情况国际上通常称作持续套管压力(sustained casing pressure,SCP)或环空带压力(sustained annular pressure,SAP)。

前面曾经提到,引起环空带压的原因有:

(1)出于各种目的(包括气举、热采管理、监测环空压力或其他的目的),作业者可能会对套管环空施加的压力。

（2）环空温度变化以及鼓胀效应导致流体和管柱膨胀变形造成环空带压。

（3）油气从地层经水泥隔离层和环空液柱向上窜流引起的环空压力（即环空带压 SCP）。

不同环空的环空带压的原因不同。对于第一级环空，也就是"A"环空，应排除"A"环空带压不是环空保护液升温造成的。"A"环空形成环空带压的可能的路径见图 9-2。"A"环空形成环空带压的原因可能是：井下油管串的接头发生泄漏；井下油管串腐蚀穿孔；气举工作筒、化学注入筒、井下安全阀和控制管线等井下组件失效而发生泄漏；油管封隔器密封失效；尾管悬挂器密封失效；油管挂密封失效；采油树的密封、穿孔、接头漏失；生产尾管顶部完整性失效。

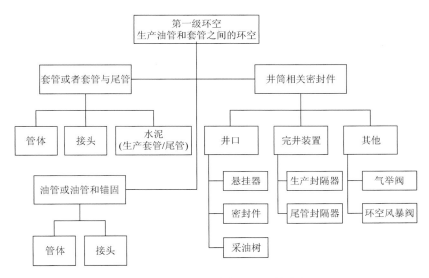

图 9-2　第一级环空带压可能的路径

而对于第二级环空，也就是"B""C"等其他环空带压可能的路径（见图 9-3）包括：内外环空水泥环发生气窜；生产套管螺纹密封失效或套管管体腐蚀穿孔；固井质量欠佳或水泥环遭到破坏，导致环空气窜；内外套管柱密封失效；套管头密封失效等。

## 9.2.2　环空带压的相关计算

### 9.2.2.1　环空带压值预测

气井的开采中，随着产量的增加，井筒的温度也会随之升高，温度的升高会引起环空热膨胀压力增加，尤其对于水泥未返到井口的固井环空中，有必要对热膨胀效应可能导致的环空带压进行计算及评估。

在推导过程中特作以下假设：假设环空完全密封，不存在流体或气体的渗入或泄漏，即环空可以看作是一个密闭环空；只考虑热膨胀效应导致的环空压力，不考虑油气从地层经水泥隔离层和环空液柱向上窜流引起的环空压力。

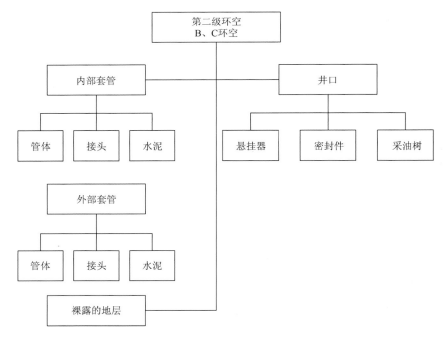

图 9-3　第二级环空带压可能的路径

当环空的压力和温度发生变化时,管柱和环空状态会发生变化以达到新的力学和热学的平衡状态。如果这个变化超出了极限,就会使管柱出现裂缝从而形成漏失的通道,同时也会使环空流体发生运移以达到新的平衡。通常环空任意一点的压力都是流体质量、体积和温度的函数,表达如下:

$$p_{\text{ann}} = (m, V_{\text{ann}}, T) \tag{9-1}$$

式中,$p$——环空中的压力,MPa;

$T$——环空的平均温度,K;

$V_{\text{ann}}$——密闭环空的体积,$\text{m}^3$;

$m$——密闭流体或是气体的质量,kg。

环空体积的变化是由热膨胀或者环空内外压力的变化或者油管柱的轴向膨胀导致的。环空压力与环空体积变化有以下关系:

$$\Delta p_{\text{ann}} \propto \frac{\left(\Delta V_{\text{therm.exp.}}^{\text{fluid}} + \Delta V_{\text{influx/outflux}}^{\text{fluid}}\right) - \Delta V_{\text{thermal/ballooning}}^{\text{ann.}}}{\Delta V^{\text{ann}}} \tag{9-2}$$

式中,$\Delta V$——环空的体积变化量,$\text{m}^3$;

$\Delta p$——环空的压力变化量,MPa。

式(9-2)右边表示体积的变化(分母表示环空原始的体积)。可以看出,某个环空的环空带压值的变化量与环空体积的变化量成正比。环空体积的变化与环空温度和压力的变化有关,取决于环空水泥环上部未封固井段流体的等温体积弹性模量和等压体积弹性模量。

流体的等温体积弹性模量 $B_T$ 表示当温度保持不变时单位压力增量引起的流体体积的变化量，可以用下式表示：

$$B_T = \frac{\Delta p}{(\Delta V / V)}\bigg|_T \tag{9-3}$$

因此，可以得到：

$$
\begin{aligned}
\Delta p_{ann} &= -B_T \left(\frac{\Delta V}{V}\right)\bigg|_T \\
&= B_T \frac{\left(\Delta V_{therm.exp.}^{fluid} + \Delta V_{influx/outflux}^{fluid}\right) - \Delta V_{thermal/ballooning}^{ann.}}{\Delta V^{ann}} \\
&= B_T \frac{\Delta V_{therm.exp.}^{fluid}}{\Delta V^{ann}} + \frac{\Delta V_{influx/outflux}^{fluid}}{\Delta V^{ann}} - \frac{\Delta V_{thermal/ballooning}^{ann.}}{\Delta V^{ann}}
\end{aligned}
\tag{9-4}
$$

对式（9-4）进行化简，得到了环空压力变化的计算模型。

$$\Delta p_{ann} = \left(\frac{\partial p_{ann}}{\partial m}\right)_{V_{ann,T}} \Delta m + \left(\frac{\partial p_{ann}}{\partial V_{ann}}\right)_{m,T} \Delta V_{ann} + \left(\frac{\partial p_{ann}}{\partial T}\right)_{m,V_{ann}} \Delta T \tag{9-5}$$

式（9-5）右边第一项表示环空流体的流入和流出造成的环空压力变化，右边第二项表示密闭环空体积变化导致的环空压力变化情况，右边最后一项表示温度变化引起的环空压力的变化情况。

如果环空充满流体（不可压缩的液体或者气液混合物），则环空的压力变化就取决于流体的状态变化（如密度和温度的变化）。环空压力变化受下列一种或多种因素影响：

（1）由于环空几何形状的变化（例如，油管发生鼓胀效应等）引起的环空容积的变化。

（2）环空有流体侵入或者流出。

（3）井筒流体温度的变化（环空流体的热胀冷缩效应的影响）。

对上式求偏微分，可得到密闭环空压力变化的表达式为

$$\Delta p = \frac{\alpha_1}{k_T} \cdot \Delta T - \frac{1}{k_T \cdot V_{ann}} \cdot \Delta V_{ann} + \frac{1}{k_T \cdot V_1} \cdot \Delta V_1 \tag{9-6}$$

式中，$\Delta p$——环空中压力的变化量，MPa；

$k_T$——环空流体等温压缩系数，$MPa^{-1}$；

$\alpha_1$——环空中流体的热膨胀系数，$℃^{-1}$；

$V_1$——环空中流体或气体的体积，$m^3$；

$\Delta V_1$——环空中流体或气体的体积变化量，$m^3$；

$\Delta V_{ann}$——环空体积的变化量，$m^3$；

$\Delta T$——套管平均温度差，℃。

环空中流体的热膨胀、环空体积的变化和环空中流体或气体质量的变化都将影响环空压力的变化。对于密闭环空，$\Delta m = 0$，即可得密闭环空压力的计算式为

$$\Delta p = \frac{\alpha_1}{k_T} \cdot \Delta T - \frac{1}{k_T \cdot V_{ann}} \cdot \Delta V_{ann} \tag{9-7}$$

根据以下假设：环空绝对密闭；套管壁是绝对刚性的，环空压力的变化只受环空流体的热膨胀作用，得

$$\Delta p = \frac{\alpha_{\mathrm{l}}}{k_{\mathrm{T}}} \cdot \Delta T \tag{9-8}$$

当环空中的流体的温度和压力增加时，因为以下三个方面的原因，套管和套管之间（未注水泥）的环空体积将增加：钢材的热膨胀系数小于流体的热膨胀系数；由于环空压力的增加，内层套管被挤压收缩、外层套管被挤压膨胀。

环空体积的变化引起的压力变化量为

$$\Delta p = -\frac{1}{k_{\mathrm{T}} \cdot V_{\mathrm{ann}}} \cdot \Delta V_{\mathrm{ann}} \tag{9-9}$$

也可写成：

$$\frac{\Delta V_{\mathrm{ann}}}{V_{\mathrm{ann}}} = -k_{\mathrm{T}} \cdot \Delta p \tag{9-10}$$

环空体积的变化主要取决于生产套管内部的压力 $p_{\mathrm{int}}$ 的瞬时变化，式（9-10）可变形为

$$\frac{\Delta V_{\mathrm{ann}}}{V_{\mathrm{ann}}} = C \cdot \Delta(p - p_{\mathrm{int}}) \tag{9-11}$$

式中，$C$——套管在一定载荷下的变形系数，$\mathrm{MPa}^{-1}$；

$p_{\mathrm{int}}$——生产套管内部的压力，MPa。

下面推导参数 $C$ 的获取方法：套管单位长度上的周向应力，由下式给出：

$$\sigma = \frac{D}{2 \cdot h} \cdot (p_{\mathrm{i}} - p_{\mathrm{o}}) \tag{9-12}$$

式中，$D$——套管的直径，mm；

$h$——壁厚，mm；

$p_{\mathrm{i}}$——管内的压力，MPa；

$p_{\mathrm{o}}$——管外的压力，MPa。

管内和管外的压力变化都会引起周向应力的变化：

$$\Delta \sigma = \frac{D}{2h} \cdot \Delta p \tag{9-13}$$

根据胡克定律，周向应力的变化会使套管的外径产生变化，如下：

$$\frac{\Delta D}{D} = \frac{\Delta \sigma}{E} = \frac{D}{2 \cdot E \cdot h} \cdot \Delta p \tag{9-14}$$

式中，$E$——套管的弹性模量，MPa；

$\Delta D$——套管外径的变化量，mm；

$\Delta \sigma$——周向应力变化，MPa。

考虑到套管两端是固定的，套管的体积变化为

$$\frac{\Delta V}{V} = 2\frac{\Delta D}{D} = \frac{D}{E \cdot h} \cdot \Delta p \tag{9-15}$$

可得套管的变形系数为

$$C = \frac{D}{E \cdot h} \quad (9-16)$$

式（9-16）是在假设整个套管是均匀的，而且在整个长度上都能变形的条件下得到的。在总长为 $L_{tot}$ 的套管上，有长度为 $L_{cem}$ 的套管段被水泥浆固结，此时总的变形系数为

$$C_{tot} = \frac{L_{tot} - L_{cem}}{L_{tot}} \cdot \frac{D}{E \cdot h} \quad (9-17)$$

式中，$C_{tot}$——总的变形系数，$MPa^{-1}$；

　　$L_{tot}$——套管的总长，m；

　　$L_{cem}$——被水泥固结的套管段长度，m。

考虑到环空为密闭的，忽略环空中流体的漏失，并且假设环空内（套管内）、外（套管外）的压力为常数，可以得到密闭环空的压力为

$$\Delta p = \frac{(\alpha_1 - \alpha_{steel})}{k_T} \cdot \Delta T - \frac{C_{tot}}{k_T} \cdot \Delta p \quad (9-18)$$

式中，$\alpha_{steel}$——热膨胀系数，$\text{℃}^{-1}$。

　　$\alpha_1$——环空中流体的热膨胀系数

考虑到内层套管被压缩，同时也考虑到外层套管的膨胀的作用。重新整理可得

$$\Delta p = \left(1 + \frac{C_{tot}}{k_T}\right)^{-1} \cdot \frac{(\alpha_1 - \alpha_{steel})}{k_T} \cdot \Delta T \quad (9-19)$$

式（9-19）即为在假设密闭环空绝对密封，不存在漏失情况下，热膨胀效应（井筒温度升高）导致的环空压力计算公式，其中套管总的变形系数 $C_{tot}$ 可以通过式（9-17）求得。

某高产气井完钻井深 4803m，地层温度为 100.6℃。完井生产管柱选择 $\Phi$88.9mm 油管，其上的两封隔器之间距离为 170m，油管和套管技术参数如表 9-3 所示，油套管及环空流体相关参数如表 9-4 所示。对该井封隔器 1 和封隔器 2 之间的密闭空间中的热膨胀效应导致的带压值进行计算。

**表 9-3　油管和套管技术参数**

| 类型 | 外径/mm | 壁厚/mm | 管重/(kg·m⁻¹) | 钢级 | 抗内压强度/MPa | 抗外挤强度/MPa |
|---|---|---|---|---|---|---|
| 套管 | 139.7 | 10.54 | 34.23 | P-110 | 100.15 | 100.24 |
| 油管 | 88.9 | 44.45 | 13.69 | N-80 | 70.05 | 72.64 |

**表 9-4　油管和环空流体的力学性质表**

| 参数 | 取值 | 参数 | 取值 |
|---|---|---|---|
| $E$ | 205000MPa | $E_1$ | 2200MPa |
| $\alpha$ | 0.000012℃⁻¹ | $\alpha_1$ | 0.00046℃⁻¹ |
| $\mu$ | 0.3 | $K_T$ | 0.000485MPa⁻¹ |

从图 9-4 可以看出，对于该高产气井，封隔器之间热膨胀导致的环空压力随该段环空平均温度升高而线性增加；与只考虑温度变化影响比较，采用模型计算出的密闭环空压力

变化量有明显的增大，并且随着温度变化量的升高，两种结果的差别愈加明显。这是因为温度变化量的升高同样影响到管柱和流体的压缩膨胀效应，导致环空体积变化的升高，进而改变最终结果。可以看出，对于特定材料的油套管，如果生产作业时温度增加到某一阈值，环空液体产生的热膨胀压力就会超过油管的抗外挤强度和套管的抗内压强度，产生安全隐患，因此封隔器之间密闭环空的热膨胀效应是不容忽视的。

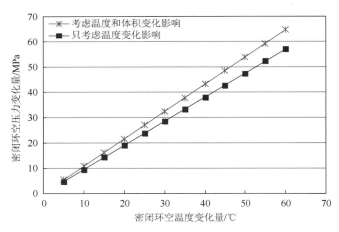

图 9-4　密闭环空压力随温度变化曲线

对于高产气井，随着产量的升高其井筒温度也会升高，此时对该气井进行热膨胀效应导致的环空带压的评估就显得尤其重要。

### 9.2.2.2　环空带压控制值的基本计算

#### 1.　API RP90 计算方法

所有环空允许的最大环空压力值是根据材料强度的最小值（比如套管/油管的抗内压和抗挤能力）和套管鞋所在的地层应力计算出来的。由于套压带来的固有风险，有必要建立一条"高压线"，一旦超出其限制条件，就要进行压井，找到解决方案，甚至弃井。

一般情况下，需要对每口高压气井开展环空带压风险评估，首先根据井身结构、井下管柱情况计算各个环空允许的最大环空压力值，再设计合适的环空保护液和确定合理的环空带压管理方案。

环空带压控制值：是针对某一特定环空的最大允许工作压力值，反映环空能够承受的压力级别。环空压力主要包括：温度升高引起的环空压力、环空带压和作业施加的压力。

目前国际上比较通用的计算方法是根据 API RP90（海上油气井环空带压带压管理）标准提供的计算模型，最大允许环空压力的取值如下：

根据 API RP90（Annular Casing Pressure Management for Offshore Wells）标准，最大允许环空压力的确定方法如下：

（1）A 环空的环空带压控制值计算。

取生产套管抗内压强度 $p_{pro}$ 的 50%、技术套管抗内压强度 $p_{in}$ 的 80% 和油管抗挤毁强度 $p_{Tub}$ 的 75% 三者之间最小值，公式表达如下：

$$\text{MAWO}p_{\text{A}} = \min\{0.5p_{\text{pro}}, 0.8p_{\text{in}}, 0.75p_{\text{Tub}}\} \quad (9\text{-}20)$$

（2）B 环空的环空带压控制值计算。

取技术套管抗内压强度 $p_{\text{in}}$ 的 50%、表层套管抗内压强度 $p_{\text{sur}}$ 的 80%和生产套管抗挤毁强度 $p_{\text{prc}}$ 的 75%三者之间最小值，公式表达如下：

$$\text{MAWO}p_{\text{B}} = \min\{0.5p_{\text{in}}, 0.8p_{\text{sur}}, 0.75p_{\text{prc}}\} \quad (9\text{-}21)$$

（3）C 环空的环空带压控制值计算。

取表层套管抗内压强度 $p_{\text{sur}}$ 的 50%、导管磨损抗内压强度 $p_{\text{con}}$ 的 80%和技术套管抗挤毁强度 $p_{\text{con}}$ 的 75%三者之间最小值，公式表达如下：

$$\text{MAWO}p_{\text{C}} = \min\{0.5p_{\text{sur}}, 0.8p_{\text{con}}, 0.75p_{\text{in}}\} \quad (9\text{-}22)$$

根据上述模型，可以得到该井各个环空允许的环空带压值。

在确定环空带压控制值时需考虑以下几点：①在根据油套管强度确定最大允许环空压力时，应取强度最低值；②由于环空窜通会造成环空之间出现相同套压值的情况，所以将其看作同一环空进行计算；③如果悬挂有尾管，应将尾管强度考虑进计算模型中。

对于某一环空带压情况，可以根据上述方法计算最大允许环空压力，但在多数情况下，气井可能存在多个环空同时带压现象，这就需要根据环空连通状况确定最大允许环空压力，例如：在某些情况下，A 环空和 B 环空具有相同的变化趋势甚至压力大小也几乎相同，表明 A 环空和 B 环空窜通，有时出现多个环空窜通现象，这就说明井筒完整性屏障系统失效严重，需要重新计算环空带压控制值并进行安全评估。

根据 API RP90 在确定环空带压控制值时，只是单纯的考虑油套管的原始强度，未考虑腐蚀和裂纹对强度影响，并且还未考虑环空中液柱所产生的压力对下部管柱的影响。

表 9-5 为某井的基础数据，表 9-6 为某井环空带压控制值的计算模板。分析者可直接将表中数值换成具体井的数值。

**表 9-5　xxxx 井基础数据**

| 井号 | | | 地理位置 | | | | |
|---|---|---|---|---|---|---|---|
| 井别 | | | 构造位置 | | | | |
| 井位坐标 | X | | 海拔 | 地面 | | 采气树类型 | |
| | Y | | | 补心 | | | |
| 开钻日期 | | | 完钻日期 | | | 完井方法 | |
| 完钻深度 | | | 完钻层位 | | | 补心高度 | |
| 试油开始日期 | | | 试油结束日期 | | | 人工井底 | |
| 井身结构 | | | | | | | |
| 钻头尺寸/mm | 深度/m | 套管尺寸/in | 下入井深/m | 水泥返高/m | 钢级 | 壁厚/mm | 套管头类型 |
| | | | | | | | |
| | | | | | | | |
| 油管柱结构 | | | | | | | |

表 9-6　　xxxx 井环空带压控制值计算

| 生产套管抗内压强度的 50%/MPa | 技术套管抗内压强度的 80%/MPa | 油管抗外挤强度的 75%/MPa | 套管头强度的 60% | A 环空允许带压值/MPa |
|---|---|---|---|---|
| 技术套管抗内压强度的 50%/MPa | 表层套管抗内压强度的 80%/MPa | 生产套管抗外挤强度的 75%/MPa | | B 环空允许带压值/MPa |
| 表层套管抗内压强度的 50%/MPa | 导管抗内压强度的 80%/MPa | 技术套管抗外挤强度的 75%/MPa | | C 环空允许带压值/MPa |
| | | | | |

　　各层套管允许环空带压值可根据套管潜在的损伤情况适当降低。潜在的损伤情况包括下述类型：钻井、完井和修井作业过程中的旋转和起下钻造成的磨损；套管变形后的修磨和胀管；环空介质的腐蚀性及腐蚀评估；早期套管的质量和可靠性水平较低。

　　当环空含 $CO_2$，$H_2S$ 气体时，计算最大允许带压值应参考以下因素：

　　（1）表 9-6 环空带压控制值计算引自 API RP90，当环空含 $H_2S$ 时，它没有考虑允许环空带压值所对应的 $H_2S$ 分压及其对腐蚀和开裂的影响。应评估原位 pH 和 $CO_2$、$H_2S$ 分压，应尽可能设置低的允许环空带压值。材料的腐蚀穿孔，螺纹密封面腐蚀泄漏和井口密封元件及锁定机构的腐蚀泄漏、环境断裂等尚不能准确评估。应考虑环空长期含 $CO_2$，$H_2S$ 腐蚀性气体对碳钢的小孔腐蚀。

　　（2）当环空含 $H_2S$ 时，在临时停产前应放压降低环空压力。应考虑高压低温（停产期井口温度降到大气温度）碳钢套管的开裂倾向。

　　（3）应考虑碳钢套管在高 $H_2S$ 分压环境中的开裂倾向。如果原位 pH 低于 6.5，又不能及时注新鲜环空保护液，应放压降低环空 $H_2S$ 分压。

　　（4）最大允许环空带压还应考虑压漏封隔器的风险。如果知道环空液面高度，环空带压控制值与环空液柱压力之和不应高于估算的井底压力。

### 2. ISO 16530 计算方法

　　在计算环空带压控制值时应考虑下列因素：环空测试最大压力；环空各部件机械、人工操作手册的细则；建井细节；环空及其邻近的环空、油管内的流体的详细信息；套管胶结程度，水泥抗张性能和抗压缩性能；储层强度，渗透性及储层流体；被井穿透的水层情况；磨损、腐蚀情况等。

　　根据气井的开采资料预测套管和油管在该环境下的腐蚀速率，计算出某一时间点套管和油管腐蚀后的剩余强度；最后，根据这些剩余强度值计算各环空的环空带压控制值，为了保证油气井的安全，还需考虑安全系数。计算最大允许环空压力值时，需考虑井身结构、各环空流体及生产管柱等井筒实际情况，如图 9-5 所示。

　　1）A 环空最大允许值

　　A 环空最大允许值的确定是取下列各项中的最小者：

　　（1）考虑腐蚀效应生产套管的抗内压强度的 $1/S_{pb}$。

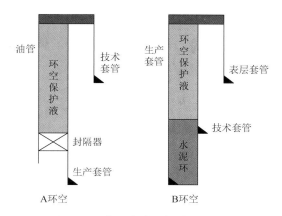

图 9-5　计算环空带压控制值示意图

（2）考虑腐蚀效应技术套管的抗内压强度的 $1/S_{mb}$。

（3）考虑腐蚀效应油管的抗外挤强度的 $1/S_{tc}$。

（4）在完井封隔器处，取考虑腐蚀效应生产套管抗内压强度的 $1/S_{pb}$ 作为安全值，并考虑生产套管承受环空保护液压力时，计算套管可能被压破裂时的环空带压控制值：

$$p_A + \rho_{保护液} gh \leqslant p_{prob} \times 1/S_{pb} \tag{9-23}$$

对式（9-23）进行简单变换，即能得出在完井封隔器处，考虑腐蚀效应生产套管存在破裂风险时的 A 环空最大允许值。

$$p_A = p_{prob} \times 1/S_{pb} - \rho_{保护液} gh \tag{9-24}$$

式中，$p_A$——A 环空最大允许值，MPa；

　　$p_{prob}$——考虑腐蚀效应生产套管的抗内压强度，MPa；

　　$\rho_{保护液}$——A 环空保护液密度，$g/cm^3$；

　　$g$——重力加速度，$m/s^2$；

　　$h$——完井封隔器坐封深度，m；

　　$S$——该管柱所对应的安全系数，$S \geqslant 1$，下同。

（5）考虑完井封隔器处油管抗挤毁强度的 $1/S_{tc}$。

同理，在完井封隔器处，研究油管的受力情况，考虑油管可能被挤毁时的环空带压控制值：

$$p_A = p_{tubc} \times 1/S_{tc} - \rho_{保护液} gh \tag{9-25}$$

式中，$p_A$——A 环空最大允许值，MPa；

　　$p_{tubc}$——考虑腐蚀效应油管服的抗内压强度，MPa。

（6）考虑封隔器压力等级时的环空带压控制值。

$$p_A = p_{PKR} \times 1/S_{PKR} - \rho_{保护液} gh \tag{9-26}$$

式中，$p_{PKR}$——封隔器工作压力，MPa。

2）B 环空最大允许值

取下列各项中的最小值作为 B 环空最大允许值：

（1）考虑腐蚀效应技术套管的抗内压强度的 $1/S_{mb}$。

（2）考虑腐蚀效应外层技术套管的抗内压强度的 $1/S_{1mb}$。

（3）考虑腐蚀效应生产套管的抗外挤强度的 $1/S_{1pc}$。

如果水泥环未返到井口，那么还需考虑水泥返高处生产套管挤毁和技术套管破裂时的最大允许环空压力。

①水泥返高处生产套管挤毁强度的 $1/S_{PKR}$

$$p_A = P_{PKR} \times 1/S_{PKR} - \rho_{保护液} gh \tag{9-27}$$

②水泥返高处技术套管抗内压强度的 $1/S_{mb}$

$$p_B = p_{mb} \times 1/S_{mb} - \rho_{保护液} gh \tag{9-28}$$

式中，$p_B$——B 环空最大允许值，MPa；

　　　$p_{mb}$——考虑腐蚀效应生产套管的抗内压强度，MPa。

3）C 环空最大允许值

C 环空最大允许值取值方法与 B 环空相同。

### 9.2.2.3　环空带压井的安全状态评价

当环空压力达到上临界值时，应泄压将压力维持在操作范围内。当达到下临界值时，环空应进行增压，同时每次操作都要对液体类型、回收的液体体积和每次泄压、增压时间予以记录验证，然后将泄压频率和回收液总体积与操作员规定的临界值进行对比，如果超过了临界值就要进行分析和检测。

操作员规定的临界值不能超过环空带压控制值的 80%，对于相邻环空来说，环空压力应该大于环空带压控制值。

## 9.2.3　环空带压诊断与管理

对于高压气井，在采气过程中环空带压几乎不可避免。对于生产管理者，环空带压管理的目标是：

（1）对已存在有环空带压的井，按风险进行分类，使其安全可控。

（2）应评估 A 环空带压是否会造成生产套管泄漏或破裂，以及井喷的潜在风险的大小。

（3）对于多数环空带压的井尽力维持环空带压状态生产，不对其人为干涉（不进行环空放压测试）。

（4）避免环空带压转变为井喷、地下井喷或地下窜流。

（5）避免环空带叠加井口泄漏，造成井口或井场火灾，有害气体伤人。

（6）对于潜在高危井及时修井或封井弃井。

### 9.2.3.1　A 环空带压诊断与管理

**1. A 环空带压可能路径的判别**

1）井筒物理效应引起的环空带压

井筒物理效应指 A 环空中的流体（油套环空保护液）热膨胀和油管内压力使油管外径膨胀引起的环空带压。

对于带油管封隔器的 A 环空，环空带压可能是环空保护液或滞留 A 环空完井液升温引起的，通过计算和放压/起压测试可判别是否为升温引起的环空带压。

对于带油管封隔器的 A 环空，油管内压力使其外径膨胀称为鼓胀效应。鼓胀效应可导致环空稍有带压，其压力值小于环空流体膨胀引起的环空带压。

2）油管串、井口泄漏或渗漏引起生产套管 A 环空带压

（1）油管挂密封失效。

油管挂与异径法兰间的密封形式有 O 型圈密封、注脂 BT 密封和金属对金属密封。油管挂密封失效将导致油管头内油压窜漏到生产套管内 A 环空，导致 A 环空带压。

（2）井下油管串泄漏或渗漏引起的 A 环空带压。

井下油管串泄漏或渗漏引起的 A 环空带压的可能因素包括：油管底端封隔器胶筒或密封圈泄漏或渗漏；油管螺纹泄漏或渗漏；井下油管串腐蚀穿孔；井下安全阀、滑套、伸缩节等密封失效；油管挂螺纹或油管挂双公短节螺纹密封失效；井下安全阀上下流动短节螺纹泄漏或渗漏。油管底端封隔器胶筒或密封圈泄漏或渗漏；油管螺纹泄漏或渗漏；

3）生产套管泄漏或渗漏引起的 A 环空带压

生产套管及组件（套管挂、井下安全阀、滑套、封隔器、过渡短节等）螺纹密封失效或套管管体腐蚀穿孔，生产套管外非产层气体与 A 环空连通；

生产套管外水泥环密封失效，套管与水泥环间产生微环隙，同时生产套管螺纹丧失密封或套管管体腐蚀穿孔导致产层气体与 A 环空窜漏。

**2. A 环空带压诊断与处置**

1）A 环空带压诊断与处置原则

（1）当 A 环空带压值低于最大允许压力值时，不宜实施环空带压测试或放压。多次放压有可能带来以下复杂情况：进行环空放压/起压测试将破坏已形成的平衡状态，可能使渗漏加剧。适当环空带压有利于降低油管系统应力与位移和降低渗漏压差。同时，即使发现渗漏也很难有修复手段；多次放压将加速腐蚀介质（$CO_2$、$H_2S$、$O_2$）进入 A 环空，使得腐蚀加剧。

（2）诊断 A 环空带压查阅资料：查阅放油管挂时的密封试压记录；查阅油管挂或双公短节材料，井下安全阀上下流动短节材料与油管材料类别是否相同或相近，考虑异种材料连接产生电偶腐蚀的可能性；计算油管封隔器处温度、压力、相应的 $H_2S/CO_2$ 分压，考虑或模拟评价橡胶密封材料在该环境下丧失密封的可能性；查阅油管紧扣扭矩及密封试压记录。

2）井筒"物理效应"引起的 A 环空带压诊断

从 A 环空放出少许流体，如果全为环空流体液相，说明环空带压可能是流体不可压缩，热膨胀引起的环空带压。按环空全为水相计算流体膨胀及鼓胀的"物理效应"引起的环空带压值，其计算值应与观测值基本相近。

从 A 环空放出少许流体，如果全为气相或气液混相，按环空全为水相计算流体膨胀及鼓胀引起的环空带压计算值不能作为"物理效应"引起的环空带压的判据。物理效应引起的环空带压计算值应大于环空压力表的显示值。

从 A 环空放出少许流体，如果全为气相或气液混相，按环空全为水相计算流体膨胀及鼓胀引起的环空带压计算值大于环空带压表的压力值，说明有泄漏或渗漏。

调整油压，如果 A 环空压力变化基本与油压变化同步，说明不是"物理效应"引起的环空带压，而是某处有泄漏或渗漏。

3）泄漏或渗漏引起的 A 环空带压诊断

对环空带压的井，应实施 B-B Test（泄压-压力恢复，Bleed off and Build up）测试，以判别环空带压性质和严重程度。

安装 1/2″针型阀，用于控制环空泄压。

通过泄压和自然升压诊断泄漏或渗漏引起的 A 环空带压，以时间（小时）为横坐标，纵坐标分别 A、B 和 C 环空压力（MPa）作图。根据压力-时间曲线变化趋势判别是"物理效应"引起的环空带压还是泄漏或渗漏及邻近环空的压力反窜或窜通引起的环空带压。

泄压时不应将 A 环空压力降至 0MPa 进行环空带压诊断，因为这可能"疏通"渗漏或泄漏通道。油管封隔器胶筒或密封圈在经历泄压后一般都会不同程度地密封损坏或丧失密封性。推荐先将 A 环空压力降低 20%～30% 后关闭环空，观察 24 小时。

升压判别：如果在 24 小时压力没有回升，应考虑为井筒物理效应引起的 A 环空带压；如果在一周内压力有回升，且十分缓慢，并稳定在某一允许值，说明在油管或封隔器有微小渗漏；如果缓慢泄压，压力不降低或降低十分缓慢，说明井口或靠近井口处有微小渗漏。如果压力泄不掉，说明油套环空有较大的泄漏点。

图 9-6、图 9-7、图 9-8 为 B-B Test 曲线及判别示例。图 9-6 泄压-压力恢复曲线代表了无风险环空带压类型，其所带环空压力主要是由于温度效应或人为施加的压力。图 9-7 泄压-压力恢复曲线代表了低风险环空带压类型，泄压阶段环空所带压力能够快速降到 0MPa，而 24 小时内升压较为缓慢且比先前所带压力低，说明为螺纹、封隔器等微渗漏导致的。图 9-8 泄压-压力恢复曲线代表了高风险环空带压类型，泄压阶段环空所带压力不能够降到 0MPa，而 24 小时内升压较为迅速且很快恢复到先前所带压力值，说明泄漏速度较大、安全风险较大，需要进一步采取措施。

4）关闭井下安全阀诊断泄漏或渗漏位置

如果确认 A 环空带压是泄漏引起的，并力图寻找泄漏点，可实施关闭井下安全阀测试。

实施关闭井下安全阀测试应充分论证，因为这可能导致降低井下安全阀的密封可靠性，或关闭后难以再打开。

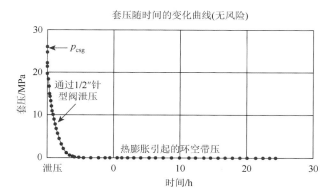

图 9-6　B-B TEST 曲线（无风险）

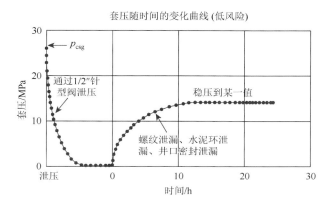

图 9-7　B-B TEST 曲线（低风险）

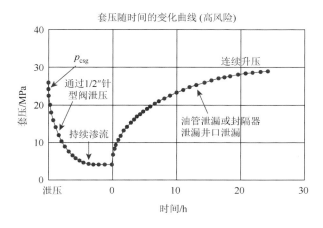

图 9-8　B-B TEST 曲线（高风险）

　　井下安全阀关闭后，泄掉井口油压，A 环空带压值无降低，说明泄漏点在井下安全阀之下。反之，泄漏点在井下安全阀之上。

5）井筒完整性测井诊断泄漏或渗漏位置

（1）对于重要的井，可实施下列不停产过油管的井筒完整性测井：被动超声波检测技术：对多层套管监听泄漏点和水泥环的纵向窜流剖面；主动超声波检测技术：对多层套管声发射和反射监测腐蚀和变形；电磁检测技术：对多层套管腐蚀、沟槽和裂缝。

（2）应关注检测结果的可靠性

环空带压往往是联结处密封先失效，而本体腐蚀或腐蚀穿孔在后。应优先考虑采用被动超声波检测技术。

6）环空液面监测

（1）环空液面监测前应制定环空液面监测技术方案和安全预案。

（2）对环空泄漏井，推荐测环空液面。在补注环空保护液时推荐同时监测动态液面，避免注入压力过高压漏环空。

（3）对环空带压的井，放出流体为气相时，推荐测环空液面。定量注入密度为 $1.10g/cm^3$ 的环空保护液，以便核对所测液面深度是否正确。

**3. 生产套管内 A 环空带压的处置**

（1）如果 A 环空泄压放出流体气相不含 $H_2S$ 或 $CO_2$ 组分，在允许环空带压的最大压力值范围内，原则上不进行处置。

（2）A 环空泄压放出流体后，应补注相同或 pH 更高的环空保护液。探索应用井筒"物理效应"引起 A 环空压力增加以降低或阻止含 $H_2S/CO_2$ 组分渗漏或泄漏入 A 环空的可行性。

（3）泄压期间应对初始放出液样和终止时放出液样测 pH，确保 A 环空取样 pH 大于 7.5，否则应适时加注环空保护液。

（4）A 环空泄压诊断时应严禁环空放到零，因为这样很容易形成负压，导致空气倒抽，在高温高压下，封闭环空的氧腐蚀会十分严重。

（5）如果 A 环空泄压放出流体为气相，且不含 $H_2S$ 或 $CO_2$ 组分，放到环空允许带压值后停止放压，关闭阀门观测和记录再起压情况。

（6）如果 A 环空泄压放出流体为气相或气液混相，且含 $H_2S$ 或 $CO_2$ 组分，应将水蒸气相列入检测内容。因为 $H_2S$ 或 $CO_2$ 易溶于凝析水，从而加剧管材的腐蚀。

### 9.2.3.2　B 环空带压诊断与管理

**1. B 环空带压的可能路径**

（1）A 环空带压，且生产套管螺纹密封失效、套管管体破裂或腐蚀穿孔，生产套管回接插管密封失效，压力窜到 B 环空。

（2）技术套管带注水泥分级箍，分级箍密封失效，导致技术套管外非产层气体与 B 环空窜通。

（3）油管挂及生产套管挂的密封失效，A 环空压力窜到 B 环空。

（4）生产套管注水泥质量欠佳或后期作业（酸化压裂、测试、钻水泥塞或工具）诱发微环隙、产层气体或非产层气体的气窜。

（5）生产套管水泥未返到地面，水泥面之上的技术套管内滞留流体热膨胀导致环空带压。

**2. 封闭型 B 环空的环空带压管理**

（1）水泥返到上层套管鞋之上形成的环空称为封闭型 B 环空。

（2）查固井施工报告固井质量测井报告，确认 B 环空水泥返深，水泥面之上流体类型（完井液、注水泥前置液或冲洗液），以评估环空滞留流体的腐蚀性。查固井质量测井报告，以评估环空窜槽情况。查井下作业史，以评估酸化压裂或测试损坏环空水泥环、诱发微环隙、套管变形的影响。

（3）如果 B 环空压力低于计算的最大允许压力，不推荐对 B 环空泄压测试。

（4）封闭的 B 环空泄压测试时应记录压力、温度、液量、气量随时间的变化。

（5）对于封闭的 B 环空，用 1/2″针型阀控制压差泄压。如果压力不能持续降低到某一值或调整针型阀开度可使泄压压力基本稳定到某一值，表明 B 环空与 A 环空或 C 环空有连通，应停止泄压测试。

（6）对于封闭的 B 环空，环空泄压到一定程度后关闭 B 环空。如果在 24 小时内观察不到压力恢复，或在一周内压力仍不能恢复到放压前水平，环空带压可能是井筒"物理效应"引起的，或"物理效应"叠加生产套管螺纹微量渗漏或水泥环渗流泄漏。

（7）对于封闭的 B 环空，环空泄压到一定程度后关闭 B 环空。如果在 24 小时内压力恢复快，或在一周内恢复到放压前水平，应考虑水泥环渗流或生产套管螺纹渗漏。上层套管泄漏也可导致上部井段气层气流入 B 环空，通过气样分析可确定渗漏源。

**3. 开式 B 环空的环空带压管理**

（1）水泥未返到上层套管鞋之上形成的环空称为开式 B 环空。

（2）查固井施工报告、固井质量测井报告，确认 B 环空水泥返深。查裸眼井段地层油气水层及盐膏层情况，为潜压生产套管损伤及 B 环空带压分析提供参考。

（3）开式 B 环空的环空带压一般不会损坏套管，过大的压力可能从裸眼井段释放。保留适度稳定的开式 B 环空压力有助于防止裸眼井段油气水流入井眼环空，阻止或降低通过水泥环的产层或非产层流体窜流。

（4）应关注 B 环空顶部气相段中 $H_2S/CO_2$ 组分和液相中氯离子或其他有害组分对生产套管的腐蚀。生产套管腐蚀穿孔或破裂可能诱发技术套管随之破裂，导致油气在井口或井周窜出地表，或从高压层窜入低压层。

（5）应评估技术套管鞋之下地层破裂压力，防止 B 环空压力过高造成井漏。严重井漏可导致地下窜流或地下井喷等严重后果。

**4. B 环空水泥返到井口的环空带压管理**

（1）水泥返到井口的环空带压为 B 环空最严重的带压工况，可判定为井口或水泥环泄漏。

（2）应对环空气样分析，判别气体源于产层还是非产层，如水泥环泄漏，推荐下述方法判别可能的泄漏点。井口泄漏测试：将 B 环空压力缓慢泄压，如果压力降十分缓慢或降不到零，说明井口或井口段套管泄漏；将 B 环空关闭，如果起压快，进一步证明井口或井口段套管泄漏；水泥环泄漏测试：将 B 环空压力泄压至零，如果压力降快或可降到零，说明是水泥环泄漏。但不能判别是技术套管鞋处水泥环泄漏，还是生产套管中某处泄漏，A 环空压力窜到 B 环空；将 B 环空关闭，如果起压缓慢，进一步证明水泥环泄漏。

（3）井口泄漏导致 B 环空带压的处理。

联系套管头生产厂家到现场分析，研究注脂封漏的可行性。

如果 B 环空不含 $H_2S/CO_2$ 组分，且压力低于环空带压允许值，可不必处理。

如果 B 环空不含 $H_2S/CO_2$ 组分，且压力高于环空带压允许值，可放压到允许压力值内观察。采用 1/2″针阀缓慢放压，快速放压将损伤井口。

如果 B 环空含 $H_2S/CO_2$ 组分，应先降低油压，将 B 环空压力放到零或一定压力值，立即注入高 pH 环空保护液，并增压到环空带压控制值或略低于油压值，以二者中较小者为准。

（4）水泥环泄漏导致 B 环空带压的处理。

引用漏点和环空窜流测量技术，搞清楚漏点和窜流井段。

如果 B 环空不含 $H_2S/CO_2$ 组分，且压力低于环空带压允许值，可不必处理。

如果 B 环空不含 $H_2S/CO_2$ 组分，且压力高于环空带压允许值，可放压到允许压力值内观察。采用 1/2″针阀缓慢放压，快速放压将损伤井口。

如果 B 环空含 $H_2S/CO_2$ 组分，应先降低油压，将 B 环空压力放到零或放压，立即注入高 pH 环空保护液，并增压到环空带压控制值或略低于油压值，以二者中较小者为准。

### 9.2.3.3  C 环空带压诊断与管理

（1）B 环空带压，并窜入 C 环空。

（2）表层套管注水泥质量欠佳，浅层气气窜。

（3）C 环空带压可能导致井口泄漏或套管鞋下地层窜流，或井周冒气。

（4）参照 B 环空带压的处理方法。

## 9.2.4  环空带压的监测方案

### 9.2.4.1  环空带压井的日常监测

环空带压的日常监测需要记录以下内容：日期、设备标示、环空标示、环空压力、人员信息、井筒状态（流动、气举、关井等）、油压（流压和关井压力）、产量（油、气、水）、气举或注入（体积、压力）、施加压力信息（种类或原因，速率，压力），各层环空温度等。

分析在开井过程中，产量的变化对环空压力的影响，分析环空起压的原因，从而判断动态条件下井筒的完整性。

如果监测到的环空带压值相对稳定且处于较低水平时，只需进一步加强各个环空带压的周期性检查，但需要考虑以下因素：套管抗挤强度、抗内压强度与实测环空带压值之比；环空带压值的变化情况，是否维持在较高的水平；油气井的生产特征（生产特征曲线是否稳定、产量变化情况）；是否存在多个环空相互窜流；后期井下作业是否导致环空压力增加；井下组件可能的密封失效形式；环空腐蚀性气体或有毒气体扩散对周围环境、人员的影响。

### 9.2.4.2　监测数据的处理与分析

对于新井或者是环空内充满液体的井通常都会监测到由热膨胀造成的压力，需进行相关计算。同时应采用如下的一种或几种方法来检验监测到的压力值的有效性：采用已知的压力数据检验压力表的正确性；换装不同的压力表进行验证；在几个小时后，重新校核压力数据；记录压力随时间的变化曲线，通常为 12～24 小时；推荐引用工业在线 pH 测量，并远传至监控室。

### 9.2.4.3　环空带压流体取样分析

**1. 按照 GB/T 13609—1998 吹扫法、抽空容器法进行现场天然气取样**

（1）取样装置的连接。将取样管线、专用分离器（防止环空保护液和其他杂质对样品的不良影响）、压力表、气瓶与取样口连接好，检测气密性。

（2）缓慢打开取样口前控制阀门，进行取样。

（3）环空泄压过程中，通过取天然气气样所配置的专用分离器收取环空保护液样品，取样体积不少于 1L；环空泄压过程中，如泄压管线出口有环空液溢出，也可直接在出口收集取样，取样体积不少于 1L。

**2. 气源分析**

实验室按照 GB/T 13610—2003（气相色谱法）对现场取回气样进行天然气常规组成分析：包括 He、$H_2$、$O_2$、$N_2$、$CO_2$、$H_2S$、$CH_4$ 至 $C_{6+}$ 等，同时应将水蒸气列入分析要求。

如果环空返出的流体组分和油管中产出的流体组分一致，则表明气源来自产层；如果环空返出的流体组分既不同于油管产出的组分，也不同于井初始投产时井内流体的组分，则需要进一步分析，确定该气源层位。

## 9.2.5　异常环空封闭压力缓冲技术

### 9.2.5.1　技术分类

在开采中环空是完全密封的，因开采而引起的流体温度上升将导致流体膨胀而使流体压力升高。套管和岩层的弹性将大大减小这一压力。由热膨胀引起的平衡压力必须采用迭代计算以便在流体及环空体积改变之间建立平衡关系。因此，由热膨胀引起的环空压力变化在设计时应加以重点考虑。

目前，环空带压预防措施主要包括：提高管材钢级和壁厚、水泥浆返至上层套管鞋以下、可压缩复合泡沫技术、真空隔热油管、氮气泡沫水泥浆隔离液、隔热封隔液、套管柱上安装破裂盘、使用隔热封隔液和可压缩液体等。

### 9.2.5.2 真空隔热油管

真空绝热油管首先在美国阿拉斯加投入使用，其目的是在热采过程中确保永冻层不被融化。到 20 世纪 80 年代，这种油管被应用于开采美国加利福尼亚州 Bakersfield 的重油，以及加拿大艾伯塔省北部的重质沥青砂。这些早期方案目前用于海洋完井过程中防蜡和避免形成水化物。1995 年，Diamond Power 公司率先在美国墨西哥湾将真空绝热油管用在海底完井中。两管之间的环形空间抽成了真空，这种油管与蒸汽采油法一起用于井下及海底完井管中。图 9-9 是 V&M 公司生产的真空隔热油管结构图。隔热油管内管外壁先缠一层铝箔，然后在铝箔上缠一层玻璃丝布，再缠第二层铝箔、第二层玻璃丝布，直到按设计要求缠到所需的层数。缠绕完毕后，中间抽真空，以减少因空气引起的对流换热及导热引起的热量传递。一层铝箔加一层玻璃丝布为一层结构，现以 4～6 层结构比较多。

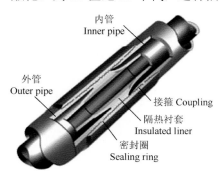

内管 Inner pipe
外管 Outer pipe
接箍 Coupling
隔热衬套 Insulated liner
密封圈 Sealing ring

图 9-9　隔热油管结构示意图（V&M 公司）

Shell 公司的 Tahoe 油田海底完井项目使用真空绝热油管。该油田位于美国墨西哥湾，水深 426.7m，其中 A3 井于 1996 年 11 月完井，在 1997 年初投产。有大约 2195m 长的真空绝缘油管安装于完井油管柱的顶部，这种油管由外径为 $\Phi$139.7mm 的外管和外径为 $\Phi$114.3mm 的内管组成。生产过程中，这口井达到了预期的井口油温。

英国石油勘探公司的 Troika 油田位于美国墨西哥湾格林峡谷 200 区块，水深 813.8m。考虑到该油田晚期的生产条件，英国石油勘探公司决定使用真空绝热油管。实施该计划来保持较高的井口油流温度，延长绝热出油管线中油流的冷却时间。Troika 的油井都回接到距离 22km 的 Bullwinkle 平台上，是美国墨西哥湾石油系统中最长的海底回接。在这个项目上使用真空绝热油管，起初的目的是减少水化物形成时间。据估计，以 2500b/d（备注：1 桶/日=50 吨/年）的速度生产，未经绝热的完井油管要 5 天达到形成水化物的温度。而如果在油管顶部加装 1767.8m 的真空绝热油管，只需 3 小时就能达到所需温度。而以 5000b/d 的速度生产，用未绝热油管需要加热 15 小时，用加装了真空绝热的油管，则只需 1 小时。Troika 油田所用的管子与 Tahoe 油田所选的管子大致相同，仅有细微差别。虽然设计的油管结构也是 $\Phi$139.7mm 的外管和 $\Phi$114.3mm 的内管，但是从油管尾部到内外管之间填角焊缝的初始端，有一个稍长的立根盒。

AmeradaHess 石油公司的 PennState 油田位于 Gardenbanks 216 区块，水深 443.8m，是一个距 BaldPate 平台 8km 的海底回接项目。这口井的初始特征表明，它有三个生产层，上面两层含气，而最底层含油。最底层的油藏温度为 87.8℃，预期含蜡 17%，原油的浊点为 58.3℃。为了避免蜡封，该公司决定采用真空绝热油管。当然也考虑到了水化物的问题。据估计，如果用裸管开采，原油到达井口的温度为 47.2℃，而如果在完井管的顶部加装 2500m 的真空绝热油管，原油到达井口的温度估计可以达到 71.1℃。这就使得在预期浊点以上还有充足的安全裕量。PennState 设计的真空绝热油管与早期完井所用的油管不同，它用的是外径为 Φ127mm 的碳钢外管，和外径 Φ88.9mm 且端部加厚的 13Cr 内管（屈服强度为 110ksi）。碳钢外管能与 13Cr 内管焊接。由于外管是碳钢，而不是较昂贵的 Cr 钢，所以真空绝热油管的造价大大降低。

Amoco 石油公司美国墨西哥湾的 King 项目使用真空绝热油管悬挂器控制短节，它们的长度还不足 1.8m。其中一些是由 22Cr 钢制造的，而其他一些是由 25Cr 钢制造的。

目前真空隔热油管的销售公司有 Itmreps 公司、Shengli-petroleum 公司、Vmtubealloy 公司、V&M 公司等。

### 9.2.5.3　隔热封隔液

封隔液即环空保护液，是指充填于油管和油层套管之间的环空流体。同时，深水井的隔水管和油管之间的环空流体，内、外隔水管之间的环空流体也被称为封隔液。环空保护液一般需要具备以下几方面性能：第一，防腐蚀性能：能有效抑制油套管和封隔器、井下安全阀等井下工具的腐蚀；第二，稳定性：不仅可以降低油套环空间的压差，平衡压力，还应该具有高温稳定性，从而在长期生产情况下有效保护油套管及封隔器；第三，隔热性能：主要针对海上油气井，需要对油管内流体进行保温，防止热损失给油井管带来损害，防止因温差作用而生成天然气水合物。

自 1990 年末起，一种新的技术——水基隔热封隔液已有效解决了很多深水井的井筒热损失问题，成功应用于墨西哥湾海湾（GOM）70 多口深水井完井过程中。通过在外层环空中注入隔热封隔液，内层环空中注入氮气的隔热技术，有效阻止了生产过程中油气在油管内流动而产生的热损失，最大化地起到保温作用；另外，其有效抑制防止了天然气水合物的形成，消除石蜡、沥青质，在关井条件下将热量最大化地保留，且成功控制了外层套管之间的环空带压。很多水基隔热封隔液已经成功应用于水深超过 1710m 的深水井中，如 Garden Banks 地区。

在西非安哥拉罗安达岛东北 370km 处，水深大约是 1220m，泥线处温度约为 4℃。生产时泥线温度可超过 70℃。井筒内无法控制的热传递会导致天然气水合物的形成，致使生产力下降和破坏井筒完整性。经过应用无固相水基隔热封隔液，有效保障了生产力，成功解决了环空带压等一系列问题。

### 9.2.5.4　可压缩泡沫材料

在套管外填充可压缩泡沫技术是目前深水井中常用的一种减小由温度引起的套管附加载荷的方法。原理是在内层套管上安装一定数量的可压缩泡沫材料，当环空压力增加到一定程度时，可压缩泡沫材料开始变形，产生一定的流体膨胀的空间，从而致使环空压力降低。

尼日利亚海上 OML130 区块是中海油在海外投资的第一个深水开发项目，该区块内开发的第一个油田（即 AKPO130 油田）位于哈科特市东南面，距海岸线约 135km，平均作业水深 1500～1700m。该油田分两个阶段进行开发，共钻井 44 口，包括 22 口生产井、20 口注水井和 2 口注气井，全部采用水下井口进行开发，通过水下管汇回接到 FPSO 上进行生产处理，已于 2009 年第一季度正式投产。由温度引起的套管附加载荷是深水油气田套管强度设计时必须考虑的关键因素之一。

AKPO130 油田需要防止生产过程中发生气窜，所以要求固井水泥的返高要到上层套管鞋 50m 以上，从而产生了套管间的密闭环空。根据计算，AKPO130 油田由温度引起的套管附加载荷可以达到 49.2MPa。这使得在 AKPO130 油田在进行开发井钻井设计时面临着找不到满足强度的套管，从而必须使用其他技术来减小这种由温度引起的套管附加载荷。因此，AKPO130 油田在开发井设计中采用了在套管外安装可压缩泡沫材料以减小温度引起的套管附加载荷技术，如图 9-10 所示。

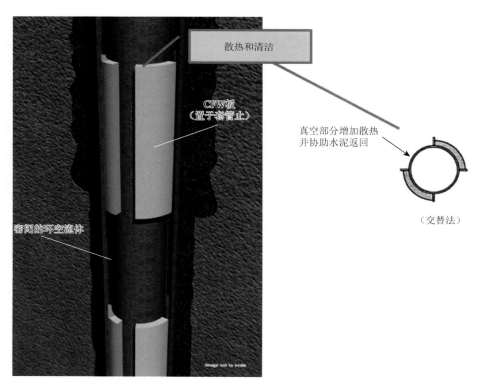

图 9-10　AKPO130 油田选用的可压缩泡沫模块示意图

在 356mm 套管外安装可压缩泡沫材料，这项技术是对 $\Phi$508mm 套管柱中安装的 2 个破裂盘起辅助作用。当密封环空内流体开始膨胀时，首先压裂 $\Phi$508mm 套管上的破裂盘。如果破裂盘失效，密封环空内的压力持续升高，则开始压缩 $\Phi$356mm 套管柱上的压缩泡沫材料，从而保证两层套管不被挤毁或压裂，也保障了 $\Phi$356mm 套管串的完整性。可压缩泡沫材料采用模块化的方式安装在 $\Phi$356mm 套管上。考虑下套管操作的方便性，可压缩泡沫模块只安装在套管本体，见图 9-10，套管接头部分不安装可压缩泡沫模块。每块可压缩泡沫模块长 940mm，4 块可压缩泡沫模块组成一组。每根套管安装的可压缩泡沫为 10 组，总长为 9.4m。每口井设计下入 400m 安装有可压缩泡沫模块的 $\Phi356$mm 套管。

### 9.2.5.5　可破裂泡沫球

向环空中添加可破裂泡沫球的方法在实践中有了广泛的应用，尤其是在陆地和海洋的深井中有着很好的应用效果。该预防措施是在套管环空内放入一定数量的可破裂的合成泡沫球，这些合成的泡沫球内部是空的，充满空气，当密封环空内压力达到某一数值时，泡沫球就会破裂，释放一定的空间，从而降低环空压力。

环空内添加可破裂泡沫球的出发点是当环空内的压力增加时，想办法在密闭环空内把这种膨胀压力释放掉，但由于环空液体本身的可压缩性不大，所以就在密闭环空内人为地提供一个可压缩的环空体积来释放液体膨胀压力。在环空添加可破裂泡沫球，当密闭环空内的压力达到一定值的时候，小球破裂、体积减小，环空压力降低。可破裂泡沫球由复合材料制成，最常见的是空心玻璃球，其内充满标准大气压的空气。小球本身有一定的强度，而且有很小的加工公差，因此能保证在某一确定的压力下小球破裂。小球的直径根据环形空间的大小而不同，一般为 19.05～38.10mm。同时由于环空液体的压缩性不大，因此加入的可破裂泡沫球的体积长度一般占整个环空体积长度的 2%～8%，大约相当于 2～20 个套管单根的长度。可破裂泡沫球一般被安放在密闭环空的上部，与安放在环空下部相比，可避免环空液柱对其产生的压力，从而降低可破裂泡沫球的破裂压力，降低生产成本。同时，为了避免在操作中可破裂泡沫球损坏，用钢片把装有可破裂泡沫球的壳筒焊接到油层套管的外侧。

### 9.2.5.6　可压缩液体

该方法的原理是在密封的环空内加入可压缩的流体，以此来吸收因流体热膨胀而产生的高压，如图 9-11。该方法和可破裂泡沫球方法相似，其基本原理是气体的可压缩性比液体的可压缩性大。可压缩液体的种类很多，主要是指充有不同气体的各种类型泥浆，在工程上最常用的混入气体是氮气，泥浆的类型主要有复合油基泥浆、水基泥浆、盐水泥浆或者淡水泥浆等。在计算过程中，由于气体的存在，套管的体积变形相对气体体积的变化很小，可忽略套管管壁半径随温度的变化。

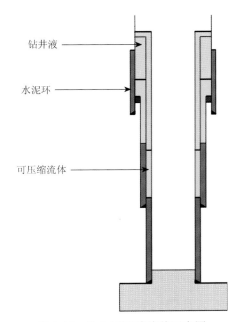

钻井液

水泥环

可压缩流体

图 9-11　注入可压缩液体示意图

### 9.2.5.7　中空玻璃微珠

高性能中空玻璃微珠是一种碱石灰硼硅酸盐玻璃材料，是一种微米级玻璃质的中空球体，具有质轻电绝缘性和热稳定性好、耐腐蚀、不与除氢氟酸以外的任何酸发生反应等优点。同时其抗破碎性能非常优异，最高可达到 100MPa。这些优异的性能在钻井液、固井水泥和深海材料中发挥着至关重要的作用。

中空玻璃微珠作为一种新型材料，它具有以下优点：

（1）密度低，在钻井液体系中均匀分散，可在 0.25～0.60g/cm³ 进行密度调节。

（2）抗压能力强，可在 5～100MPa 进行调节。

（3）导热系数低，可在 20℃时，0.0512～0.0934W/(m·k)进行调节。

美国 3M 公司是世界上最好的中空玻璃微珠生产商之一。

### 9.2.5.8　氮气泡沫水泥浆隔离液

氮气（$N_2$）具有良好的压缩性，其压缩性超过油或水的 100 倍。所以加入一定量的 $N_2$ 之后泥浆的压缩性会得到很大的提升。

充 $N_2$ 泥浆的导热系数远比水基泥浆的导热系数小，前者的体积膨胀量大于后者，充了 $N_2$ 的泥浆压力变化量约为水基泥浆的 1/3。在生产过程中，将 $N_2$ 充入泥浆之后，明显降低了生产温度。因此，在泥浆中充入 $N_2$ 可以减小环空带压值，降低生产时的环空流体的温度，同时减小由温度所引起的套管附加载荷。

## 9.2.6　异常环空封闭压力释放技术

### 9.2.6.1　破裂盘

破裂盘是一个用来限制井筒或套管环空压力的一次性压力释放保护装置。其应用需要对各环空进行详细测量，包括 B 环空和 C 环空，不适用于 A 环空。破裂盘在其他行业已经应用了很多年，由于油气井井底温度和压力的不确定性和油气井操作中的完整性以及井底流体所处环境的复杂性，使得其被用于石油行业时具有独特的挑战性。

通常把向外破裂时设计的装置称为破裂盘；而把向内破裂时的装置称为坍塌盘。根据额定压力的大小划分为单向破裂盘和双向破裂盘。

在套管柱中安装破裂盘（burst disk）：在外层套管上安装一到二个破裂盘，当密封环空内压力达到破裂盘的破裂压力时，外层套管上的破裂盘破裂，从而保护内、外套管不被挤毁或压裂，同时保证了内层套管串的完整性。套管柱上安装破裂盘后，对该套管柱试压时的试压压力必须小于破裂盘的破裂压力。

目前国外销售破裂盘的公司有 ZOOK 公司、OSECO 公司、FIKE 公司；在中国的代理公司有徐州八方安全设备有限公司（八方公司）、OSECO 深圳索晟销售公司等。

1999 年英国 BP 公司在墨西哥湾打了一口深水开发井，在生产数小时后，套管挤毁。事后分析认为：在生产过程中，地下开采出的高温流体使套管密闭环空中的流体温度升高，在密闭的条件下，套管密闭环空中的流体发生膨胀对套管产生挤压破坏。AKPO130 油田油藏温度为 120℃，在油井开始生产前，海底泥线附近井筒的温度非常低（由于水深的原因，海底泥线处的温度只有 4℃左右），井底高速油流通过大排量电潜泵的举升到达井筒上部时，将对套管密闭环空中的流体持续加热，使套管密闭环空内流体发生膨胀，导致套管密闭环空压力的增加，产生套管附加载荷。因此如何减少由温度引起的套管附加载荷就成了开发 AKPO130 油田的一个关键技术问题。

AKPO130 油田在开发井设计中采用了尾管来代替套管、在套管柱中安装破裂盘、在套管外安装可压缩泡沫材料等 3 种减小由温度引起套管附加载荷的技术。墨西哥 Macondo（马康多）井在 Φ406.4mm 套管上设计了三个破裂盘，如果生产套管和 Φ406.4mm 套管之间的环空压力达到 51.7MPa，破裂盘就会向外发生破裂。如果 Φ406.4mm 套管和外层套管之间的环空压力达到了 11MPa，破裂盘就会向内发生挤毁，如图 9-12。

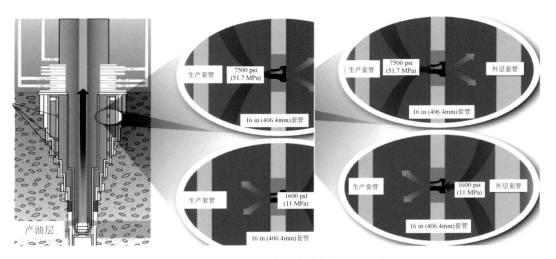

图 9-12　AKPO130 油田破裂盘的安放方式

### 9.2.6.2　水泥环返深控制

API RP 96（2013）深水井设计预防环空带压的方法：在裸眼井中，为避免由于水泥胶结质量或泥浆中的固体沉淀形成环空带压，需要确保水泥在前一段套管鞋之下，且有足够的距离。例如：SPE 146978 文献介绍了 S-3 气井情况。S-3 气井井斜角为 88°，压力 10625psi（73.3MPa），温度 408℉（208.9℃），井深 12015ft（3662.1m），该井中各环空均没有被水泥完全封固，而是留下了一定空间以降低环空热膨胀压力的影响，见图 9-13。

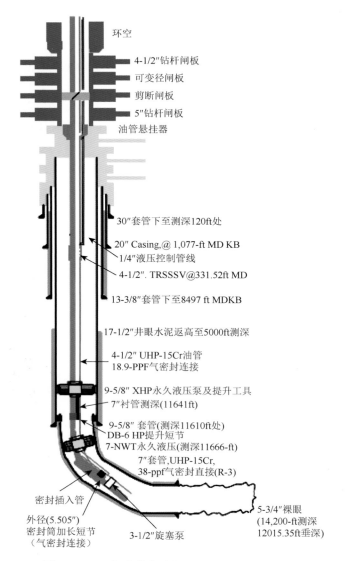

环空

4-1/2"钻杆闸板

可变径闸板

剪断闸板

5"钻杆闸板

油管悬挂器

30"套管下至测深120ft处

20" Casing,@ 1,077-ft MD KB

1/4"液压控制管线

4-1/2". TRSSSV@331.52ft MD

13-3/8"套管下至8497 ft MDKB

17-1/2"井眼水泥返高至5000ft测深

4-1/2" UHP-15Cr油管
18.9-PPF气密封连接

9-5/8" XHP永久液压泵及提升工具

7"衬管测深(11641ft)

9-5/8" 套管(测深11610ft处)

DB-6 HP提升短节

7-NWT永久液压(测深11666-ft)

7"套管,UHP-15Cr,
38-ppf气密封直接(R-3)

5-3/4"裸眼
(14,200-ft测深
12015.35ft垂深)

密封插入管

外径(5.505")
密封筒加长短节
（气密封连接）

3-1/2"旋塞泵

图 9-13   S-3 气井井身结构示意图（SPE 146978）

# 参 考 文 献

曹楚南, 1994. 腐蚀电化学[M]. 北京: 化学工业出版社.

曹楚南, 张鉴清, 2002. 电化学阻抗谱导论[M]. 北京: 科学出版社.

岑可法, 樊建人, 1990. 工程气固多相流动的理论及计算[M]. 杭州: 浙江大学出版社.

陈才金, 等, 1990. 金属应力腐蚀开裂研究的进展[M]. 北京: 高等教育出版社.

陈振宇, 2012. 缓蚀剂开发与应用[M]. 北京: 化学工业出版社.

褚武扬, 2000. 断裂与环境断裂[M]. 北京: 科学出版社.

褚武扬, 乔利杰, 等, 2000. 氢损伤和滞后断裂[M]. 北京: 科学出版社.

崔之健, 史秀敏, 李又绿, 2009. 油气储运设施腐蚀与防护[M]. 北京: 石油工业出版社.

哈利伯顿公司 IMCO 培训中心, 1986. 井控技术[M]. 北京: 石油工业出版社.

韩顺昌, 2008. 金属腐蚀显微组织图谱[M]. 北京: 国防工业出版社.

何更生, 1994. 油层物理[M]. 北京: 石油工业出版社.

江汉石油管理局采用工艺研究所, 1983. 封隔器理论基础与应用[M]. 北京: 石油工业出版社.

李庆芬, 1998. 断裂力学及其工程应用[M]. 哈尔滨: 哈尔滨工业大学出版社.

李士伦, 2000. 天然气工程[M]. 北京: 石油工业出版社.

李秀艳, 李依依, 2003. 奥氏体合金的氢损伤[M]. 北京: 科学出版社.

李章亚, 1999. 油气田腐蚀与防护技术手册（上册）[M]. 北京: 石油工业出版社.

刘宝俊, 1989. 材料的腐蚀及其控制[M]. 北京: 北京航空航天大学出版社.

刘希圣, 1981. 钻井工艺原理（下册）[M]. 北京: 石油工业出版社.

鲁特曼, 1989. 金属力学化学与腐蚀防护[M]. 金石, 译. 北京: 科学出版社.

孙秋霞, 2001. 材料腐蚀与防护[M]. 北京: 冶金工业出版社.

天津大学物理化学教研室, 1992. 物理化学[M]. 北京: 高等教育出版社.

童景山, 1982. 流体热物理学[M]. 北京: 清华大学出版社.

万仁溥, 2001. 现代完井工程[M]. 北京: 石油工业出版社.

吴守国, 袁倬斌, 2006. 电化学分析原理[M]. 合肥: 中国科学技术大学出版社.

阎立峰, 1998. 超临界流体（SCF）技术进展[J]. 化学通报, （4）: 10-14.

袁恩熙, 2001. 工程流体力学[M]. 北京: 石油工业出版社.

张天胜, 2002. 缓蚀剂[M]. 北京: 化学工业出版社.

张学元, 雷良才, 2000. 二氧化碳腐蚀与控制[M]. 北京: 化学工业出版社.

中国航空研究院, 1993. 应力强度因子手册[M]. 北京: 科学出版社.

中国腐蚀与防护学会, 2001. 石油工业中的腐蚀与防护[M]. 北京: 化学工业出版社.

周力行, 1991. 湍流两相流动与燃烧的数值模拟[M]. 北京: 清华大学出版社.

周岳根, 1998. 地下超临界流体与油气运移关系浅析[J]. 地球与环境, (1)15-18.

周忠元, 陈桂琴, 2002. 化工安全技术与管理. 第 2 版[M]. 北京: 化学工业出版社.

朱自强, 2000. 超临界流体技术-原理与应用[M]. 北京: 化学工业出版社.

Derek Hull, 2009. 断口形貌学: 观察、测量和分析断口表面形貌的科学[M]. 李晓刚, 董超芳, 杜翠薇, 等译. 北京: 科学出版社.

Economides M J, 2001. 油井建井工程——钻井·油井完井[M]. 万仁博, 张琪, 编译. 北京: 石油工业出版社.

Kermani M B, Swith L M, 2002. 油气生产中的 $CO_2$ 腐蚀控制——设计考虑因素[M]. 王西平, 朱景川, 译. 北京: 石油工业出版社.

# 附录：相关标准

API 5C3，2008. Bulletin On Formulas And Calculations For Casing，Tubing, Drill Pipe And Line Pipe Properties[S]. American Petroleum Institute.

API 5CRA，2010. Specification for Corrosion Resistant Alloy Seamless Tubes for Use as Casing，Tubing and Coupling Stock [S]. American Petroleum Institute.

API 6AF，2008. Technical Report on Capabilities of API Flanges Under Combinations of Load[S]. American Petroleum Institute.

API Guidance Document Hf1，2009. Hydraulic Fracturing Operations-Well Construction and Integrity Guidelines[S]. American Petroleum Institute.

API RP 10B，2013. Recommended Practice for Testing Well Cements[S]. American Petroleum Institute.

API RP 14B，2015. Design，Installation，Operation，Test，and Redress of Subsurface Safety Valve Systems[S]. American Petroleum Institute.

API RP 14C，2007. Recommended Practice for Analysis，Design，Installation，and Testing of Basic Surface Safety Systems for Offshore Production Platforms[S]. American Petroleum Institute.

API RP 14E, 2007. Recommended Practice for Design and Installation of Offshore Production Platform Piping Systems[S]. American Petroleum Institute.

API RP 14H，2007. Recommended Practice for Installation，Maintenance，and Repair of Surface Safety Valves and Underwater Safety Valves Offshore[S]. American Petroleum Institute.

API RP 17TR8，2015. High-pressure High-temperature Design Guidelines[S]. American Petroleum Institute.

API RP 57，1986. Offshore Well Completion，Servicing，Workover，and Plug and Abandonment Operations[S]. American Petroleum Institute.

API RP 579，2007. Recommended Practice for Fitness-for-Service[S]. American Petroleum Institute.

API RP 65，2002. Isolating Potential Flow Zones During Well Construction[S]. American Petroleum Institute.

API RP 90，2006. Annular Casing Pressure Management for Offshore Wells [R]. American Petroleum Institute.

API RP 90-2，2016. Annular Casing Pressure Management for Onshore Wells[S]. American Petroleum Institute.

API RP 96，2013. Deepwater Well Design and Construction[S]. American Petroleum Institute.

API SPEC 10A，2010. specification for cements and materials for well cementing[S]. American Petroleum Institute.

API SPEC 11V1，1995. specification for gas lift equipment[S]. American Petroleum Institute.

API SPEC 14A，2015. Specification for Subsurface Safety Valve Equipment[S]. American Petroleum Institute.

API SPEC 17D，2012. Specification for Unbonded Flexible Pipe[S]. American Petroleum Institute.

API SPEC 5CT，1992. Specification for Casing and Tubing.（US Customary Units）[S]. American Petroleum Institute.

API SPEC 6A，2010. Specification for Wellhead and Christmas Tree Equipment[S]. American Petroleum Institute.

API SPEC 6FA，1999. Specification for fire test for valves third edition[S]. American Petroleum Institute.

API SPEC 6FB，1998. API Specification for Fire Test for End Connections [S]. American Petroleum Institute

API SPEC 6FC，2009. Specification for Fire Test for Valves with Automatic backseats [S] American Petroleum

Institute.

ASTM E399-09，2009. Standard Test Method for Linear-Elastic Plane-Strain Fracture Toughness KIC of Metallic Materials[S]. ASTM International.

ASTM E646-07，2007. Standard Test Method for Tensile Strain-Hardening Exponents （n-Values） of Metallic Sheet Materials[S]. ASTM International.

EFC Publication,2016，油气生产中含 $H_2S$ 环境使用的金属和低合金钢的要求[S]. European Federation of Corrosion.

GB/T 19292.4—2003，金属和合金的腐蚀——大气腐蚀性——用于评估腐蚀性的标准试样的腐蚀速率的测定[S].

GB/T 20657—2011，油天然气工业套管、油管、钻杆和用作套管或油管的管线管性能公式及计算[S].

GB/T 5028—2008，金属材料薄板和薄带拉伸应变硬化指数（n 值）的测定[S].

ISO 10414-1，2008. Petroleum and natural gas industries-Field testing of drilling fluids Part 1：Water-based fluids[S]. International Organization for Standardization.

ISO 10414-2，2011. Petroleumandnaturalgasindustries-Fieldtestingofdrillingsfluids-Part2：Oil-basedfluids[S]. International Organization for Standardization.

ISO 10416，2008. Petroleum and natural gas industries-Drilling fluids-Laboratory testing[S]. International Organization for Standardization.

ISO 10417，2010. Health informatics. Personal health device communication. Part 10417：Device specialization. Glucose meter[S]. International Organization for Standardization.

ISO 10423，2009. Petroleum and natural gas industries-Drilling and production equipment-Wellhead and christmas tree equipment [S]. International Organization for Standardization.

ISO 10426-1，2006. Petroleum and Natural Gas Industries-Cements and Materials for Well Cementing—Part 1：Specification[S]. International Organization for Standardization.

ISO 10497，2004. Testing of valves-fire type-testing requirements[S]. International Organization for Standardization.

ISO 11960，2014. Petroleum and natural gas industries-Steel pipes for use as casing or tubing for Wells[S]. International Organization for Standardization.

ISO 13533，2001. Petroleum and natural gas industries-Drilling and production equipment-Drill-through equipment [S]. International Organization for Standardization.

ISO 13628-1，2010. Petroleum and natural gas industries-Design and operation of subsea production systems-Part 1：General requirements and recommendations [S]. International Organization for Standardization.

ISO 13628-4，2010. Petroleum And Natural Gas Industries-Design And Operation Of Subsea Production Systems-Part 4：Subsea Wellhead And Tree Equipment [S]. International Organization for Standardization.

ISO 13628-7，2007. Petroleum and natural gas industries-Design and operation of subsea production systems-Part 7：Completion/workover riser systems[S]. International Organization for Standardization.

ISO 13679，2002. Petroleum and natural gas industries-Procedures for testing casing and tubing connections[S]. International Organization for Standardization.

ISO 13680，2010. Petroleum and natural gas industries corrosion-Resistant alloy seamless tubes for use as casing，tubing and coupling stock technical delivery conditions third edition[S]. International Organization for Standardization.

ISO 14310，2008. Petroleum and natural gas industries-Downhole equipment-Packers and bridge plugs[S]. International Organization for Standardization.

ISO 15156，2015. Petroleum and Natural Gas Industries-Materials for Use in $H_2S$ Containing Environments in

Oil and Gas Production[S]. International Organization for Standardization.

ISO 17078-2，2010. Petroleum and natural gas industries-Drilling and production equipment-Part 2：Flow control devices for side-pocket mandrels[S]. International Organization for Standardization.

ISO/FDIS 14998，2013. Petroleum and natural gas industries. Downhole equipment. Completion accessories[S]. International Organization for Standardization.

ISO/TR 10400，2010. petroleum and natural gas industries-equations and calculations for the properties of casing，tubing，drill pipe and line pipe used as casing or tubing[S]. International Organization for Standardization.

ISO/TS 16530—2，2013. Well integrity-Part 2：Well integrity for the operational phase[S]. International Organization for Standardization.

ISO10432，2004. Petroleum and natural gas industries-Downhole equipment-Subsurface safety valve equipment [S]. International Organization for Standardization.

NACE MR0175—2005，2005. Laboratory Testing of Metals for Resistance to Sulfide Stress Cracking and Stress Corrosion Cracking in $H_2S$ Environments [S]. National Association of Corrosion Engineers.

NACE TM 0177，2016. Laboratory Testing of Metals for Resistance to Sulfide Stress Cracking in Hydrogen Sulfide（$H_2S$）Environments[S]. National Association of Corrosion Engineers.

NACE TM 0284，2003. Standard Test Method-Evaluation of Pipeline and Pressure Vessel Steels for Resistance to Hydrogen-Induced Cracking[S]. National Association of Corrosion Engineers.

NORSOK D-001，1998. Drilling Facilities [S]. NORSOK Standard.

NORSOK D010，2013. Well Integrity in Drilling and Well Operations[S]. NORSOK Standard.

NORSOK D-SR-007，1996. Well Testing Systems [S]. NORSOK Standard.

SY/T 5724—2008，套管柱结构与强度设计[S]. 中华人民共和国石油天然气行业标准.

SY/T 6277—2005，含硫油气田硫化氢监测与人身安全防护规程[S]. 中华人民共和国石油天然气行业标准.

SY/T 6137—2005，含硫化氢的油气生产和天然气处理装置作业的推荐作法[S].中华人民共和国石油天然气行业标准.